计算机“十四五”精品教材

# 中文版 AutoCAD 2020 实例教程

主　编　王　瑾　赵　琪　袁国伟
副主编　张忠华　王艳红　刘　畅　张胜敏

哈尔滨工程大学出版社
Harbin Engineering University Press

## 内容简介

本书通过实例的编写方式详细地介绍使用 AutoCAD 2020 进行辅助绘图的方法与技巧，能够帮助读者快速掌握 AutoCAD 绘图技能。全书共 14 章，主要包括 AutoCAD 2020 基本知识、设置软件基础绘图环境、使用绘图的辅助功能、创建二维图形对象、编辑二维平面图形、应用面域与图案填充、创建图纸文字与表格、设置与管理图层属性、管理图块与设计中心、创建与设置尺寸标注、创建三维实体对象、修改三维实体对象、打印与输出图形文件、综合案例实战等内容。

本书既可作为应用型本科院校、职业院校的教材，也可供广大 AutoCAD 绘图爱好者及各行各业人员作为 AutoCAD 自学手册使用。


### 图书在版编目（CIP）数据

中文版 AutoCAD 2020 实例教程 / 王瑾，赵琪，袁国伟主编. -- 哈尔滨 : 哈尔滨工程大学出版社，2021.10

ISBN 978-7-5661-3283-3

Ⅰ. ①中… Ⅱ. ①王… ②赵… ③袁… Ⅲ. ①AutoCAD 软件—教材 Ⅳ. ①TP391.72

中国版本图书馆 CIP 数据核字（2021）第 199611 号

**中文版 AutoCAD 2020 实例教程**

ZHONGWENBAN AutoCAD 2020 SHILI JIAOCHENG

**责任编辑** 张林峰

**封面设计** 赵俊红

出版发行 哈尔滨工程大学出版社
社　　址 哈尔滨市南岗区南通大街 145 号
邮政编码 150001
发行电话 0451-82519328
传　　真 0451-82519699
经　　销 新华书店
印　　刷 唐山唐文印刷有限公司
开　　本 787 mm×1 092 mm 1/16
印　　张 16.5
字　　数 422 千字
版　　次 2021 年 10 月第 1 版
印　　次 2021 年 10 月第 1 次印刷
定　　价 68.00 元
http：//www.hrbeupress.com
E-mail：heupress@hrbeu.edu.cn

# 前　言

AutoCAD 2020 是由美国 Autodesk 公司推出的一款计算机辅助绘图与设计软件，应用非常广泛，受到各领域广大从业者的一致好评。本书立足于 AutoCAD 2020 的实际操作及行业应用，循序渐进地讲解核心知识点，并通过大量实例演练让读者在最短的时间内成为 AutoCAD 2020 的操作高手。本书主要有以下几个特点。

（1）14 章专题技术讲解。本书体系结构完整，由浅入深地对 AutoCAD 2020 基本知识、绘图环境、辅助功能、二维图形、面域与图案填充、图纸文字与表格、图层属性、图块与设计中心、尺寸标注、三维实体以及打印与输出图形等内容进行了全面细致地讲解，帮助读者从零基础到精通，快速掌握 AutoCAD 2020 软件。

（2）200 多个实战技巧放送。本书是一本可操作性极强的技能实例手册，读者通过书中的实例可以逐步掌握软件的核心技能与操作技巧，从新手快速成长为 AutoCAD 2020 设计高手。

（3）120 多个专家提醒放送。作者在编写时，将平时工作中总结的各方面 AutoCAD 2020 的实战技巧、心得体验与设计经验等毫无保留地奉献给读者，不仅大大地丰富和提高了本书的含金量，更方便了读者提升实战技巧与经验，从而提高学习与工作效率，学有所成。

（4）210 多分钟视频演示。本书的技能实例全部录制成带语音讲解的演示视频，时间长达 210 多分钟，重现书中所有技能实例的操作，读者既可以结合本书，也可以独立观看视频演示，像看电影一样进行学习，让整个过程既轻松又高效。

（5）900 多张图片全程图解。本书采用 900 多张图片，对软件的技术与实例的讲解进行全程式的图解，通过大量的辅助图片，让实例内容变得更加通俗易懂，读者可以一目了然，快速领会所学知识，大大提高学习效率，且印象更加深刻。

全书共 14 章，主要包括 AutoCAD 2020 基本知识、设置软件基础绘图环境、使用绘图的辅助功能、创建二维图形对象、编辑二维平面图形、应用面域与图案填充、创建图纸文字与表格、设置与管理图层属性、管理图块与设计中心、创建与设置尺寸标注、创建三维实体对象、修改三维实体对象、打印与输出图形文件、综合案例实战等内容。

本书由王瑾（重庆信息技术职业学院）、赵琪（陆军步兵学院石家庄校区）和袁国伟（辽宁机电职业技术学院）担任主编，由张忠华（四川工程职业技术学院）、王艳红（菏泽化工高级技工学校）、刘畅（邯郸学院影视学院）和张胜敏（河南开封大学）担任副主编。本书的相关资料可以扫描封底微信二维码或登录网址 www.bjzzwh.com 下载获得。

由于编者水平有限，书中难免存在疏漏和不当之处，敬请各位专家及读者不吝赐教。

编　者

# 目 录

## 第 1 章 AutoCAD 2020 基本知识



## 第 2 章 设置软件基础绘图环境

## 第 3 章　使用绘图的辅助功能



## 第 4 章　创建二维图形对象

# 第 5 章　编辑二维平面图形



# 第 6 章　应用面域与图案填充



# 第 7 章　创建图纸文字与表格

## 第 8 章 设置与管理图层属性



## 第 9 章 管理图块与设计中心

## 第 10 章　创建与设置尺寸标注



## 第 11 章　创建三维实体对象



## 第 12 章　修改三维实体对象

## 第 13 章 打印与输出图形文件



## 第 14 章 综合案例实战

# 第 1 章 AutoCAD 2020 基本知识

AutoCAD 2020 是由美国 Autodesk 公司推出的 AutoCAD 的最新版本，是一款计算机辅助绘图与设计软件，具有功能强大、易于掌握，以及使用方便等特点，能够绘制二维与三维图形、标注图形尺寸、渲染图形，以及打印输出图纸等。本章主要向读者介绍 AutoCAD 2020 的基本知识。

本章重点

- 启动与退出 AutoCAD 2020
- AutoCAD 2020 的工作界面
- AutoCAD 2020 的基本操作

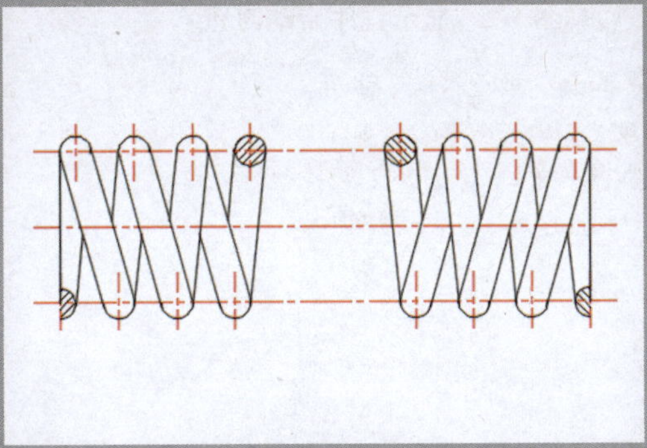

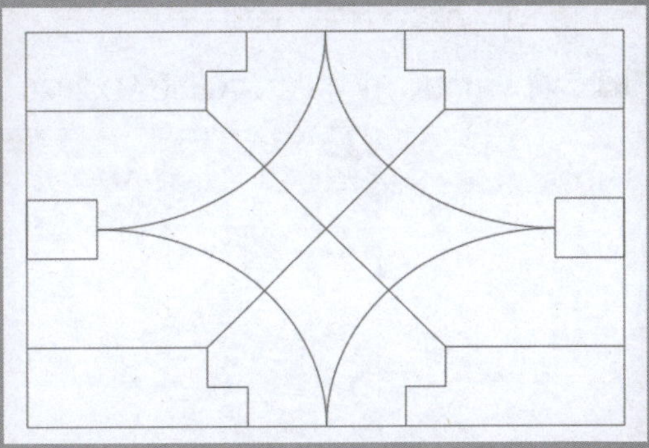

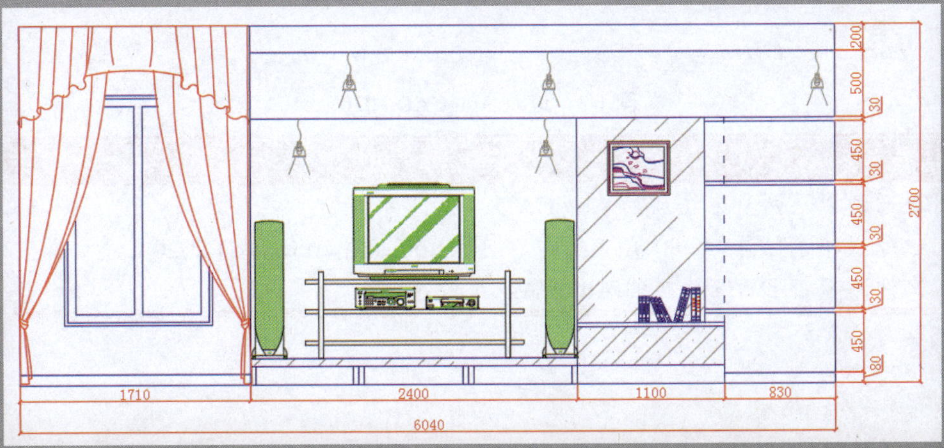

# 1.1 启动与退出 AutoCAD 2020

安装软件后，要使用 AutoCAD 绘制和编辑图形，首先需要启动 AutoCAD 2020 软件。本节主要向读者介绍启动和退出 AutoCAD 2020 的操作方法。

## 1.1.1 启动 AutoCAD 2020

设计图形文件之前，首先需要启动 AutoCAD 2020 软件，具体操作方法如下。

启动 AutoCAD 2020

**Step 01** 移动鼠标指针至桌面上的 AutoCAD 2020 图标上，在图标上单击鼠标右键，在弹出的快捷菜单中选择“打开”选项，如图 1-1 所示。

**Step 02** 弹出 AutoCAD 2020 程序启动界面，显示程序启动信息，如图 1-2 所示。

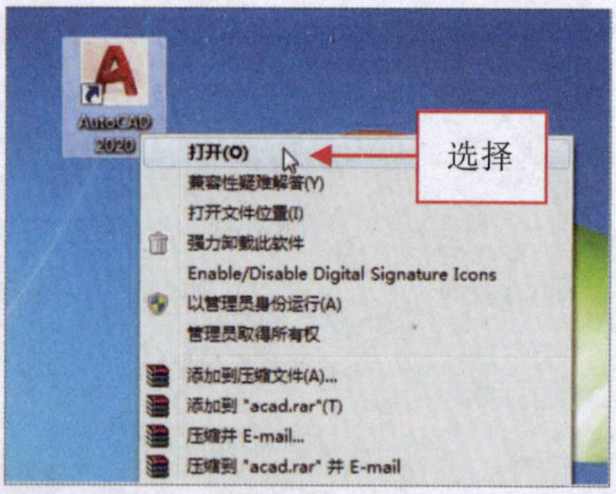


图 1-1 选择“打开”选项

图 1-2 显示程序启动信息

**Step 03** 稍等片刻，即可进入 AutoCAD 2020 的程序界面，如图 1-3 所示。

图 1-3 进入 AutoCAD 2020

**▶ 专家指点**

还可以通过以下两种方法启动 AutoCAD 2020。

- 命令：单击“开始”|“所有程序”|Autodesk|AutoCAD 2020 命令。
- 文件：双击 DWG 格式的 AutoCAD 文件。

### 1.1.2 退出 AutoCAD 2020

退出 AutoCAD 2020

若完成了图形设计工作，则需要退出 AutoCAD 2020，下面介绍具体操作方法。

**Step 01** 启动 AutoCAD 2020 后，单击“菜单浏览器”按钮，在弹出的菜单列表中，单击“退出 Autodesk AutoCAD 2020”按钮，如图 1-4 所示。

**Step 02** 执行上述操作后，即可退出 AutoCAD 2020 应用程序。若在工作界面中进行了部分操作，之前也未保存，在退出该软件时将弹出信息提示框，如图 1-5 所示，根据需要进行操作。

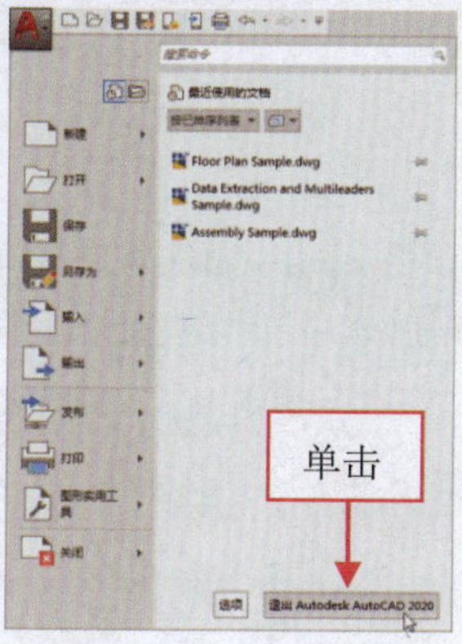


图 1-4 单击“退出 Autodesk AutoCAD 2020”按钮

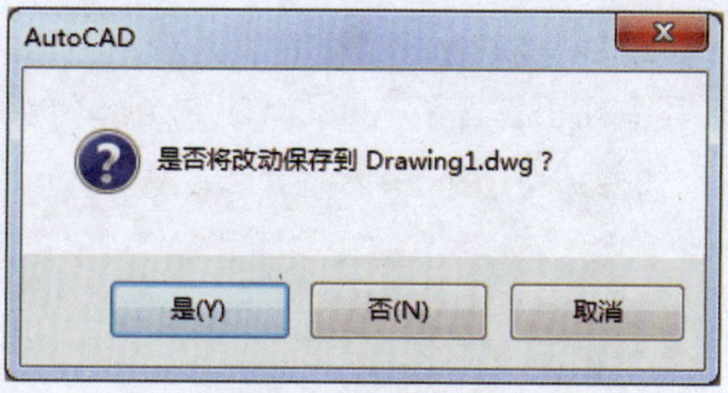


图 1-5 信息提示框

## 1.2 AutoCAD 2020 的工作界面

AutoCAD 2020 有四个工作界面，分别是“二维草图与注释”“三维基础”“三维建模”和“AutoCAD 经典”工作界面。在“二维草图与注释”工作界面中，其界面主要由菜单浏览器、标题栏、快速访问工具栏、绘图窗口以及功能区等部分组成，如图 1-6 所示。

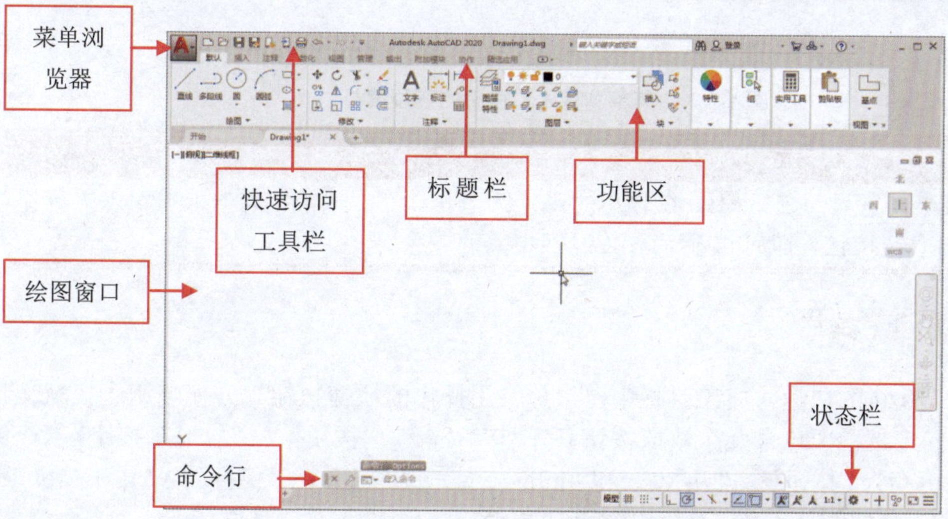


图 1-6 AutoCAD 2020 工作界面

### 1.2.1 标题栏

标题栏位于应用程序窗口的最上方，用于显示当前正在运行的程序及文件名等信息。如图 1-7 所示为 AutoCAD 2020 的标题栏。

图 1-7　AutoCAD 2020 的标题栏

单击标题栏右侧的按钮组 - □ ×，可以最小化、最大化或关闭应用程序窗口。在标题栏上的空白处单击鼠标右键，在弹出的快捷菜单中可以执行最小化或最大化窗口、还原窗口以及关闭 AutoCAD 等操作。

### 1.2.2 菜单浏览器

“菜单浏览器”按钮位于界面左上角。单击该按钮，将弹出 AutoCAD 菜单，如图 1-8 所示，其中几乎包含了 AutoCAD 的全部功能和命令，单击命令后即可执行相应操作。

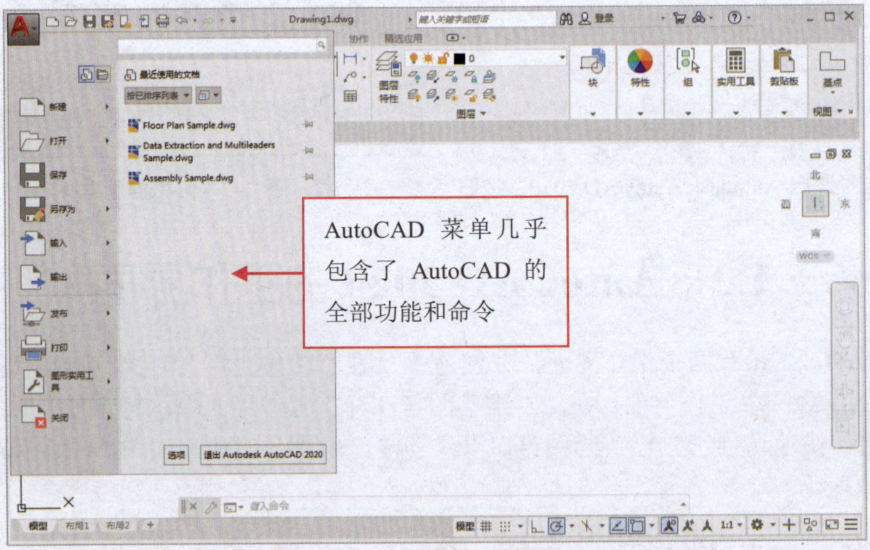


图 1-8　“菜单浏览器”按钮的下拉菜单

> **▶ 专家指点**
>
> 单击“菜单浏览器”按钮，在弹出的菜单列表中，在“搜索”文本框中输入关键字，然后单击“搜索”按钮，即可以显示与关键字相关的命令。

### 1.2.3 快速访问工具栏

AutoCAD 2020 的快速访问工具栏中包含最常用操作的快捷按钮，方便使用。在默认状态中，快速访问工具栏中包含九个快捷按钮，分别为“新建”按钮、“打开”按钮、“保存”按钮、“另存为”按钮、“从 Web 和 Mobile 中打开”按钮、“保存到 Web 和 Mobile”按钮、“打印”按钮、“放弃”按钮和“重做”按钮，如图 1-9 所示。

图 1-9　快速访问工具栏

如果想在快速访问工具栏中添加或删除其他按钮，可以在快速访问工具栏上单击鼠标右键，在弹出的快捷菜单中选择“自定义快速访问工具栏”选项，在弹出的“自定义界面”对话框中设置即可。

> **▶ 专家指点**
>
> 单击快速访问工具栏右侧的下三角按钮，在弹出的列表框中选择“显示菜单栏”选项，就可以在工作空间中显示菜单栏。

### 1.2.4　“功能区”选项板

“功能区”选项板是一种特殊的选项板，位于绘图窗口的上方。在“二维草图与注释”工作界面中，“功能区”选项板中有十个选项卡，即默认、插入、注释、参数化、视图、管理、输出、附加模块、协作以及精选应用。每个选项卡包含若干个面板，每个面板又包含了许多的命令和按钮，如图 1-10 所示。

图 1-10　“功能区”选项板

### 1.2.5　绘图窗口

绘图窗口是绘制图形时的工作区域，可以通过 LIMITS 命令设置显示在屏幕上绘图区域的大小，也可以根据需要关闭其他窗口元素，例如工具栏、选项板等，以增大绘图空间。如果图纸比较大，需要查看未显示的部分时，可以单击窗口右边与下边滚动条上的箭头，或拖曳滚动条上的滑块来移动图纸。

绘图窗口左下方显示的是系统默认的世界坐标系图标。绘图窗口底部显示了“模型”“布局 1”和“布局 2”三个选项卡，可以在模型空间及图纸空间自由切换。

### 1.2.6　命令窗口

命令窗口位于绘图窗口的底部，用于接收输入的命令，并显示 AutoCAD 提示信息，如图 1-11 所示。在 AutoCAD 2020 中，命令窗口可以拖曳为浮动窗口。处于浮动状态的命令行随拖曳位置的不同，其标题显示的方向也不同。如果将命令行拖曳到绘图窗口的右侧，这时命令窗口的标题栏将位于右边。

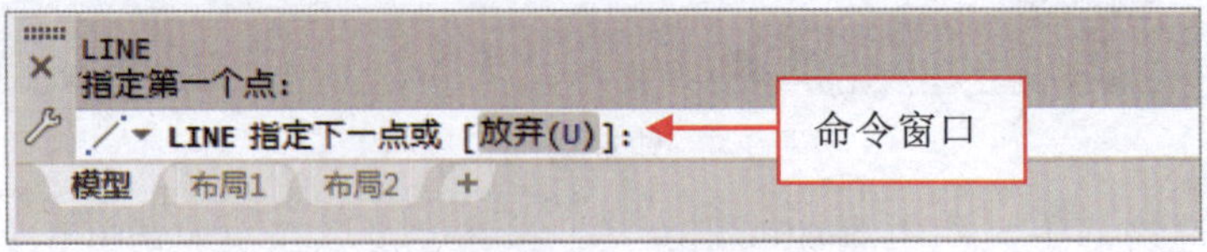


图 1-11　AutoCAD 2020 命令窗口

> ▶ 专家指点
>
> 使用 AutoCAD 2020 绘图时，命令提示行一般有以下两种显示状态。
>
> ➢ 等待命令输入状态：表示系统等待输入命令，以绘制或编辑图形。
>
> ➢ 正在执行命令的状态：CAD 在执行命令的过程中，会显示该命令的操作提示。

### 1.2.7　状态栏

状态栏位于 AutoCAD 2020 窗口的最下方，如图 1-12 所示，可以用图标或文字的形式查看图形工具按钮，通过捕捉工具、极轴工具、对象捕捉工具和对象追踪工具的快捷菜单，可以轻松地更改这些绘图工具的设置。

图 1-12　AutoCAD 2020 状态栏

## 1.3　AutoCAD 2020 的基本操作

要学习 AutoCAD 2020 软件的设计应用，首先需掌握 AutoCAD 2020 的基本操作，包括新建图形文件、打开图形文件、保存图形文件、输出图形文件以及关闭图形文件等，下面向读者介绍掌握图形文件的基本操作方法。

### 1.3.1　新建图形文件

新建图形文件

启动 AutoCAD 2020 之后，系统将自动新建一个名为 Drawing1 的图形文件，该图形文件默认 acadiso.dwt 为模板，根据需要也可以新建图形文件，以完成相应的绘图操作。

Step 01　启动 AutoCAD 2020 后，单击“菜单浏览器”按钮，在弹出的菜单列表中单击“新建”命令，如图 1-13 所示。

Step 02　弹出“选择样板”对话框，在列表框中选择相应选项，如图 1-14 所示。

> ▶ 专家指点
>
> 还可以通过以下三种方法，新建图形文件。
>
> ➢ 命令：在命令行输入 NEW（新建）命令，并按【Enter】键确认。
>
> ➢ 快捷键：按【Ctrl + N】组合键。
>
> ➢ 工具栏：单击快速访问工具栏中的“新建”按钮。

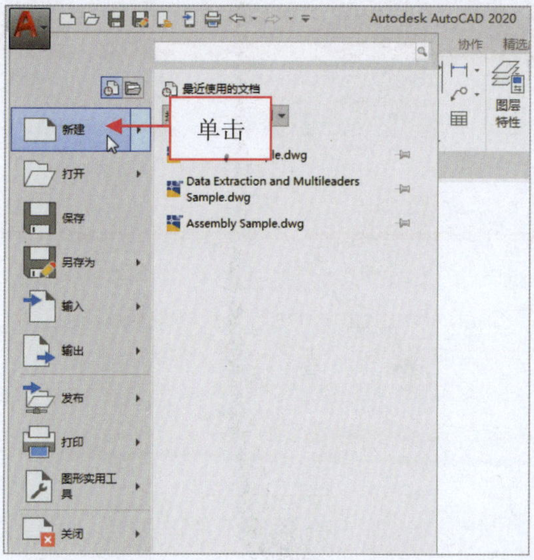


图 1-13　单击“新建”命令

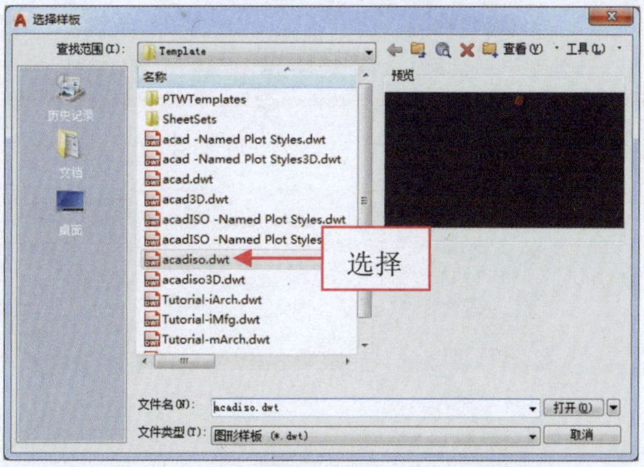


图 1-14　选择 acadiso.dwt 选项

**Step 03**　单击“打开”按钮，即可新建图形文件。

## 1.3.2　打开图形文件

打开图形文件

若电脑中已经保存了 AutoCAD 文件，可以将其打开进行查看和编辑。下面介绍打开图形文件的操作方法。

**Step 01**　在 AutoCAD 2020 工作界面中，单击“菜单浏览器”按钮，在弹出的菜单列表中单击“打开”命令，如图 1-15 所示。

**Step 02**　弹出“选择文件”对话框，在“查找范围”列表框中选择需要打开的素材图形（资源\素材\第 1 章\吊钩.dwg），如图 1-16 所示。

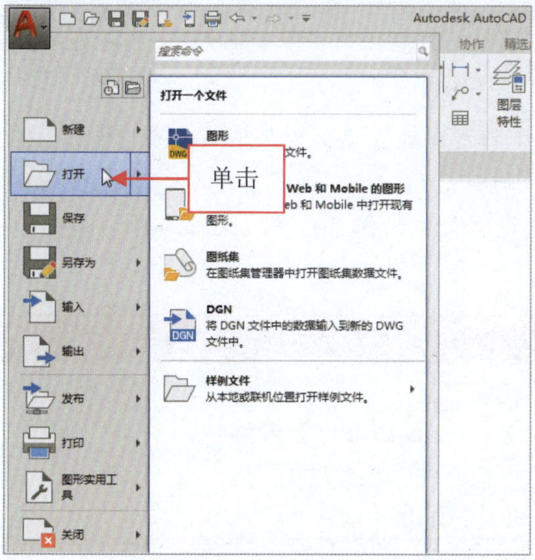


图 1-15　单击“打开”命令

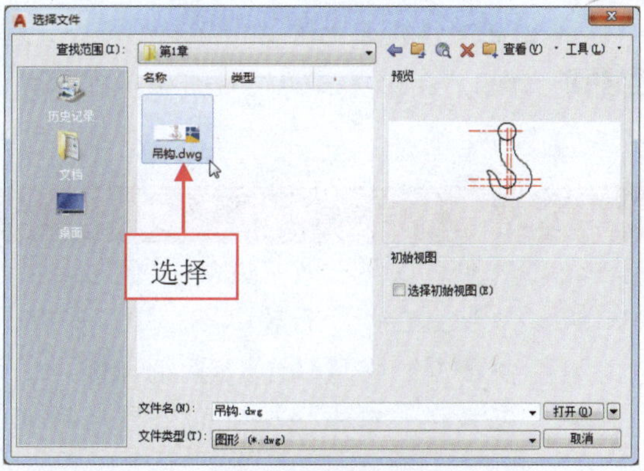


图 1-16　选择需要打开的素材图形

**▶ 专家指点**

还可以通过以下三种方法，打开图形文件。

- 命令：在命令行输入 OPEN（打开）命令，并按【Enter】键确认。
- 快捷键：按【Ctrl + O】组合键。
- 工具栏：单击快速访问工具栏的“打开”按钮。

**Step 03** 单击“打开”按钮，即可打开素材图形，如图 1-17 所示。

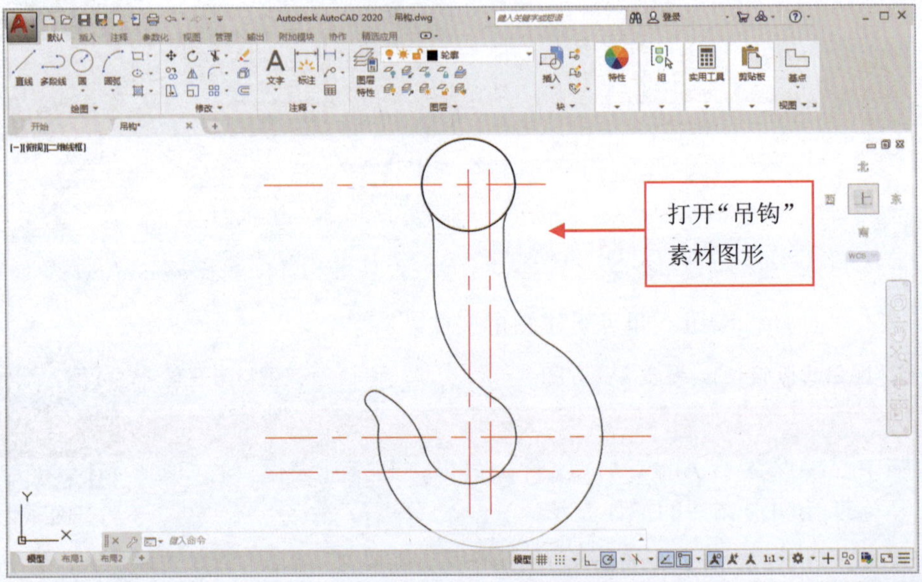


图 1-17　打开素材图形

### 1.3.3　保存图形文件

保存图形文件

绘制图形文件时，要注意保存所绘制的图形文件到本地磁盘，以免因意外而丢失文件数据。下面介绍保存图形文件的操作方法。

**Step 01** 启动 AutoCAD 2020，进行图形的绘制，绘制完成后，单击“菜单浏览器”按钮，在弹出的菜单列表中单击“保存”命令，如图 1-18 所示。

**Step 02** 弹出“图形另存为”对话框，可根据需要设置文件的保存位置及文件名称，如图 1-19 所示。

**▶ 专家指点**

还可以通过以下三种方法，保存图形文件。

- 命令：在命令行输入 SAVE（保存）命令，并按【Enter】键确认。
- 快捷键：按【Ctrl + S】组合键。
- 工具栏：单击快速访问工具栏的“保存”按钮。

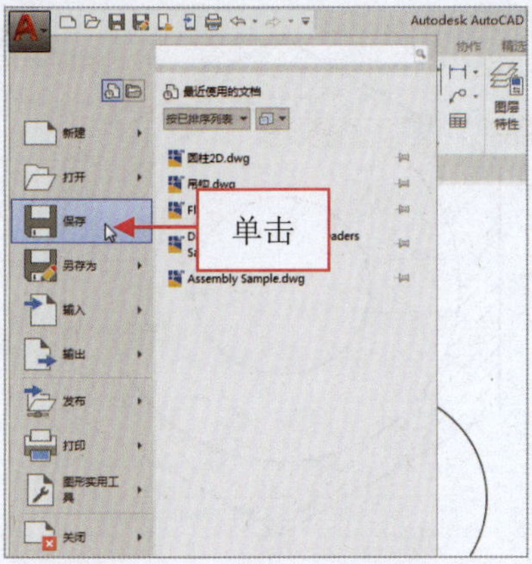


图 1-18 单击“保存”命令

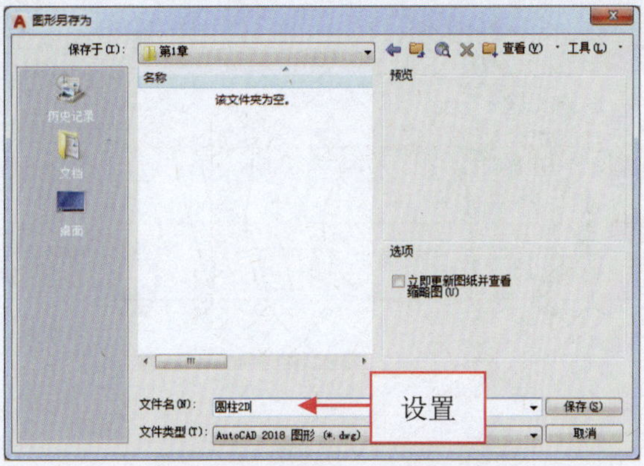


图 1-19 设置文件保存信息

**▶ 专家指点**

当保存文件后，如果再次执行“保存”命令，将不再弹出“图形另存为”对话框，而是直接将所做的编辑操作保存到已经保存过的文件中。

**Step 03** 单击“保存”按钮，即可保存绘制的图形文件，如图 1-20 所示。

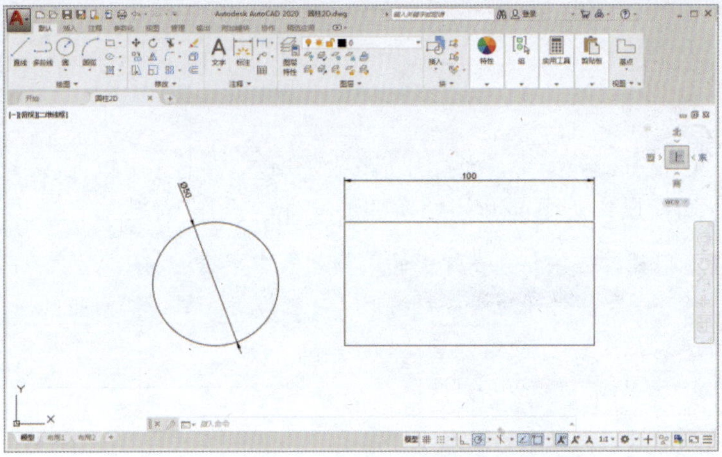

图 1-20 保存绘制的图形文件

## 1.3.4 另存为图形文件

另存为图形文件

如果需要重新将图形文件保存至磁盘中的另一位置，此时可以使用“另存为”命令，对图形文件进行另存为操作。

**Step 01** 单击“菜单浏览器”按钮，在弹出的菜单列表中单击“打开”|“图形”命令，打开素材图形（资源\素材\第 1 章\弹簧.dwg），如图 1-21 所示。

**Step 02** 单击“菜单浏览器”按钮，在弹出的菜单列表中单击“另存为”|“图形”命令，弹出“图形另存为”对话框，单击“保存于”右侧的下拉按钮，在弹出的列表框中重新设置文件的保存位置，如图 1-22 所示。

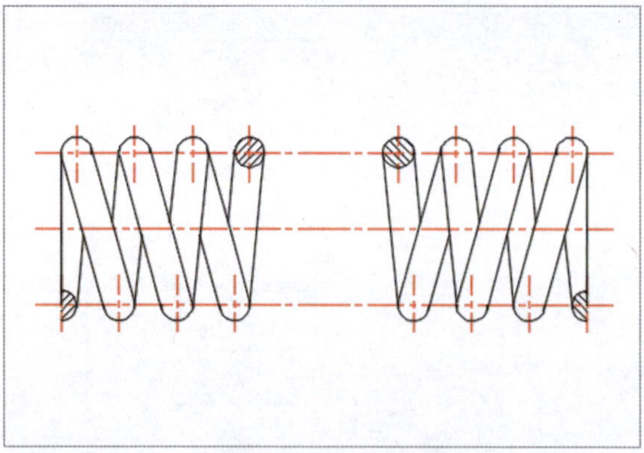

图 1-21　打开素材图形

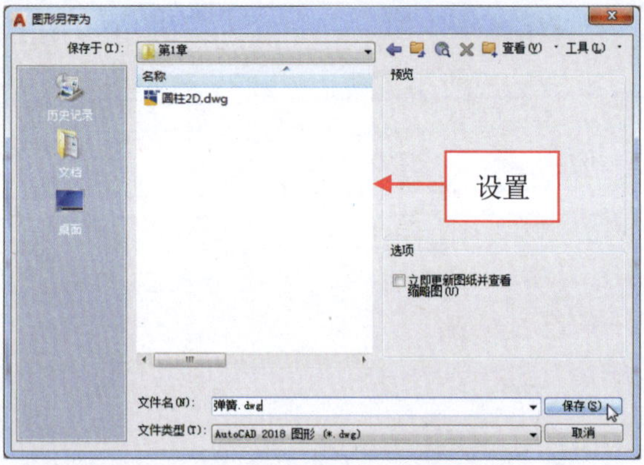


图 1-22　设置文件的保存位置

Step03　单击“保存”按钮，即可另存为图形文件。

**▶ 专家指点**

还可以通过以下两种方法，另存为图形文件。

- ➢ 命令：在命令行输入 SAVEAS（另存为）命令，并按【Enter】键确认。
- ➢ 快捷键：按【Ctrl + Shift + S】组合键。

### 1.3.5　切换图形文件

在 AutoCAD 2020 窗口界面中，当打开了多幅图形文件时，可以在各图形文件之间进行切换操作。下面介绍切换图形文件的操作方法。

切换图形文件

Step01　单击“菜单浏览器”按钮，在弹出的菜单列表中单击“打开”|“图形”命令，打开两幅素材图形（资源\素材\第 1 章\冰箱.dwg、窗格.dwg），如图 1-23 所示。

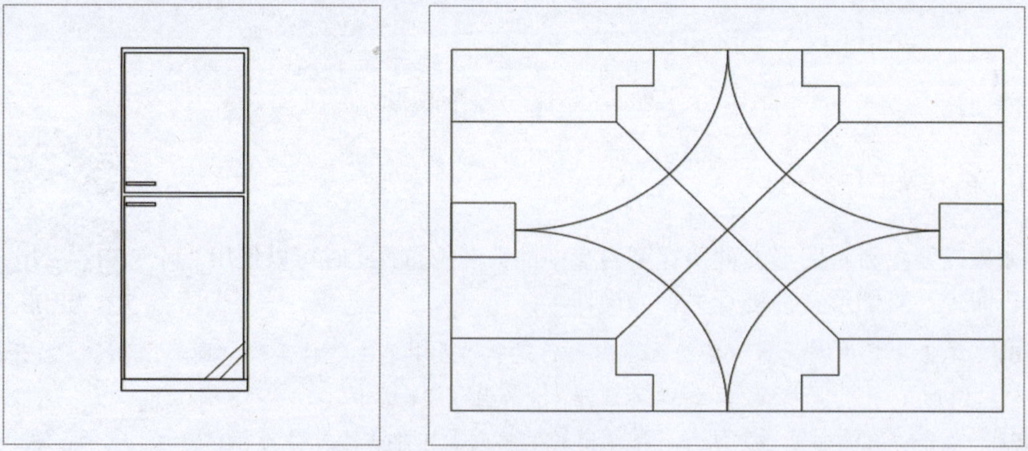

图 1-23　打开两幅素材图像

Step02　单击“功能区”选项板中的“视图”选项卡，在“界面”选项板中单击“切换窗口”下拉按钮，在弹出的列表框中选择相应的文件选项，如图 1-24 所示。

Step03　执行上述操作后，即可切换到选择的图形窗口中，如图 1-25 所示。

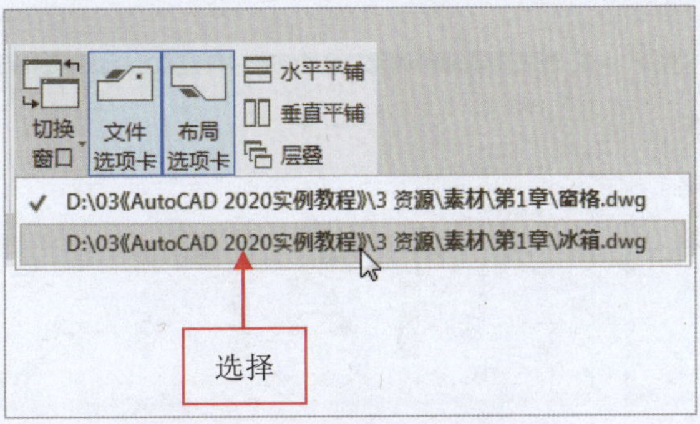


图 1-24　选择相应的文件选项

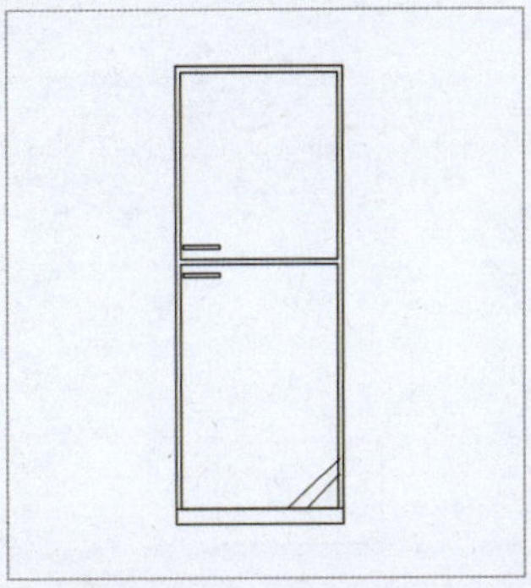

图 1-25　切换到选择的图形窗口中

> ▶ 专家指点
>
> 除了运用上述方法切换图形文件之外，还可以按【Ctrl + Tab】组合键，快速切换图形文件。

## 1.3.6　输出图形文件

在 AutoCAD 2020 中，可根据需要对图形文件进行输出操作。下面介绍输出图形文件的操作方法。

输出图形文件

Step01　单击“菜单浏览器”按钮，在弹出的菜单列表中单击“打开”|“图形”命令，打开素材图形（资源\素材\第 1 章\室内装潢图.dwg），如图 1-26 所示。

Step02　单击“菜单浏览器”按钮，在弹出的菜单列表中单击“输出”|“其他格式”命令，如图 1-27 所示。

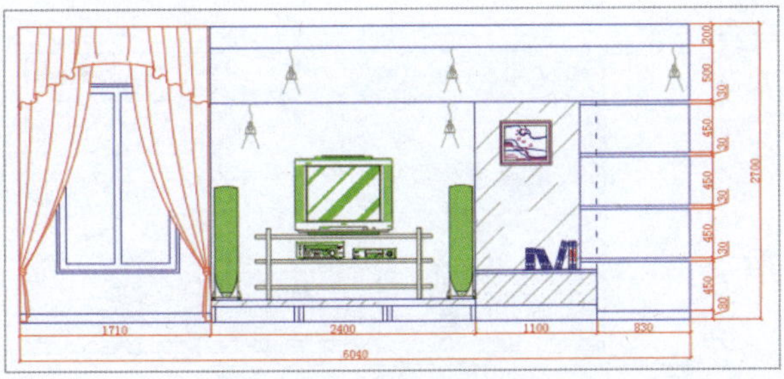

图 1-26　打开素材图形

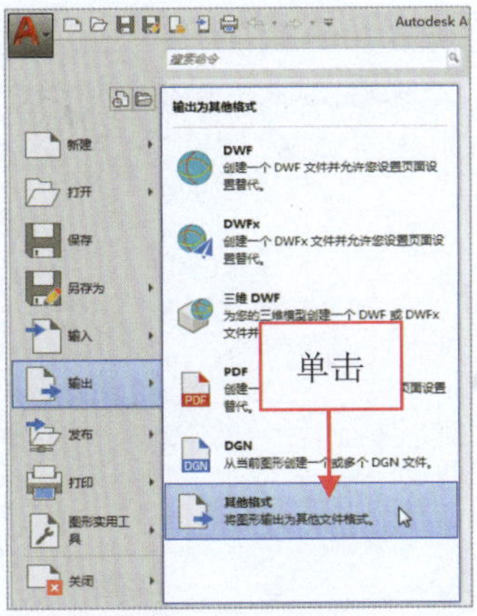


图 1-27　单击“其他格式”命令

Step 03 弹出“输出数据”对话框，在其中可以设置文件的保存路径及文件类型，如图 1-28 所示。

Step 04 单击“保存”按钮，返回绘图区，在指定位置双击保存的图像，即可查看图像，如图 1-29 所示。

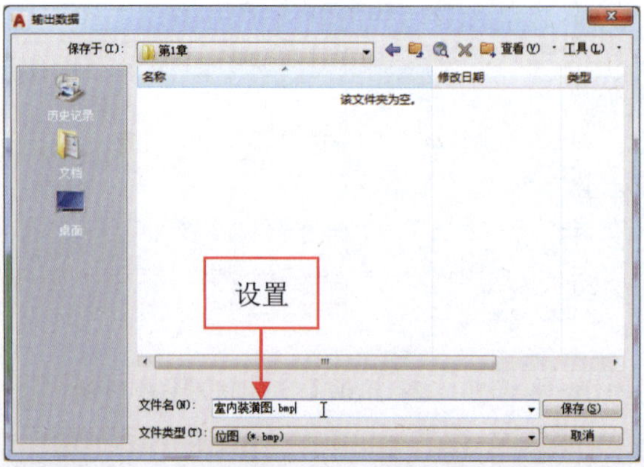


图 1-28　设置文件的保存路径及文件类型

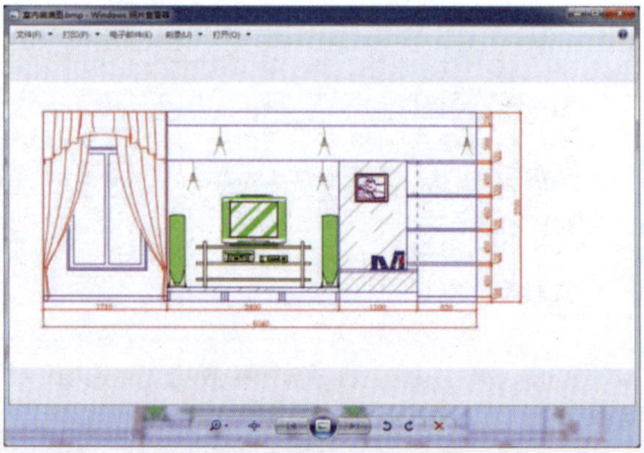

图 1-29　查看输出的图像效果

**▶ 专家指点**

在命令行输入 EXPORT（输出）命令，并按【Enter】键确认，也可以输出图形文件。在 AutoCAD 2020 中，常用的输出文件类型有三维 DWF（*.dwf）、图元文件（*.wmf）、块（*.dwg）、位图（*.bmp）、V8.DGN（*.dgn）等。

## 1.3.7　关闭图形文件

当完成图形文件的编辑之后，可以关闭图形文件，下面介绍具体操作方法。

关闭图形文件

Step 01 将鼠标移至绘图窗口右上角的“关闭”按钮 ☒ 上，单击鼠标左键，如图 1-30 所示。

Step 02 执行上述操作后，如果图形文件尚未作修改，可以直接将当前图形文件关闭；如果保存后又修改过图形文件，且未对图形文件进行重新保存，系统将弹出提示信息框，提示是否保存文件或放弃已作的修改，如图 1-31 所示。

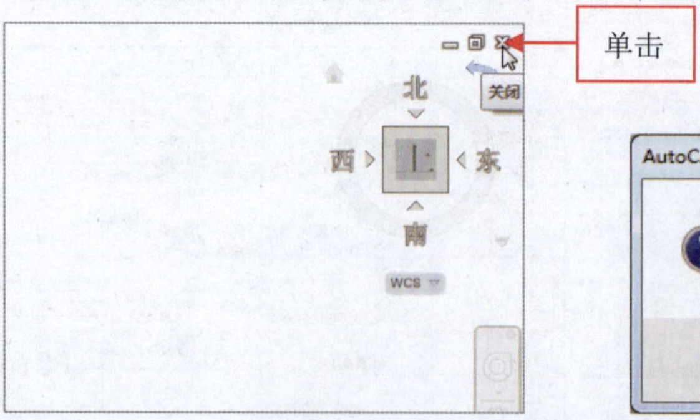


图 1-30　在“关闭”按钮 ☒ 上，单击鼠标左键

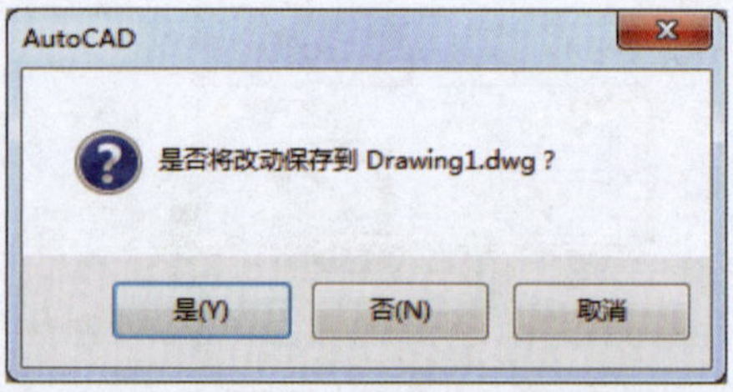


图 1-31　信息提示框

Step 03 单击“是”按钮，将保存图形文件；单击“否”按钮，将不保存图形文件；单击“取消”按钮，将取消文件的关闭操作。

▶ 专家指点

还可以通过以下四种方法，关闭图形文件。

- 命令 1：在命令行输入 CLOSE 命令，并按【Enter】键确认。
- 命令 2：在命令行输入 CLOSEALL 命令，并按【Enter】键确认。
- 菜单：单击“菜单浏览器”按钮，在弹出的菜单中单击“关闭”命令。
- 按钮：单击标题栏右侧的“关闭”按钮 ✕。

## 本章小结

本章主要介绍了 AutoCAD 2020 的基础知识，帮助读者了解 AutoCAD 2020 的工作界面，掌握一些图形文件的基本操作方法，如新建、打开、保存、另存为、切换、输出以及关闭图形文件等。通过本章的学习，希望读者能够很好地掌握 AutoCAD 2020 的基本操作。

## 课后习题

课后习题

鉴于本章知识的重要性，为了帮助读者更好地掌握所学知识，本节将通过上机习题，帮助读者进行简单的知识回顾和补充。

本习题需要掌握 AutoCAD 2020 中打开图形文件的操作方法，效果图如图 1-32 所示。

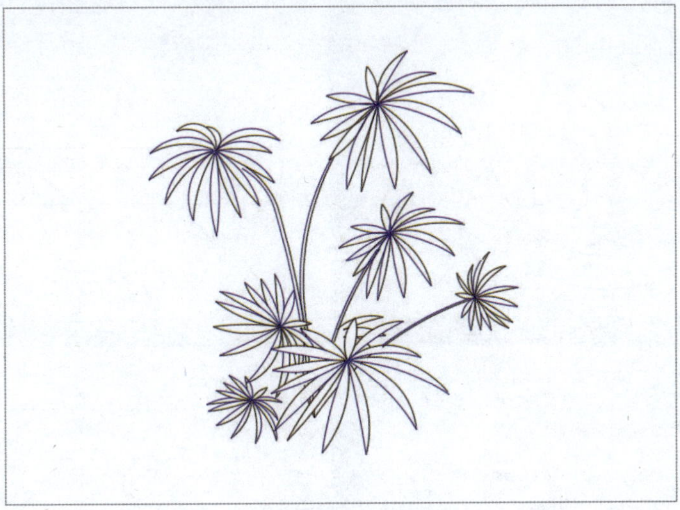

图 1-32 效果图

# 第 2 章
# 设置软件基础绘图环境

通常在绘图之前，首先确定绘图环境所需要的环境参数，以提高绘图效率。在 AutoCAD 2020 中，设置绘图环境包括设置系统参数、设置图形单位、管理界面以及使用命令的方法等。本章主要介绍设置绘图环境的基本操作。

**本章重点**

- 设置系统参数
- 设置图形单位
- 管理界面
- 使用命令的方法

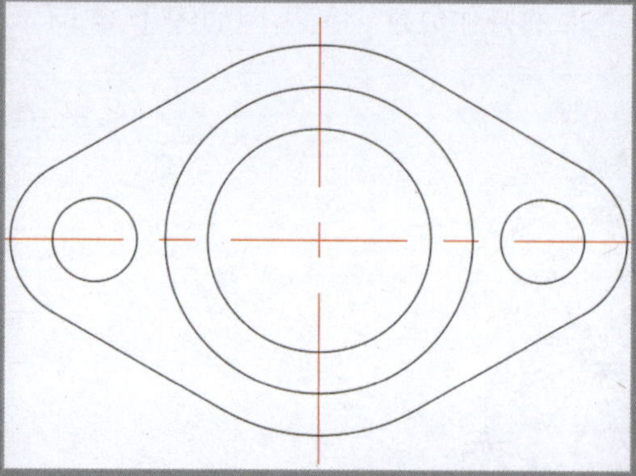

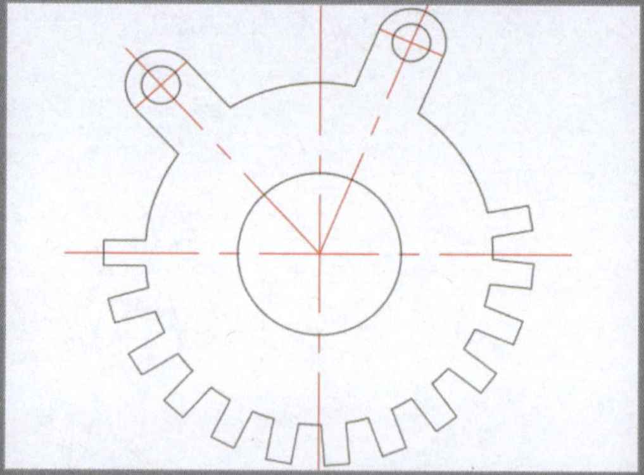

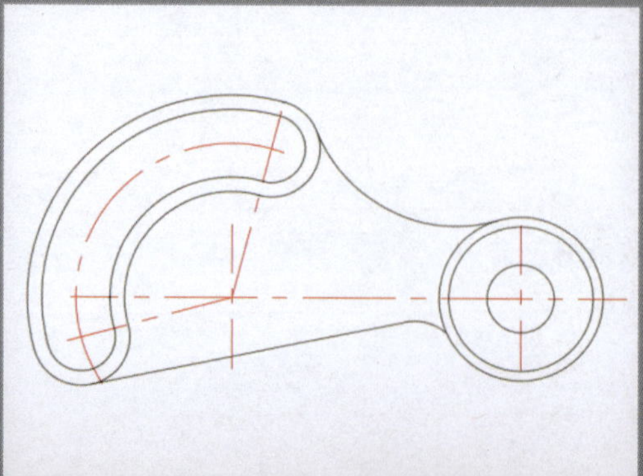

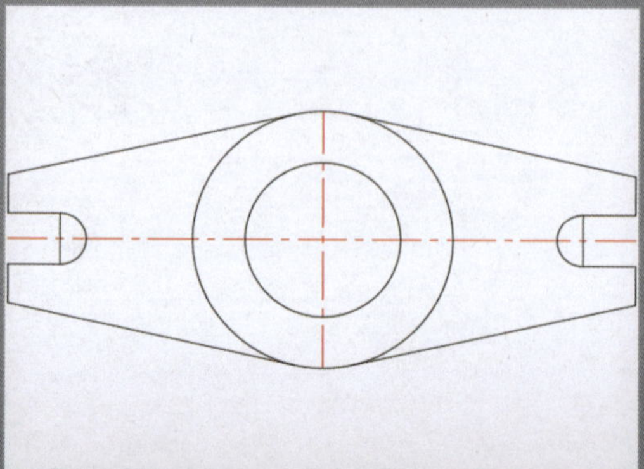

# 2.1　设置系统参数

在 AutoCAD 2020 中，单击“菜单浏览器”按钮，在弹出的菜单列表中单击“选项”按钮，在弹出的“选项”对话框中，可以对系统和绘图环境进行各种设置，以满足不同的需求。本节主要向读者介绍设置系统参数的操作方法。

## 2.1.1　设置文件路径

设置文件路径

在“选项”对话框中，单击“文件”选项卡，在该选项卡中可以设置 AutoCAD 2020 支持的文件、驱动程序、搜索路径、菜单文件和其他文件的目录等。

**Step 01**　单击“菜单浏览器”按钮，在弹出的菜单列表中，单击“打开”|“图形”命令，打开素材图形（资源\素材\第 2 章\沙发.dwg），如图 2-1 所示。

**Step 02**　单击“菜单浏览器”按钮，弹出菜单列表，单击“选项”按钮，如图 2-2 所示。

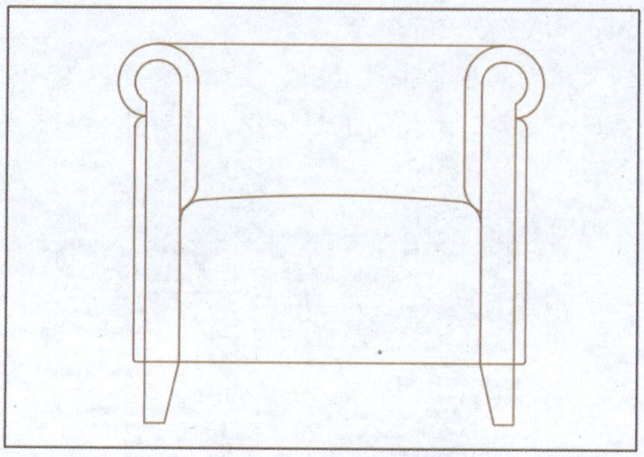

图 2-1　打开素材图形

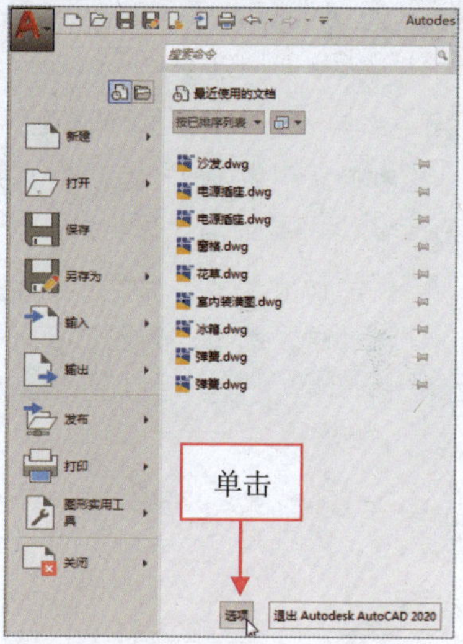


图 2-2　单击“选项”按钮

> **▶ 指点**
>
> 可以在没有执行任何命令也没有选择任何对象的情况下，在绘图窗口中单击鼠标右键，在弹出的快捷菜单中选择“选项”选项；也可以快速弹出“选项”对话框。或者单击“草图设置”对话框中的“选项”按钮，也可弹出“选项”对话框。另外，在命令行输入 OPTIONS（选项）命令，并按【Enter】键确认，也可以弹出“选项”对话框。

**Step 03**　弹出“选项”对话框，切换至“文件”选项卡，如图 2-3 所示。

**Step 04**　单击“支持文件搜索路径”选项前的 ⊞ 号按钮，在展开的列表中选择相应选项，如图 2-4 所示。

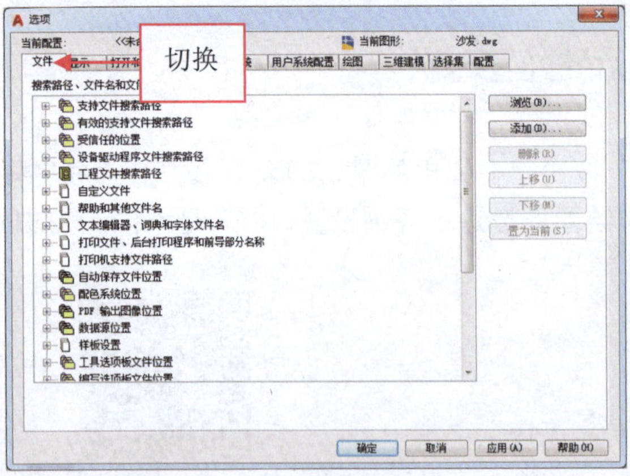


图 2-3　切换“文件”选项卡

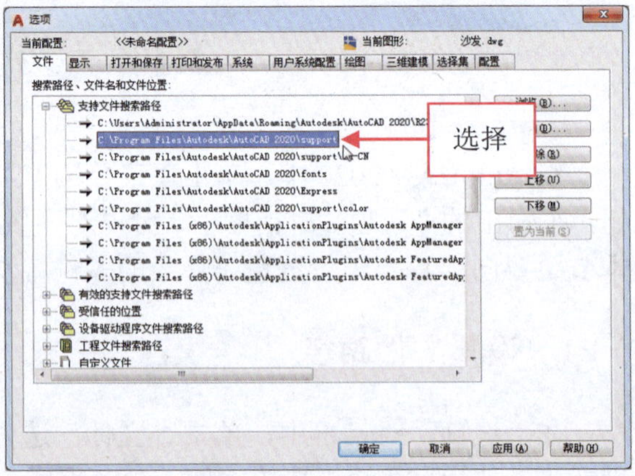


图 2-4　选择相应选项

**Step 05**　执行上述操作后，单击“确定”按钮，即可设置文件路径。

## 2.1.2　设置窗口元素

设置窗口元素

在“选项”对话框中，切换至“显示”选项卡，该选项卡用于设置 AutoCAD 2020 窗口元素的显示情况。下面介绍设置窗口元素的操作方法。

**Step 01**　单击“菜单浏览器”按钮，在弹出的菜单列表中单击“打开”|“图形”命令，打开素材图形（资源\素材\第 2 章\椭形零件.dwg），如图 2-5 所示。

**Step 02**　单击“菜单浏览器”按钮，在弹出的菜单列表中单击“选项”按钮，弹出“选项”对话框，切换至“显示”选项卡，单击“颜色主题”右侧的下拉按钮，在弹出的列表框中选择“暗”选项，如图 2-6 所示。

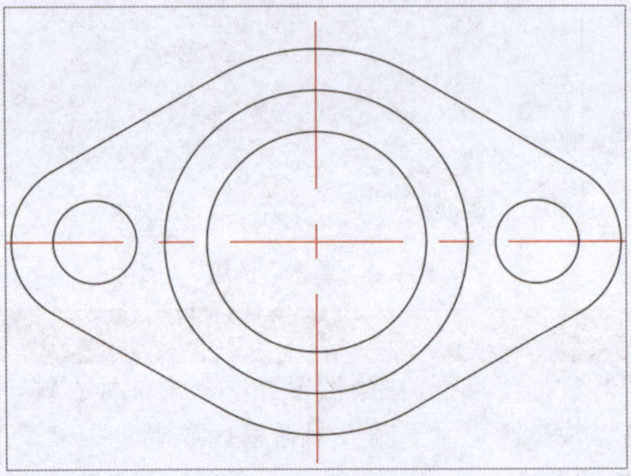

图 2-5　打开素材图形

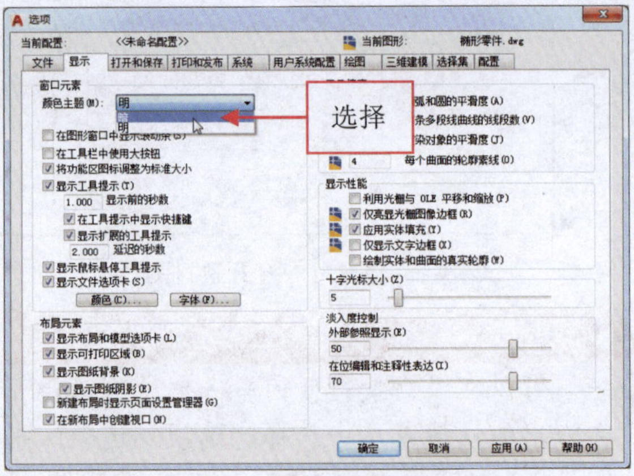


图 2-6　选择“暗”选项

**Step 03**　设置完成后，单击“确定”按钮，更改窗口的颜色显示状态，如图 2-7 所示。

**▶ 专家指点**

在“选项”对话框中的“显示”选项卡，可以进行绘图环境显示设置、布局显示设置，以及控制十字光标的尺寸等设置。

图 2-7　更改窗口的颜色显示状态

## 2.1.3　设置文件保存时间

设置文件保存时间

在“选项”对话框中，切换至“打开和保存”选项卡，在其中可以设置在 AutoCAD 2020 中保存文件的相关选项。下面介绍设置文件保存时间的操作方法。

**Step 01** 单击“菜单浏览器”按钮，在弹出的菜单列表中，单击“选项”按钮，如图 2-8 所示。

**Step 02** 弹出“选项”对话框，切换至“打开和保存”选项卡，选中“自动保存”复选框，在其下方设置“自动保存”的间隔分钟数，如图 2-9 所示。

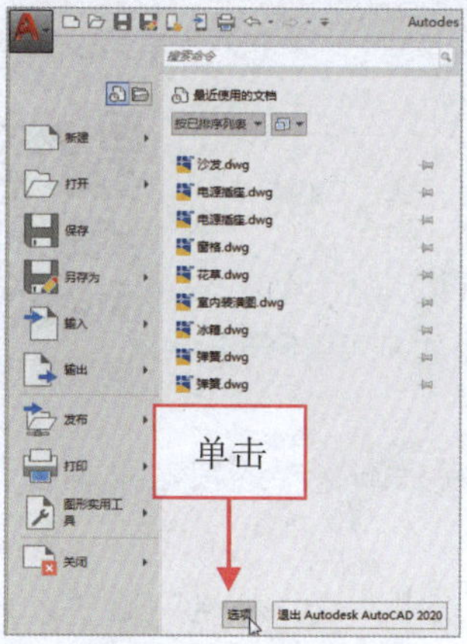


图 2-8　单击“选项”按钮

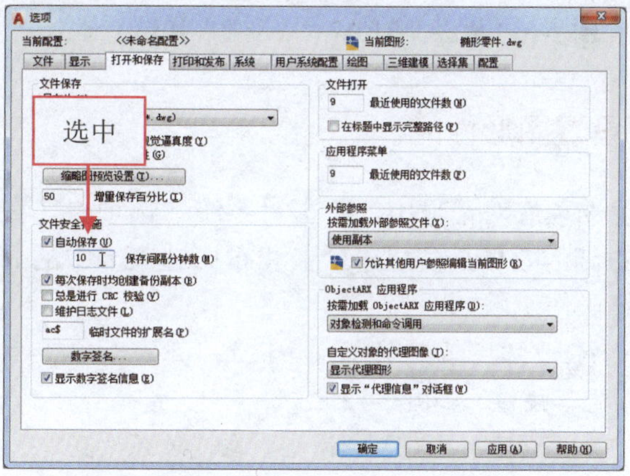


图 2-9　设置自动保存的间隔分钟数

**Step 03** 设置完成后，单击“确定”按钮，即可完成文件保存时间的设置。

> **▶ 专家指点**
>
> 在“选项”对话框的“打开和保存”选项卡中，可根据需要设置保存文件的格式，对要保存的文件采取安全措施，以及最近使用的文件数是否需要加载外部参照文件等。

## 2.1.4　设置打印与发布

设置打印与发布

在“选项”对话框中，单击“打印和发布”选项卡，该选项卡用于设置 AutoCAD 打印和发布的相关选项，具体操作步骤如下。

Step 01 单击“菜单浏览器”按钮，在弹出的菜单列表中单击“选项”按钮，弹出“选项”对话框，切换至“打印和发布”选项卡，单击对话框下方的“打印样式表设置”按钮，如图 2-10 所示。

Step 02 弹出“打印样式表设置”对话框，选中“使用颜色相关打印样式”单选按钮，如图 2-11 所示，单击“确定”按钮，返回“选项”对话框，单击“确定”按钮，即可完成打印样式表的设置。

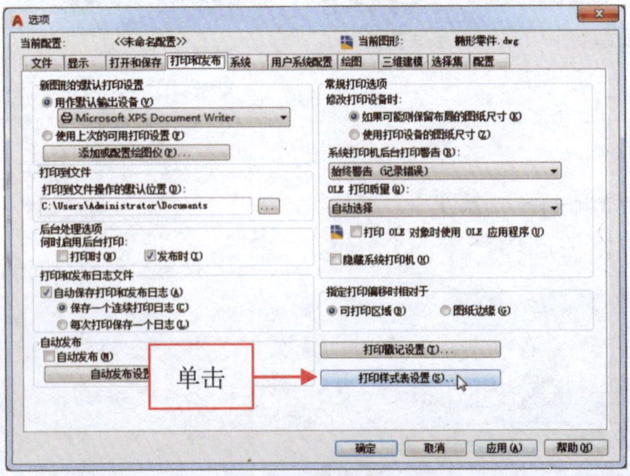


图 2-10　单击“打印样式表设置”按钮

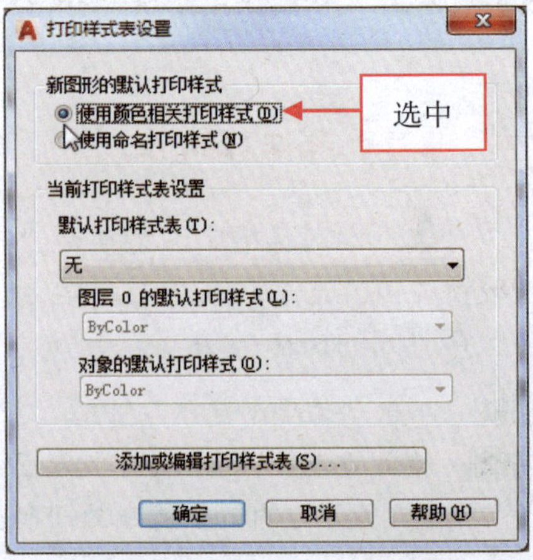


图 2-11　选中相应单选按钮

## 2.1.5　设置图形性能

设置图形性能

在“选项”对话框中，单击“系统”选项卡，在其中可以进行当前三维图形的显示效果、模型选项卡和布局选项卡中的显示列表如何更新等设置，具体操作步骤如下。

Step 01 调出“选项”对话框，切换至“系统”选项卡，在“硬件加速”选项区中单击“图形性能”按钮，如图 2-12 所示。

Step 02 弹出“图形性能”对话框，在“效果设置”选项区中关闭“硬件加速”选项，如图 2-13 所示。设置完成后，依次单击“确定”按钮，完成图形性能的设置。

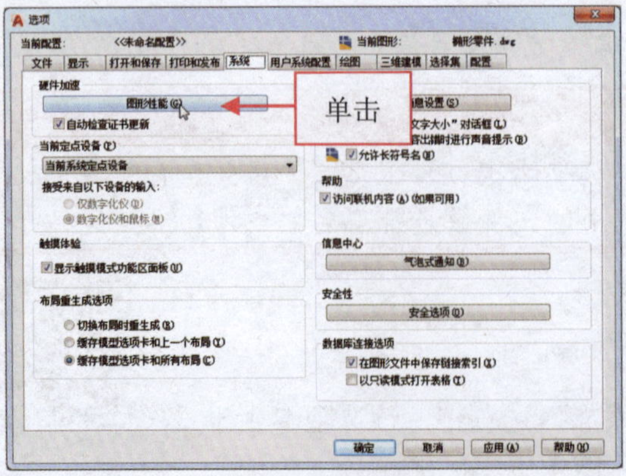


图 2-12　单击“图形性能”按钮

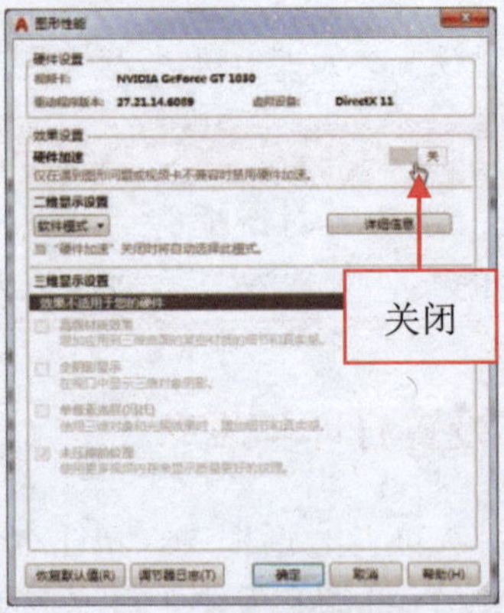


图 2-13　关闭“硬件加速”选项

## 2.1.6　设置系统配置

在“选项”对话框，单击“系统配置”选项卡，可以设置 AutoCAD 中优化性能的选项。具体操作步骤：调出“选项”对话框，切换至“系统配置”选项卡，在其中可以设置系统配置的相关参数，如图 2-14 所示。设置完成后，单击“确定”按钮，完成系统配置的设置。

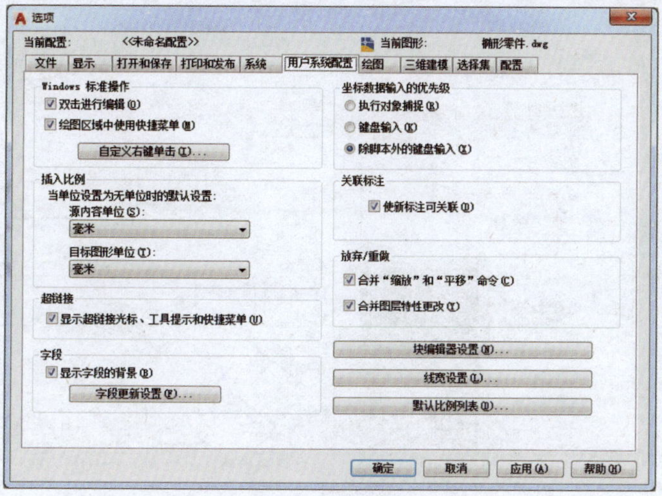


图 2-14　“系统配置”选项卡

## 2.1.7　设置绘图

在“选项”对话框的“绘图”选项卡中，可以设置 AutoCAD 2020 中的一些基本编辑选项，可以进行是否打开自动捕捉标记、改变自动捕捉标记大小等设置。具体操作步骤：调出“选项”对话框，切换至“绘图”选项卡，可以设置 AutoCAD 2020 的相关参数，如图 2-15 所示。设置完成后，单击“确定”按钮，完成绘图的设置。

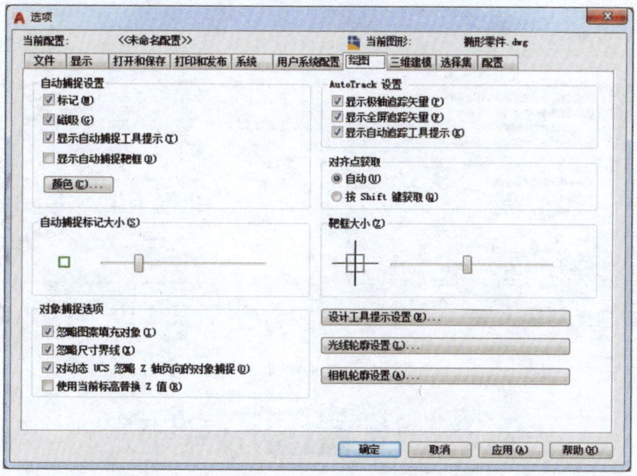


图 2-15　“绘图”选项卡

### 2.1.8 设置拾取框大小

设置拾取框大小

在 AutoCAD 2020 中，还可以根据需要设置拾取框的大小，具体操作步骤如下。

**Step 01** 单击“菜单浏览器”按钮，在弹出的菜单列表中单击“打开”|“图形”命令，如图 2-16 所示。

**Step 02** 执行上述操作后，打开素材图形（资源\素材\第 2 章\会议桌.dwg），如图 2-17 所示。

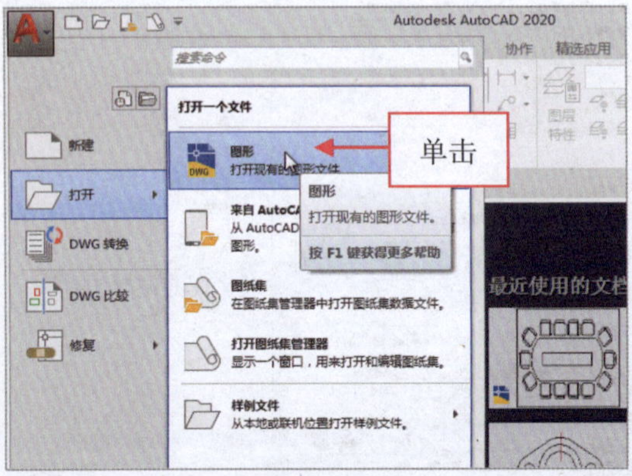


图 2-16 单击“图形”命令

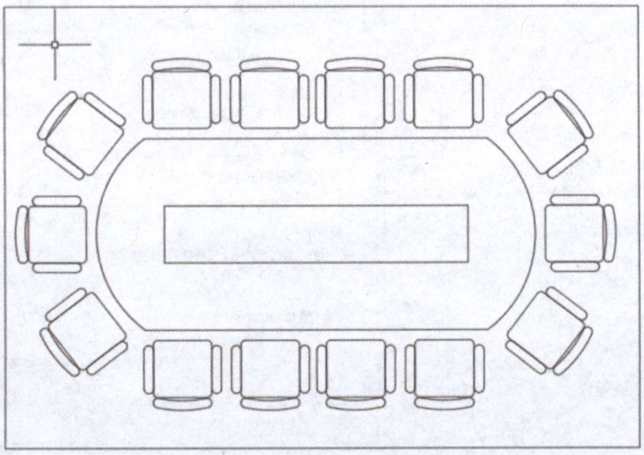

图 2-17 打开素材图形

**Step 03** 单击“菜单浏览器”按钮，在弹出的菜单列表单击“选项”按钮，弹出“选项”对话框，切换至“选择集”选项卡，在“拾取框大小”选项区中向右拖曳滑块到最大值，如图 2-18 所示。

**Step 04** 设置完成后，单击“确定”按钮，即可设置拾取框的大小，如图 2-19 所示。

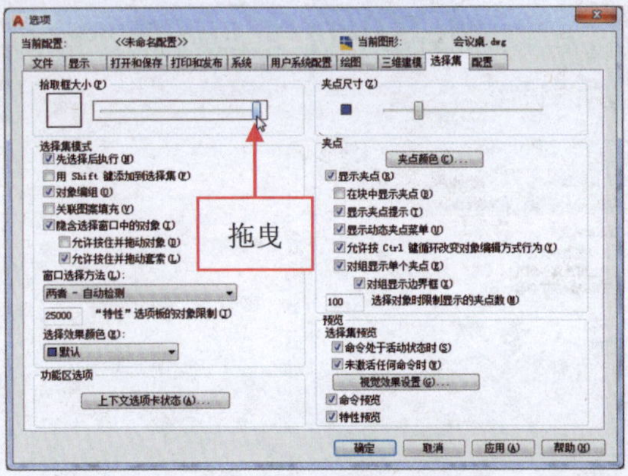


图 2-18 向右拖曳到最大值

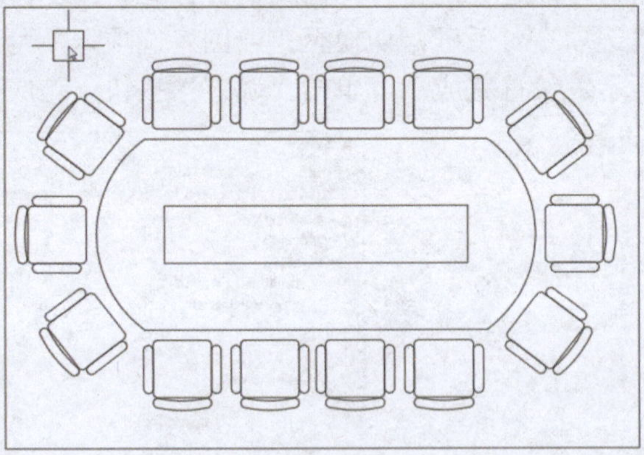

图 2-19 设置拾取框的大小

## 2.2 设置图形单位

在开始绘制图形前，需要确定图形单位与实际单位之间的尺寸关系，即绘图比例。另外，还要指定程序中测量角度的方向。对于所有的线性和角度单位，还要设置显示精度的等级，如小数点的倍数或者以分数显示时的最小分母，精度的设置会影响距离、角度和坐标的显示。本节主要介绍设置图形单位的方法。

## 2.2.1　设置图形单位的长度

在“图形单位”对话框中的“长度”选项区中，可以设置图形的长度类型和精度。下面介绍设置图形单位的长度。

设置图形单位的长度

**Step 01** 在命令行输入 UNITS（单位）命令，按【Enter】键确认，弹出“图形单位”对话框，在“长度”选项区中单击“类型”下拉按钮，在弹出的列表框中选择“小数”选项，如图 2-20 所示。

**Step 02** 单击“精度”下拉按钮，弹出列表框，选择“0.000”选项，如图 2-21 所示，设置完成后，单击“确定”按钮，即可设置图形单位的长度。

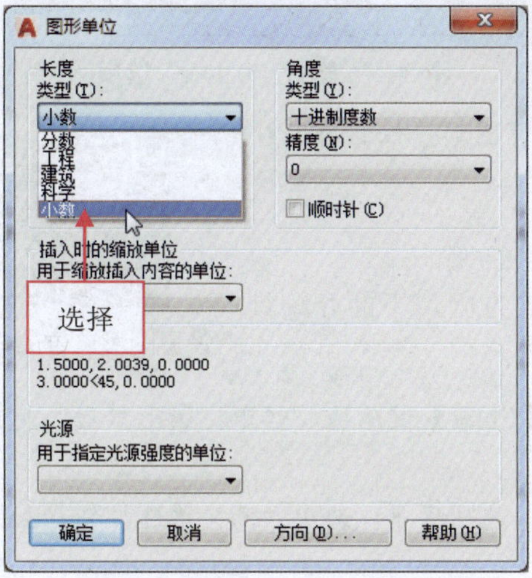


图 2-20　选择“小数”选项

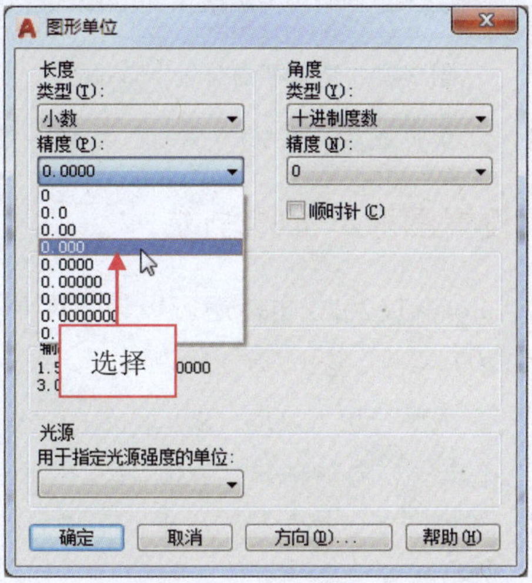


图 2-21　选择“0.000”选项

**▶ 专家指点**

单击快速访问工具栏右侧的下三角按钮，在弹出的列表框中选择“显示菜单栏”选项，显示菜单栏，单击“格式”|“单位”命令，也可以弹出“图形单位”对话框。

## 2.2.2　设置图形单位的角度

在“角度”选项区中，可以指定当前角度的格式和当前角度显示的精度。下面介绍设置图形单位角度的操作方法。

设置图形单位的角度

**Step 01** 在命令行输入 UNITS（单位）命令，按【Enter】键确认，弹出“图形单位”对话框，在“角度”选项区单击“类型”下拉按钮，在弹出的列表框选择“百分度”选项，如图 2-22 所示。

Step 02 在“角度”选项区单击“精度”下拉按钮，在弹出的列表框选择“0.00 g”选项，如图 2-23 所示。

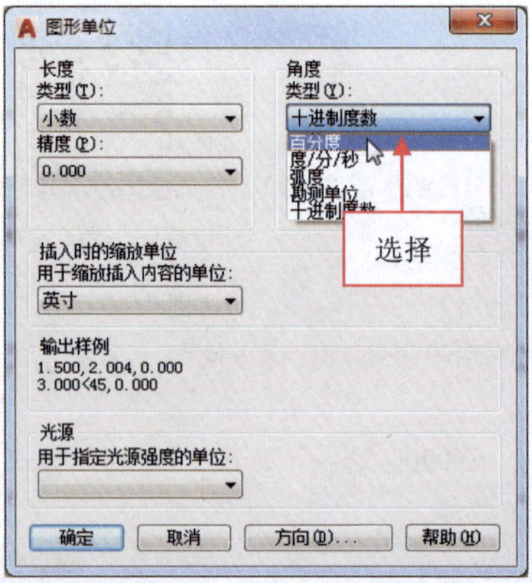


图 2-22　选择“百分度”选项

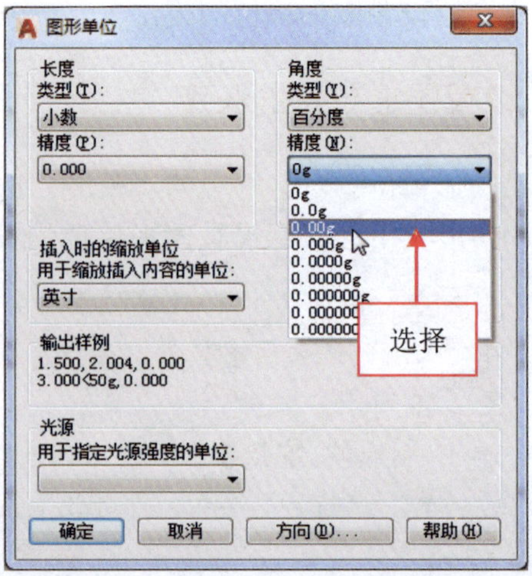


图 2-23　选择“0.00 g”选项

Step 03 设置完成后，单击“确定”按钮，即可设置图形单位的角度。

## 2.2.3 设置图形单位的方向

设置图形单位的方向

在 AutoCAD 2020 中，还可以设置图形单位的方向，下面介绍具体的操作方法。

Step 01 在命令行输入 UNITS（单位）命令，按【Enter】键确认，弹出“图形单位”对话框，单击“方向”按钮，如图 2-24 所示。

Step 02 弹出“方向控制”对话框，在“基准角度”选项区中，选中“西”单选按钮，如图 2-25 所示。

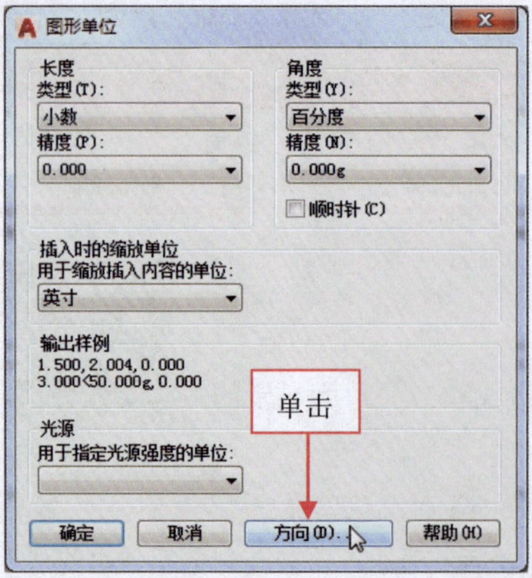


图 2-24　单击“方向”按钮

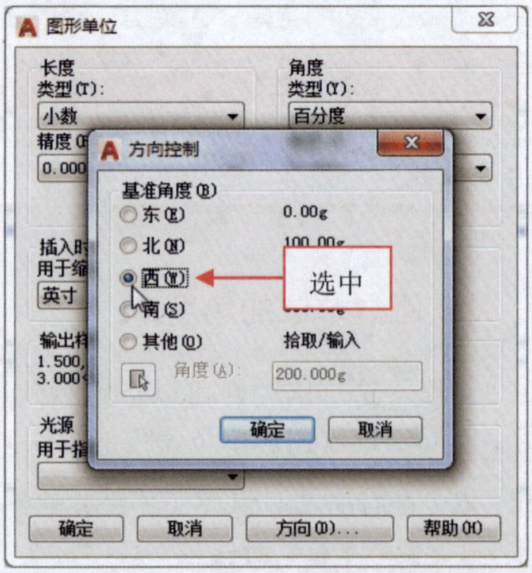


图 2-25　选中“西”单选按钮

**Step 03** 设置完成后，单击“确定”按钮，即可设置图形单位的方向。

> ▶ 专家指点
>
> 在“方向控制”选项区中，选中“其他”单选按钮后，单击“拾取角度”按钮，返回到绘图窗口，通过选取两个点来确定基准角度为 0° 的方向。

# 2.3 管理界面

在 AutoCAD 2020 中，可以自定义工作空间来创建绘图环境，以便显示需要的工具栏、菜单和可固定的窗口。本节主要介绍管理界面的方法。

## 2.3.1 自定义界面

自定义界面

在“功能区”选项板中单击“管理”选项卡，在“自定义设置”面板上单击“界面”按钮，在弹出的“自定义界面”对话框中，可以重新设置图形环境使其满足需求。下面介绍自定义界面的方法。

**Step 01** 在“功能区”选项板中单击“管理”选项卡，在“自定义设置”面板上单击“界面”按钮，如图 2-26 所示。

**Step 02** 弹出“自定义界面”对话框，在“自定义”选项卡的“所有自定义文件”选项区的列表框中选择“功能区”|“选项卡”选项，单击鼠标右键，在弹出的快捷菜单中选择“新建选项卡”选项，如图 2-27 所示。

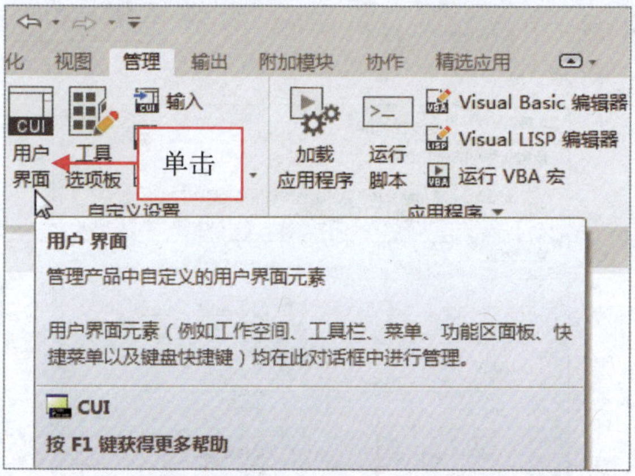


图 2-26　单击“界面”按钮

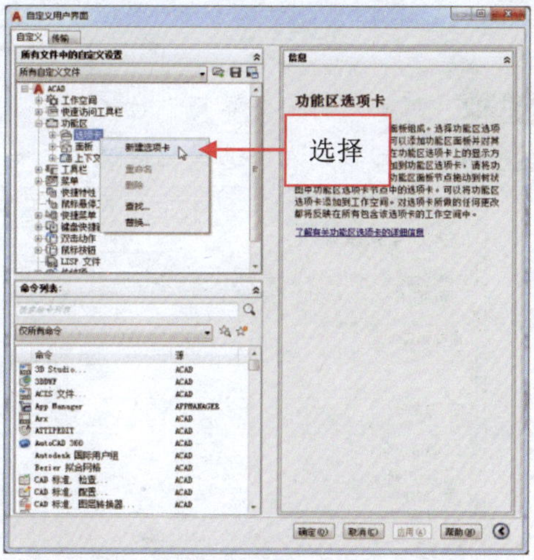


图 2-27　选择“新建选项卡”选项

> ▶ 专家指点
>
> 在命令行输入 CUI（界面）命令，按【Enter】键确认，也可以弹出“自定义界面”对话框。

**Step 03** 在文本框中输入“三维”，如图 2-28 所示，依次单击“确定”按钮，即可新建“三维”选项卡。

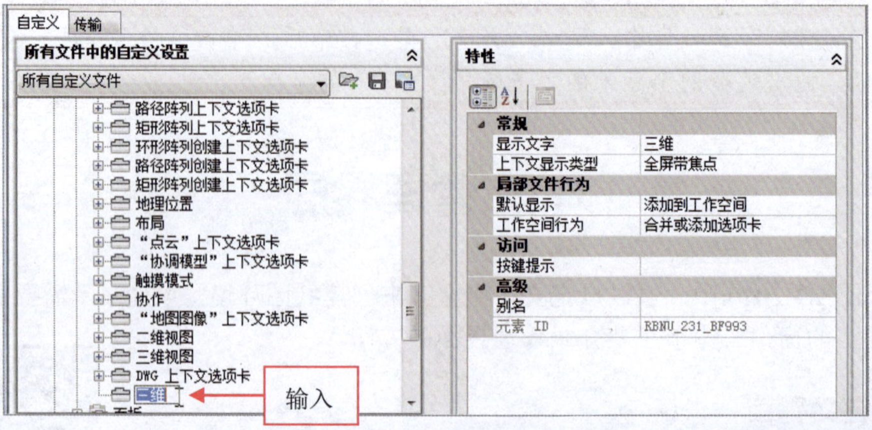


图 2-28　在文本框中输入“三维”

## 2.3.2　自定义个性化工具栏

自定义个性化工具栏

在 AutoCAD 2020 中，可根据需要自定义个性化工具栏。

**Step 01** 在命令行输入 TOOLBAR（工具栏）命令，如图 2-29 所示，按【Enter】键确认。

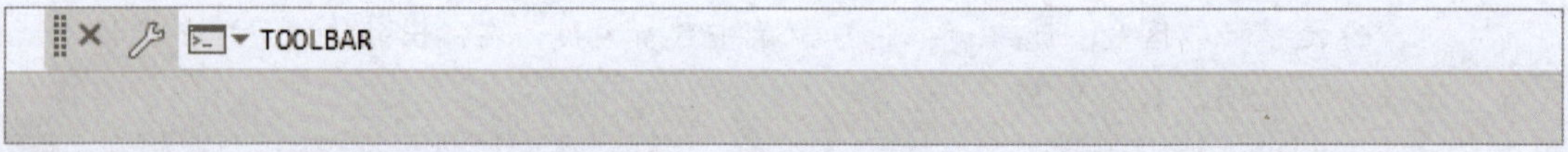


图 2-29　输入 TOOLBAR（工具栏）命令

**Step 02** 弹出“自定义界面”对话框，如图 2-30 所示。

**Step 03** 在下拉列表中选择相应选项，如图 2-31 所示。

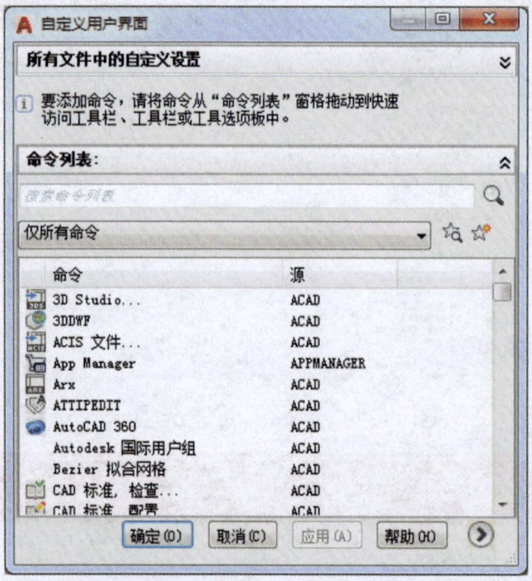


图 2-30　“自定义界面”对话框

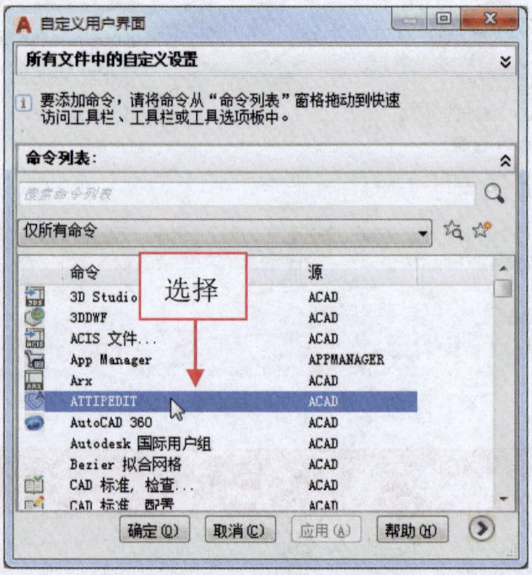


图 2-31　选择相应选项

Step 04　单击鼠标左键并拖曳至快速访问工具栏上，然后单击“自定义界面”对话框中的“确定”按钮，返回绘图窗口，在快速访问工具栏上即可添加相应按钮，如图 2-32 所示。

图 2-32　显示添加的工具栏

# 2.4　使用命令的方法

AutoCAD 2020 的命令执行方式有多种，主要有使用鼠标执行命令、使用命令行执行命令、使用文本窗口执行命令以及使用透明命令等。无论采用哪种方式执行命令，命令提示行中都将显示相应的提示信息。本节主要介绍使用命令编辑图形的技巧。

## 2.4.1　使用鼠标执行命令

使用鼠标执行命令

在绘图窗口中，鼠标指针通常显示为“十”字形状。当鼠标指针移至菜单命令、工具栏或对话框时，会自动变成箭头形状。无论鼠标指针是“十”字形状，还是箭头形状，当单击鼠标时，都会执行相应的命令。

Step 01　单击“菜单浏览器”按钮，在弹出的菜单列表中单击“打开”|“图形”命令，打开素材图形（资源\素材\第 2 章\回转器.dwg），如图 2-33 所示。

Step 02　单击“功能区”选项板中的“默认”选项卡，在“绘图”面板上单击“圆心，半径”按钮，如图 2-34 所示。

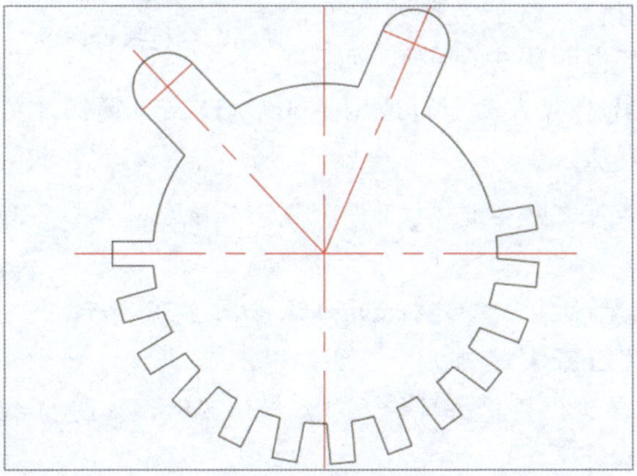

图 2-33　打开素材图形

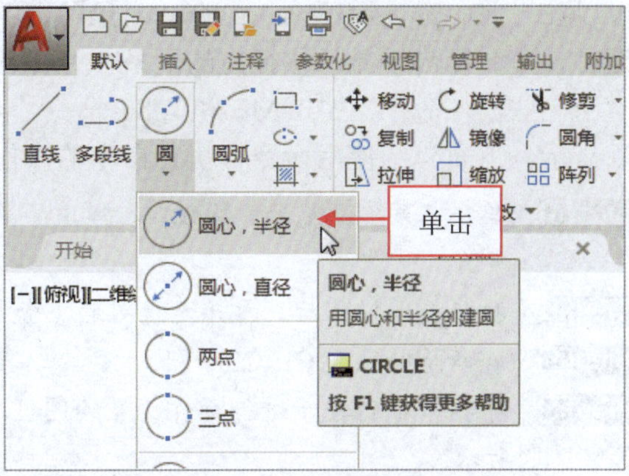


图 2-34　单击“圆心，半径”按钮

Step 03 根据命令行提示进行操作，在绘图区两条中心线的交点上，单击鼠标左键，输入 13，按【Enter】键确认，即可使用鼠标执行命令绘制圆，如图 2-35 所示。

Step 04 参照上述的方法，在绘图区中的相应位置再次绘制两个半径为 3 的圆，效果如图 2-36 所示。

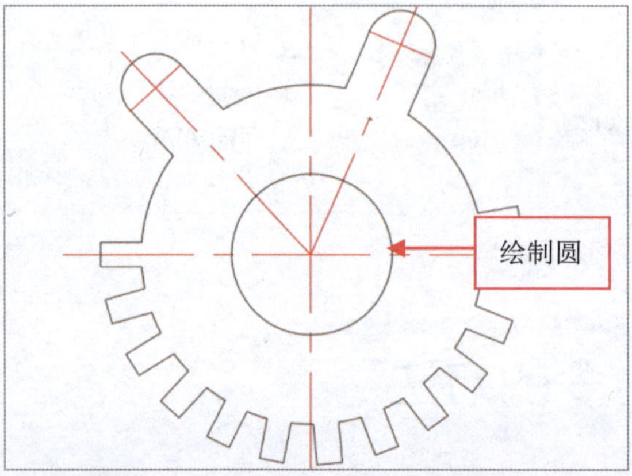


图 2-35 使用鼠标执行命令绘制圆

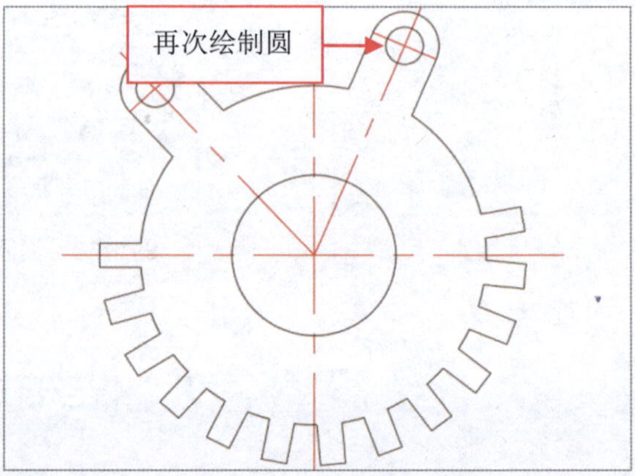


图 2-36 再次绘制圆

**▶ 专家指点**

在 AutoCAD 2020 中，鼠标指针有三种模式：拾取模式、回车模式和弹出式模式。

➢ 拾取键：拾取键指的是鼠标左键，用于指定屏幕上的点，也被用于选择 Windows 对象、AutoCAD 对象、工具栏按钮和菜单命令等。

➢ 回车键：回车键指的是鼠标右键，相当于【Enter】键，用于结束当前使用的命令，此时系统会根据当前绘图状态而弹出不同的快捷菜单。

➢ 弹出键：按住【Shift】键的同时单击鼠标右键，系统将会弹出一个快捷菜单，用于设置捕捉点的方法。对于三键鼠标，弹出键相当于鼠标的中间键。

## 2.4.2 使用命令行执行命令

使用命令行执行命令

在 AutoCAD 2020 中，默认情况下命令行是一个可固定的窗口，可以在当前命令提示下输入命令、对象参数等内容。对于大多数命令而言，命令行可以显示执行完的两条命令提示（也叫历史命令），而对于一些输入命令，如 TIME 和 LIST 命令，则需要放大命令行或用 AutoCAD 文本窗口才可以显示。下面介绍使用命令行执行命令的操作方法。

Step 01 单击“菜单浏览器”按钮，在弹出的菜单列表中单击“打开”|“图形”命令，如图 2-37 所示。

Step 02 执行上述操作后，打开素材图形（资源\素材\第 2 章\连杆.dwg），如图 2-38 所示。

Step 03 在命令行输入 CIRCLE（圆）命令，按【Enter】键确认，如图 2-39 所示。

Step 04 根据命令行提示进行操作，在绘图区中合适位置单击鼠标左键，确认圆心，如图 2-40 所示。

Step 05　向右引导光标，输入 7，并按【Enter】键确认，即可绘制一个半径为 7 的圆，如图 2-41 所示。

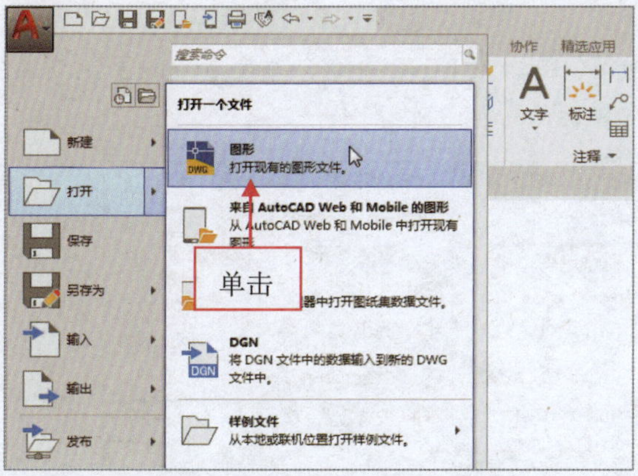


图 2-37　单击“图形”命令

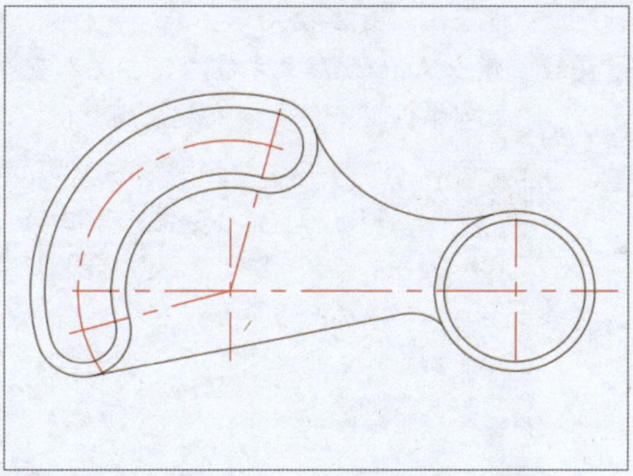

图 2-38　打开素材图形

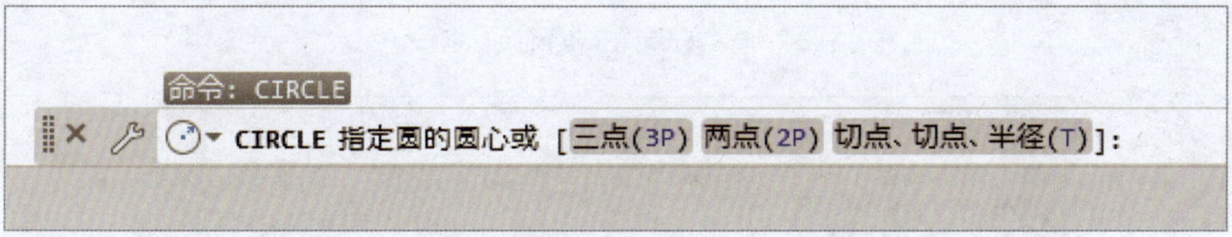


图 2-39　在命令行输入 CIRCLE 命令

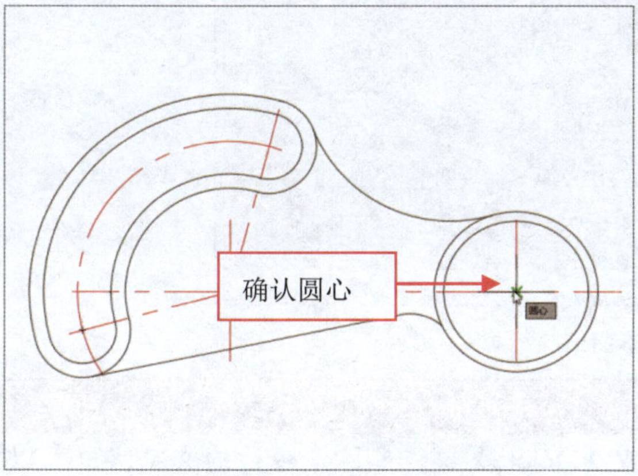


图 2-40　确认圆心

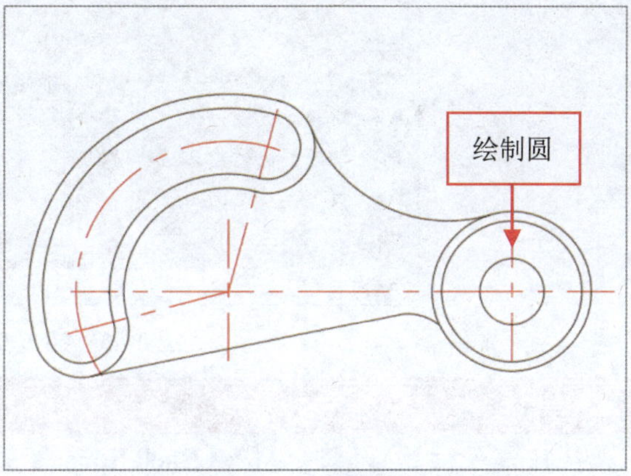


图 2-41　绘制一个半径为 7 的圆

## 2.4.3　使用文本窗口执行命令

在 AutoCAD 2020 中，文本窗口是一个浮动窗口，可以在其中输入命令或查看命令行提示信息，以便查看执行的历史命令。

使用文本窗口执行命令

Step 01 单击快速访问工具栏上的“新建”按钮，新建一个空白图形文件，显示菜单栏，单击“视图”菜单，在弹出的菜单表框中单击“显示”命令，在弹出的子菜单中单击“文本窗口”命令，如图 2-42 所示。

Step 02 弹出 AutoCAD 文本窗口，在文本窗口的命令行输入 LINE 命令，并按【Enter】键确认，可根据提示信息输入相应的数值，进行操作，如图 2-43 所示。

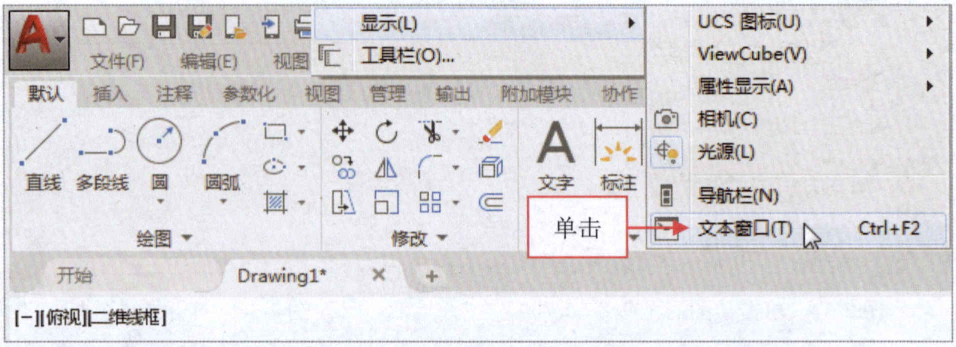


图 2-42　单击“文本窗口”命令

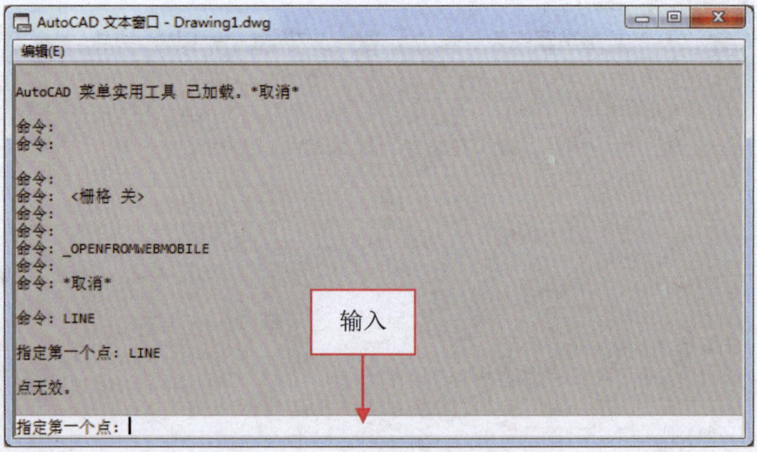


图 2-43　通过文本窗口执行命令

▶ 专家指点

在命令行还可以通过按【Back Space】键或【Delete】键，删除命令行的文字；也可以选择历史命令，并执行“粘贴到命令行”命令，将其粘贴到命令行。

## 2.4.4　使用透明命令

在执行命令的过程中，可以输入并执行某些其他命令，这类命令多为辅助修改图形设置的命令，或是打开绘图辅助工具的命令，在 AutoCAD 中，称这类命令为透明命令。下面介绍使用透明命令的方法。

使用透明命令

**Step 01** 单击“菜单浏览器”按钮，在弹出的菜单列表单击“打开”|“图形”命令，打开素材图形（资源\素材\第 2 章\卡座.dwg），如图 2-44 所示。

**Step 02** 在命令行输入 ARC（三点）命令，并按【Enter】键确认，捕捉合适的点为圆弧起点，如图 2-45 所示。

**Step 03** 在命令行输入 C（圆心），如图 2-46 所示。

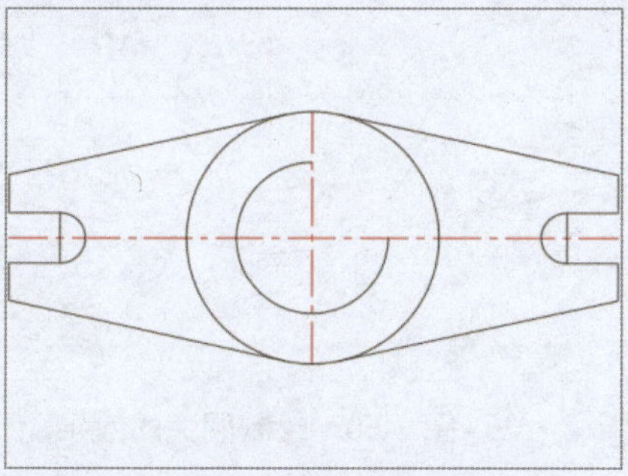

图 2-44　打开素材图形

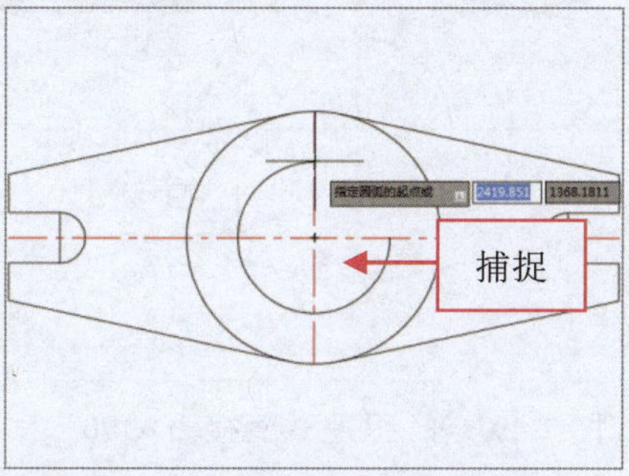


图 2-45　捕捉合适的点为圆弧起点

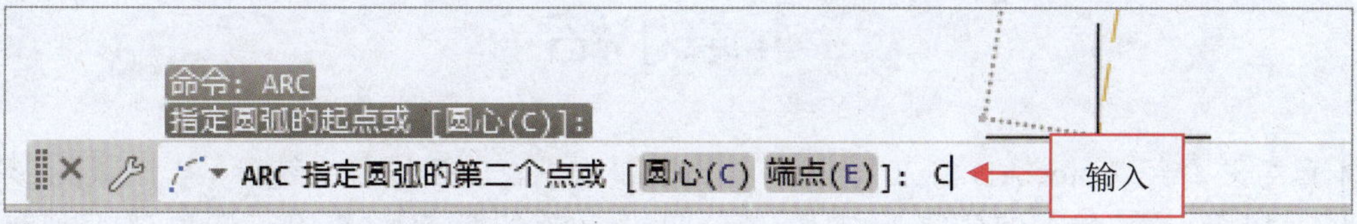


图 2-46　在命令行输入 C（圆心）

**Step 04** 按【Enter】键确认，在图形中指定圆心，如图 2-47 所示。

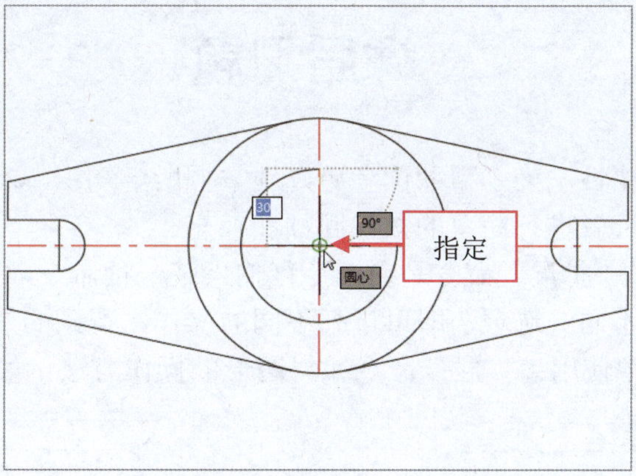


图 2-47　在图形中指定圆心

**Step 05** 在命令行输入 A（角度），如图 2-48 所示。

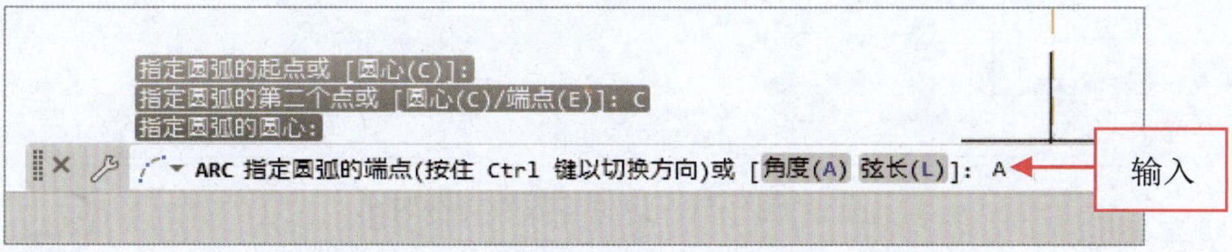


图 2-48　在命令行输入 A（角度）

Step 06　按【Enter】键确认，在绘图区中直接输入-90，如图 2-49 所示。

Step 07　按【Enter】键确认，即可绘制圆弧，效果如图 2-50 所示。

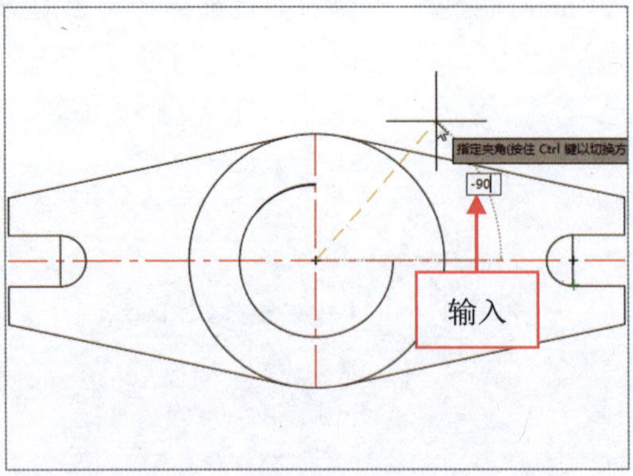


图 2-49　在绘图区中直接输入-90

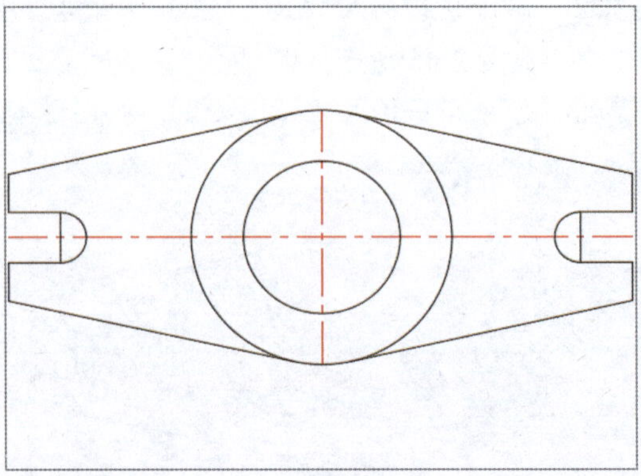

图 2-50　绘制圆弧的效果

# 本章小结

本章主要介绍 AutoCAD 2020 绘图环境的设置方法，包括设置系统参数、设置图形单位、管理界面以及使用命令编辑图形等内容。通过本章的学习，希望读者能够很好地掌握 AutoCAD 2020 的绘图环境。

# 课后习题

课后习题

鉴于本章知识的重要性，为了帮助读者更好地掌握所学知识，本节将通过上机习题，帮助读者进行简单的知识回顾和补充。

AutoCAD 2020 中的“扩展”命令是在命令行输入某一种命令，并按【Enter】键确认后，出现的多个选项，选择不同的选项，即可进行不同的操作，得到的效果也不同。本习题需要掌握在 AutoCAD 2020 中使用“扩展”命令编辑图形的操作方法，如图 2-51 所示。

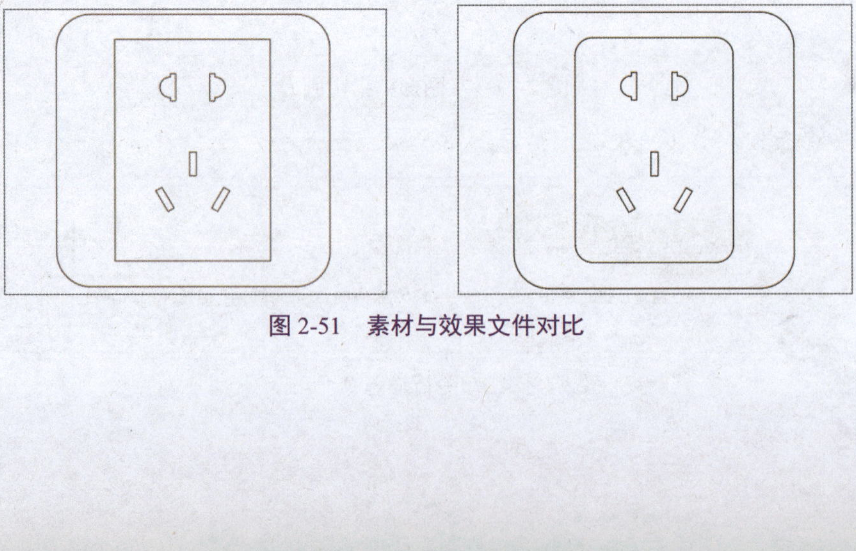

图 2-51　素材与效果文件对比

# 第 3 章
# 使用绘图的辅助功能

在绘制图形时，用鼠标定位虽然方便快捷，但精度不高，绘制的图形也不够精确，远远不能满足工程制图的要求。为了解决该问题，AutoCAD 2020 提供了一些绘图辅助工具，帮助读者精确绘图。本章主要向读者介绍使用绘图辅助功能的操作方法。

**本章重点**

- 设置捕捉和栅格功能
- 设置正交和极轴追踪功能
- 设置对象捕捉功能
- 设置对象捕捉追踪功能
- 设置动态输入功能
- 设置坐标系与坐标

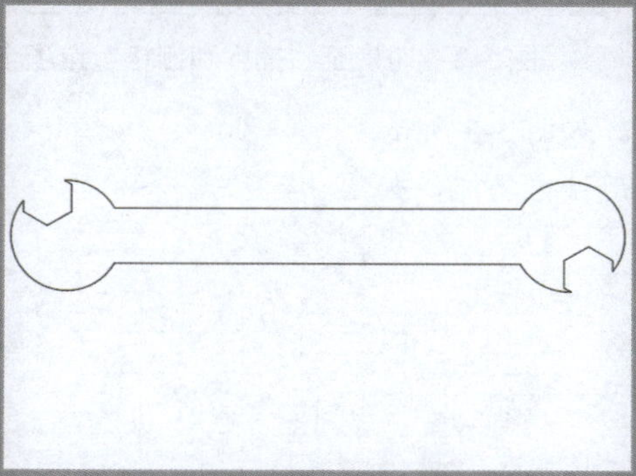

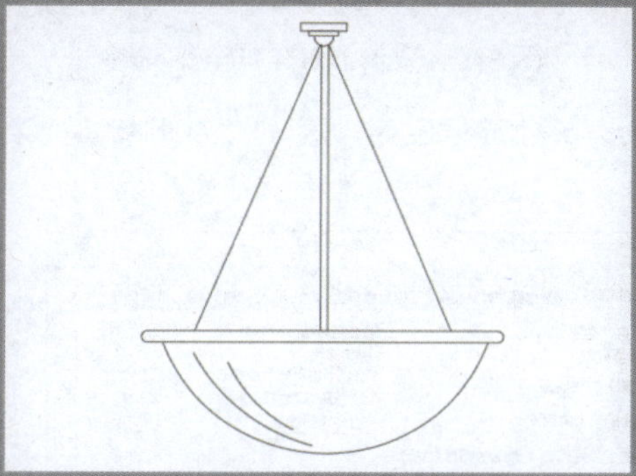

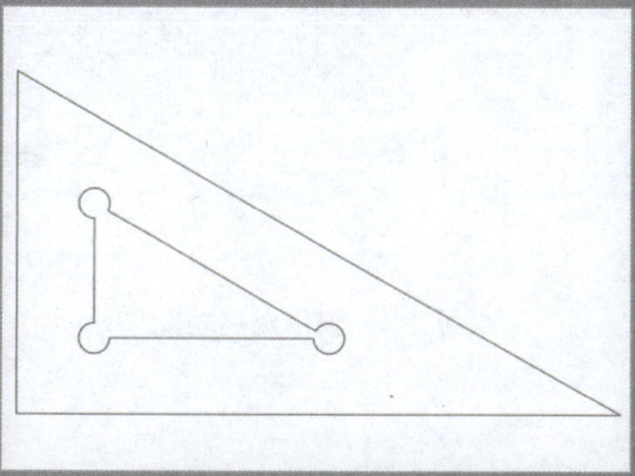

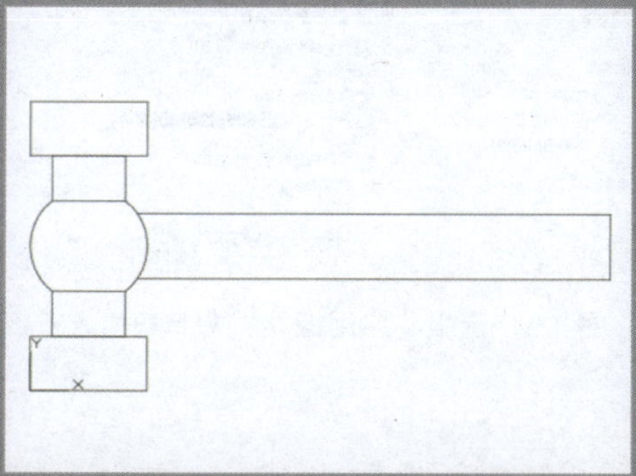

# 3.1 设置捕捉和栅格功能

在 AutoCAD 2020 中，“栅格”是一些标定位置的小点；“捕捉”是用于设定鼠标指针移动的间距，起坐标纸的作用，可以提供直观的距离和位置参照。本节主要向读者介绍设置捕捉和栅格的方法。

## 3.1.1 启用栅格功能

在 AutoCAD 2020 中绘制图形时，如果要精确定位点，必须设置启用栅格功能。

启用栅格功能

**Step 01** 进入 AutoCAD 2020 工作界面，在命令行输入 DSETTINGS（草图设置）命令，如图 3-1 所示。

**Step 02** 按【Enter】键确认，弹出“草图设置”对话框，切换至“捕捉和栅格”选项卡，如图 3-2 所示。

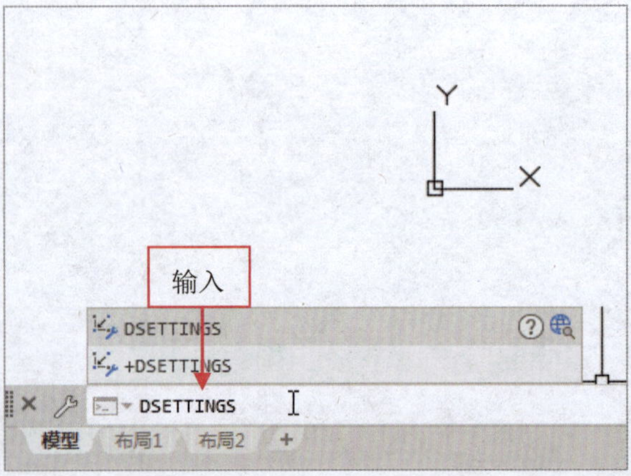


图 3-1 输入 DSETTINGS 命令

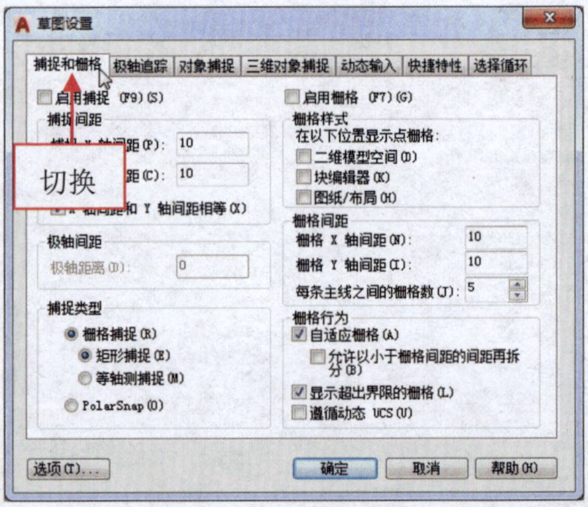


图 3-2 切换至“捕捉和栅格”选项卡

**Step 03** 在对话框右侧，选中“启用栅格”复选框，如图 3-3 所示。

**Step 04** 设置完成后，单击“确定”按钮，即可启用栅格功能，如图 3-4 所示。

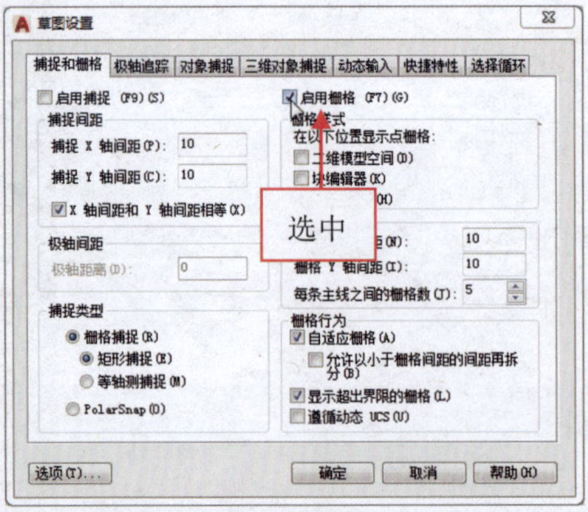


图 3-3 选中“启用栅格”复选框

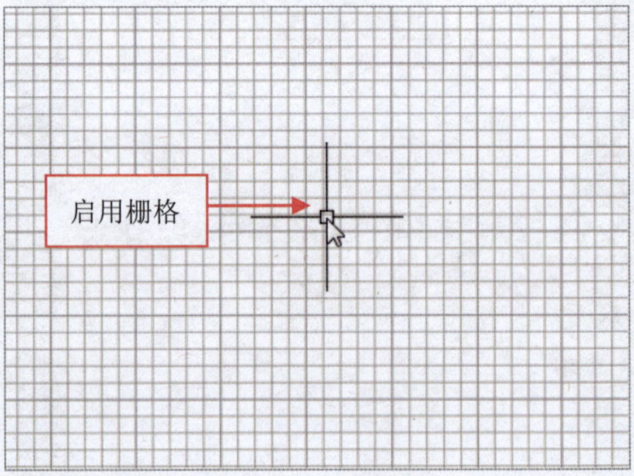


图 3-4 启用栅格功能

▶ 专家指点

还可以通过以下四种方法，启用栅格功能。

- 菜单：显示菜单栏，单击“工具”|“草图设置”命令，弹出“草图设置”对话框，在“捕捉和栅格”选项卡中，选中“启用栅格”复选框。
- 按钮：单击状态栏上的“显示图形栅格”按钮。
- 快捷键 1：按【F7】键。
- 快捷键 2：按【Ctrl + G】组合键。

### 3.1.2　启用捕捉功能

启用捕捉功能

在绘图过程中，启用捕捉功能的具体操作如下。

Step 01　进入 AutoCAD 2020 工作界面，在命令行输入 DSETTINGS（草图设置）命令，按【Enter】键确认，弹出“草图设置”对话框，切换至“捕捉和栅格”选项卡，选中“启用捕捉”复选框，如图 3-5 所示。

Step 02　设置完成后，单击“确定”按钮，即可启用捕捉功能。当运用 LINE 命令绘制直线的时候，即可捕捉直线的交点，如图 3-6 所示。

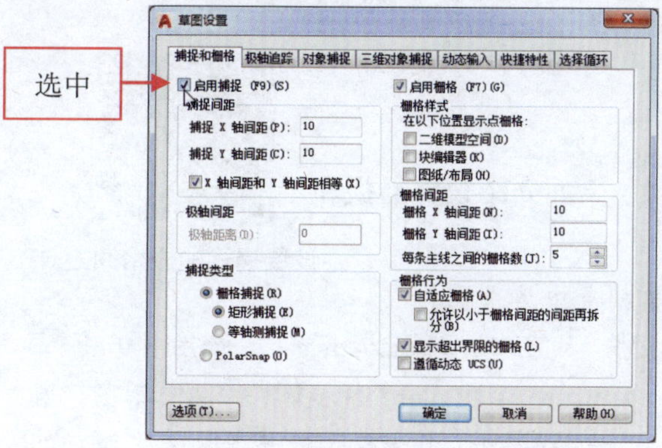


图 3-5　输入 DSETTINGS 命令

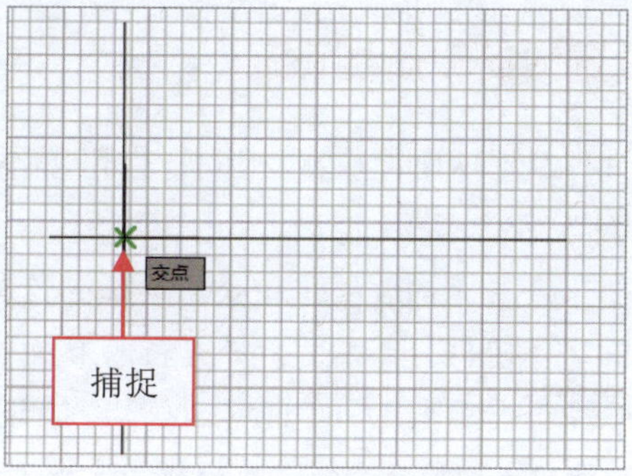


图 3-6　捕捉直线的交点

▶ 专家指点

还可以通过以下五种方法，启用捕捉功能。

- 命令：在命令行输入 SNAP 命令，并按【Enter】键，根据命令行提示进行操作。
- 菜单：显示菜单栏，单击“工具”|“草图设置”命令，弹出“草图设置”对话框，在“捕捉和栅格”选项卡中，选中“启用捕捉”复选框。
- 按钮：单击状态栏上的“捕捉模式”按钮。
- 快捷键 1：按【F9】键。
- 快捷键 2：按【Ctrl + B】组合键。

### 3.1.3 关闭栅格功能

关闭栅格功能

在 AutoCAD 2020 中，可以根据需要关闭栅格功能。

Step 01 进入 AutoCAD 2020 工作界面，在命令行输入 DSETTINGS（草图设置）命令，按【Enter】键确认，弹出“草图设置”对话框，切换至“捕捉和栅格”选项卡，取消选中“启用栅格”复选框，如图 3-7 所示。

Step 02 设置完成后，单击“确定”按钮，即可关闭栅格功能，如图 3-8 所示。

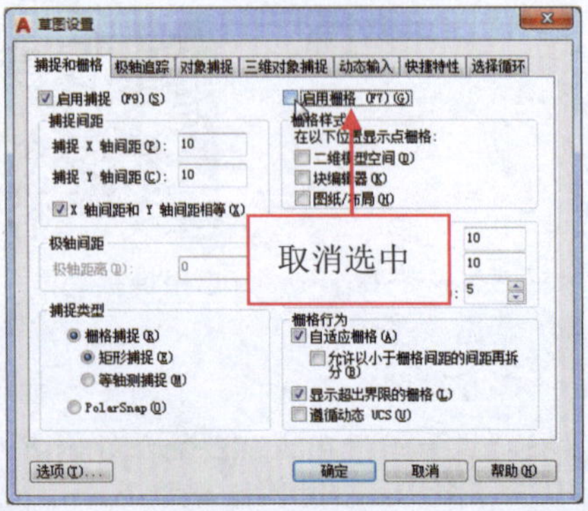


图 3-7 取消选中“启用栅格”复选框

图 3-8 关闭栅格功能

### 3.1.4 设置捕捉和栅格间距

设置捕捉和栅格间距

栅格间距可以和捕捉间距相同，也可以不同，下面介绍设置捕捉和栅格间距的方法。

Step 01 单击“菜单浏览器”按钮，在弹出的菜单列表中单击“打开”|“图形”命令，打开素材图形（资源\素材\第 3 章\螺丝刀.dwg），如图 3-9 所示。

Step 02 在命令行输入 DSETTINGS（草图设置）命令，并按【Enter】键确认，弹出“草图设置”对话框，切换至“捕捉和栅格”选项卡，在“栅格间距”选项区中设置“栅格 X 轴间距”为 100、“栅格 Y 轴间距”为 100，如图 3-10 所示。

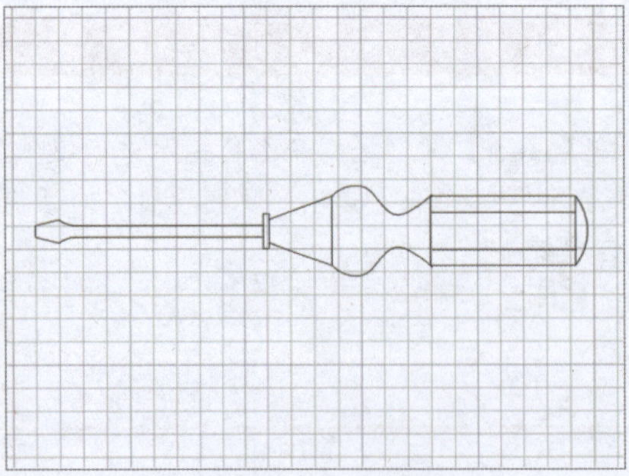

图 3-9 打开素材图形

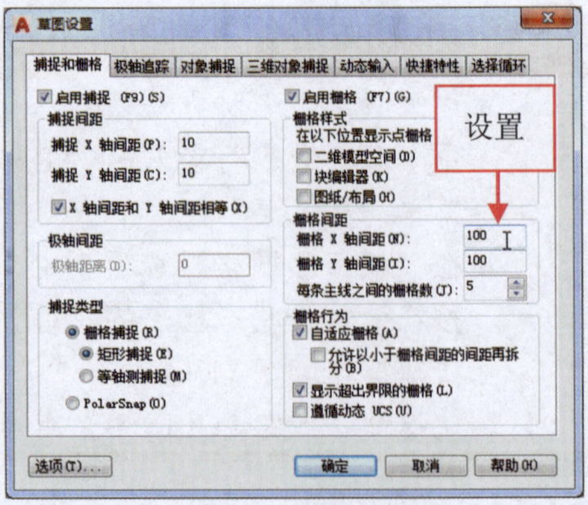


图 3-10 设置栅格间距

Step 03　设置完成后，单击“确定”按钮，即可设置栅格间距，效果如图 3-11 所示。

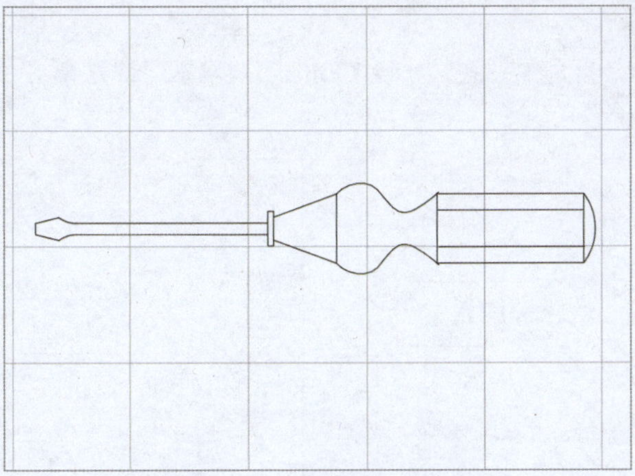

图 3-11　设置栅格间距

## 3.2　设置正交和极轴追踪功能

正交功能是将十字光标限制在水平或垂直方向上，此时在绘图区只能进行水平或垂直操作，极轴追踪是按事先给定的角度增量来追踪特征点的。本节主要介绍设置正交和极轴追踪的操作方法。

### 3.2.1　开启正交功能

开启正交功能

使用 ORTHO 命令，可以打开正交模式，用正交方式绘图。在正交模式下，可以方便地绘制出与当前 *X* 轴或 *Y* 轴平行的线段。

Step 01　按【Ctrl + O】组合键，打开素材图形（资源\素材\第 3 章\电脑显示器.dwg），如图 3-12 所示。

Step 02　单击状态栏上的“正交限制光标”按钮，打开正交功能，如图 3-13 所示。

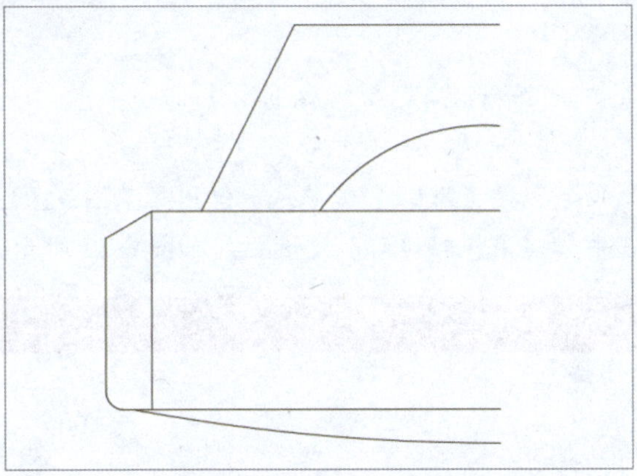

图 3-12　打开素材图形

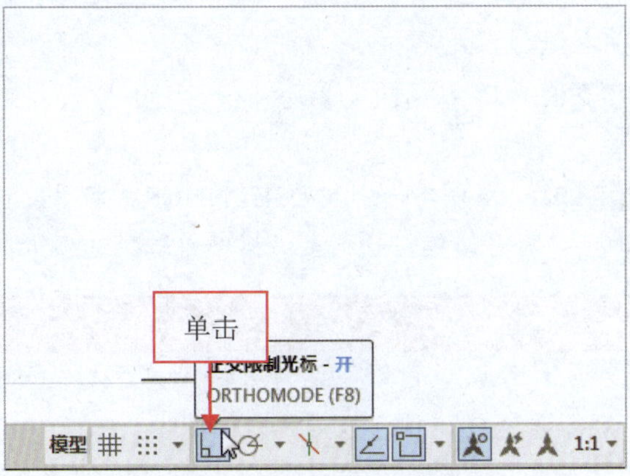


图 3-13　打开正交功能

Step 03 在命令行输入 LINE（直线）命令，并按【Enter】键确认，单击鼠标左键指定第一点，如图 3-14 所示。

Step 04 向下引导光标，指定下一点，并按【Enter】键确认，即可使用正交功能绘制直线，如图 3-15 所示。

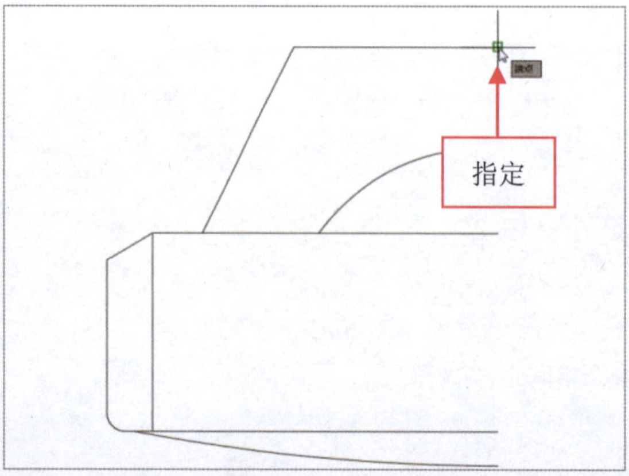


图 3-14 指定第一点

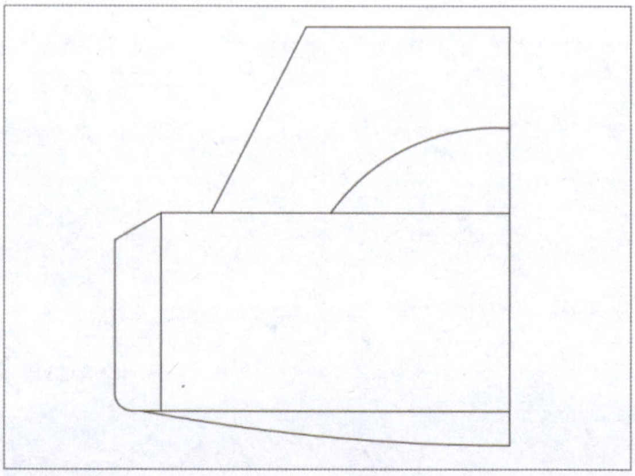

图 3-15 绘制直线

▶ 专家指点

还可以通过以下三种方法，开启正交功能。

- 快捷键 1：按【F8】键。
- 快捷键 2：按【Ctrl + L】组合键。
- 命令：在命令行输入 ORTHO 命令，并按【Enter】键确认，然后输入 ON，再按【Enter】键确认。

### 3.2.2 开启极轴追踪功能

开启极轴追踪功能

极轴追踪功能可以在系统要求指定某一点时，按照预先设置的角度增量，显示一条无限延伸的辅助线（一条虚线），此时即可沿着辅助线追踪到指定点。可以在“草图设置”对话框的“极轴追踪”选项卡进行设置。

Step 01 按【Ctrl + O】组合键，打开素材图形（资源\素材\第 3 章\三角板.dwg），如图 3-16 所示。

Step 02 在命令行输入 DSETTINGS（草图设置）命令，按【Enter】键确认，弹出“草图设置”对话框，切换至“极轴追踪”选项卡，选中“启用极轴追踪”复选框，如图 3-17 所示。

▶ 专家指点

还可以通过以下两种方法，启用极轴追踪功能。

- 快捷键：按【F10】键。
- 按钮：单击状态栏上的“极轴追踪”按钮。

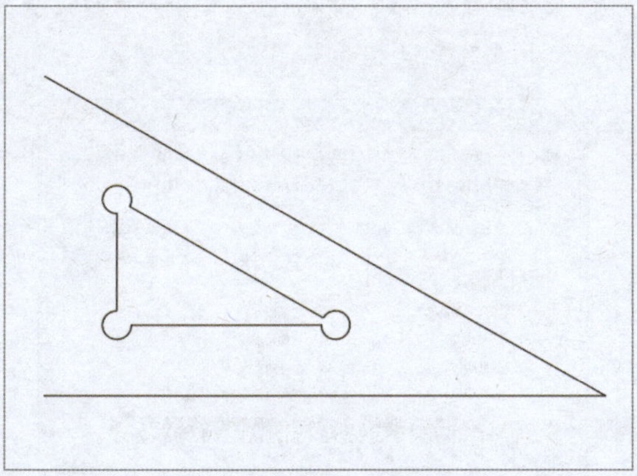

图 3-16　打开素材图形

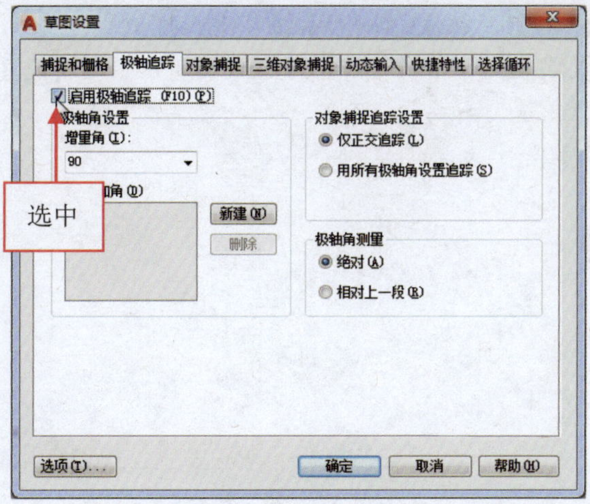


图 3-17　选中“启用极轴追踪”复选框

**Step 03**　设置完成后，单击“确定”按钮，返回绘图窗口，在命令行输入 LINE（直线）命令，并按【Enter】键确认，根据命令行提示进行操作，在绘图区单击鼠标左键，确定起始点，向下引导光标，即可显示极轴，如图 3-18 所示。

**Step 04**　在极轴方向指定下一点，并按【Enter】键确认，即可绘制直线，如图 3-19 所示。

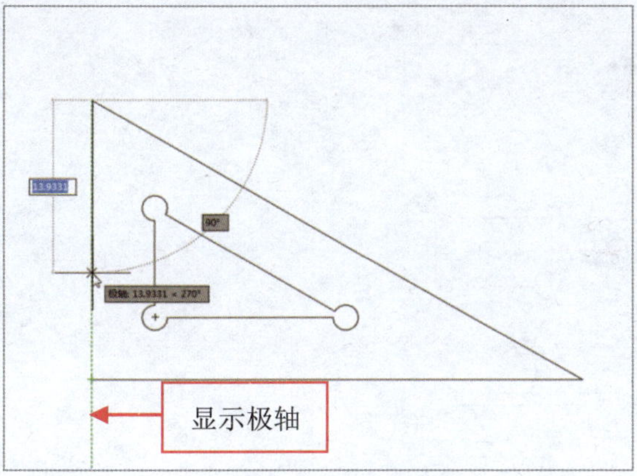


图 3-18　显示极轴

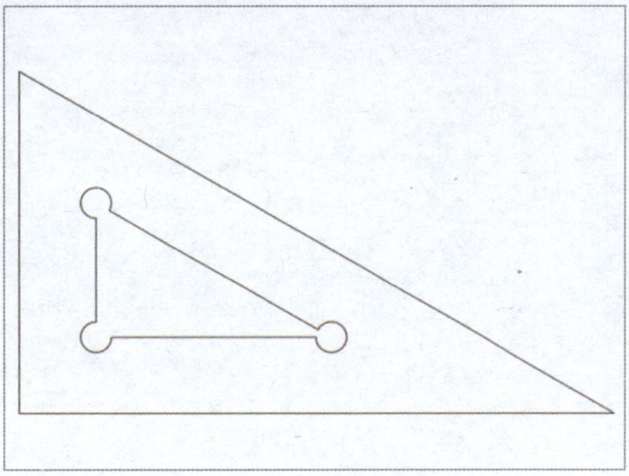

图 3-19　绘制直线

# 3.3　设置对象捕捉功能

在 AutoCAD 2020 中，使用对象捕捉功能可以快速、准确地捕捉到一些特殊点，以达到的需求，简单、快捷地绘制图形。

## 3.3.1　设置对象捕捉中点

在绘图过程，经常需要指定一些已有对象的点，例如端点、圆心和中点等，下面介绍设置对象捕捉中点的方法。

设置对象捕捉中点

**Step 01** 按【Ctrl + O】组合键，打开素材图形（资源\素材\第 3 章\吊灯.dwg），如图 3-20 所示。

**Step 02** 在命令行输入 DSETTINGS（草图设置）命令，按【Enter】键确认，弹出“草图设置”对话框，切换至“对象捕捉”选项卡，选中“中点”复选框，如图 3-21 所示。

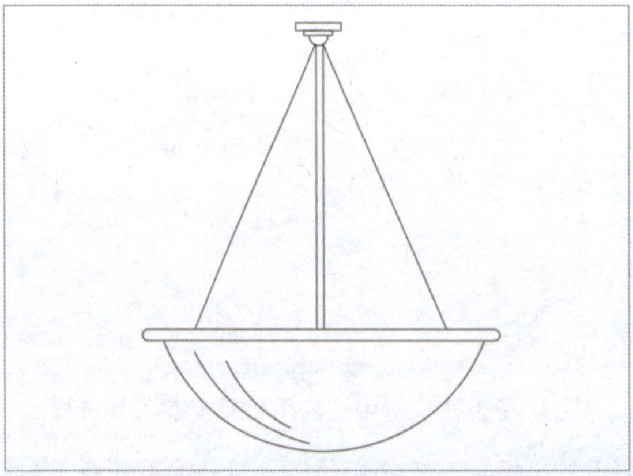
图 3-20　打开素材图形

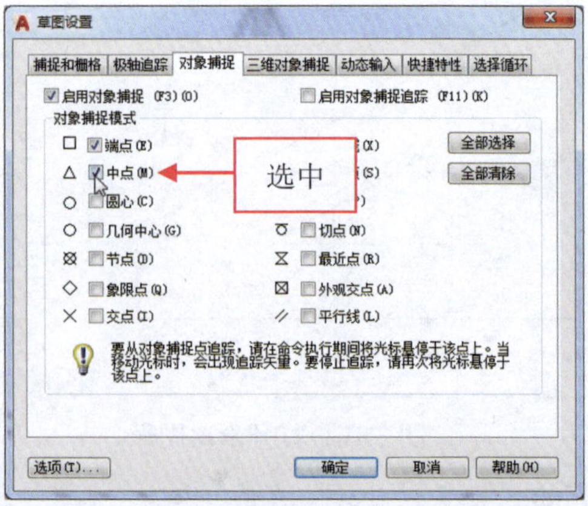

图 3-21　选中“中点”复选框

**Step 03** 设置完成后，单击“确定”按钮，返回绘图窗口，在命令行输入 LINE（直线）命令，并按【Enter】键确认，根据命令行提示操作，移动鼠标指针至绘图区的中点，即可显示捕捉的对象中点，如图 3-22 所示。

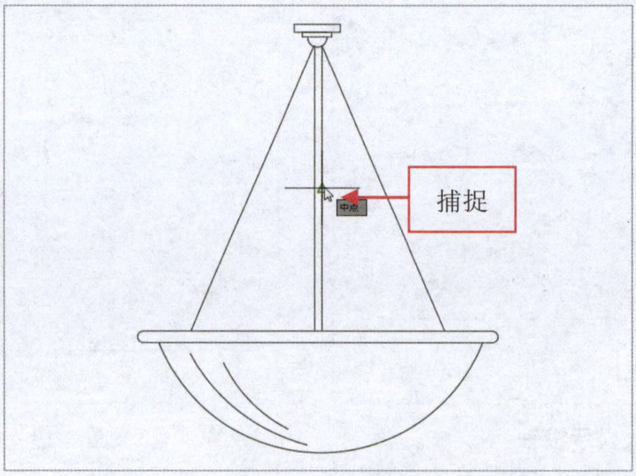

图 3-22　显示捕捉的对象中点

## 3.3.2　设置自动捕捉标记的颜色

设置自动捕捉标记的颜色

在 AutoCAD 2020 中，可以设置自动捕捉标记的颜色。

**Step 01** 单击“菜单浏览器”按钮，弹出菜单列表，单击“选项”按钮，如图 3-23 所示。

**Step 02** 弹出“选项”对话框，切换至“绘图”选项卡，如图 3-24 所示。

**Step 03** 单击“自动捕捉设置”选项区的“颜色”按钮，弹出“图形窗口颜色”对话框，单击“颜色”右侧的下拉按钮，在弹出的列表框选择“红”选项，此时，“预览”窗口中的捕捉标记颜色为红色，如图 3-25 所示。

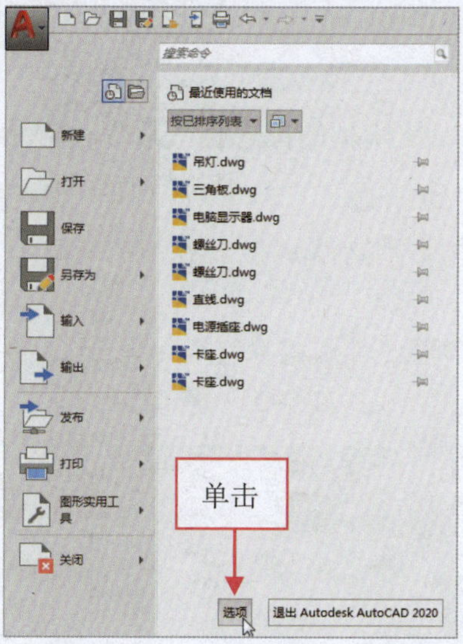


图 3-23　单击“选项”按钮

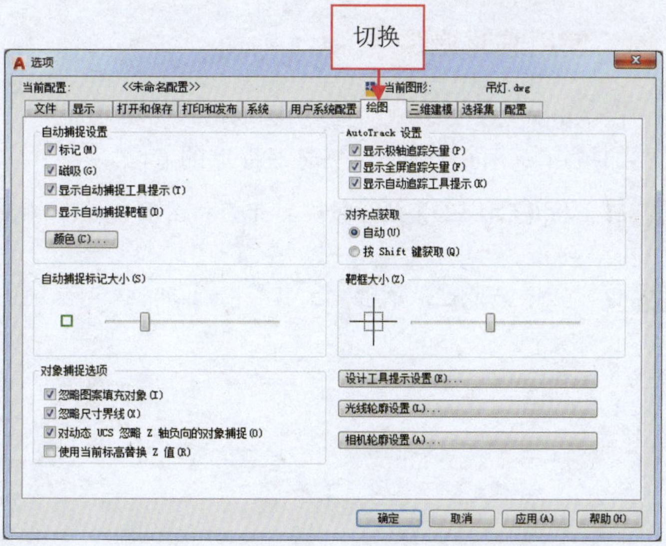


图 3-24　切换至“绘图”选项卡

**Step 04**　单击“应用并关闭”按钮，返回“选项”对话框，单击“确定”按钮，返回绘图窗口，在绘图区绘制矩形后，在命令行输入 LINE（直线）命令，按【Enter】键确认，根据命令行提示进行操作，移动鼠标指针至矩形的中点，即可显示标记的颜色，如图 3-26 所示。

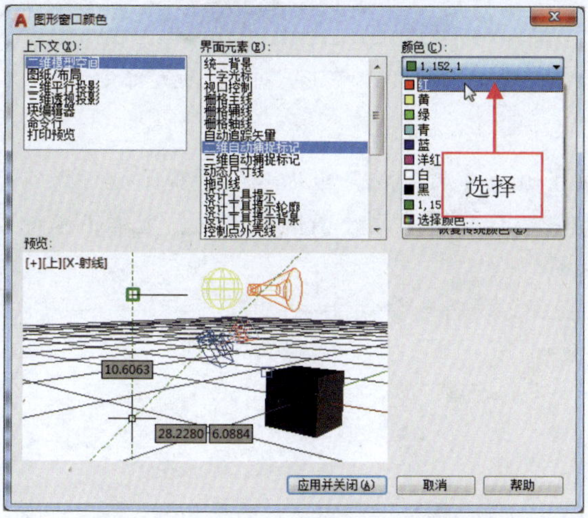


图 3-25　捕捉标记颜色为红色

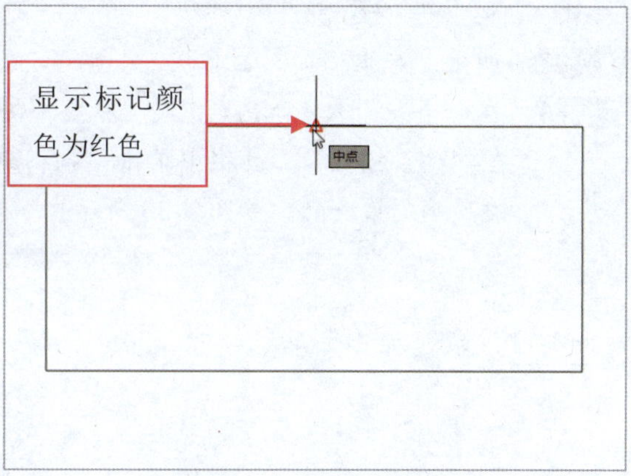


图 3-26　显示标记的颜色

# 3.4　设置对象捕捉追踪功能

对象捕捉追踪是指当前系统自动捕捉到图形中的一个特征点后，再以这个点为基点，沿设置的极坐标角度增量追踪另一点，并在追踪方向上显示一条辅助线，可以在该辅助线上定位点。本节主要介绍设置对象捕捉追踪的方法。

## 3.4.1 使用临时追踪点

使用临时追踪点

在 AutoCAD 2020 中，绘制图形可以使用临时追踪点，使绘制的图形更加精确，下面介绍使用临时追踪点的方法。

**Step 01** 按【Ctrl + O】组合键，打开素材图形（资源\素材\第 3 章\双头扳手.dwg），如图 3-27 所示。

**Step 02** 显示菜单栏，单击“工具”|“工具栏” | AutoCAD | “对象捕捉”命令，如图 3-28 所示。

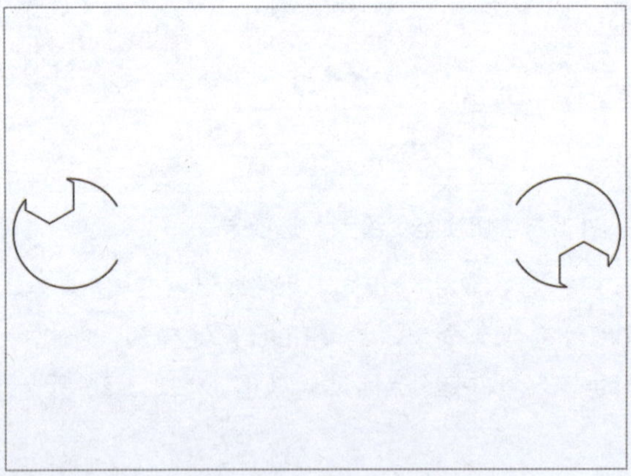

图 3-27 打开素材图形

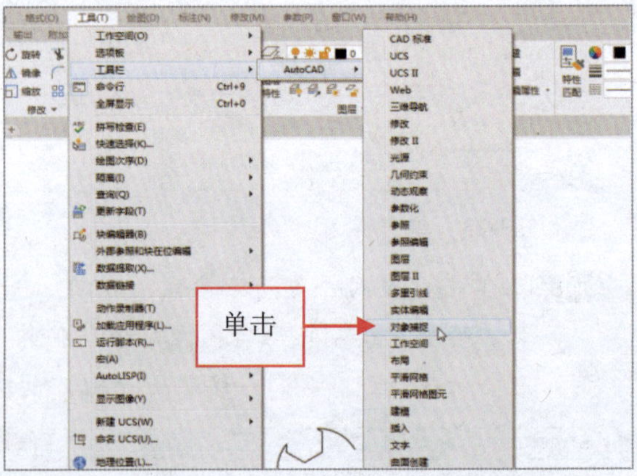


图 3-28 单击“对象捕捉”命令

**Step 03** 调出“对象捕捉”工具栏，如图 3-29 所示。

**Step 04** 在命令行输入 LINE（直线）命令，并按【Enter】键确认，根据命令行提示进行操作，在“对象捕捉”工具栏中单击“捕捉到端点”按钮，在绘图区合适端点上单击鼠标左键，确定第一点，如图 3-30 所示。

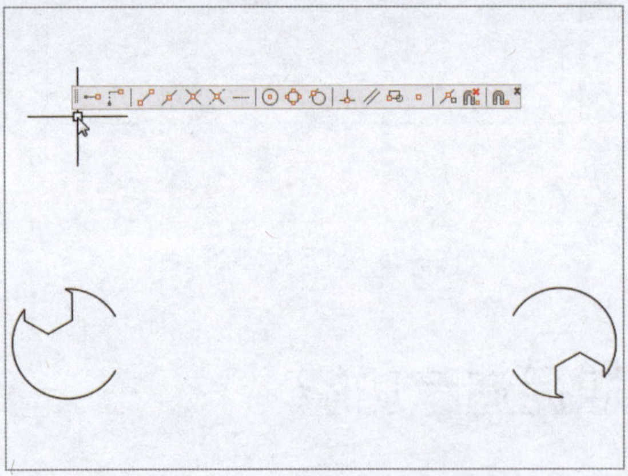

图 3-29 “对象捕捉”工具栏

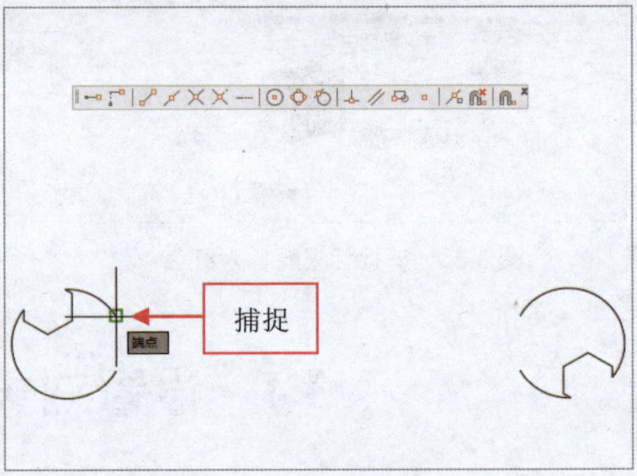


图 3-30 确定第一点

**Step 05** 在绘图区捕捉第二个端点，如图 3-31 所示，按【Enter】键确认，绘制直线。

**Step 06** 采用同样的方法，绘制第二条直线，如图 3-32 所示。

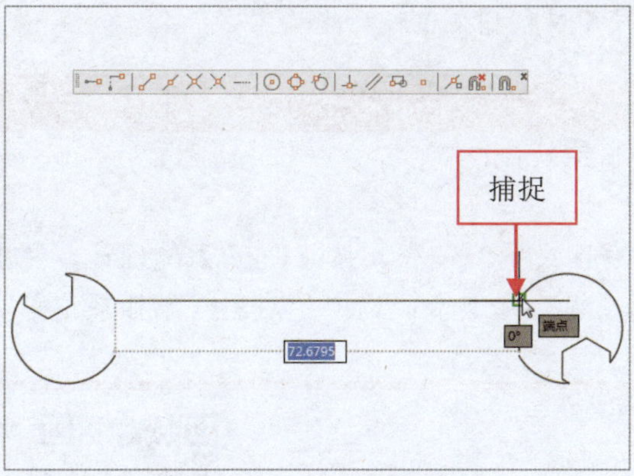


图 3-31　捕捉第二个端点

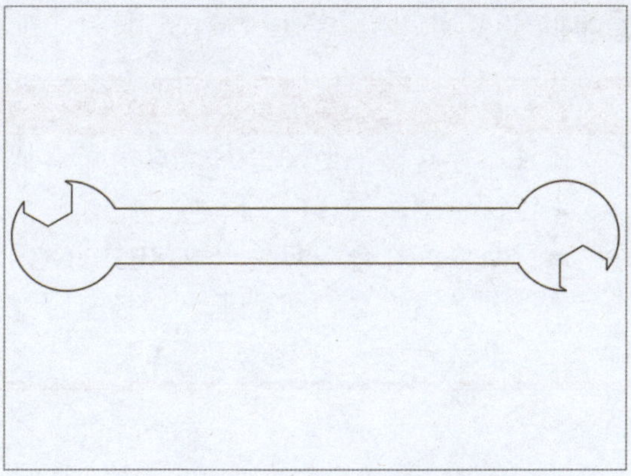

图 3-32　绘制第二条直线

## 3.4.2　使用对象捕捉追踪

使用对象捕捉追踪时，必须打开对象捕捉，并捕捉一个几何点作为追踪参考点。下面介绍使用对象捕捉追踪的方法。

使用对象捕捉追踪

**Step 01**　在状态栏的“显示捕捉参照线”按钮上，单击鼠标右键，在弹出的快捷菜单中选择“对象捕捉追踪设置”选项，如图 3-33 所示。

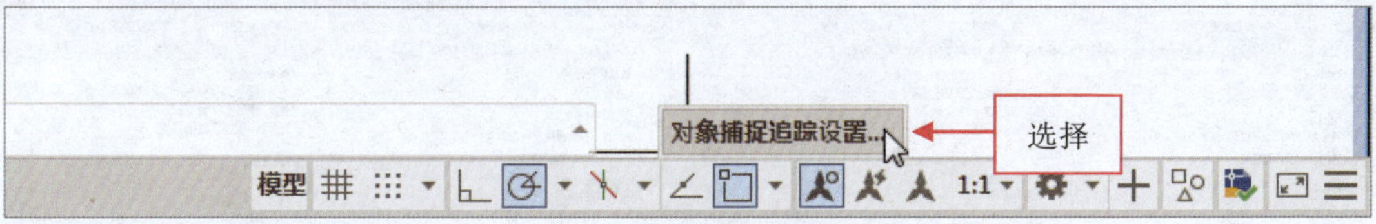


图 3-33　选择“对象捕捉追踪设置”选项

**Step 02**　弹出“草图设置”对话框，切换至“对象捕捉”选项卡，如图 3-34 所示。

**Step 03**　选中“启用对象捕捉追踪”复选框，如图 3-35 所示。

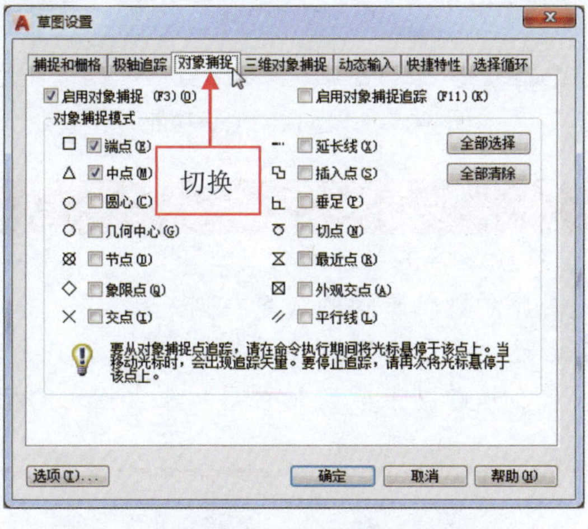


图 3-34　切换至“对象捕捉”选项卡

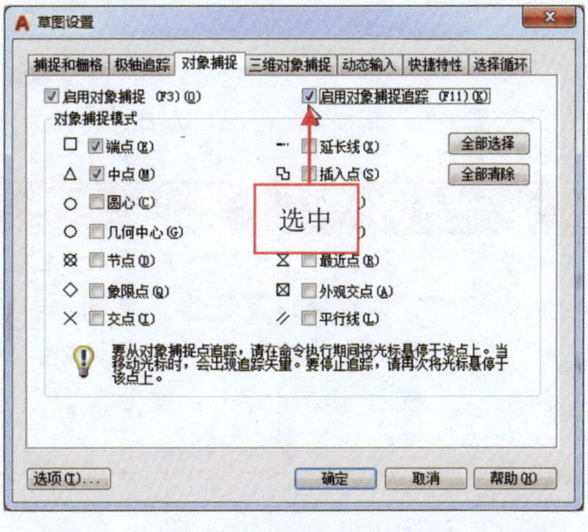


图 3-35　选中“启用对象捕捉追踪”复选框

Step 04 设置完成后，单击“确定”按钮，即可使用对象捕捉追踪功能。

> ▶ 专家指点
>
> 还可以通过以下两种方法，启用对象捕捉追踪功能。
>
> ➢ 快捷键：按【F11】键。
>
> ➢ 命令：在命令行输入 DSETTINGS（草图设置）命令，按【Enter】键确认，弹出“草图设置”对话框，切换至“对象捕捉”选项卡，选中“启用对象捕捉追踪”复选框。

## 3.4.3 使用自动追踪功能

使用自动追踪功能

使用自动追踪功能可以快速而精确地定位点，在很大程度上提高了绘图效率。下面介绍使用自动追踪功能的方法。

Step 01 启动 AutoCAD 2020 后，单击“菜单浏览器”按钮，在弹出的菜单列表中单击“选项”按钮，弹出“选项”对话框，切换至“绘图”选项卡，如图 3-36 所示。

Step 02 在“AutoTrack 设置”选项区，可以进行自动追踪功能的设置，如图 3-37 所示，单击“确定”按钮，完成设置。

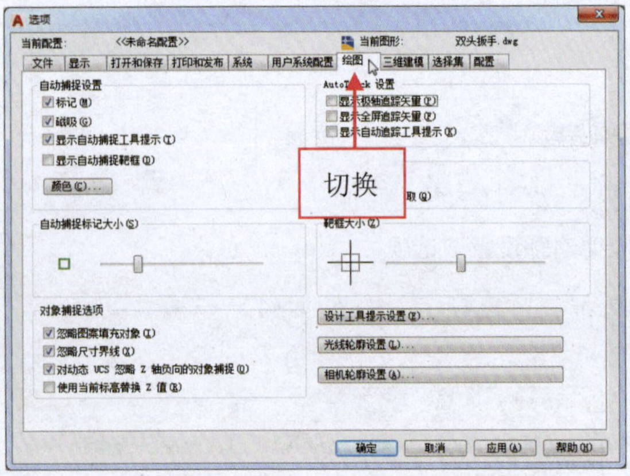


图 3-36 切换至“绘图”选项卡

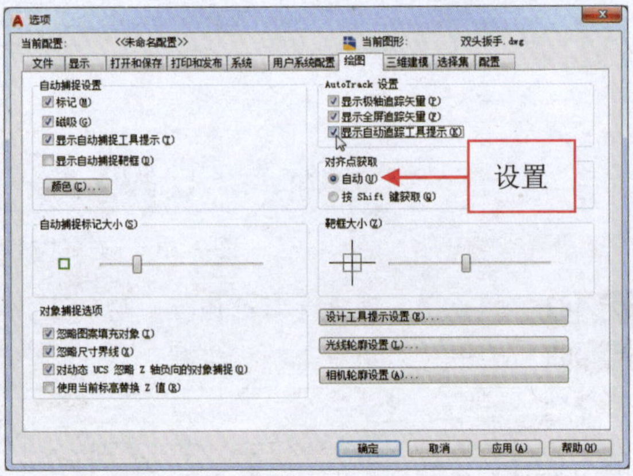


图 3-37 设置自动追踪功能

> ▶ 专家指点
>
> 在“草图”选项卡中的“AutoTrack 设置”选项区，各主要选项含义如下。
>
> ➢ “显示极轴追踪矢量”复选框：设置是否显示极轴追踪的矢量数据。
>
> ➢ “显示全屏追踪矢量”复选框：设置是否显示全屏追踪的矢量数据。
>
> ➢ “显示自动追踪工具提示”复选框：设置在追踪特征点时是否显示工具栏上的相应按钮的提示文字。

# 3.5　设置动态输入功能

在 AutoCAD 2020 中，使用动态输入功能可以在指针位置处显示标注输入和命令提示信息，从而极大地方便了绘图。本节主要介绍设置动态输入的方法。

## 3.5.1　启用并设置指针输入

在 AutoCAD 2020 中，可根据需要启用并设置指针输入，具体操作步骤如下。

启用并设置指针输入

**Step 01**　按【Ctrl + O】组合键，打开素材图形（资源\素材\第 3 章\墩座.dwg），如图 3-38 所示。

**Step 02**　在命令行输入 DSETTINGS（草图设置）命令，按【Enter】键确认，弹出“草图设置”对话框，切换至“动态输入”选项卡，选中“启用指针输入”复选框，如图 3-39 所示。

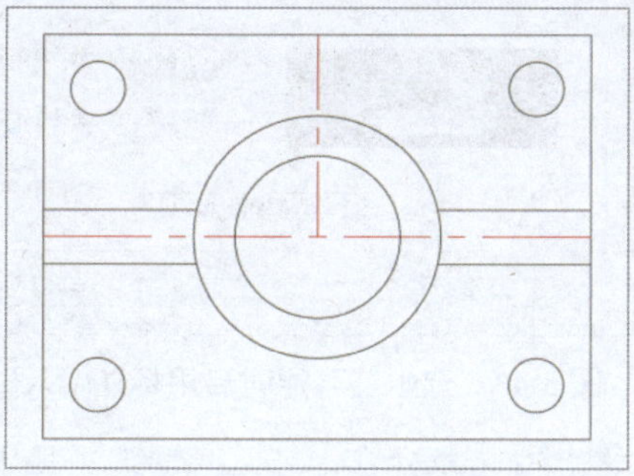

图 3-38　打开素材图形

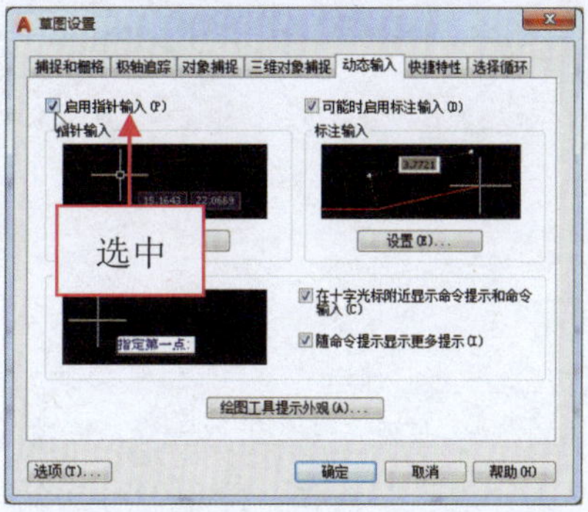


图 3-39　选中“启用指针输入”复选框

**Step 03**　单击“设置”按钮，弹出“指针输入设置”对话框，在“可见性”选项区中选中“命令需要一个点时”单选按钮，如图 3-40 所示。

**Step 04**　单击“确定”按钮，返回到“草图设置”对话框，单击“确定”按钮，在命令行输入 LINE（直线）命令，并按【Enter】键确认，移动鼠标指针到绘图区，即可在十字光标处显示坐标数据，如图 3-41 所示。

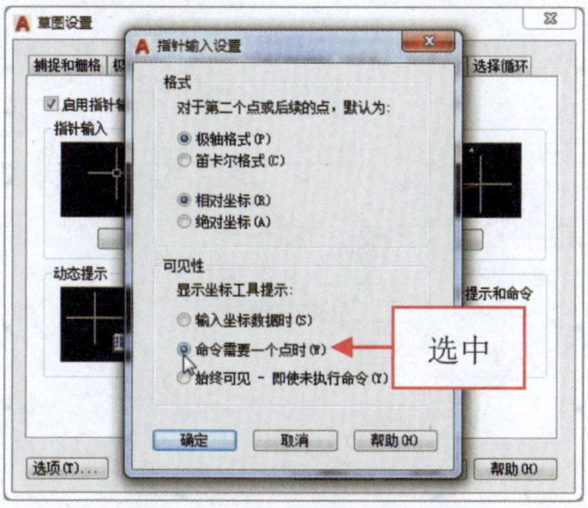


图 3-40　选中相应单选按钮

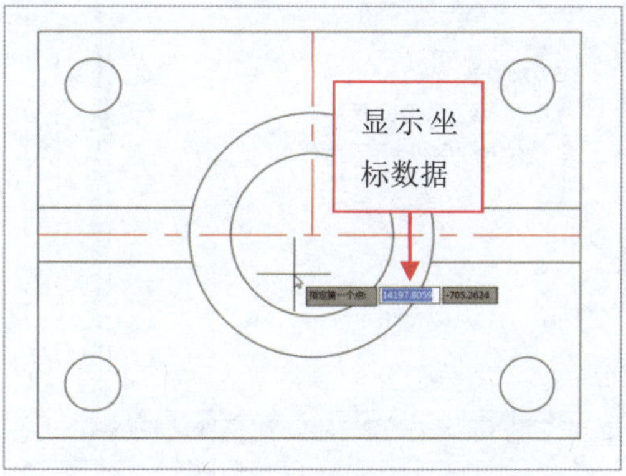


图 3-41　显示坐标数据

### 3.5.2 打开并设置标注输入

在绘制图形的过程中，可以打开并设置标注输入，具体操作步骤如下。

打开并设置标注输入

**Step 01** 按【Ctrl + O】组合键，打开素材图形（资源\素材\第 3 章\起钉锤.dwg），如图 3-42 所示。

**Step 02** 在命令行输入 DSETTINGS（草图设置）命令，并按【Enter】键确认，弹出“草图设置”对话框，切换至“动态输入”选项卡，选中“可能时启用标注输入”复选框，如图 3-43 所示。

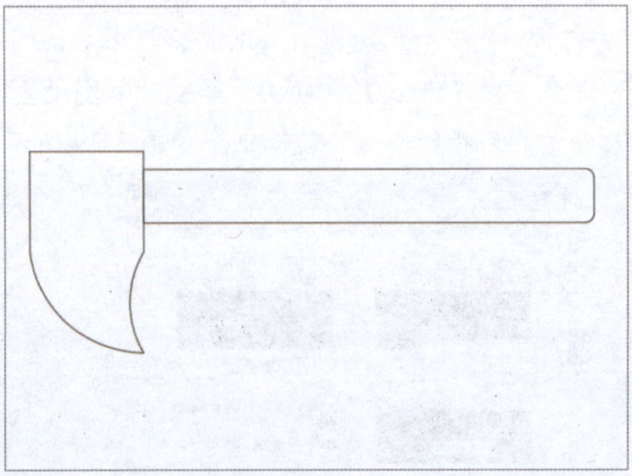

图 3-42 打开素材图形

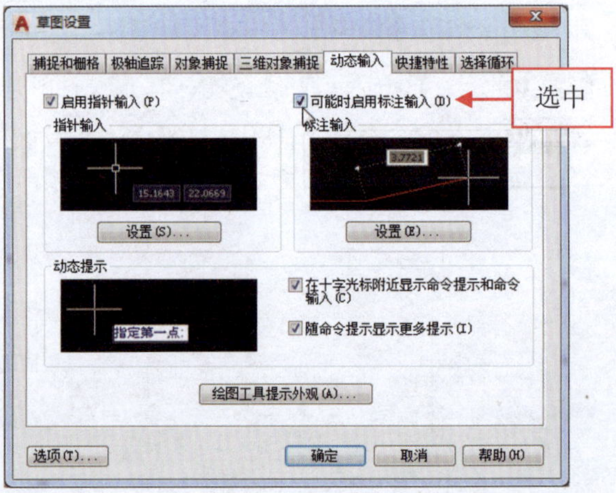


图 3-43 选中“可能时启用标注输入”复选框

**Step 03** 单击“设置”按钮，弹出“标注输入的设置”对话框，在“可见性”选项区中选中“每次显示 2 个标注输入字段”单选按钮，如图 3-44 所示。

**Step 04** 设置完成后，单击“确定”按钮，返回“草图设置”对话框，单击“确定”按钮，在命令行输入 LINE（直线）命令，并按【Enter】键确认，在绘图区的合适位置单击鼠标左键，即可显示两个标注输入，如图 3-45 所示。

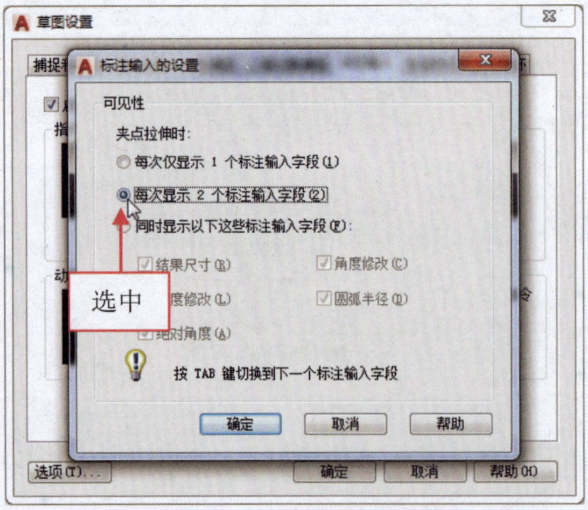


图 3-44 选中相应单选按钮

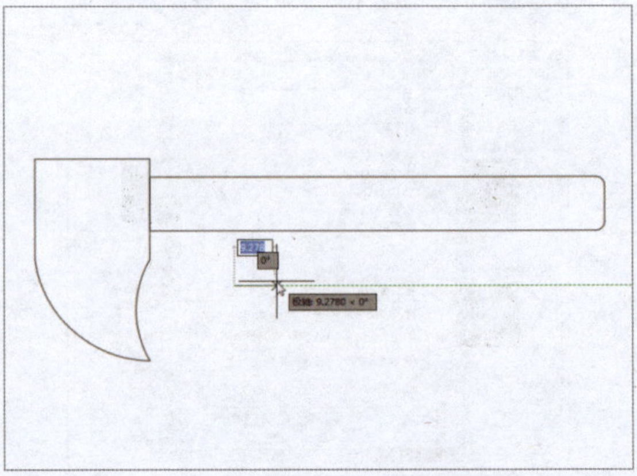

图 3-45 显示两个标注输入

## 3.5.3　显示命令提示

显示命令提示

在绘制图形时，可以显示命令提示，方便绘制图形，具体操作步骤如下。

**Step 01** 按【Ctrl + O】组合键，打开素材图形（资源\素材\第 3 章\剪刀.dwg），如图 3-46 所示。

**Step 02** 在命令行输入 DSETTINGS（草图设置）命令，并按【Enter】键确认，弹出“草图设置”对话框，切换至“动态输入”选项卡，选中“在十字光标附近显示命令提示和命令输入”复选框，如图 3-47 所示。

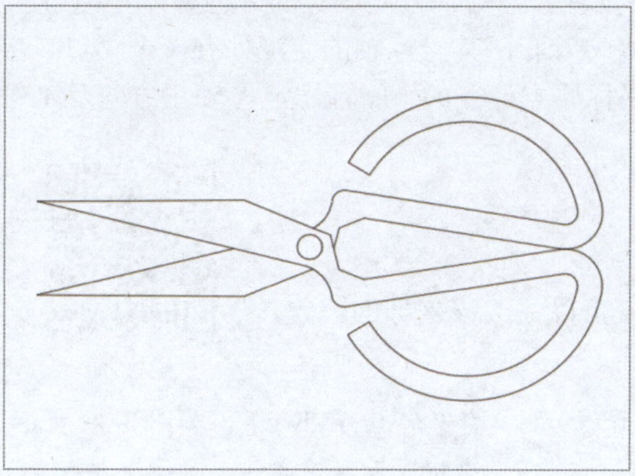

图 3-46　打开素材图形

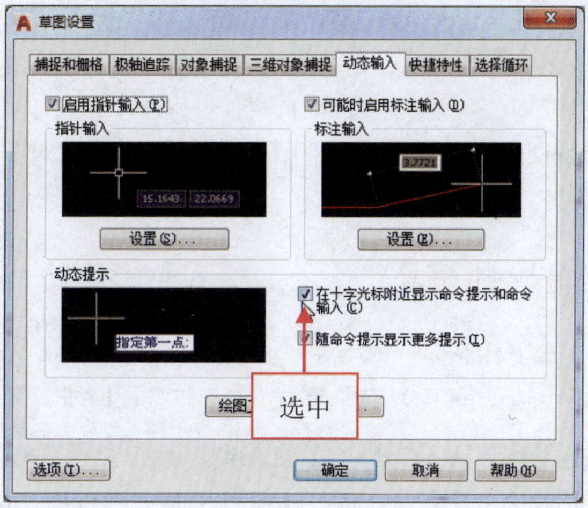


图 3-47　选中相应复选框

**Step 03** 单击“确定”按钮，返回绘图窗口，在命令行输入 LINE（直线）命令，并按【Enter】键确认，根据命令行提示进行操作，在绘图区合适的端点上，单击鼠标左键，即可显示命令提示，如图 3-48 所示。

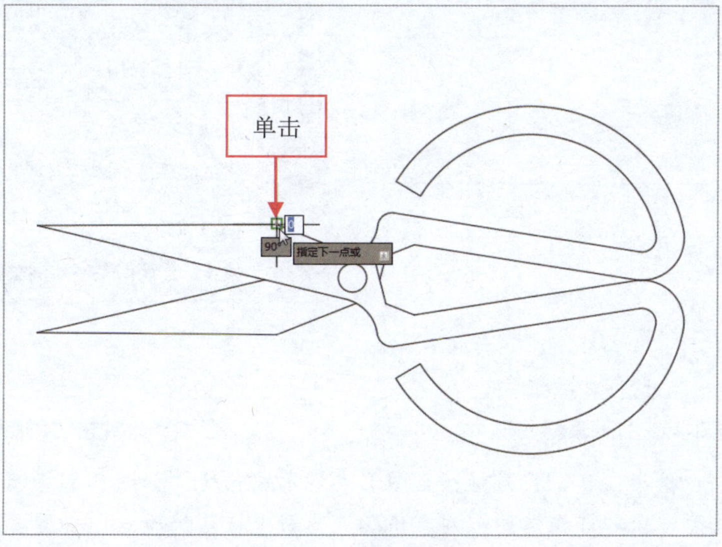


图 3-48　显示命令提示

# 3.6 设置坐标系与坐标

在绘图过程中，通常需要使用某个坐标系作为参照拾取点的位置，以精确定位某个对象，AutoCAD 2020 提供的坐标系可以用来准确设置并绘制图形。本节主要介绍设置坐标系与坐标的方法。

## 3.6.1 世界坐标系

在 AutoCAD 2020 中，默认的坐标系是世界坐标系（World Coordinate System，WCS），是运行 AutoCAD 时由系统自动建立的，其原点位置和坐标轴方向固定的一种整体坐标系。

WCS 包括 *X* 轴和 *Y* 轴（在 3D 空间下，还有 *Z* 轴），其坐标轴的交汇处有一个“口”字形标记。世界坐标系中所有的位置都是相对于坐标原点计算的，而且规定 *X* 轴正方向及 *Y* 轴正方向为正方向。

## 3.6.2 坐标系

坐标系是一种可移动的自定义坐标系，不仅可以更改该坐标的位置，还可以改变其方向，在绘制三维对象时非常有用。

坐标系

Step 01 按【Ctrl + O】组合键，打开素材图形（资源\素材\第 3 章\锤子.dwg），如图 3-49 所示。

Step 02 在“功能区”选项板中单击“视图”选项卡，在“坐标”面板中单击“原点”按钮，如图 3-50 所示。

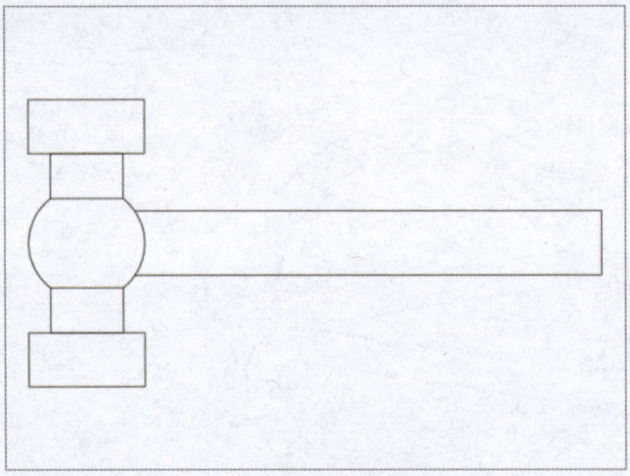

图 3-49 打开素材图形

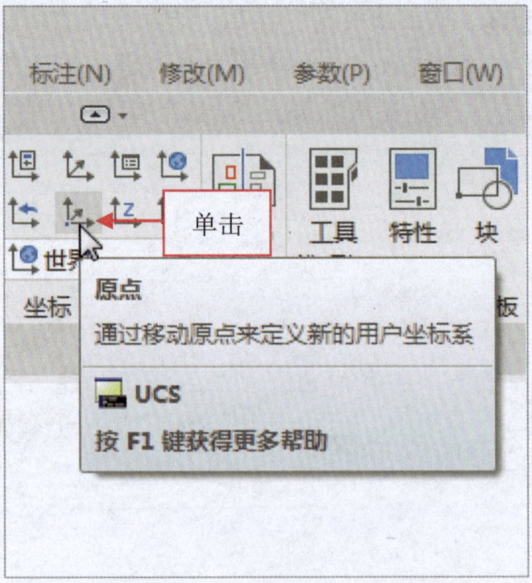


图 3-50 单击“原点”按钮

Step 03 根据命令行提示信息，将光标移至图形左下角端点处，如图 3-51 所示。

Step 04 单击鼠标左键，即可指定图形左下角端点为新坐标系的原点，如图 3-52 所示。

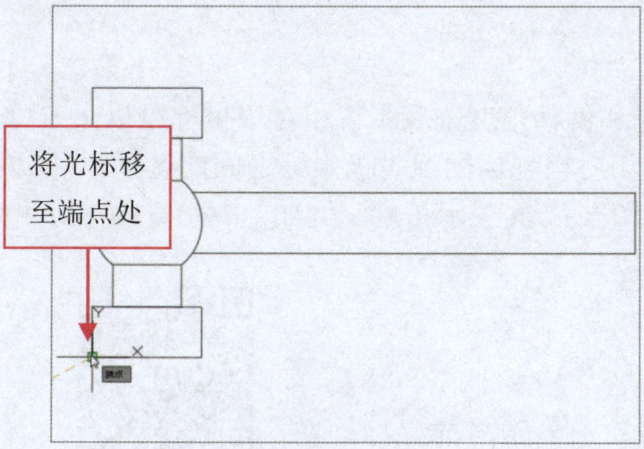


图 3-51　将光标移至图形左下角端点处

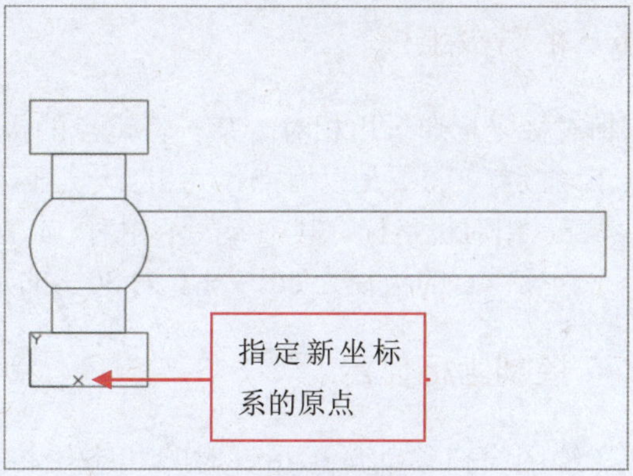


图 3-52　指定新坐标系的原点

### 3.6.3　绝对坐标

在 AutoCAD 2020 中，绝对坐标以原点（0，0）或（0，0，0）为基点定位所有的点。AutoCAD 默认的坐标原点位于绘图窗口左下角。在绝对坐标系中，*X* 轴、*Y* 轴和 *Z* 轴在原点（0，0，0）处相交。

绘图窗口的任意一点都可以使用（*X*、*Y*、*Z*）表示，也可以通过输入 *X*、*Y*、*Z* 坐标值（中间用逗号隔开）定义点的位置。

▶ 专家指点

输入绝对坐标值，可以使用分数、小数或科学记数等形式表示点 *X*、*Y*、*Z*、坐标值。

### 3.6.4　相对坐标

相对坐标是指相对于当前点的坐标，在其 *X*、*Y* 轴上的位移，它与坐标系的原点无关。输入格式与绝对坐标相同，但要在输入坐标值前加上“@”符号。

通常，绘图中常常把上一操作点看作特定点，后续绘图操作都是相对于上一操作点而进行的。如果上一操作点的坐标是（30，45），通过键盘输入下一点的相对坐标（@20，15），则等于确定了该点的绝对坐标为（50，60）。

### 3.6.5　绝对极坐标

绝对坐标和相对坐标实际上都是二维线性坐标，一个点在二维平面上都可以用（*X*，*Y*）来表示其位置。极坐标则是通过相对于极点的距离和角度进行定位的。在默认情况下，AutoCAD 2020 以逆时针方向测量角度。水平向右为 0°（或 360°），垂直向上为 90°，水平向左为 180°，垂直向下为 270°。当然，也可以自行设置角度方向。

绝对极坐标以原点作为极点。可以输入一个长度距离，后面加一个“＜”符号，再加一个角度即表示绝对极坐标，绝对极坐标规定 *X* 轴正方向为 0°，*Y* 轴正方向为 90°。例如，20＜45 表示该点相对于原点的极径为 20，而该点的连线与 0°方向（通常为 *X* 轴正方向）之间的夹角为 45°。

## 3.6.6 相对极坐标

相对极坐标通过用相对于某一特定点的极径和偏移角度来表示。相对极坐标是以上一操作点作为极点，而不是以原点作为极点，这也是相对极坐标同绝对极坐标之间的区别。用@1＜a 来表示相对极坐标，其中@表示相对，1 表示极径，a 表示角度。例如，@60＜30 表示相对于上一操作点的极径为 60、角度为 30° 的点。

## 3.6.7 控制坐标显示

控制坐标显示

在绘图窗口移动鼠标指针时，状态栏将会动态显示当前坐标。在 AutoCAD 2020 中，坐标显示取决于所选择的模式和程序中运行的命令，共有“关”“绝对”和“相对”三种模式，各种模式的含义分别如下。

- 模式 0，“关”：显示上一个拾取点的绝对坐标。此时，指针坐标将不能动态更新，只有在拾取一个新点时，显示才会更新。但是，从键盘输入一个新点坐标时，不会改变显示方式，如图 3-53 所示为“关”模式。
- 模式 1，“绝对”：显示光标的绝对坐标，该值是动态更新的，默认情况下，显示方式是打开的，如图 3-54 所示为“绝对”模式。
- 模式 2，“相对”：显示一个相对极坐标，当选择该方式时，如果当前处在拾取点状态，系统将显示光标所在位置相对于上一个点的距离和角度。当离开拾取点状态时，系统将恢复到模式 1，如图 3-55 所示为“相对”模式。

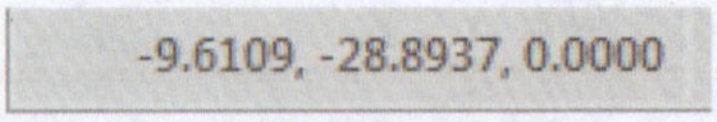

图 3-53 模式 0，“关”

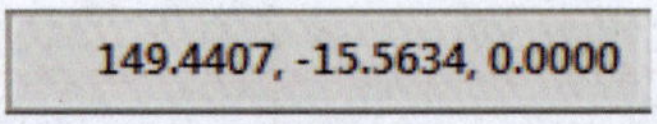

图 3-54 模式 1，“绝对”

图 3-55 模式 2，“相对”

Step 01 单击快速访问工具栏上的“新建”按钮，新建一个图形文件，在命令行输入 LINE（直线）命令，并按【Enter】键确认，将鼠标移至绘图区的任意位置，单击鼠标左键，此时在状态栏将显示图形坐标为关模式，如图 3-56 所示。

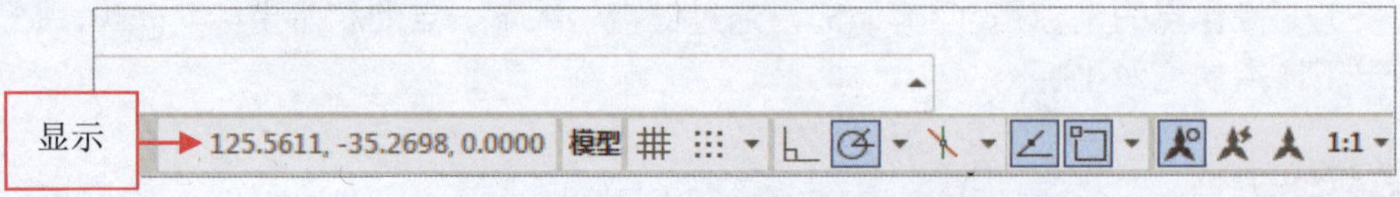

图 3-56 显示图形坐标为关模式

Step 02 在该图形坐标上单击鼠标右键，在弹出的快捷菜单中选择“绝对”选项，如图 3-57 所示。

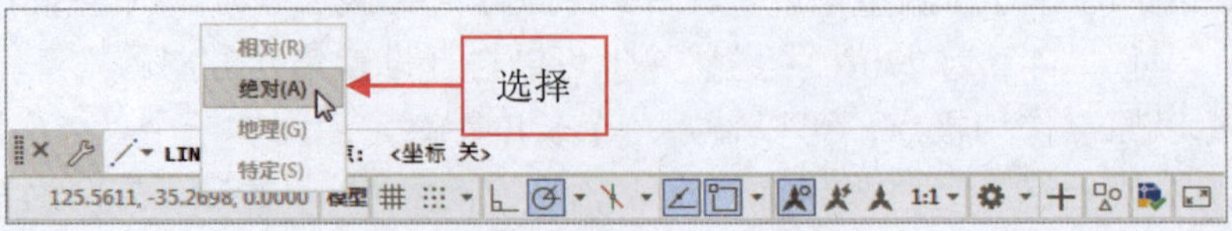

图 3-57 选择“绝对”选项

**Step 03**　执行上述操作后，图形坐标将切换至“绝对”模式，如图 3-58 所示。

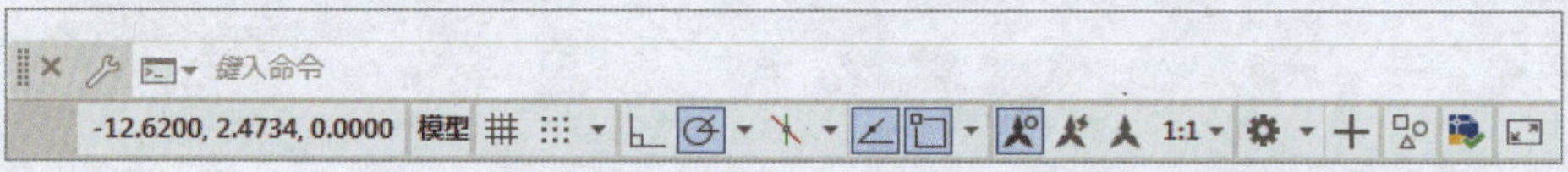


图 3-58　切换至“绝对”模式

**Step 04**　在图形坐标的“绝对”模式上，单击鼠标右键，在弹出的快捷菜单中选择“相对”选项，如图 3-59 所示，即可切换至“相对”模式。

图 3-59　选择“相对”选项

# 本章小结

本章主要介绍在 AutoCAD 2020 中使用绘图辅助功能的操作方法，包括设置捕捉和栅格功能、设置正交和极轴追踪功能、设置对象捕捉功能、设置对象捕捉追踪功能、设置动态输入，以及设置坐标系与坐标等内容。通过本章的学习，希望读者能够很好地掌握 AutoCAD 2020 的绘图辅助功能。

# 课后习题

课后习题

鉴于本章知识的重要性，为了帮助读者更好地掌握所学知识，本节将通过上机习题，帮助读者进行简单的知识回顾和补充。

本习题需要掌握在 AutoCAD 2020 中使用正交功能绘制图形的操作方法，如图 3-60 所示。

图 3-60　素材与效果文件对比

# 第 4 章
# 创建二维图形对象

在 AutoCAD 2020 中，任何复杂的图形都可以分解为简单的点、线、面等基本图形。使用“绘图”菜单中的命令、“功能区”中的工具按钮或在命令行输入相应的命令，均可方便地绘制出二维图形。本章主要向读者介绍创建二维图形对象的方法。

**本章重点**

- 创建点对象
- 创建线型对象
- 创建弧型对象
- 创建多边形对象
- 创建其他图形

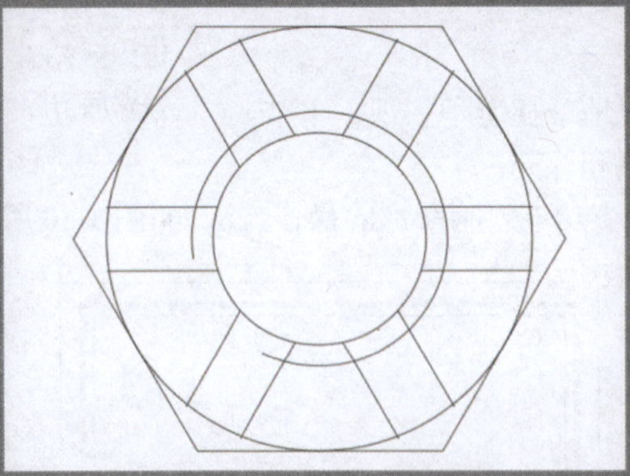

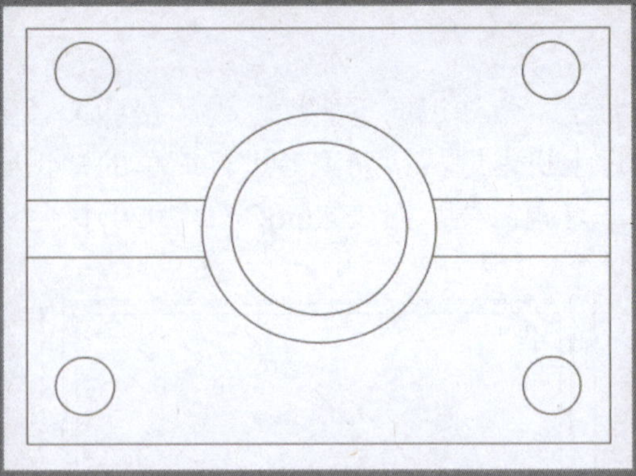

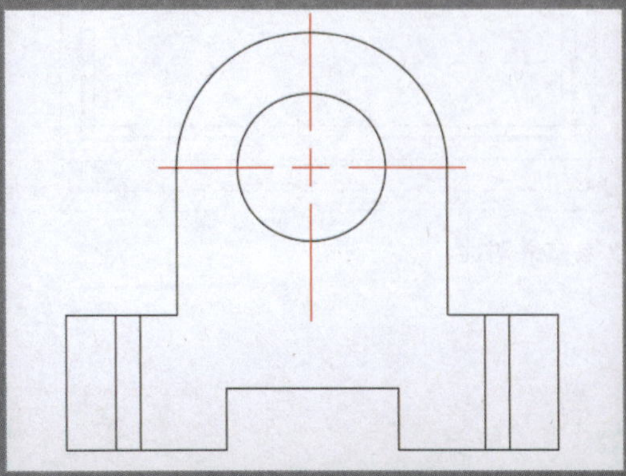

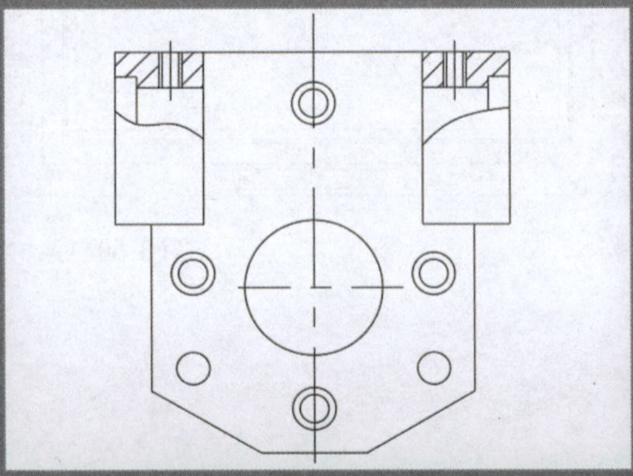

# 4.1　创建点对象

在 AutoCAD 2020 中，点对象可用作捕捉和偏移对象的节点和参考点，可以通过“单点”和“多点”命令创建点对象。

## 4.1.1　创建单点

创建单点

在 AutoCAD 2020 中，作为节点或参照几何图形的点对象，对于对象捕捉和相对偏移是非常有用的。

**Step 01**　按【Ctrl + O】组合键，打开一幅素材图形（资源\素材\第 4 章\弹簧盖.dwg），如图 4-1 所示。

**Step 02**　在“功能区”选项板中的“默认”选项卡中，单击“实用工具”面板按钮，如图 4-2 所示。

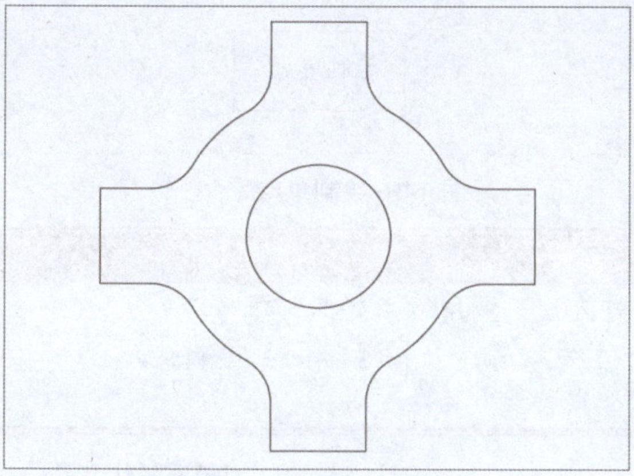

图 4-1　打开素材图形

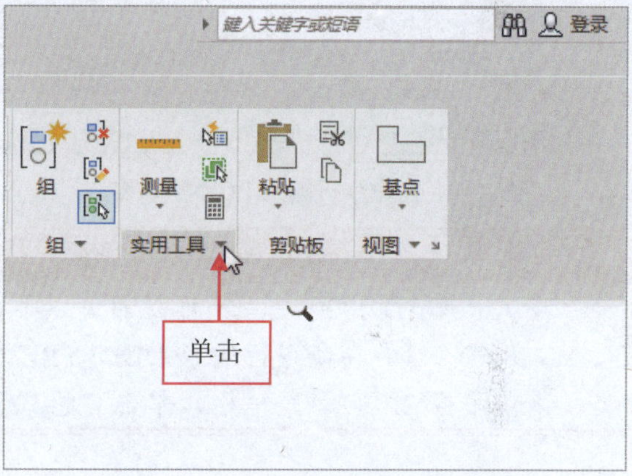


图 4-2　单击“实用工具”面板按钮

**Step 03**　在展开的面板上，单击“点样式”按钮，如图 4-3 所示。

**Step 04**　弹出“点样式”对话框，选择点样式第二行的第四个，如图 4-4 所示。

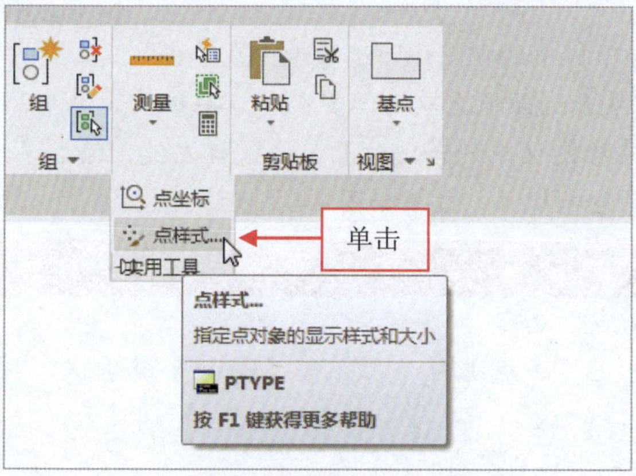


图 4-3　单击“点样式”按钮

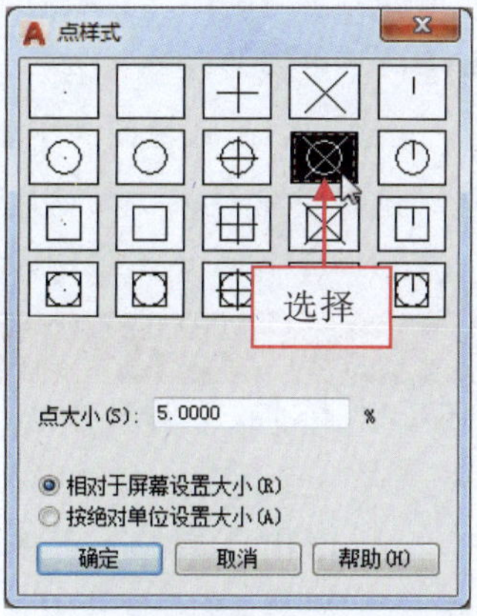


图 4-4　选择点样式第二行的第四个

▶ 专家指点

在“点样式”对话框中还可以设置“点大小”参数，通过该参数值可以指定单点的大小显示比例。

Step 05 单击“确定”按钮，即可设置点样式，在命令行输入 POINT（单点）命令，按【Enter】键确认，如图 4-5 所示。

Step 06 根据命令行提示进行操作，在绘图区的圆心点单击鼠标左键，即可绘制单点，效果如图 4-6 所示。

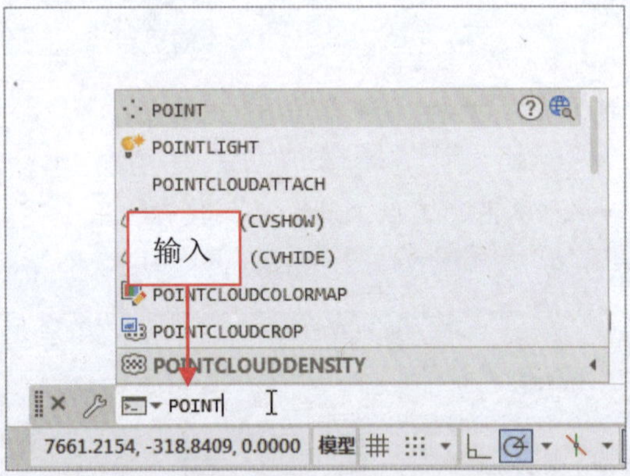


图 4-5 在命令行输入 POINT 命令

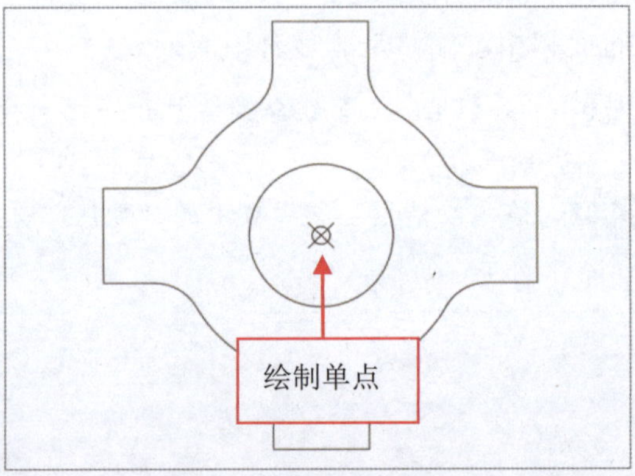


图 4-6 绘制单点

▶ 专家指点

在 AutoCAD 2020 中，还可以通过以下两种方法，调用“点样式”命令。

➢ 命令 1：在命令行输入 DDPTYPE（点样式）命令，按【Enter】键确认。
➢ 命令 2：显示菜单栏，单击“格式”|“点样式”命令。

## 4.1.2 创建多点

创建多点

在 AutoCAD 2020 中，不仅可以一次绘制一个点，还可以一次绘制多个点，下面介绍绘制多点的方法。

Step 01 以上述效果为例，在“功能区”选项板中的“默认”选项卡中，单击“绘图”面板中间的下拉按钮，在展开的面板上单击“多点”按钮，如图 4-7 所示。

Step 02 根据命令行提示进行操作，依次在绘图区中的合适位置单击鼠标左键，绘制多点，按【Esc】键可退出命令，完成多点的绘制操作，效果如图 4-8 所示。

▶ 专家指点

还可以通过以下两种方法，调用“多点”命令。

➢ 命令 1：在命令行输入 MULTIPLE（多点）命令，并按【Enter】键确认，然后输入 POINT 命令，并按【Enter】键确认。
➢ 命令 2：显示菜单栏，单击“绘图”|“点”|“多点”命令。

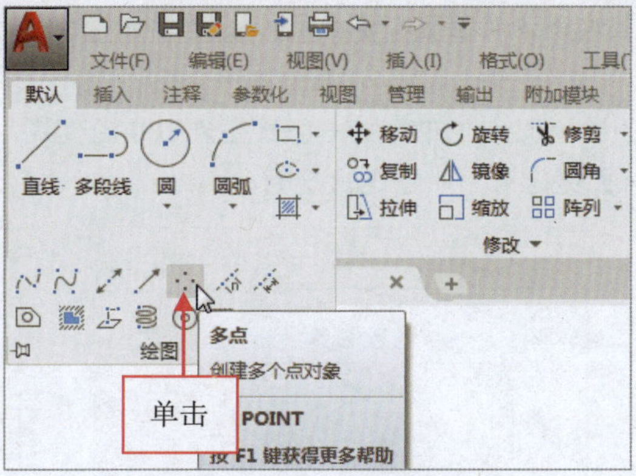


图 4-7　单击“多点”按钮

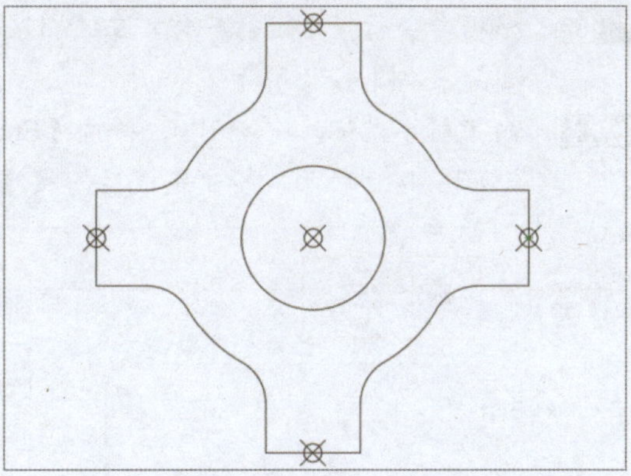

图 4-8　完成多点的绘制操作

# 4.2　创建线型对象

直线型对象是所有图形的基础，在 AutoCAD 2020 中，直线型包括“直线”“射线”和“构造线”等。各线型具有不同的特征，应根据实际绘制需要选择线型。

## 4.2.1　创建直线

直线是各种绘图中最常用、最简单的一类图形对象，只要指定了起点和终点即可绘制一条直线。下面介绍绘制直线的操作方法。

创建直线

**Step 01**　按【Ctrl + O】组合键，打开素材图形（资源\素材\第 4 章\垫片.dwg），如图 4-9 所示。

**Step 02**　单击“功能区”选项板中的“默认”选项卡，在“绘图”面板上单击“直线”按钮，如图 4-10 所示。

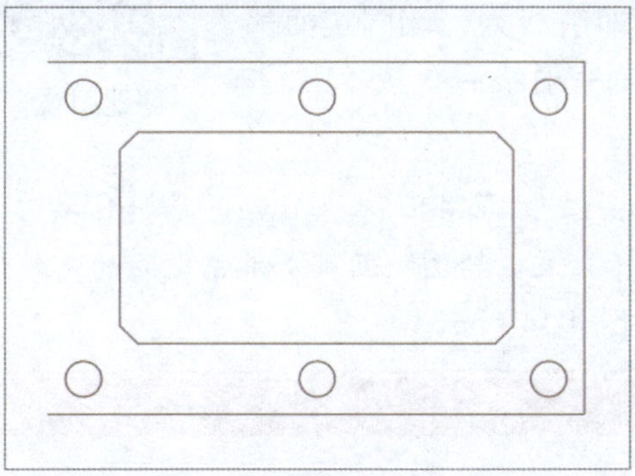

图 4-9　打开素材图形

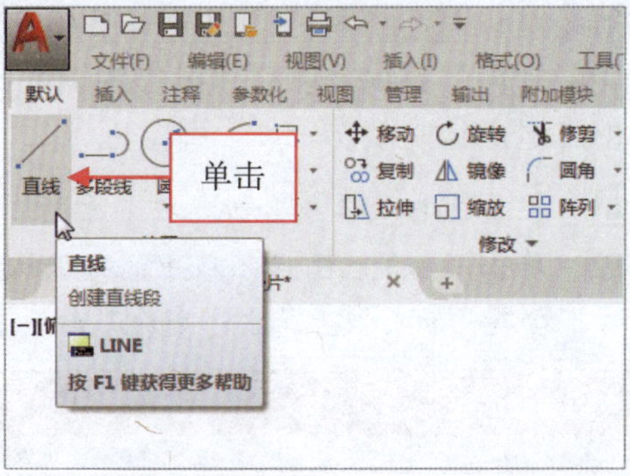


图 4-10　单击“直线”按钮

> **▶ 专家指点**
>
> 直线是绘图中最常用的对象，在一条由多条线段连接而成的简单直线中，每条线段都是一个单独的直线对象。

**Step03** 根据命令行提示进行操作，在绘图区左上端合适的位置，单击鼠标左键，确定线段的起始点，如图 4-11 所示。

**Step04** 向下引导光标，输入 100，并按【Enter】键确认，即可绘制一条长度为 100 的直线，效果如图 4-12 所示，绘制完成后，按【Esc】键退出，即可退出绘制状态。

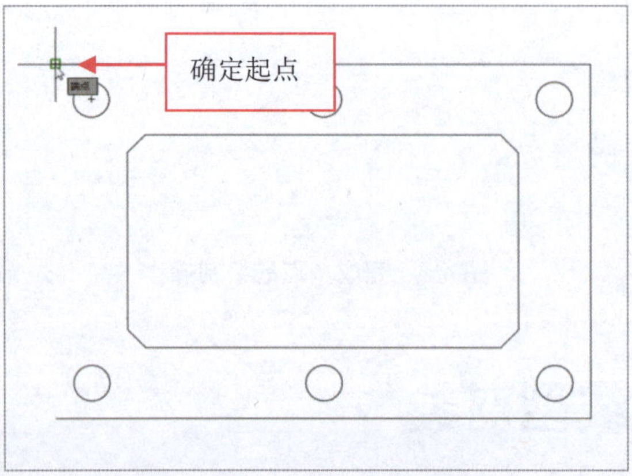


图 4-11　确定线段的起始点

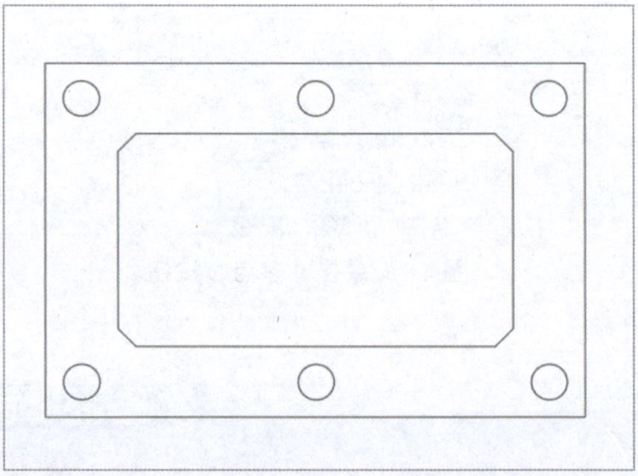

图 4-12　绘制一条长度为 100 的直线

> **▶ 专家指点**
>
> 还可以通过以下三种方法，调用“直线”命令。
>
> - 在命令行输入 LINE（直线）命令，并按【Enter】键确认。
> - 在命令行输入 L（直线）命令，并按【Enter】键确认。
> - 显示菜单栏，单击“绘图”|“直线”命令。

### 4.2.2　创建射线

射线是只有起点和方向但没有终点的直线，即射线为一端固定而另一端无限延伸的直线。射线一般作为辅助线，绘制完射线后，按【Esc】键，即可退出绘制状态。

创建射线

**Step01** 按【Ctrl + O】组合键，打开素材图形（资源\素材\第 4 章\箭头.dwg），如图 4-13 所示。

**Step02** 单击“功能区”选项板中的“默认”选项卡，在“绘图”面板上单击中间的下拉按钮，在展开的面板上单击“射线”按钮，如图 4-14 所示。

> **▶ 专家指点**
>
> 还可以通过以下两种方法，调用“射线”命令。
>
> - 命令 1：在命令行输入 RAY（射线）命令，并按【Enter】键确认。
> - 命令 2：显示菜单栏，单击“绘图”|“射线”命令。

**Step03** 根据命令行提示进行操作，在绘图区合适的端点单击鼠标左键，确定射线的起始点，如图 4-15 所示。

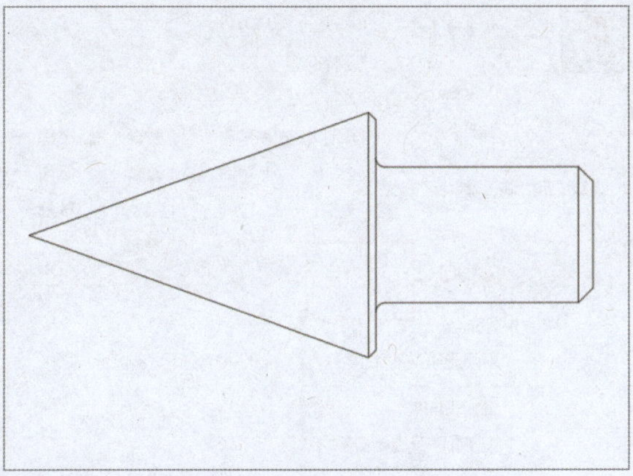

图 4-13　打开素材图形

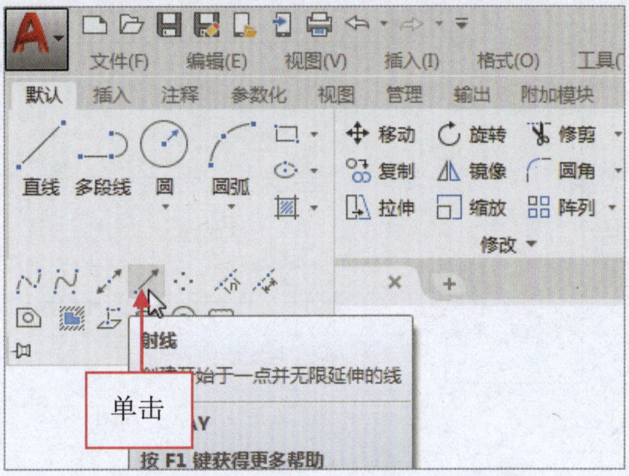


图 4-14　单击“射线”按钮

**Step 04**　向右引导光标，在绘图区的合适位置单击鼠标左键，按【Enter】键确认，即可绘制一条射线，效果如图 4-16 所示，绘制完成后，按【Esc】键，即可退出绘制状态。

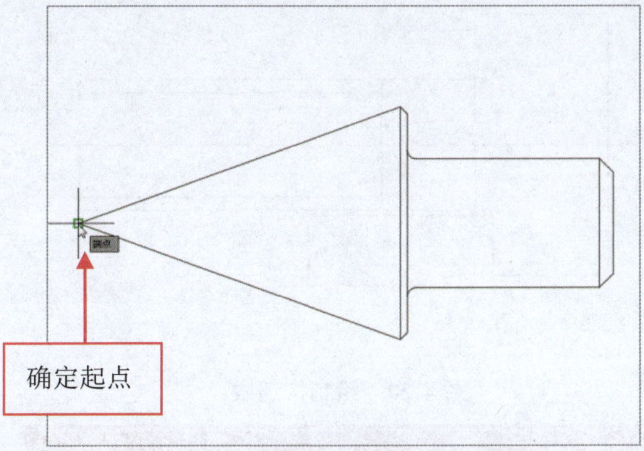


图 4-15　确定射线的起始点

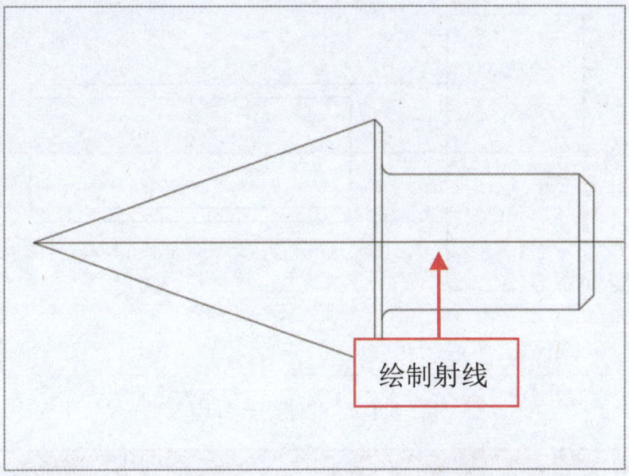


图 4-16　绘制一条射线

## 4.2.3　创建构造线

创建构造线

构造线是一条没有起点和终点的无限延伸的直线，它通常会被用作辅助绘图线。构造线具有普通 AutoCAD 图形对象的各项属性，如图层、颜色、线型等，还可以通过修改变成射线和直线。

**Step 01**　按【Ctrl + O】组合键，打开素材图形（资源\素材\第 4 章\螺丝.dwg），如图 4-17 所示。

**Step 02**　单击“功能区”选项板的“默认”选项卡，在“绘图”面板上单击中间的下拉按钮，在展开的面板上单击“构造线”按钮，如图 4-18 所示。

**Step 03**　根据命令行提示进行操作，在命令行输入 H，按【Enter】键确认，捕捉绘图区中合适的点作为构造线通过点，如图 4-19 所示。

**Step 04**　单击鼠标左键，按【Enter】键确认，即可绘制构造线，效果如图 4-20 所示，绘制完成后，按【Esc】键，即可退出绘制状态。

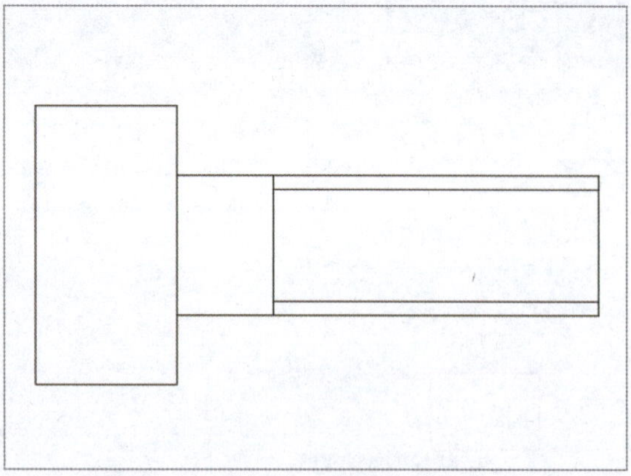

图 4-17　打开素材图形

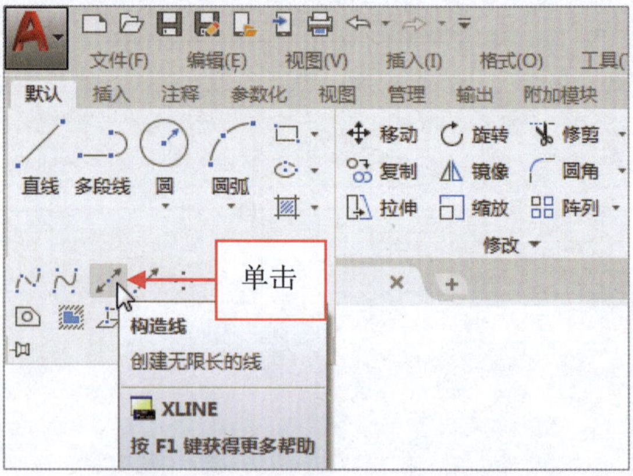


图 4-18　单击“构造线”按钮

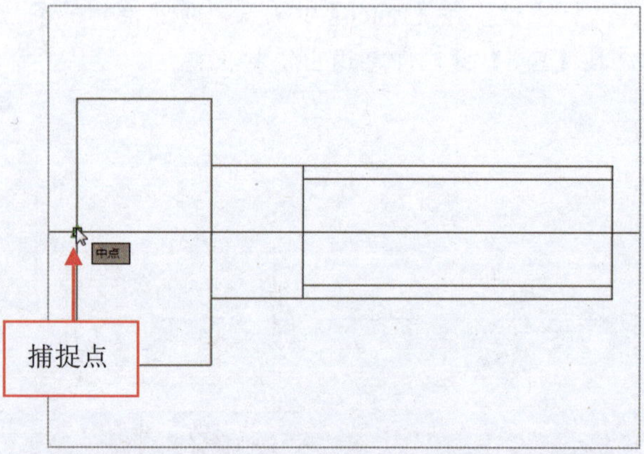


图 4-19　捕捉合适点

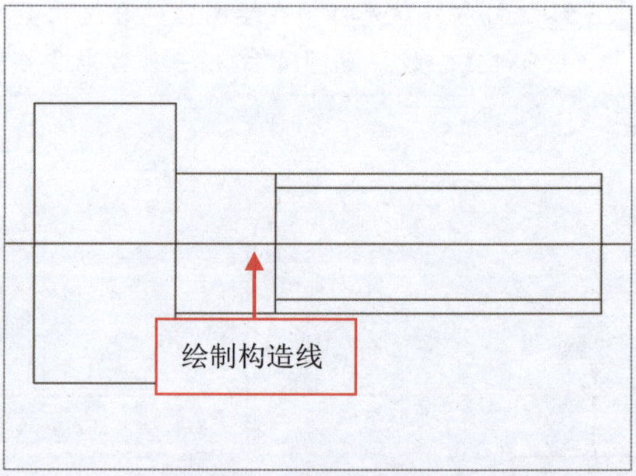


图 4-20　绘制构造线

▶ 专家指点

还可以通过以下三种方法，调用“构造线”命令。

- 命令 1：在命令行输入 XLINE（构造线）命令，并按【Enter】键确认。
- 命令 2：在命令行输入 XL（构造线）命令，并按【Enter】键确认。
- 命令 3：显示菜单栏，单击“绘图”|“构造线”命令。

# 4.3　创建弧型对象

圆弧类对象主要包括圆、圆弧和椭圆，它的绘制方法相对线型对象的绘制方法要复杂些，但方法也比较多。本节主要介绍创建圆与圆弧对象的方法，希望读者学完以后可以熟练绘制出各种圆弧对象。

## 4.3.1　创建圆

圆是简单的二维图形，圆的绘制在 AutoCAD 中使用非常频繁，可以

创建圆

用来表示柱、轴、孔等特征。在绘图过程中，圆是使用最多的基本图形元素之一。

**Step 01**　按【Ctrl + O】组合键，打开素材图形（资源\素材\第 4 章\花键.dwg），如图 4-21 所示。

**Step 02**　单击“功能区”选项板中的“默认”选项卡，在“绘图”面板上单击“圆心，半径”按钮，如图 4-22 所示。

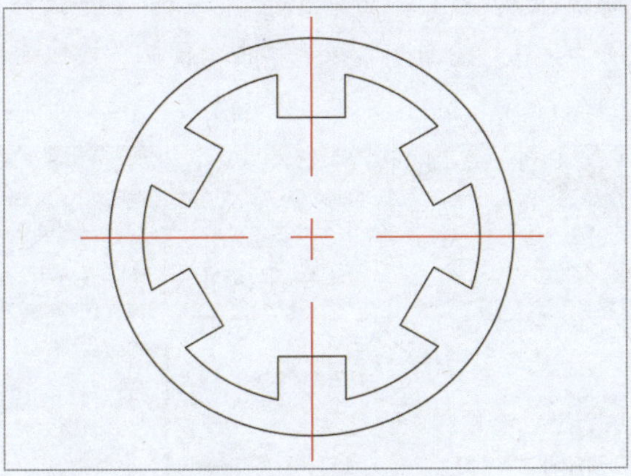

图 4-21　打开素材图形

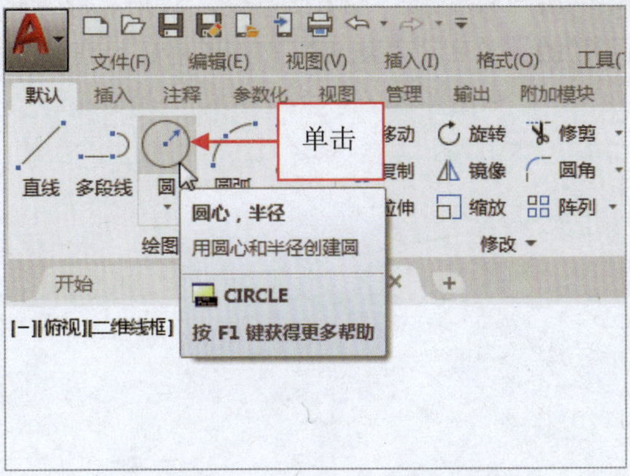


图 4-22　单击“圆心，半径”按钮

**Step 03**　根据命令行提示进行操作，在绘图区合适的圆心点上单击鼠标左键，确定圆心点，如图 4-23 所示。

**Step 04**　输入半径值 50，并按【Enter】键确认，即可绘制一个半径为 50 的圆，效果如图 4-24 所示。

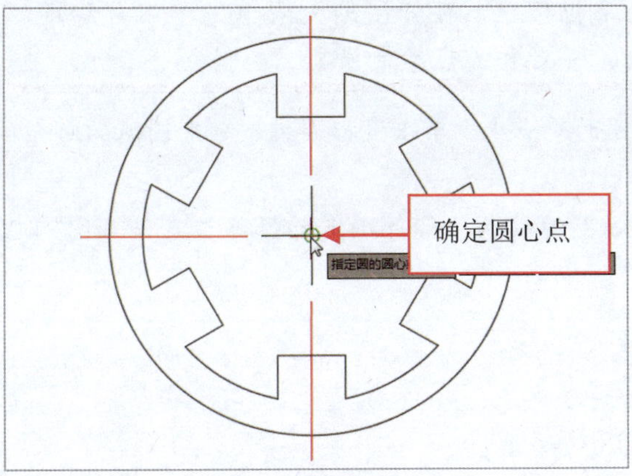


图 4-23　确定圆心点

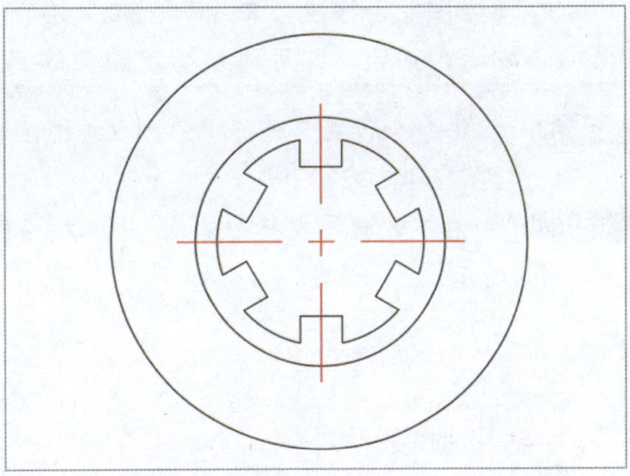

图 4-24　绘制一个半径为 50 的圆

**▶ 专家指点**

还可以通过以下三种方法，调用“圆”命令。

- 命令 1：在命令行输入 CIRCLE（圆）命令，并按【Enter】键确认。
- 命令 2：在命令行输入 C（圆）命令，并按【Enter】键确认。
- 命令 3：显示菜单栏，单击“绘图”|“圆”|“圆心，半径”命令。

## 4.3.2 创建圆弧

圆弧是圆的一部分，是一种简单的图形。绘制圆弧与绘制圆相比，相对要困难一些，除了圆心和半径外，圆弧还需要指定起始角和终止角。

创建圆弧

**Step 01** 按【Ctrl + O】组合键，打开素材图形（资源\素材\第 4 章\曲柄.dwg），如图 4-25 所示。

**Step 02** 单击“功能区”选项板中的“默认”选项卡，在“绘图”面板上单击“圆弧”按钮，如图 4-26 所示。

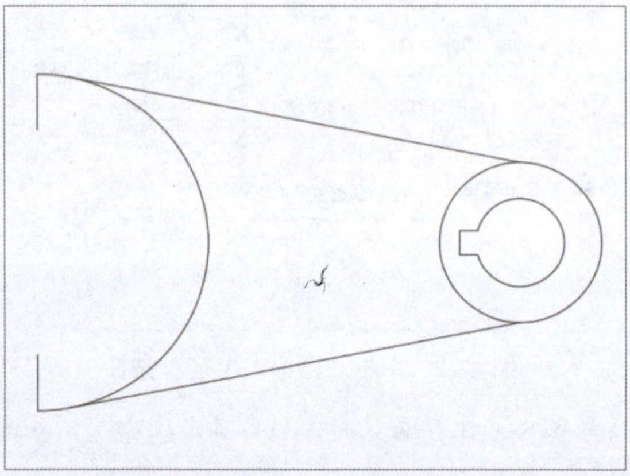

图 4-25 打开素材图形

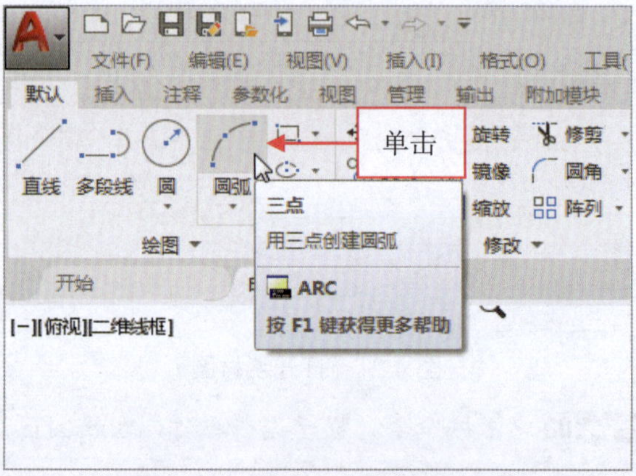


图 4-26 单击“圆弧”按钮

### ▶ 专家指点

在“绘图”面板上，单击“三点”右侧的下拉按钮，在弹出的列表框中单击“起点，圆心，端点”按钮，即可通过指定圆弧的起点、圆心和端点绘制圆弧。

**Step 03** 根据命令行提示进行操作，在绘图区合适的端点上，单击鼠标左键，确定圆弧的起始位置，如图 4-27 所示。

**Step 04** 向右下方引导光标，输入 20，按【Enter】键确认，即可确定圆弧第二点，如图 4-28 所示。

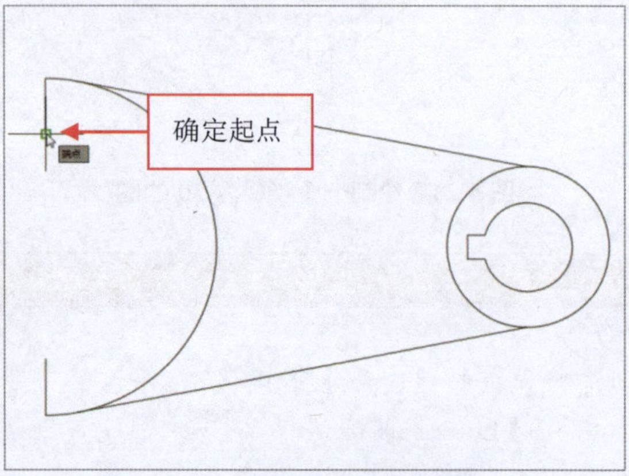


图 4-27 确定圆弧的起始位置

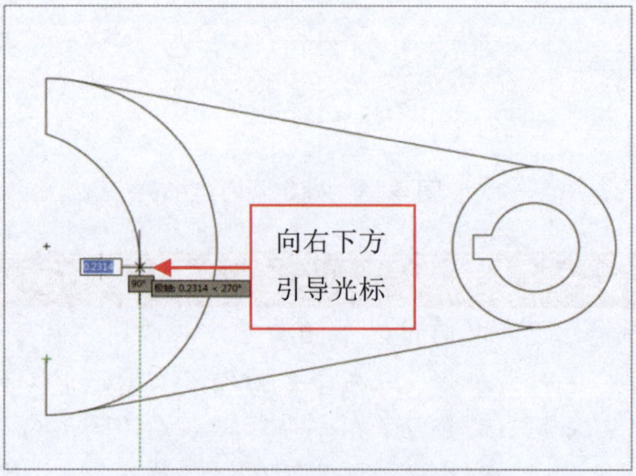


图 4-28 向右下方引导光标

**Step 05** 将鼠标移至绘图区中另一个合适的端点上，确定圆弧终点绘图，如图 4-29 所示。

**Step 06** 单击鼠标左键，即可绘制圆弧，效果如图 4-30 所示。

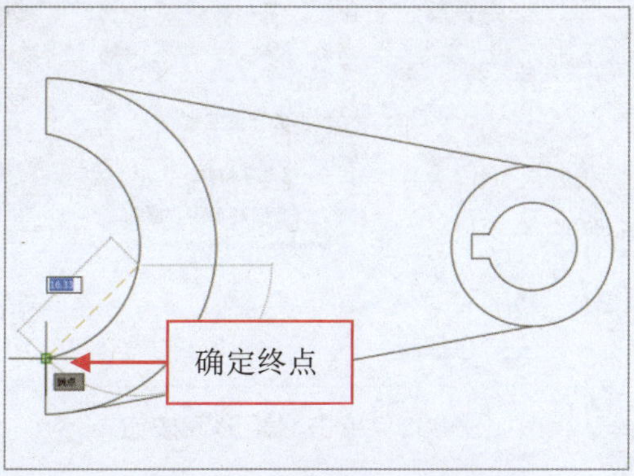


图 4-29 确定圆弧终点绘图

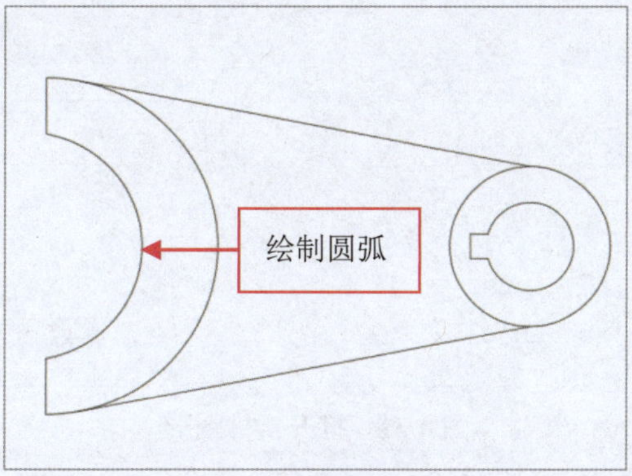


图 4-30 绘制圆弧

> ▶ **专家指点**
>
> 还可以通过以下两种方法，调用“圆弧”命令。
>
> ➢ 命令 1：在命令行输入 ARC 命令，并按【Enter】键确认。
>
> ➢ 命令 2：显示菜单栏，单击“绘图”|“圆弧”|“三点”命令。

# 4.4 创建多边形对象

在绘图过程中，多边形的使用频率较高，主要包括矩形、正多边形等。矩形和正多边形是绘图中常用的一种简单图形，它们都具有共同的特点，即不论它们从外观上看有几条边，实质上都是一条多段线。本节主要介绍创建矩形和正多边形的方法。

## 4.4.1 创建矩形

创建矩形

矩形是绘制平面图形常用的简单图形，也是构成复杂图形的基本图形元素，在各种图形中都可作为组成元素。

**Step 01** 按【Ctrl + O】组合键，打开素材图形（资源\素材\第 4 章\支座.dwg），如图 4-31 所示。

**Step 02** 单击“功能区”选项板的“默认”选项卡，在“绘图”面板上单击“矩形”按钮，如图 4-32 所示。

> ▶ **专家指点**
>
> 还可以通过以下三种方法，调用“矩形”命令。
>
> ➢ 命令 1：在命令行输入 RECTANGLE（矩形）命令，并按【Enter】键确认。
>
> ➢ 命令 2：在命令行输入 REC（矩形）命令，并按【Enter】键确认。
>
> ➢ 命令 3：显示菜单栏，单击“绘图”|“矩形”命令。

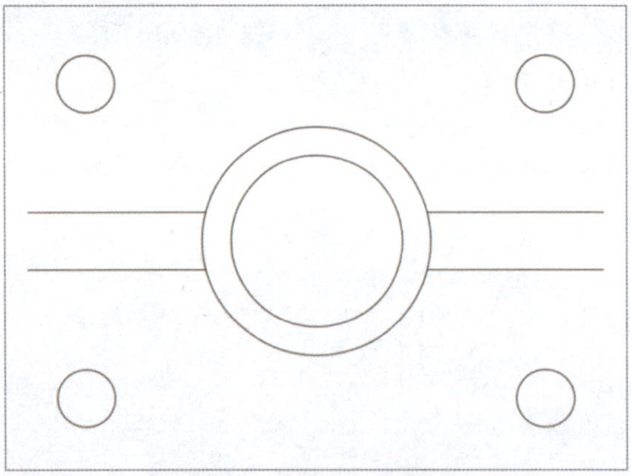

图 4-31　打开素材图形

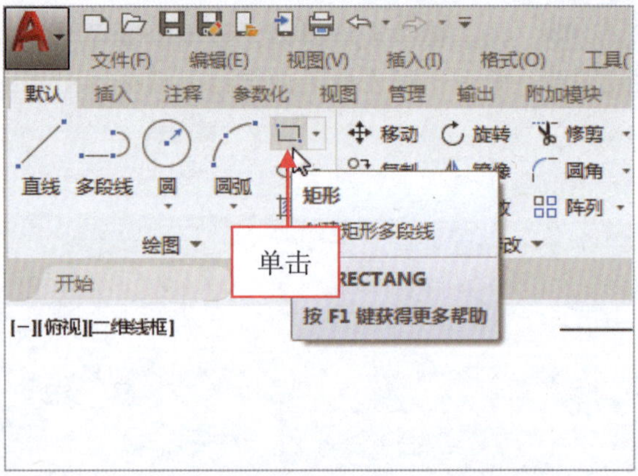


图 4-32　单击“矩形”按钮

**Step 03**　输入角点坐标（@1 461，1 298），按【Enter】键确认，再次输入角点坐标（@200，145），如图 4-33 所示，按【Enter】键确认。

**Step 04**　执行上述操作后，即可绘制矩形，效果如图 4-34 所示。

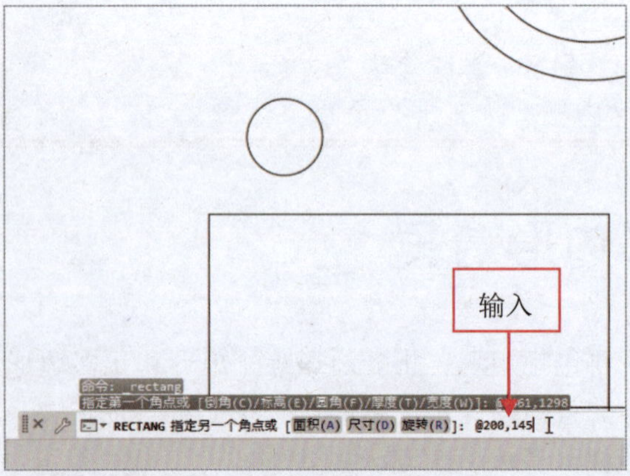


图 4-33　在命令行输入角点坐标

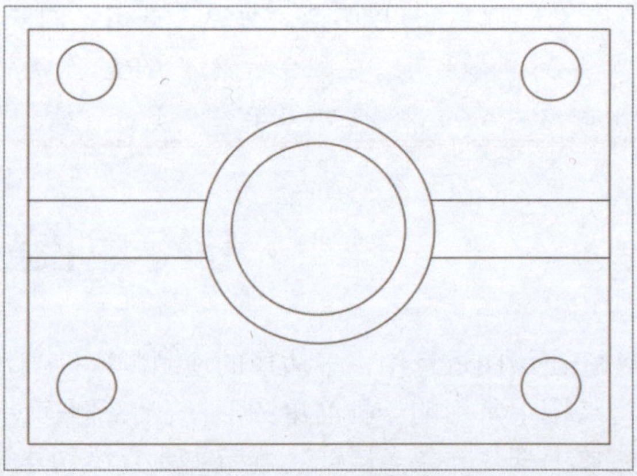

图 4-34　绘制矩形

## 4.4.2　创建正多边形

创建正多边形

正多边形是绘图中常用的一种简单图形，可以使用其外接圆与内切圆来进行绘制，并规定可以绘制边数为 3 至 1 024 的正多边形，默认情况下，正多边形的边数为 4。

**Step 01**　按【Ctrl + O】组合键，打开素材图形（资源\素材\第 4 章\开槽螺母.dwg），如图 4-35 所示。

**Step 02**　在“功能区”选项板的“默认”选项卡中，单击“绘图”面板“矩形”右侧的下拉按钮，在弹出的列表框单击“多边形”按钮⬠，如图 4-36 所示。

**Step 03**　根据命令行提示，输入 6，如图 4-37 所示，按【Enter】键确认。

**Step 04**　在绘图区中的圆心点，单击鼠标左键，确定正多边形的中心点位置，根据命令行提示进行操作，输入 C（外切于圆），如图 4-38 所示，按【Enter】键确认。

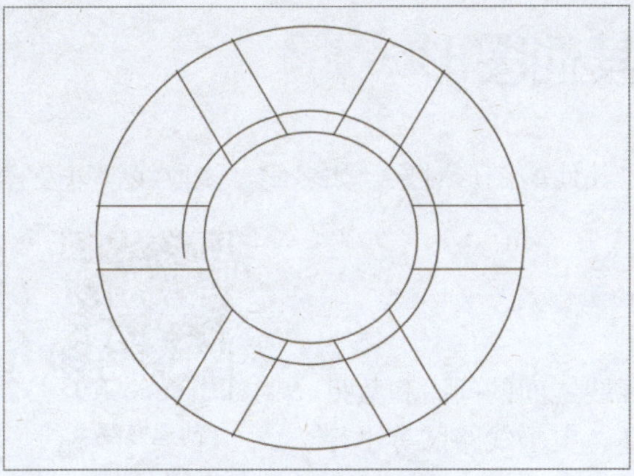

图 4-35　打开素材图形

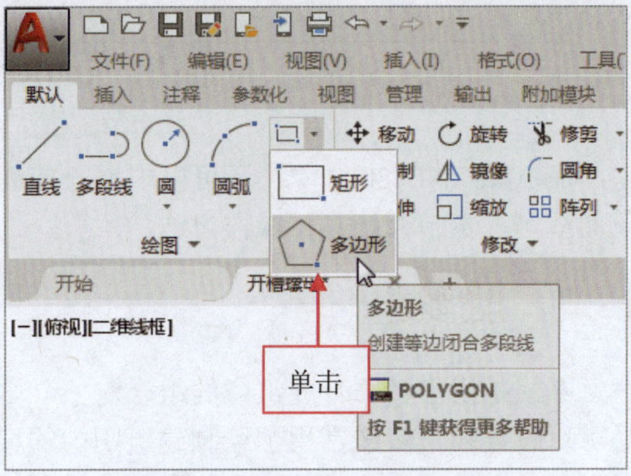


图 4-36　单击“多边形”按钮

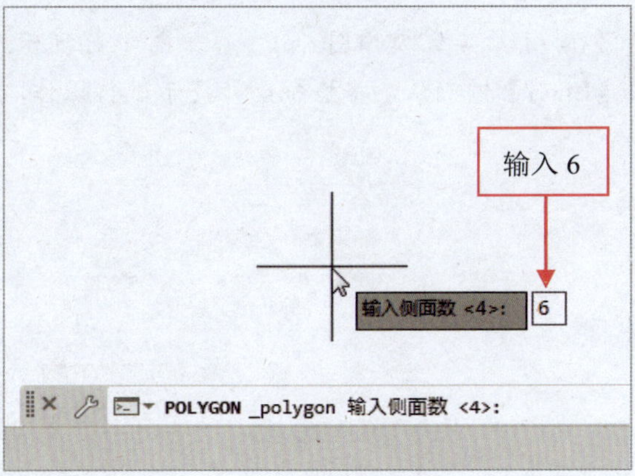


图 4-37　输入多边形边数 6

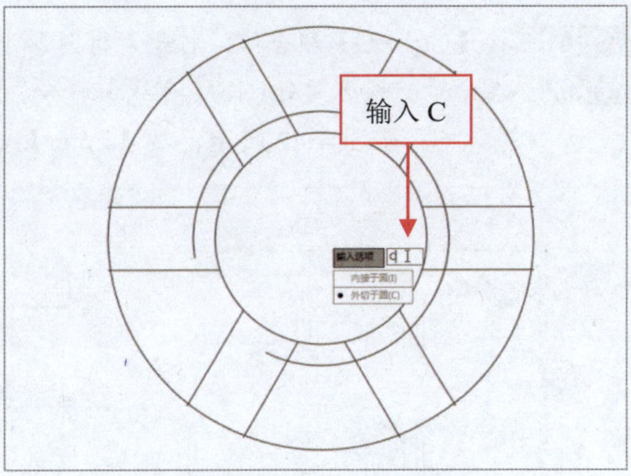


图 4-38　输入 C（外切于圆）

**Step 05**　根据命令行提示进行操作，输入 10，指定正多边形的半径大小，如图 4-39 所示。

**Step 06**　按【Enter】键确认，即可绘制正多边形，效果如图 4-40 所示。

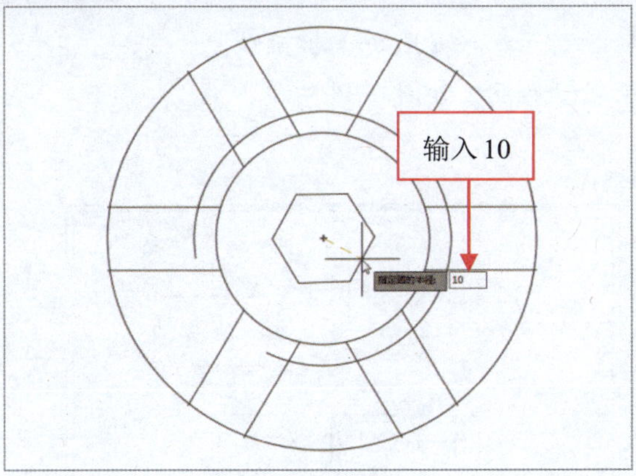


图 4-39　输入 10

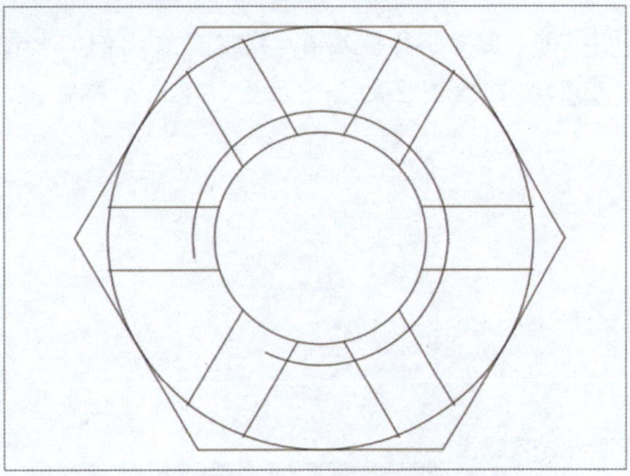

图 4-40　绘制正多边形

# 4.5 创建其他图形

在 AutoCAD 2020 中，还可以根据需要创建其他的图形对象，如多线、多段线，以及样条曲线等，本节介绍具体操作方法。

## 4.5.1 创建多线

创建多线

多线是由多条平行线组成的组合对象，平行线之间的间距和数目是可以设置的。多线常用于绘制建筑图中的墙体、电子线路图等平行线对象。多线包含 1 至 16 条称为元素的平行线，多线中的平行线可以具有不同的颜色和线型，多线可作为一个单一的实体进行编辑。

**Step 01** 按【Ctrl + O】组合键，打开素材图形（资源\素材\第 4 章\室内图.dwg），如图 4-41 所示。

**Step 02** 在命令行输入 MLINE（多线）命令，按【Enter】键确认，根据命令行提示进行操作，输入 S，如图 4-42 所示，按【Enter】键确认。

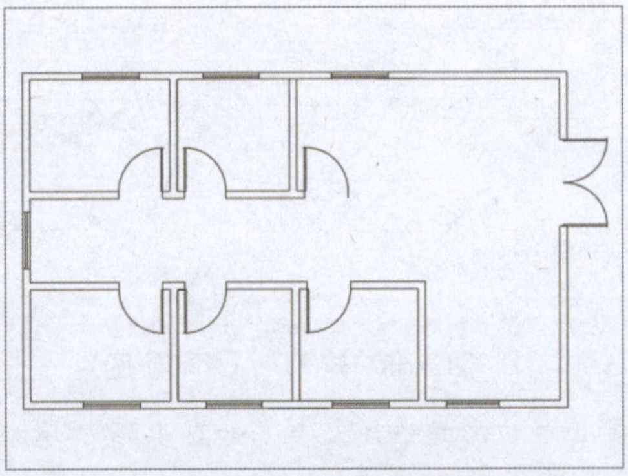

图 4-41　打开素材图形

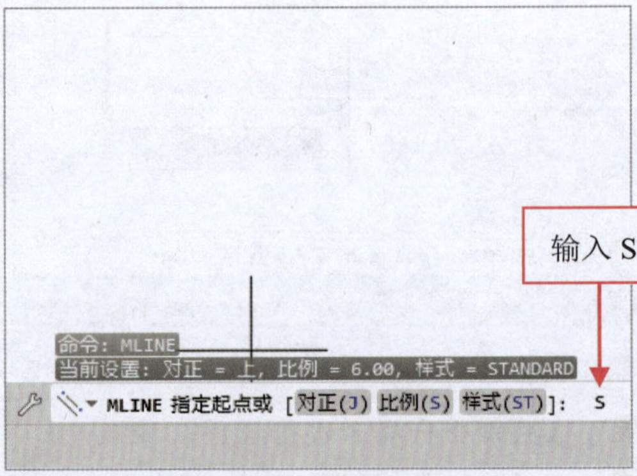


图 4-42　输入 S

**Step 03** 在命令行输入 6，指定多线比例，如图 4-43 所示，按【Enter】键确认。

**Step 04** 在绘图区的合适位置，单击鼠标左键，确定起始点，如图 4-44 所示。

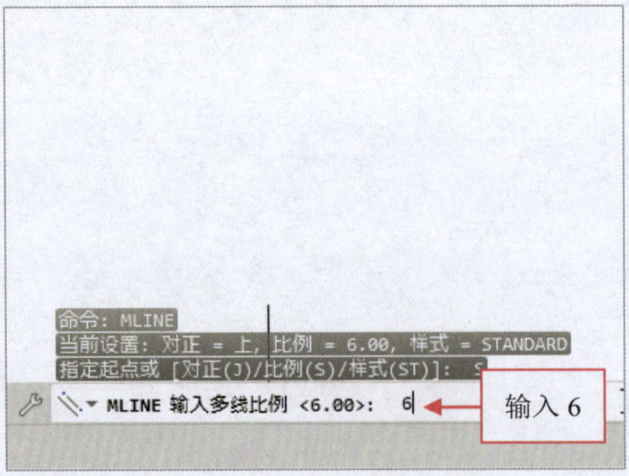


图 4-43　在命令行输入 6

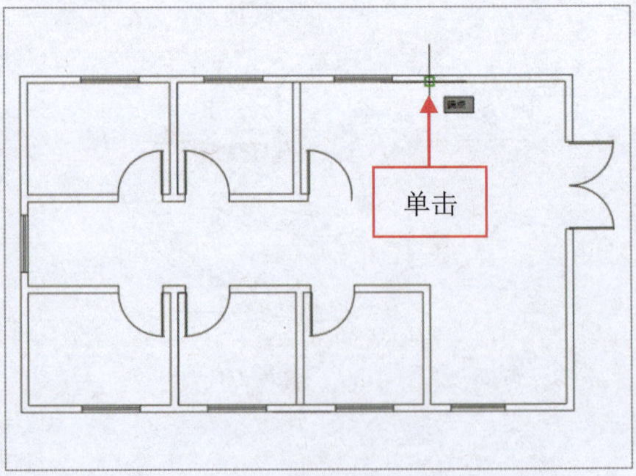


图 4-44　确认起始点

**Step 05** 向下引导光标，输入数值 99，按【Enter】键确认，绘制多线，如图 4-45 所示。

**Step 06** 向左引导光标，输入数值 64，按【Enter】键确认，即可绘制多线，绘制完成后，按【Esc】键，即可退出绘制状态，效果如图 4-46 所示。

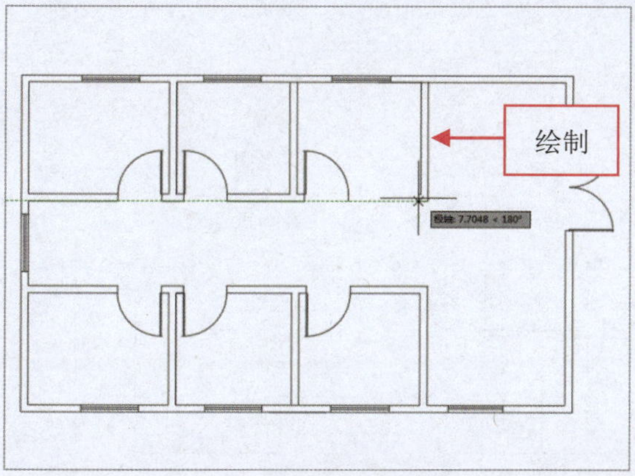


图 4-45　绘制多线

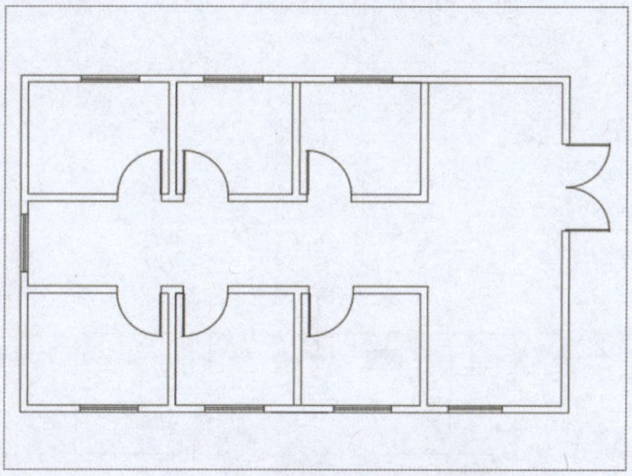

图 4-46　绘制多线后的效果

**▶ 专家指点**

除了运用 MLINE（多线）命令创建多线外，还可以输入快捷命令 ML（多线），或单击“绘图”|“多线”命令，调用“多线”命令。

## 4.5.2　创建多段线

多段线是由等宽或不等宽的直线或圆弧等多条线段构成的特殊线段，这些线段所构成的图形是一个整体，并可对其进行编辑。

创建多段线

**Step 01** 按【Ctrl + O】组合键，打开素材图形（资源\素材\第 4 章\支架.dwg），如图 4-47 所示。

**Step 02** 单击“功能区”选项板中的“默认”选项卡，在“绘图”面板上单击“多段线”按钮，如图 4-48 所示。

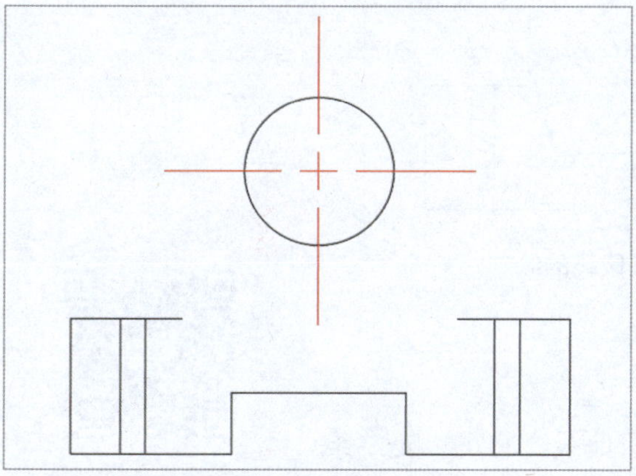

图 4-47　打开素材图形

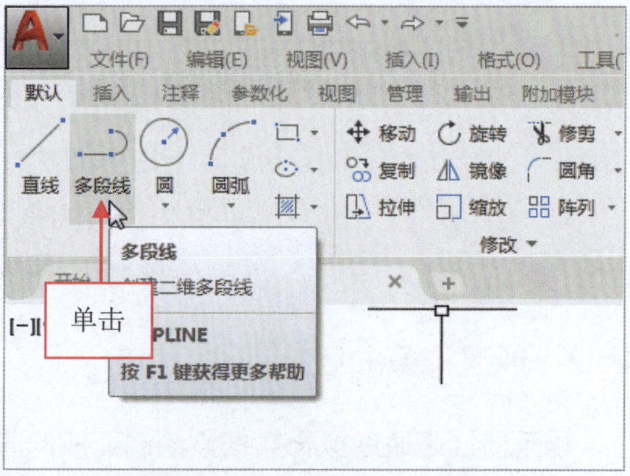


图 4-48　单击“多段线”按钮

**Step 03** 根据命令行提示进行操作，指定起点，如图 4-49 所示。

**Step 04** 单击鼠标左键，向上引导光标，在命令行输入 24，按【Enter】键确认，再向右引导光标，在命令行输入 A（圆弧），并按【Enter】键确认，输入 44 并确认，绘制圆弧，如图 4-50 所示。

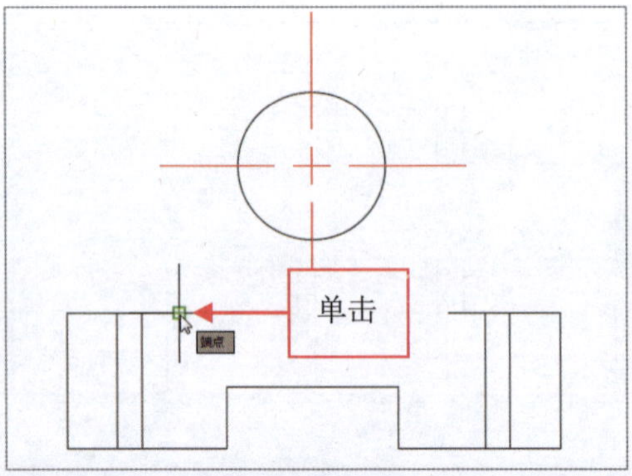


图 4-49　指定起点

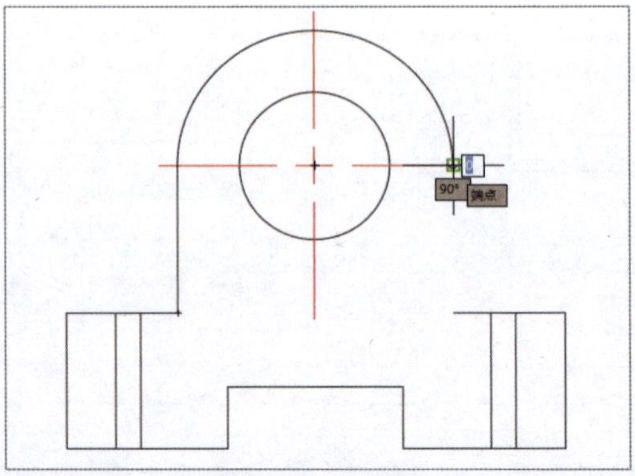

图 4-50　绘制圆弧

**▶ 专家指点**

还可以通过以下三种方法，调用“多段线”命令。

- 在命令行输入 PLINE（多段线）命令，并按【Enter】键确认。
- 在命令行输入 PL（多段线）命令，并按【Enter】键确认。
- 显示菜单栏，单击“绘图”|“多段线”命令。

**Step 05** 再向下引导光标，在命令行输入 L（直线），并按【Enter】键确认，输入长度值为 24 并确认，完成多段线的绘制，如图 4-51 所示。

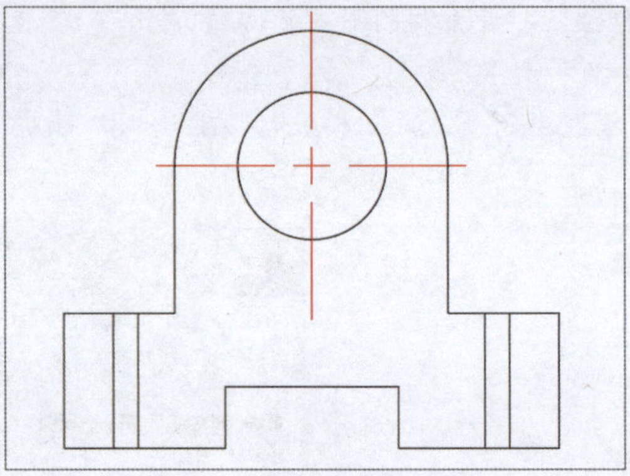

图 4-51　完成多段线的绘制

## 4.5.3　创建样条曲线

创建样条曲线

样条曲线是通过拟合数据点绘制而成的光滑曲线。它可以是二维曲线，也可以是三维曲线。样条曲线的形状主要由数据点、拟合点与控制点组成，其中数据点在绘制样条时由用户指定，拟合点和控制点由系统自动产生，它们主要用于编辑样条曲线。

**Step 01** 按【Ctrl + O】组合键，打开素材图形（资源\素材\第 4 章\零件.dwg），如图 4-52 所示。

**Step 02** 在“功能区”选项板中的“默认”选项卡中，单击“绘图”面板中间的下拉按钮，在弹出的面板上单击“样条曲线拟合”按钮，如图 4-53 所示。

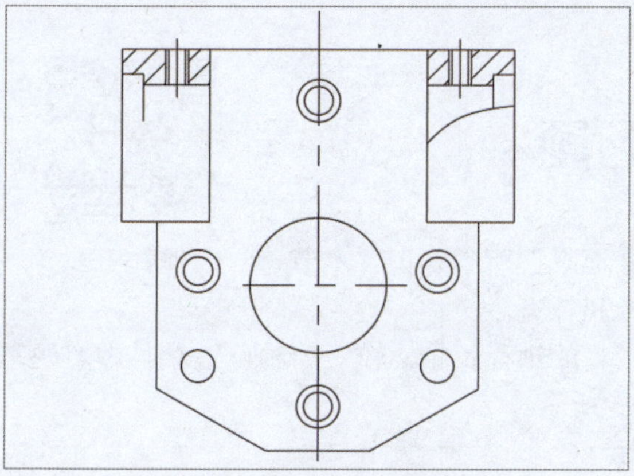

图 4-52　打开素材图形

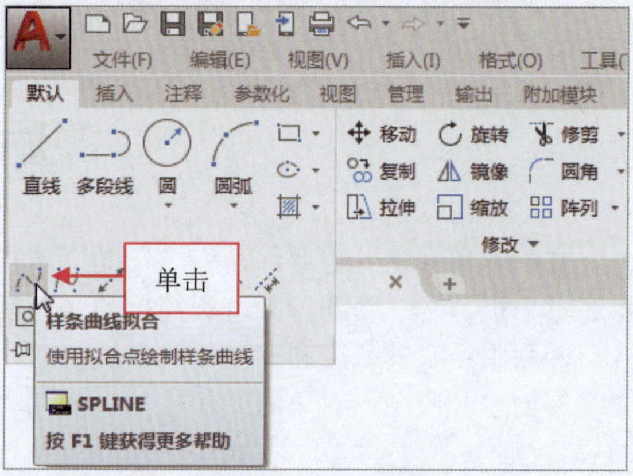


图 4-53　单击“样条曲线拟合”按钮

**Step 03** 根据命令行提示进行操作，在绘图区中的合适位置上单击鼠标左键，确定起点，如图 4-54 所示。

**Step 04** 依次在绘图区合适的位置确定其他点，并按【Enter】键确认，即可绘制一条样条曲线，如图 4-55 所示。

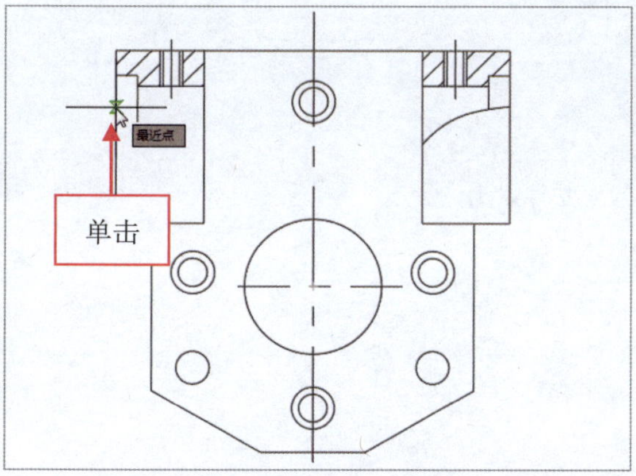


图 4-54　确定样条曲线的起点

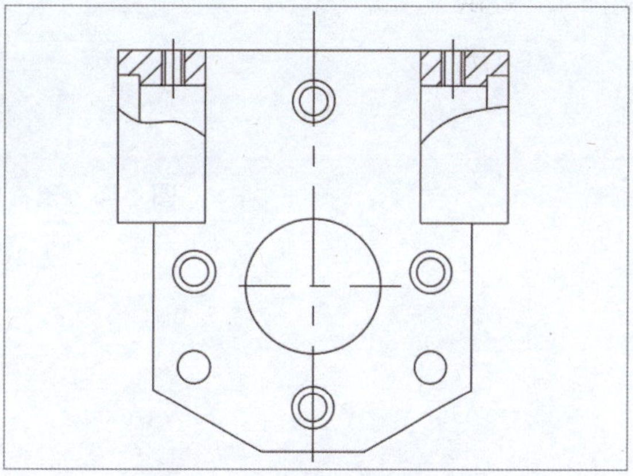

图 4-55　绘制一条样条曲线

### ▶ 专家指点

还可以通过以下三种方法，调用“样条曲线”命令。

- 在命令行输入 SPLINE（样条曲线）命令，并按【Enter】键确认。
- 在命令行输入 SPL（样条曲线）命令，并按【Enter】键确认。
- 显示菜单栏，单击“绘图”|“样条曲线”命令。

# 本章小结

本章主要介绍创建二维图形对象的操作方法，包括创建单点、多点、直线、射线、构造线、圆、圆弧、矩形、正多边形、多边、多段线以及样条曲线等内容。通过本章的学习，希望读者能够很好地掌握创建二维图形的方法。

# 课后习题

课后习题

鉴于本章知识的重要性，为了帮助读者更好地掌握所学知识，本节将通过上机习题，帮助读者进行简单的知识回顾和补充。

椭圆由定义其长度和宽度的两条轴决定，较长的轴称长轴，较短的轴称短轴。本习题需要掌握创建椭圆图形对象的操作方法，如图 4-56 所示。

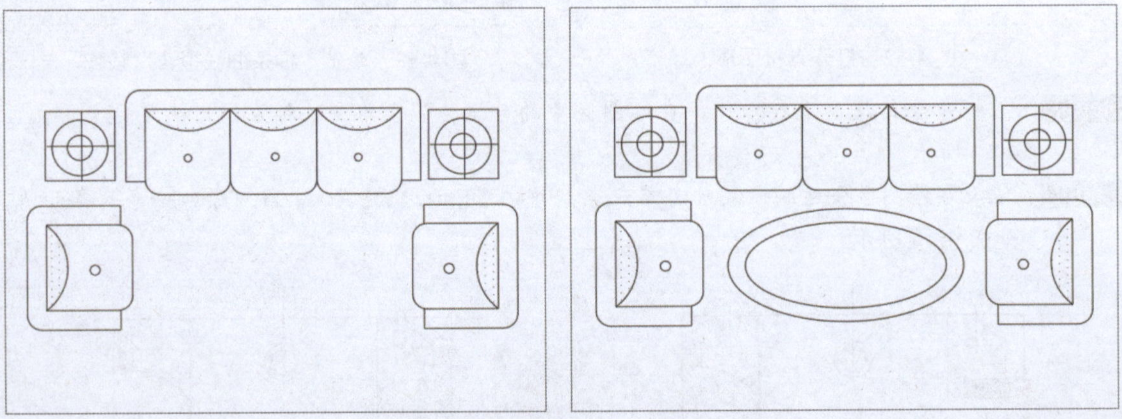

图 4-56　素材与效果文件对比

# 第 5 章
# 编辑二维平面图形

在 AutoCAD 2020 中，单纯地使用绘图命令或绘图工具只能绘制一些基本的图形对象，为了绘制复杂图形，很多情况下都必须借助图形编辑命令。AutoCAD 2020 提供了丰富的图形编辑命令，使用这些命令，可以修改已有图形。本章主要介绍编辑二维图形等内容。

**本章重点**

- 管理二维图形对象
- 修改二维图形对象
- 编辑二维图形对象

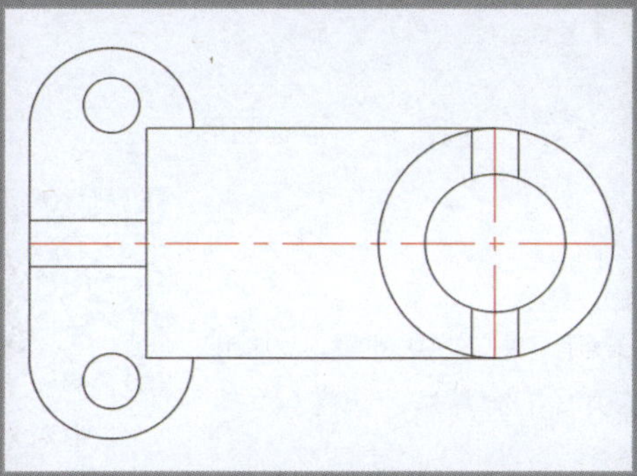

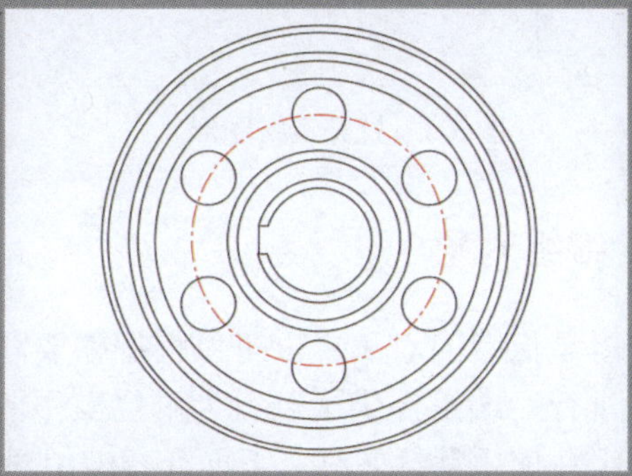

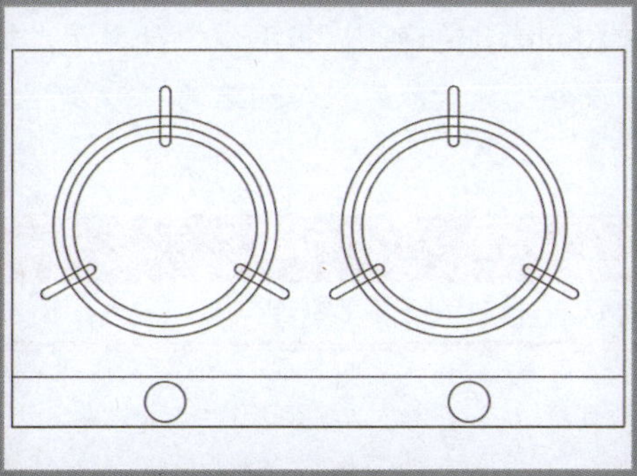

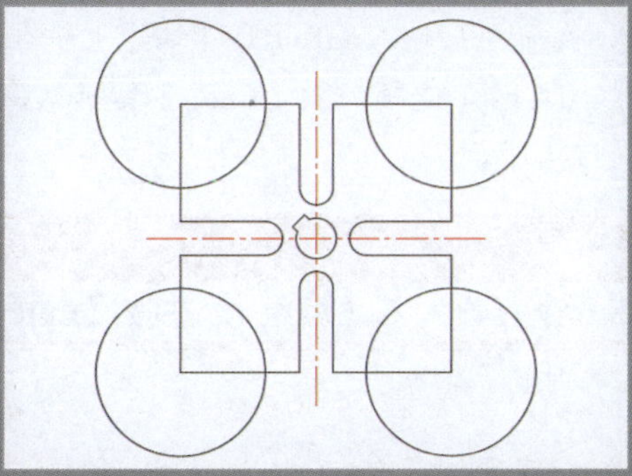

# 5.1 管理二维图形对象

在 AutoCAD 2020 中，提供了对单一图像的多种管理操作，比如选择、编组、移动、复制、镜像、偏移以及阵列图形等操作。本节主要讲解管理二维图形对象的方法。

## 5.1.1 选择对象

选择对象

在 AutoCAD 2020 中，编辑图形之前，首先需要选择编辑的对象。AutoCAD 用虚线亮显所选的对象，这些对象就构成了选择集。选择集可以包含单个对象，也可以包含复杂的对象编组。下面介绍选择对象的操作方法。

Step 01 按【Ctrl + O】组合键，打开素材图形（资源\素材\第 5 章\支撑轴.dwg），如图 5-1 所示。

Step 02 在命令行输入 SELECT（选择对象）命令，并按【Enter】键确认，根据命令行提示进行操作，在绘图区中相应的图形上，单击鼠标左键，即可点选图形，使其呈蓝色线条显示，如图 5-2 所示。

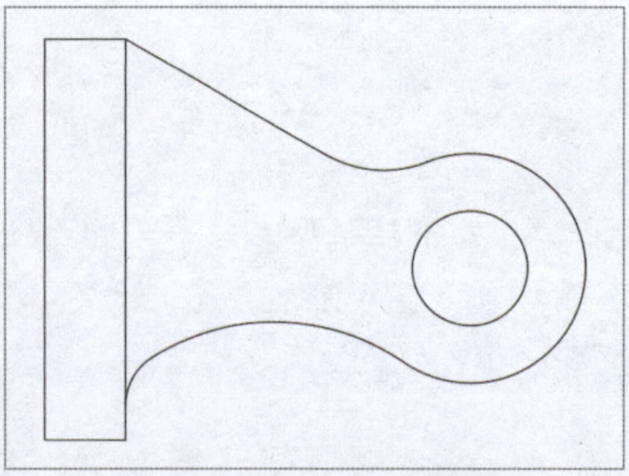

图 5-1 打开素材图形

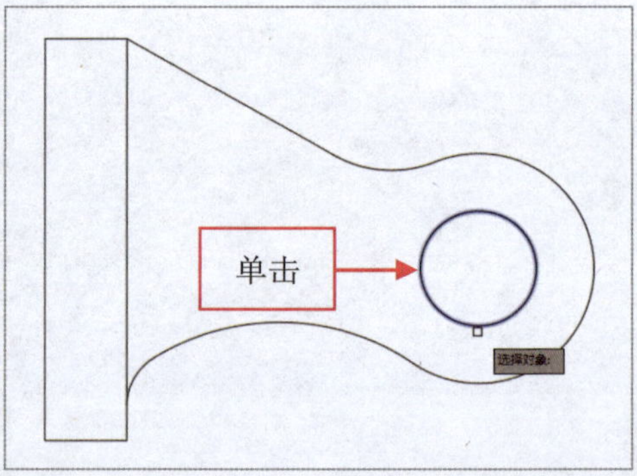


图 5-2 点选图形

## 5.1.2 编组对象

编组对象

编组是保存的对象集，可以根据需要同时选择和编辑这些对象，也可以分别进行。编组提供了以组为单位操作图形元素的简单方法，可以快速创建编组并使用默认名称。下面介绍编组对象的操作方法。

Step 01 按【Ctrl + O】组合键，打开素材图形（资源\素材\第 5 章\办公桌.dwg），如图 5-3 所示。

Step 02 在命令行输入 GROUP（编组）命令，并按【Enter】键确认，根据命令行提示，输入 N（名称）选项，按【Enter】键确认，再根据命令行提示，输入编组名为“沙发”，如图 5-4 所示。

> ▶ 专家指点
>
> 在命令行输入 G（编组），并按【Enter】键确认，也能执行“编组”命令。

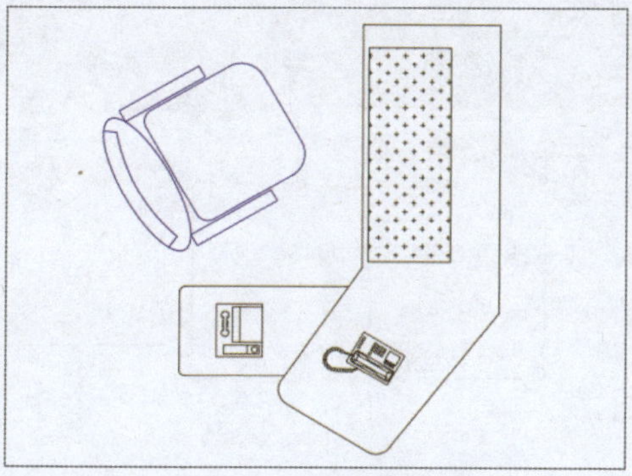

图 5-3　打开素材图形

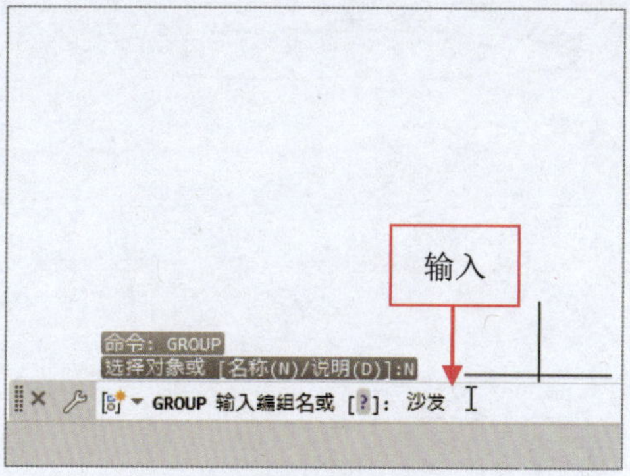


图 5-4　输入编组名为“沙发”

**Step 03**　按【Enter】键确认，在绘图区选择需要编组的对象，如图 5-5 所示。

**Step 04**　按【Enter】键确认，即可编组图形，在已编组的图形上，单击鼠标左键，此时已编组的图形将为一个整体对象，效果如图 5-6 所示。

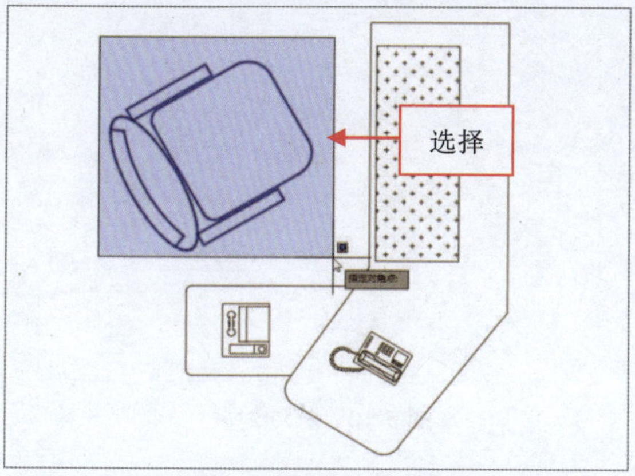


图 5-5　选择需要编组的对象

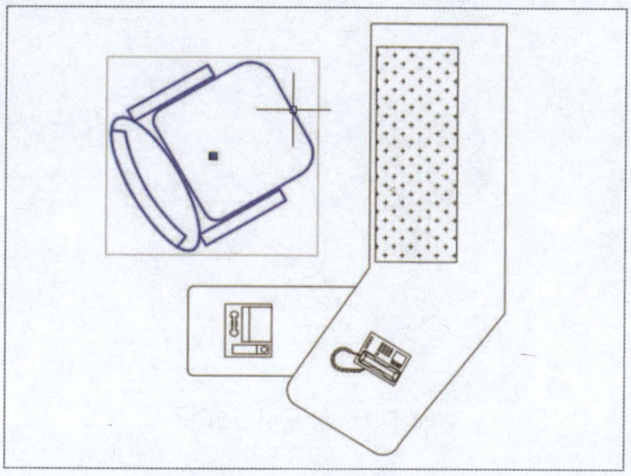

图 5-6　编组图形

### 5.1.3　移动对象

在绘制图形时，若绘制的图形位置错误，可以对图形移动操作。移动图形仅仅是位置上的平移，图形的方向和大小并不会改变。下面介绍移动对象的操作方法。

移动对象

**Step 01**　按【Ctrl + O】组合键，打开素材图形（资源\素材\第 5 章\水杯.dwg），如图 5-7 所示。

**Step 02**　单击“功能区”选项板的“默认”选项卡，在“修改”面板上单击“移动”按钮，如图 5-8 所示。

**Step 03**　根据命令行提示进行操作，在绘图区选择椭圆为移动对象，按【Enter】键确认，在椭圆的端点上单击鼠标左键，确定基点，向下引导光标，如图 5-9 所示。

> ▶ 专家指点
>
> 在命令行输入 M（移动），并按【Enter】键确认，也能执行“移动”命令。

图 5-7　打开素材图形

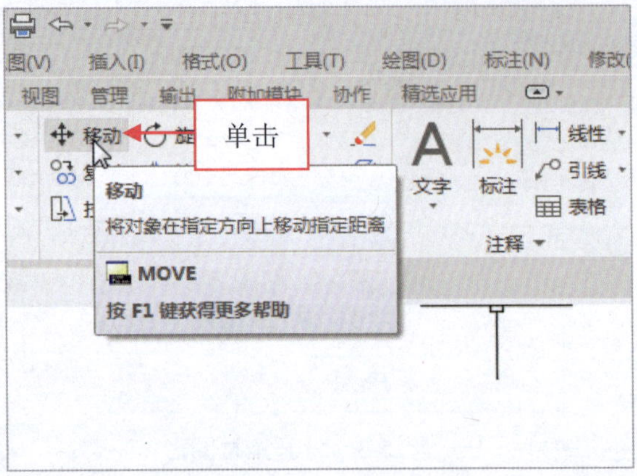


图 5-8　单击“移动”按钮

**Step 04**　至合适位置后单击鼠标左键，即可移动对象，效果如图 5-10 所示。

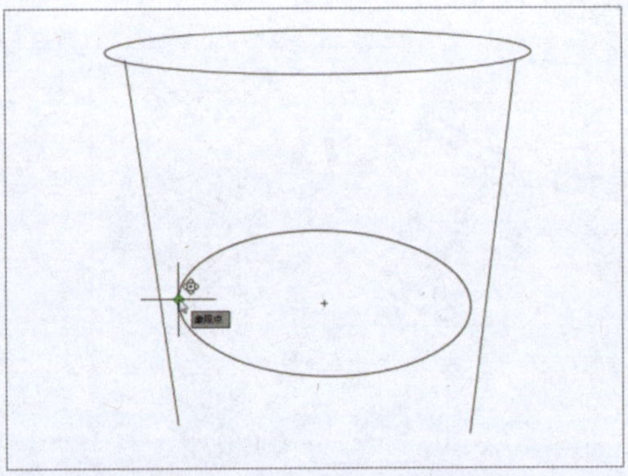

图 5-9　向下引导光标

图 5-10　移动对象

### 5.1.4　复制对象

复制对象

在 AutoCAD 2020 中，使用“复制”命令可以一次复制出一个或多个相同的对象，使复制更加方便、快捷。下面介绍复制对象的操作方法。

**Step 01**　按【Ctrl + O】组合键，打开素材图形（资源\素材\第 5 章\煤气灶.dwg），如图 5-11 所示。

**Step 02**　单击“功能区”选项板中的“默认”选项卡，在“修改”面板上单击“复制”按钮，如图 5-12 所示。

**▶ 专家指点**

通过以下三种方法，也可以调用“复制”命令。

- 命令 1：在命令行输入 COPY（复制）命令，并按【Enter】键确认。
- 命令 2：在命令行输入 CO（复制）命令，并按【Enter】键确认。
- 命令 3：显示菜单栏，单击“修改”|“复制”命令。

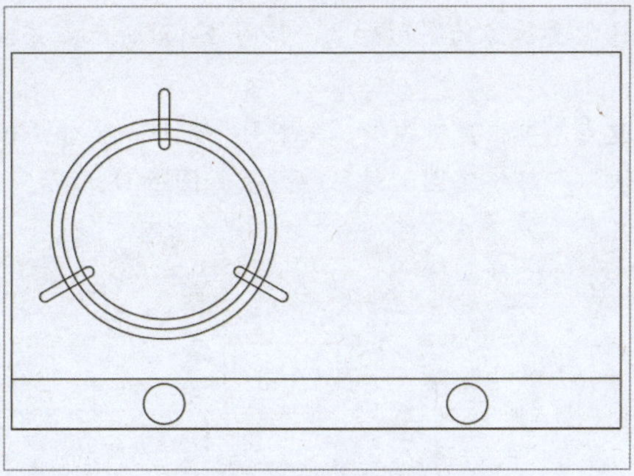

图 5-11　打开素材图形

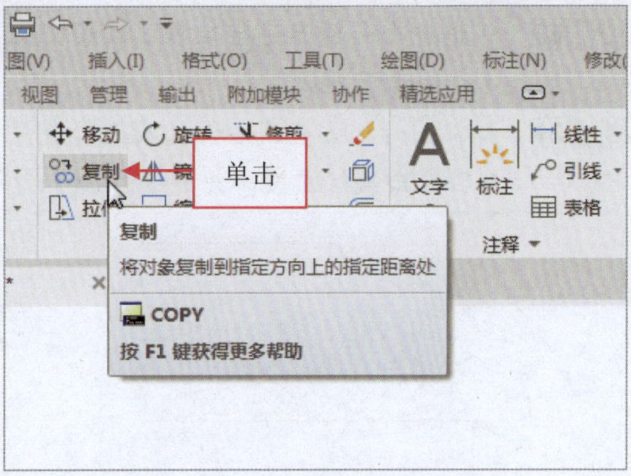


图 5-12　单击“复制”按钮

**Step 03**　根据命令行提示进行操作，在绘图区选择相应的图形为复制对象，如图 5-13 所示，并按【Enter】键确认。

**Step 04**　指定一点为基点，向右引导光标，移至合适位置后单击鼠标左键，并按【Enter】键确认，即可复制图形对象，效果如图 5-14 所示。

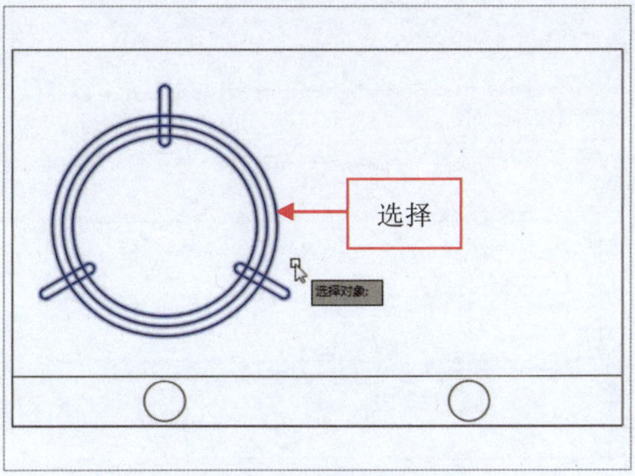


图 5-13　选择相应的图形为复制对象

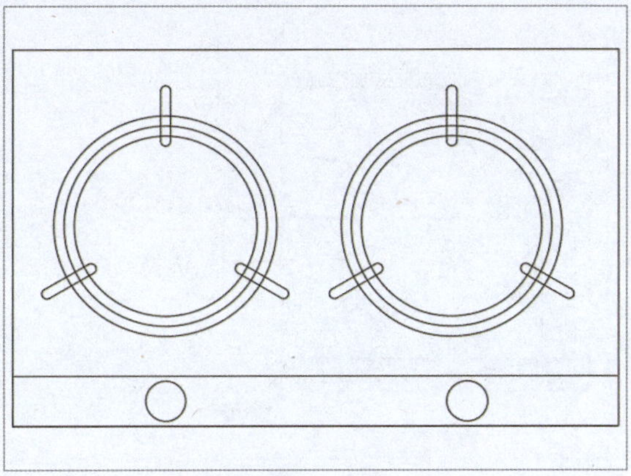

图 5-14　复制图形对象

## 5.1.5　镜像对象

“镜像”命令可以生成与所选对象相对称的图形，在镜像图形时需要指出对称轴线，轴线是任意方向的，所选对象将根据该轴线进行对称，并且可选择删除或保留源对象。

镜像对象

**Step 01**　按【Ctrl + O】组合键，打开素材图形（资源\素材\第 5 章\电脑显示器.dwg），如图 5-15 所示。

**Step 02**　单击“功能区”选项板中的“默认”选项卡，在“修改”面板上单击“镜像”按钮，如图 5-16 所示。

Step03 根据命令行提示进行操作，在绘图区选择需要镜像的图形对象，如图 5-17 所示，并按【Enter】键确认。

Step04 捕捉图形上方直线右侧的端点为镜像线起点，单击鼠标左键，向下引导光标，至合适位置后单击鼠标左键，并按【Enter】键确认，即可镜像图形对象，效果如图 5-18 所示。

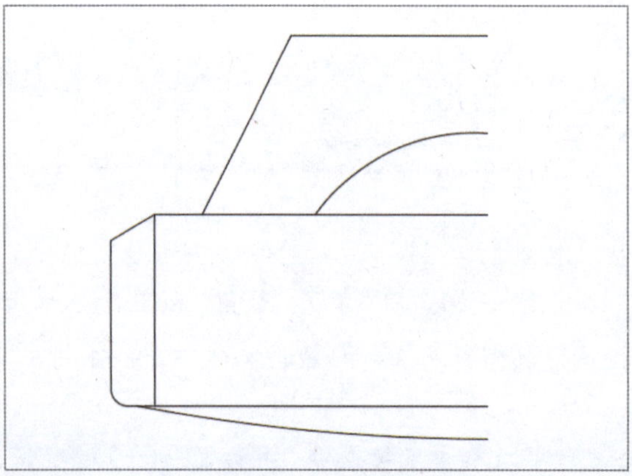

图 5-15 打开素材图形

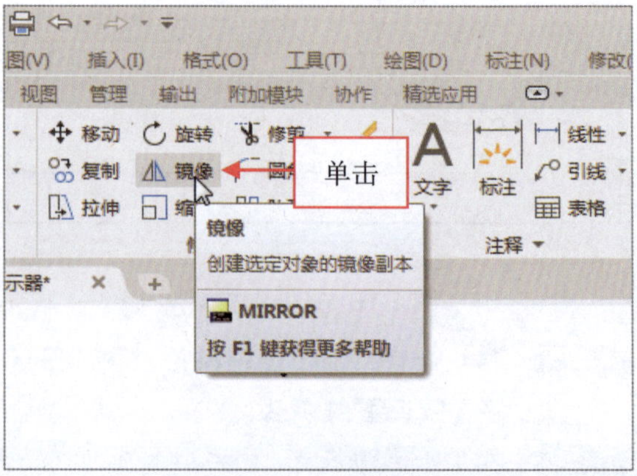


图 5-16 单击“镜像”按钮

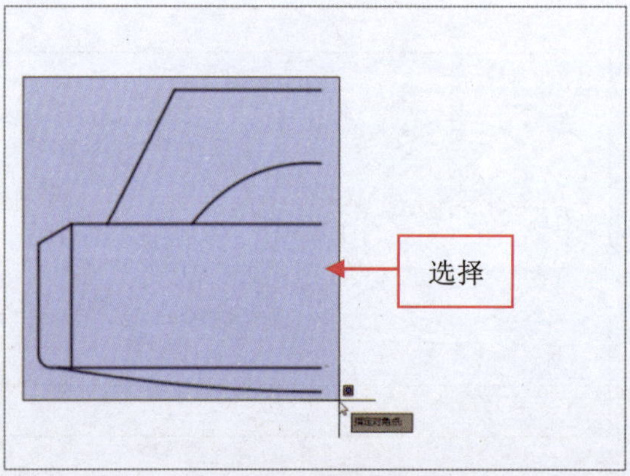


图 5-17 选择需要镜像的图形对象

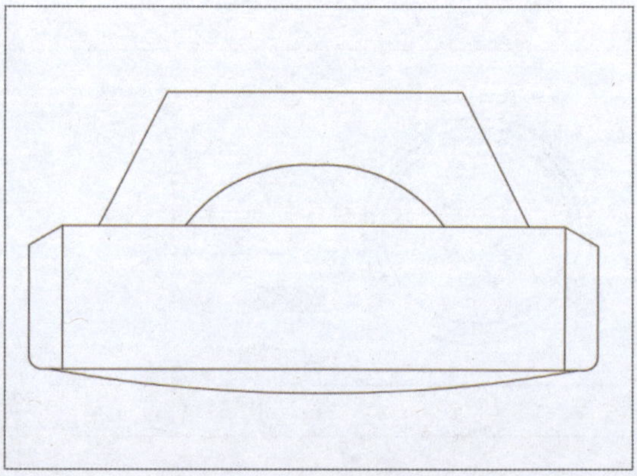

图 5-18 镜像图形对象

▶ 专家指点

通过以下三种方法，也可以调用“镜像”命令。

- 命令 1：在命令行输入 MIRROR（镜像）命令，并按【Enter】键确认。
- 命令 2：在命令行输入 MI（镜像）命令，并按【Enter】键确认。
- 命令 3：显示菜单栏，单击“修改”|“镜像”命令。

## 5.1.6 偏移对象

偏移对象

在 AutoCAD 2020 中，使用“偏移”命令可以根据指定的距离或通过点，创建一个与所选对象平行的图形；被偏移的对象可以是直线、圆、圆弧和样条曲线等对象。下面介绍偏移对象的操作方法。

**Step 01** 按【Ctrl + O】组合键，打开素材图形（资源\素材\第 5 章\洗脸盆.dwg），如图 5-19 所示。

**Step 02** 单击“功能区”选项板中的“默认”选项卡，在“修改”面板上单击“偏移”按钮，如图 5-20 所示。

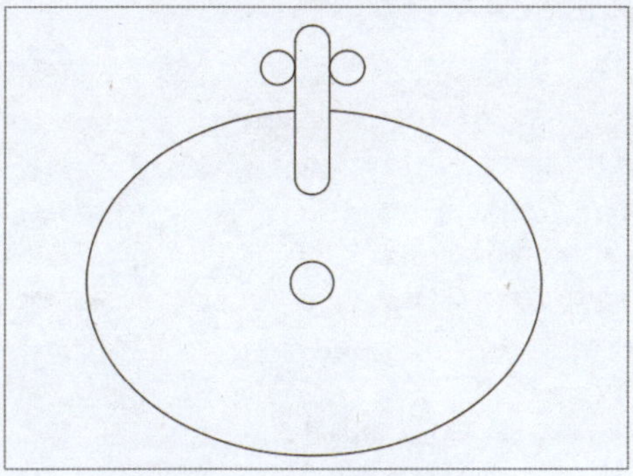

图 5-19　打开素材图形

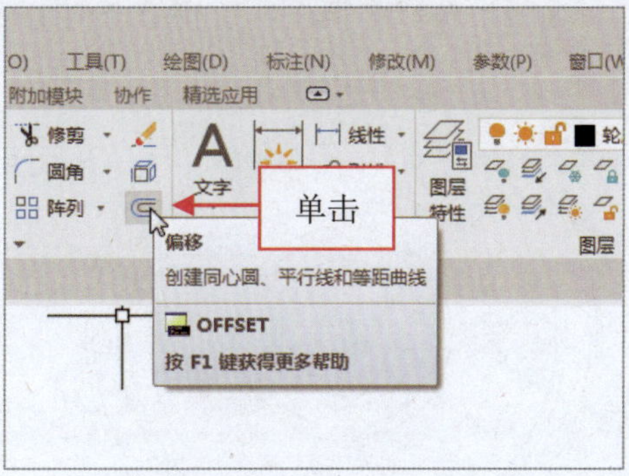


图 5-20　单击“偏移”按钮

**Step 03** 根据命令行提示进行操作，在命令行输入 250，并按【Enter】键确认，在绘图区中选择要偏移的对象，如图 5-21 所示。

**Step 04** 向内引导光标，单击鼠标左键，并按【Enter】键确认，即可偏移图形对象，效果如图 5-22 所示。

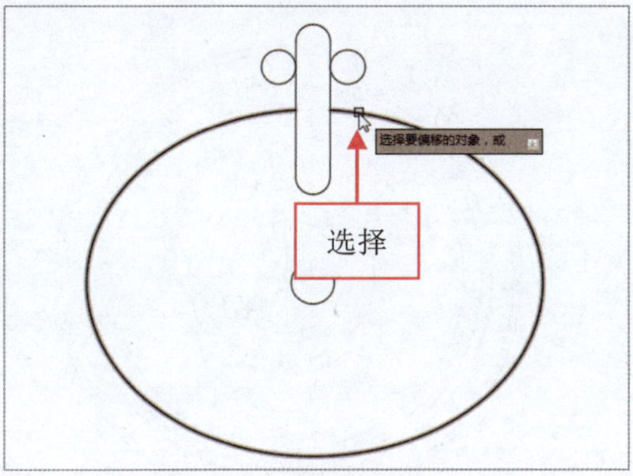


图 5-21　选择要偏移的对象

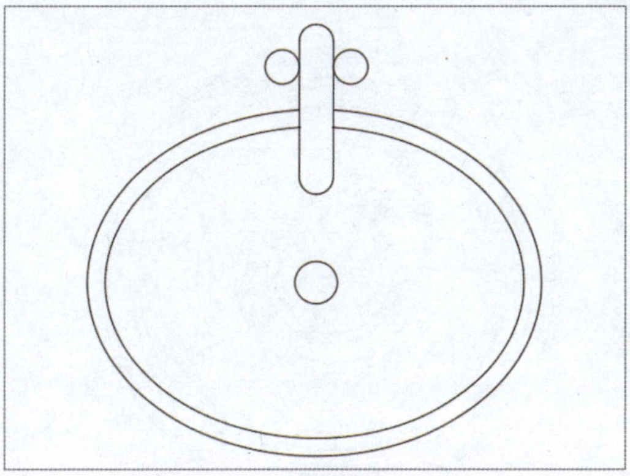

图 5-22　偏移图形对象

> **▶ 专家指点**
>
> 通过以下三种方法，也可以调用“偏移”命令。
>
> ➢ 命令 1：在命令行输入 OFFSET（偏移）命令，并按【Enter】键确认。
>
> ➢ 命令 2：在命令行输入 O（偏移）命令，并按【Enter】键确认。
>
> ➢ 命令 3：显示菜单栏，单击“修改”|“偏移”命令。

## 5.1.7　环形阵列对象

环形阵列是指对图形对象进行阵列复制后，图形呈环形分布。下面介绍环形阵列对象的操作方法。

环形阵列对象

Step 01 按【Ctrl + O】组合键，打开素材图形（资源\素材\第 5 章\环形阵列.dwg），如图 5-23 所示。

Step 02 单击“功能区”选项板中的“默认”选项卡，在“修改”面板上单击“阵列”下拉按钮，在弹出的列表框单击“环形阵列”按钮，如图 5-24 所示。

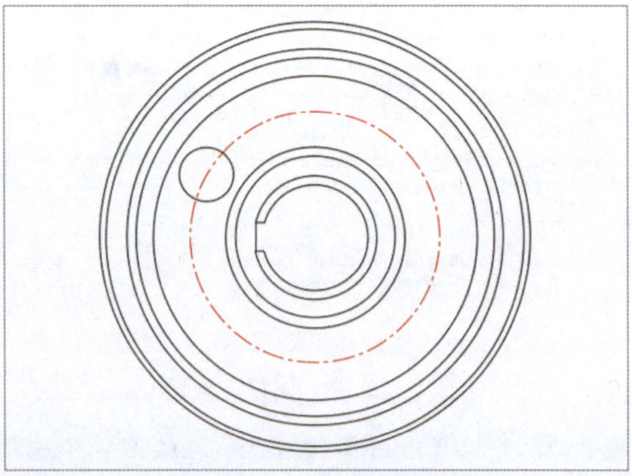

图 5-23 打开素材图形

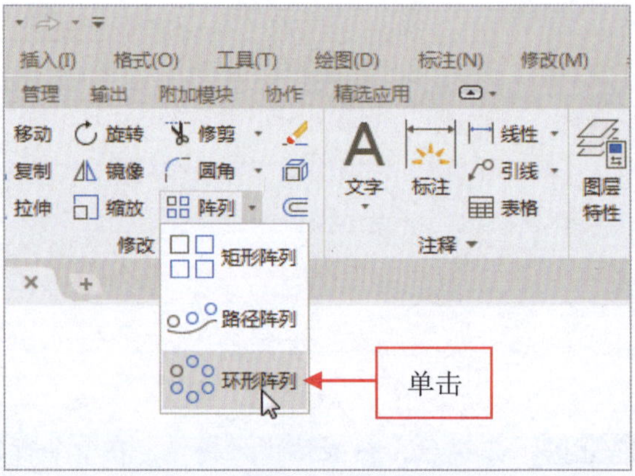


图 5-24 单击“环形阵列”按钮

Step 03 在绘图区中拾取合适的圆为阵列对象，如图 5-25 所示，并按【Enter】键确认。

Step 04 根据命令行提示，在大圆圆心上单击鼠标左键，确定其为阵列中心点，如图 5-26 所示。

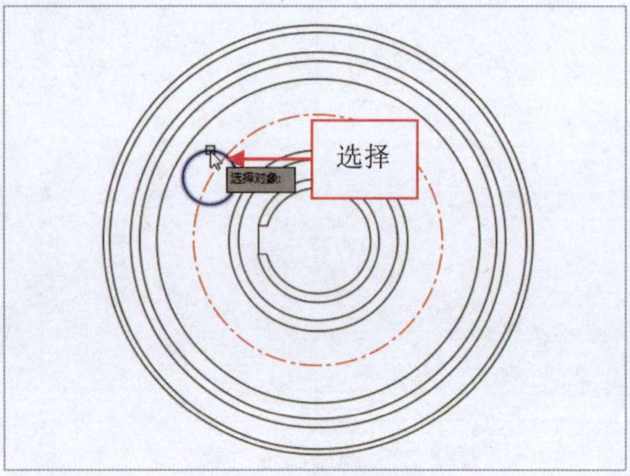


图 5-25 选择阵列对象

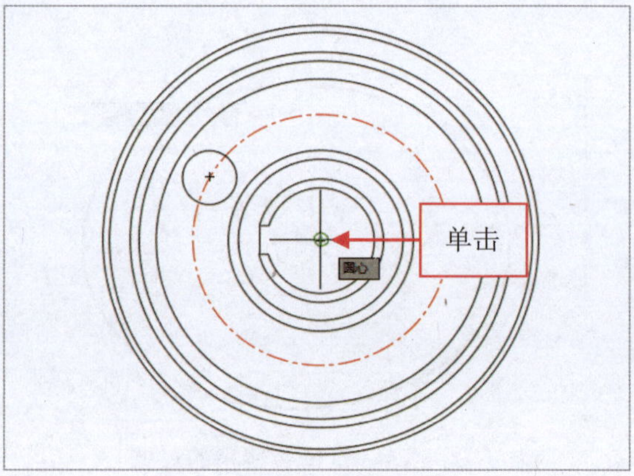


图 5-26 确定阵列中心点

Step 05 在弹出的“阵列创建”选项卡，设置“项目数”为 6、“填充”为 360°，如图 5-27 所示。

Step 06 按【Enter】键确认，即可阵列图形，效果如图 5-28 所示。

**▶ 专家指点**

通过以下三种方法，也可以调用“阵列”命令。

- 命令 1：在命令行输入 ARRAY（阵列）命令，并按【Enter】键确认。
- 命令 2：在命令行输入 AR（阵列）命令，并按【Enter】键确认。
- 命令 3：显示菜单栏，单击“修改”|“阵列”命令。

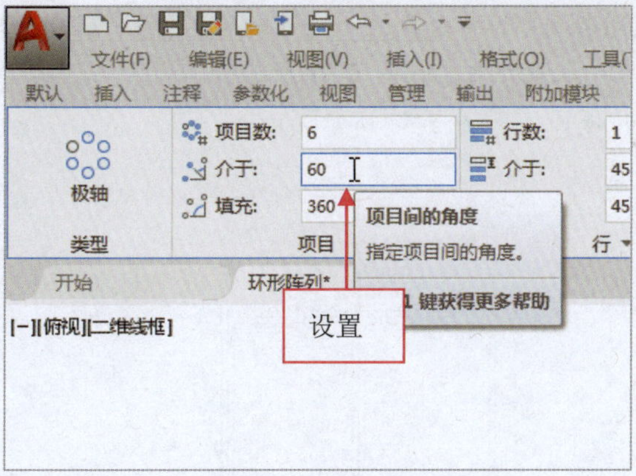


图 5-27　设置各选项

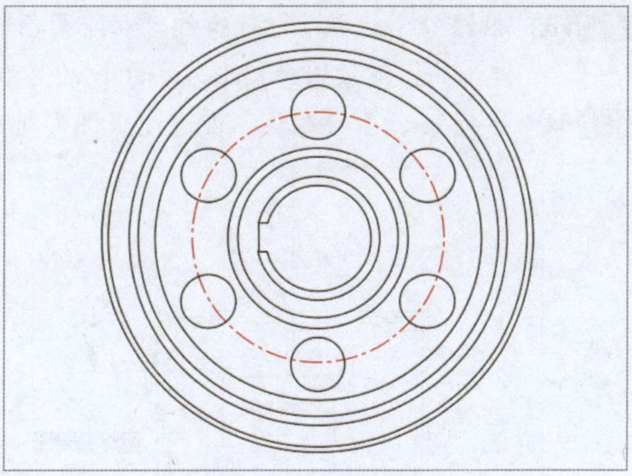

图 5-28　阵列图形

## 5.2　修改二维图形对象

在绘图过程中，常常需要对图形对象进行修改。在 AutoCAD 2020 中，可以使用“延伸”“拉长”“拉伸”，以及“修剪”等命令对图形进行修改操作。

### 5.2.1　延伸对象

延伸对象

“延伸”命令用于将直线、圆弧或多线段等的端点延伸到指定的边界，这些边界可以是直线、圆弧和多线段。下面介绍延伸对象的操作方法。

**Step 01**　按【Ctrl + O】组合键，打开素材图形（资源\素材\第 5 章\窗户.dwg），如图 5-29 所示。

**Step 02**　单击“功能区”选项板中的“默认”选项卡，在“修改”面板上单击“修剪”右侧的下拉按钮，在弹出的列表框中单击“延伸”按钮，如图 5-30 所示。

图 5-29　打开素材图形

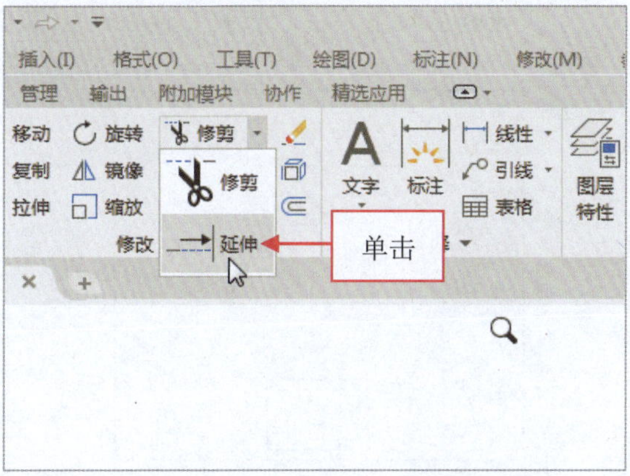


图 5-30　单击“延伸”按钮

Step03 根据命令行提示进行操作，在绘图区选择图形最下方的直线为延伸对象，并按【Enter】键确认，继续选择图形左右两侧的直线为延伸的对象，如图 5-31 所示。

Step04 按【Enter】键确认，即可完成图形对象的延伸，如图 5-32 所示。

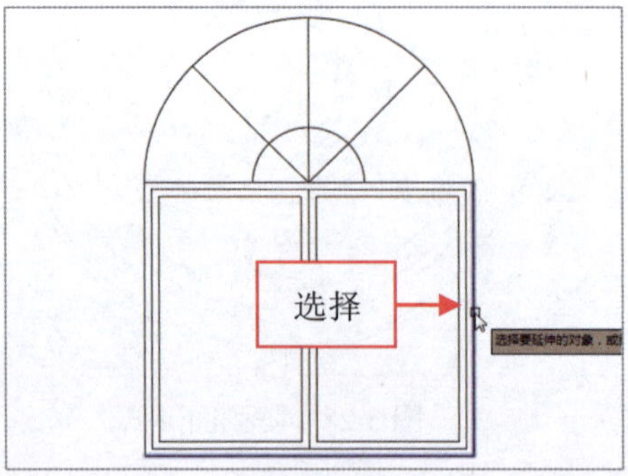


图 5-31　选择延伸的对象

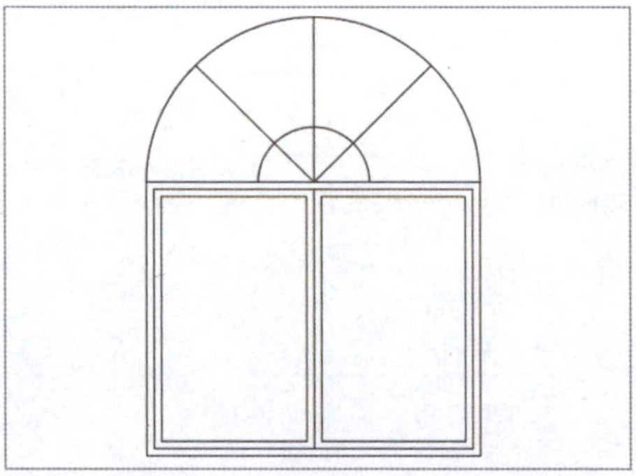

图 5-32　完成图形对象的延伸

**▶ 专家指点**

通过以下三种方法，也可以调用“延伸”命令。

- 命令 1：在命令行输入 EXTEND（延伸）命令，并按【Enter】键确认。
- 命令 2：在命令行输入 EX（延伸）命令，并按【Enter】键确认。
- 命令 3：显示菜单栏，单击“修改”|“延伸”命令。

## 5.2.2　拉长对象

“拉长”命令用于改变圆弧的角度，或改变非封闭图形的长度，包括直线、圆弧、非闭合多段线、椭圆弧和非封闭样条曲线。下面介绍拉长对象的操作方法。

拉长对象

Step01 按【Ctrl＋O】组合键，打开素材图形（资源\素材\第 5 章\电饭煲.dwg），如图 5-33 所示。

Step02 在“功能区”选项板中的“默认”选项卡中，单击“修改”面板中间的下拉按钮，在展开的面板上单击“拉长”按钮，如图 5-34 所示。

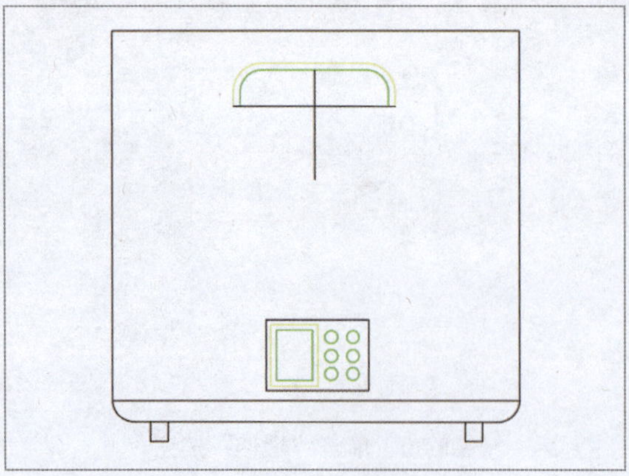

图 5-33　打开素材图形

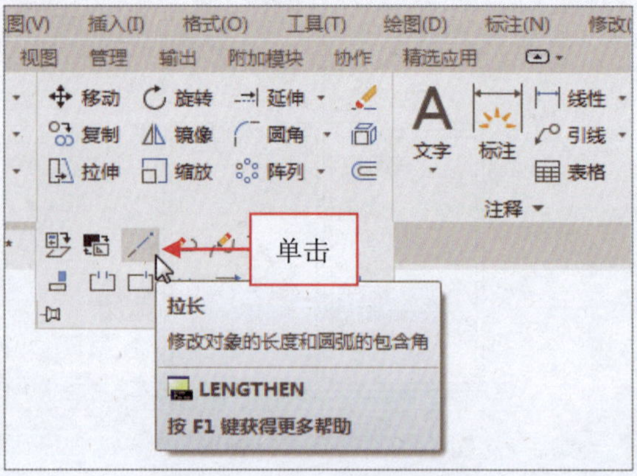


图 5-34　单击“拉长”按钮

Step 03　根据命令行提示进行操作，输入 DE（增量），如图 5-35 所示，按【Enter】键确认。

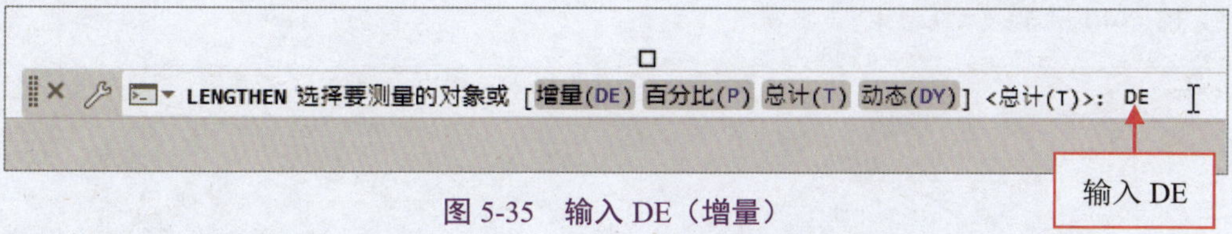


图 5-35　输入 DE（增量）

Step 04　继续输入长度 90，如图 5-36 所示，并按【Enter】键确认。

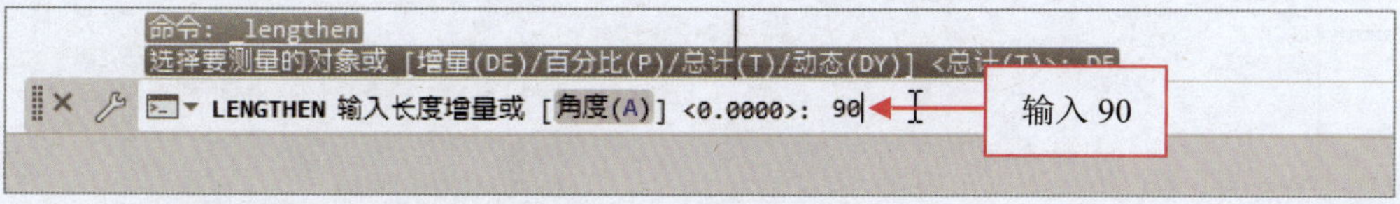


图 5-36　输入长度 90

Step 05　在线段左侧单击鼠标左键，即可拉长图形对象，如图 5-37 所示。

Step 06　在线段右侧继续单击鼠标左键，可再次拉长图形对象，按【Enter】键确认，即可完成图形对象的拉长，效果如图 5-38 所示。

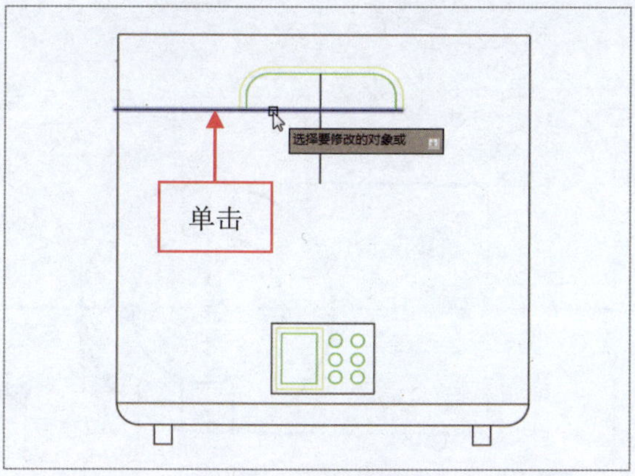


图 5-37　拉长图形对象

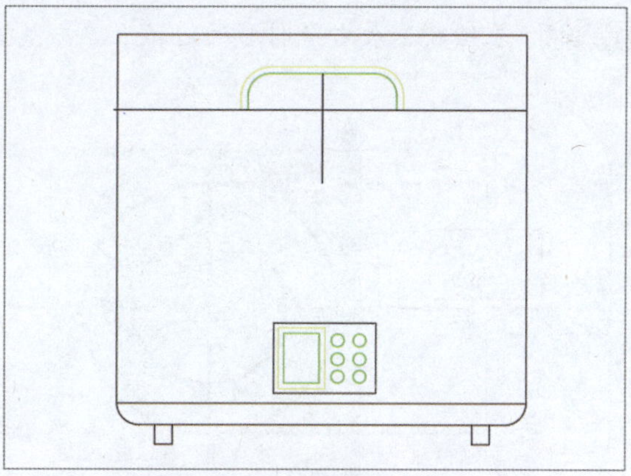

图 5-38　完成图形对象的拉长

▶ 专家指点

通过以下三种方法，也可以调用“拉长”命令。

- 命令 1：在命令行输入 LENGTHEN（拉长）命令，并按【Enter】键确认。
- 命令 2：在命令行输入 LEN（拉长）命令，并按【Enter】键确认。
- 命令 3：显示菜单栏，单击“修改”|“拉长”命令。

## 5.2.3　拉伸对象

使用“拉伸”命令可以对选择的图形按规定的方向和角度拉伸或缩短，以改变图形的形状。下面介绍拉伸图形对象的操作方法。

拉伸对象

Step 01　按【Ctrl + O】组合键，打开素材图形（资源\素材\第 5 章\悬臂支座.dwg），如图 5-39 所示。

**Step 02** 单击“功能区”选项板中的“默认”选项卡，在“修改”面板上单击“拉伸”按钮，如图 5-40 所示。

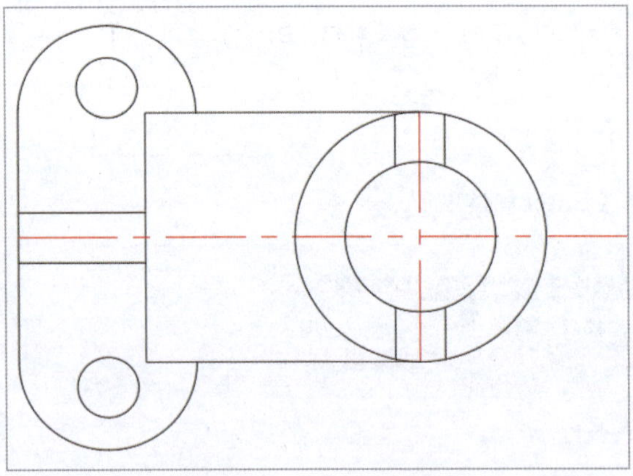

图 5-39　打开素材图形

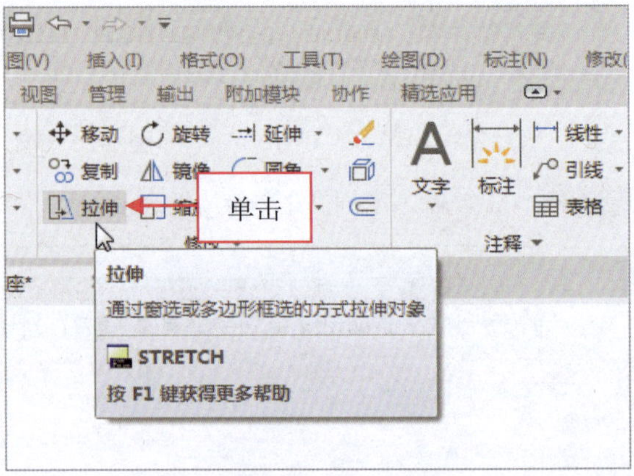


图 5-40　单击“拉伸”按钮

**Step 03** 根据命令行提示进行操作，在绘图区选择相应的图形，如图 5-41 所示，并按【Enter】键确认。

**Step 04** 在绘图区最右侧圆形的边界上单击鼠标左键，确定基点，如图 5-42 所示。

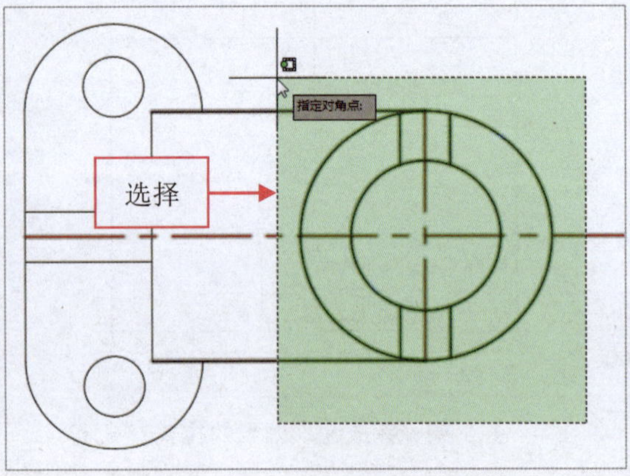


图 5-41　选择相应的图形

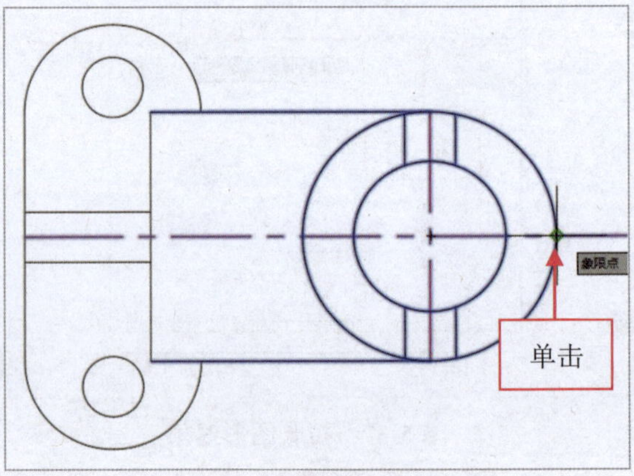


图 5-42　确定基点

**Step 05** 向右引导光标，输入 20，如图 5-43 所示，并按【Enter】键确认。

**Step 06** 执行上述操作后，即可拉伸图形对象，效果如图 5-44 所示。在拉伸图形对象的过程中，可以开启“正交”功能，使图形向水平或垂直方向上进行拉伸处理。

**▶ 专家指点**

通过以下三种方法，也可以调用“拉伸”命令。

- 命令 1：在命令行输入 STRETCH（拉伸）命令，并按【Enter】键确认。
- 命令 2：在命令行输入 S（拉伸）命令，并按【Enter】键确认。
- 命令 3：显示菜单栏，单击“修改”|“拉伸”命令。

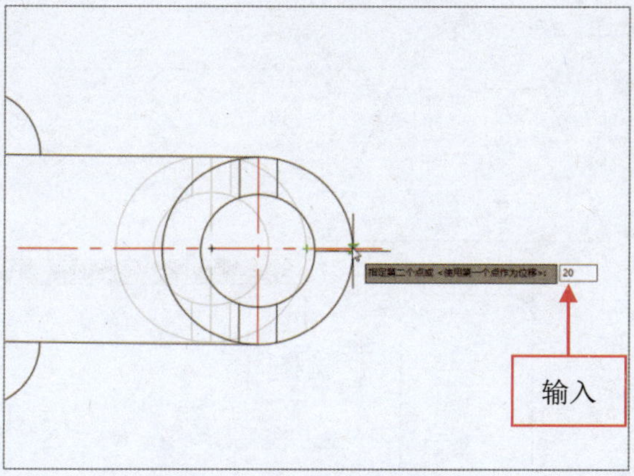


图 5-43　在命令行输入 20

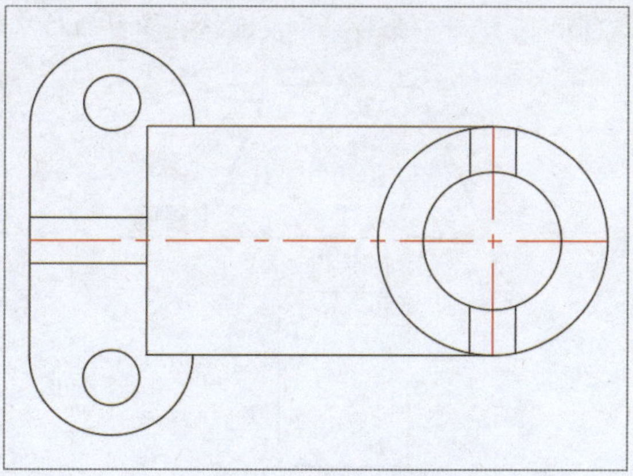

图 5-44　拉伸图形对象

## 5.2.4　修剪对象

修剪对象

“修剪”命令主要用于修剪直线、圆、圆弧以及多段线等图形对象穿过修剪边的部分。下面介绍修剪对象的操作方法。

**Step 01**　按【Ctrl + O】组合键，打开素材图形（资源\素材\第 5 章\台灯.dwg），如图 5-45 所示。

**Step 02**　单击“功能区”选项板中的“默认”选项卡，在“修改”面板上单击“修剪”按钮，如图 5-46 所示。

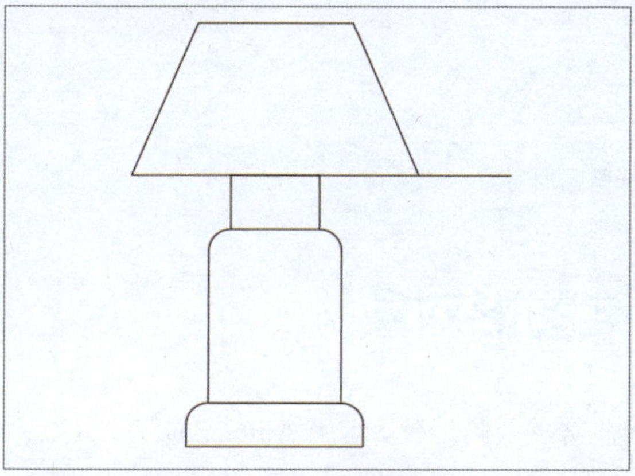

图 5-45　打开素材图形

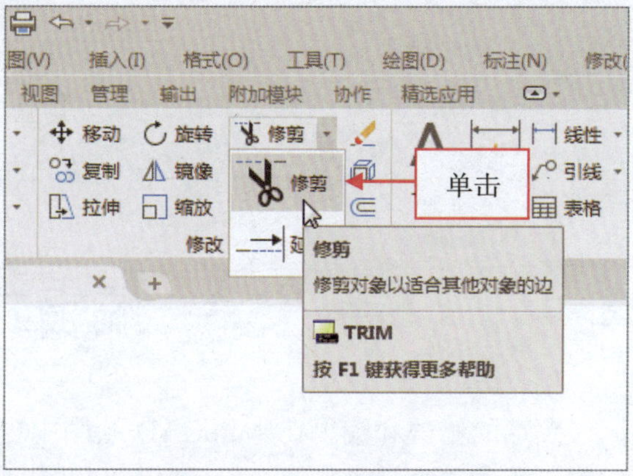


图 5-46　单击“修剪”按钮

> **▶ 专家指点**
>
> 通过以下三种方法，也可以调用“修剪”命令。
>
> - 命令 1：在命令行输入 TRIM（修剪）命令，并按【Enter】键确认。
> - 命令 2：在命令行输入 TR（修剪）命令，并按【Enter】键确认。
> - 命令 3：显示菜单栏，单击“修改”|“修剪”命令。

**Step 03**　根据命令行提示进行操作，在绘图区选择相应的图形为修剪对象，如图 5-47 所示，并按【Enter】键确认。

Step 04 根据命令行提示，选择要修剪的对象，如图 5-48 所示。

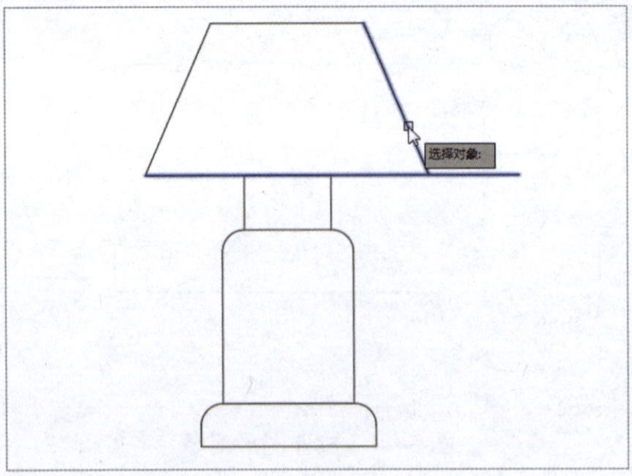


图 5-47 选择相应的图形

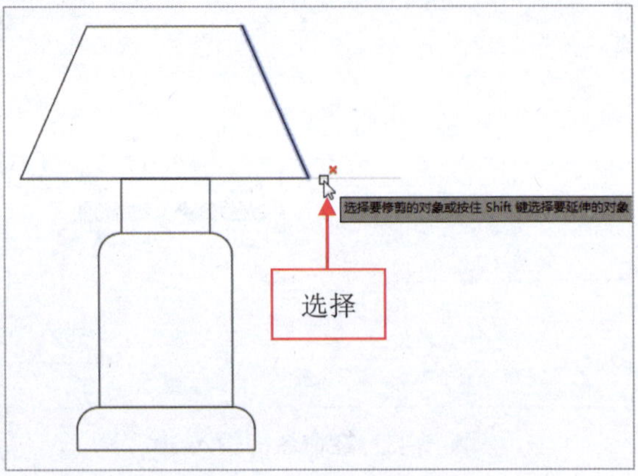


图 5-48 选择要修剪的对象

Step 05 执行上述操作后，按【Enter】键确认，即可快速修剪图形对象，如图 5-49 所示。

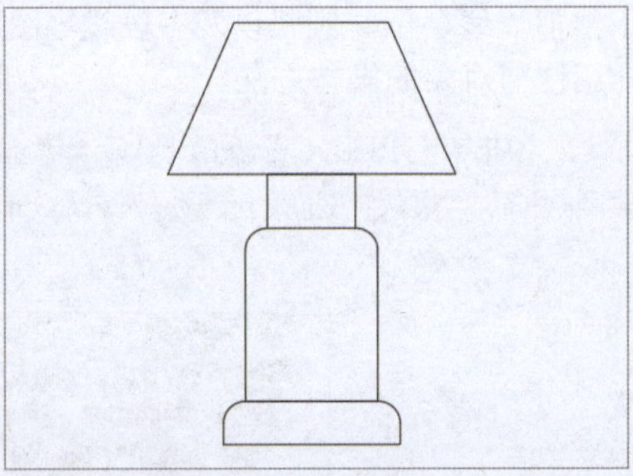

图 5-49 快速修剪图形对象

# 5.3 编辑二维图形对象

图形的修改和编辑在 AutoCAD 绘图中占有非常重要的地位，运用 AutoCAD 可以对二维对象进行各种编辑操作。AutoCAD 2020 提供了强大的图形编辑工具，可以更加快捷地修改和编辑图形。本节主要介绍编辑二维图形对象的操作方法。

## 5.3.1 旋转对象

旋转对象

在 AutoCAD 2020 中，旋转图形对象是指将图形对象围绕某个基点，按照指定的角度进行旋转操作。下面介绍旋转对象的操作方法。

Step 01 按【Ctrl + O】组合键，打开素材图形（资源\素材\第 5 章\射灯.dwg），如图 5-50 所示。

Step 02 单击“功能区”选项板中的“默认”选项卡，在“修改”面板上单击“旋转”按钮，如图 5-51 所示。

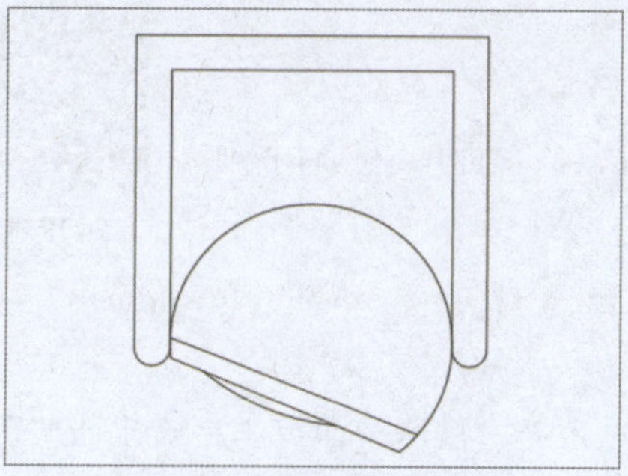

图 5-50　打开素材图形

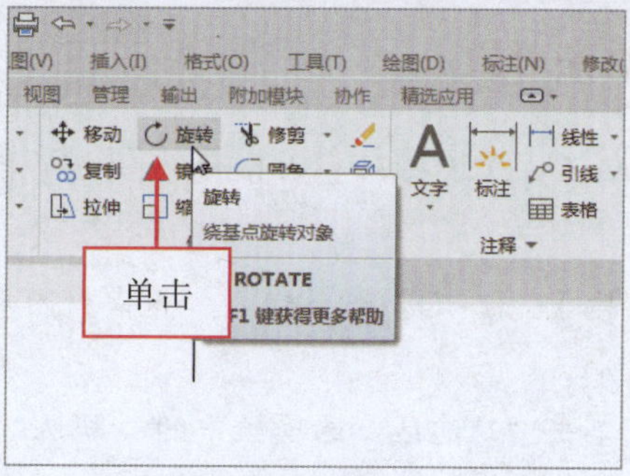


图 5-51　单击“旋转”按钮

**Step 03**　根据命令行提示进行操作，在绘图区选择需要旋转的图形对象，如图 5-52 所示，并按【Enter】键确认。

**Step 04**　在绘图区合适的端点上单击鼠标左键，确定基点，如图 5-53 所示。

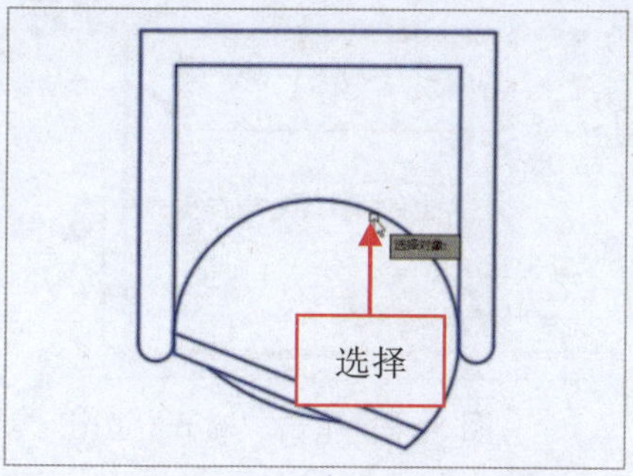


图 5-52　选择需要旋转的图形对象

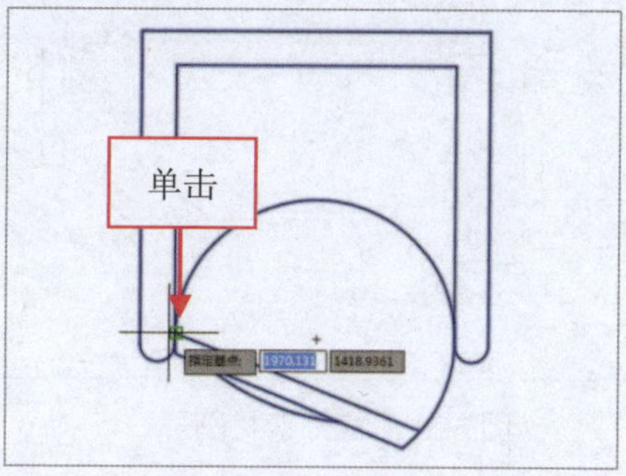


图 5-53　确定基点

> **▶ 专家指点**
>
> 通过以下三种方法，也可以调用“旋转”命令。
>
> ➢ 命令 1：在命令行输入 ROTATE（旋转）命令，并按【Enter】键确认。
>
> ➢ 命令 2：在命令行输入 RO（旋转）命令，并按【Enter】键确认。
>
> ➢ 命令 3：显示菜单栏，单击“修改”|“旋转”命令。

**Step 05**　根据命令行提示进行操作，输入 90，如图 5-54 所示，并按【Enter】键确认。

**Step 06**　执行上述操作后，即可旋转图形对象，效果如图 5-55 所示。

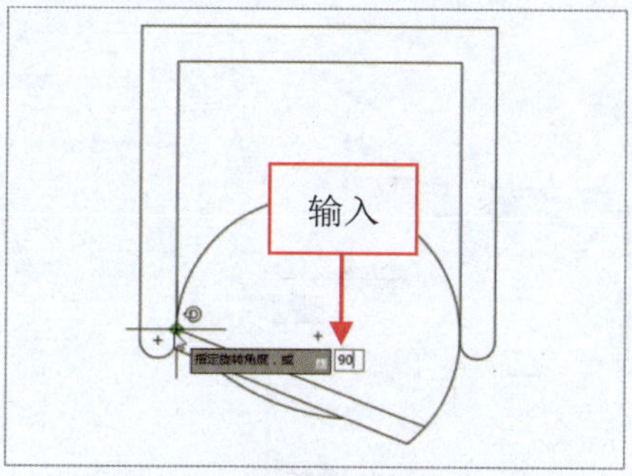


图 5-54　在命令行输入 90

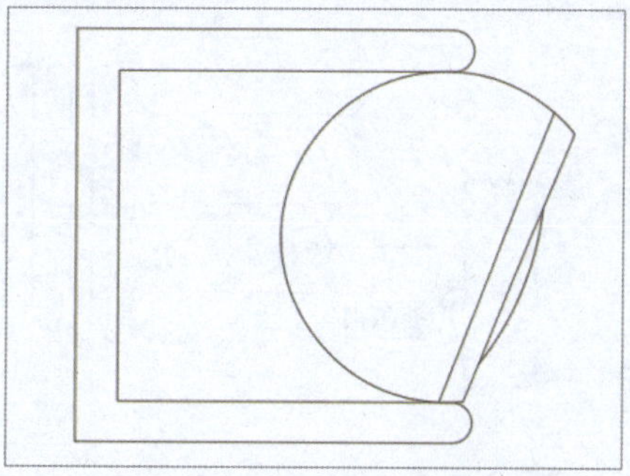

图 5-55　旋转图形对象

## 5.3.2 对齐对象

在 AutoCAD 2020 中，可根据需要对齐图形对象，下面介绍具体操作方法。

对齐对象

**Step 01** 按【Ctrl + O】组合键，打开素材图形（资源\素材\第 5 章\管类零件.dwg），如图 5-56 所示。

**Step 02** 单击“功能区”选项板中的“默认”选项卡，在“修改”面板上单击中间的下拉按钮，在展开的面板上单击“对齐”按钮，如图 5-57 所示。

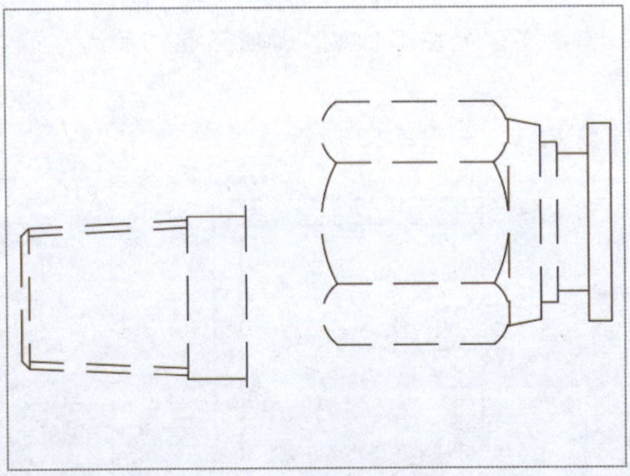

图 5-56 打开素材图形

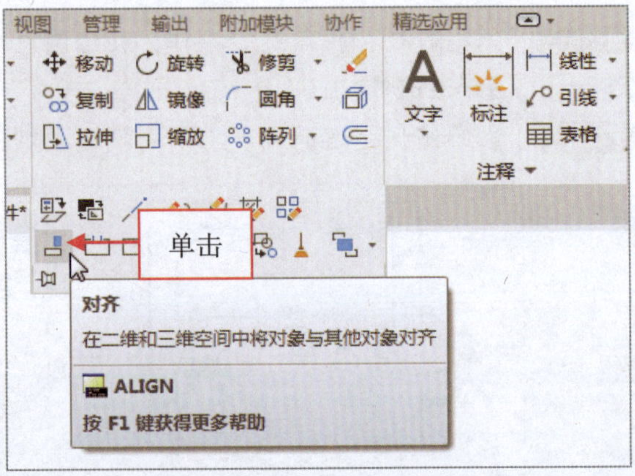


图 5-57 单击“对齐”按钮

**Step 03** 根据命令行提示进行操作，在绘图区选择需要对齐的图形对象，如图 5-58 所示，并按【Enter】键确认。

**Step 04** 在左侧图形合适的点上，单击鼠标左键，如图 5-59 所示，确定第一源点。

> **▶ 专家指点**
>
> 通过以下两种方法，也可以调用“对齐”命令。
>
> ➢ 命令 1：在命令行输入 ALIGN（对齐）命令，并按【Enter】键确认。
>
> ➢ 命令 2：显示菜单栏，单击“修改”|“对齐”命令。

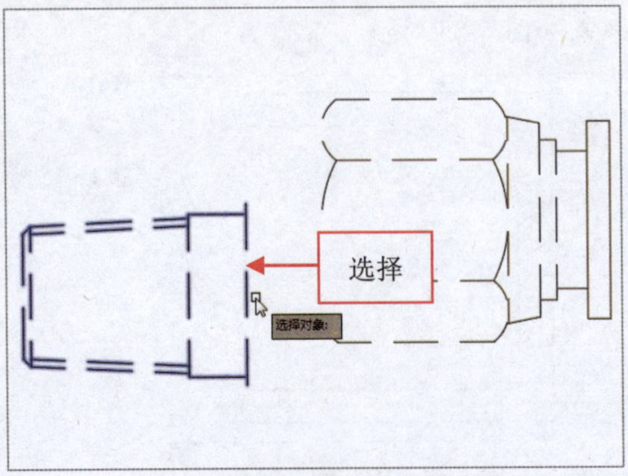


图 5-58 选择需要对齐的图形对象

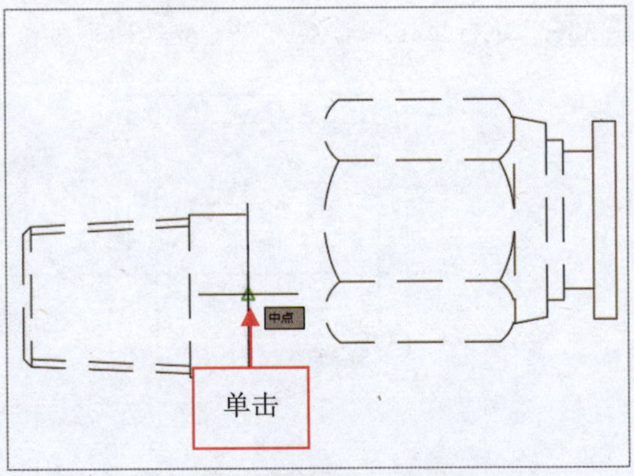


图 5-59 确定第一源点

Step 05　在右侧图形中合适的点上，单击鼠标左键，如图 5-60 所示，确定目标点。

Step 06　执行上述操作后，按【Enter】键确认，即可对齐图形对象，效果如图 5-61 所示。

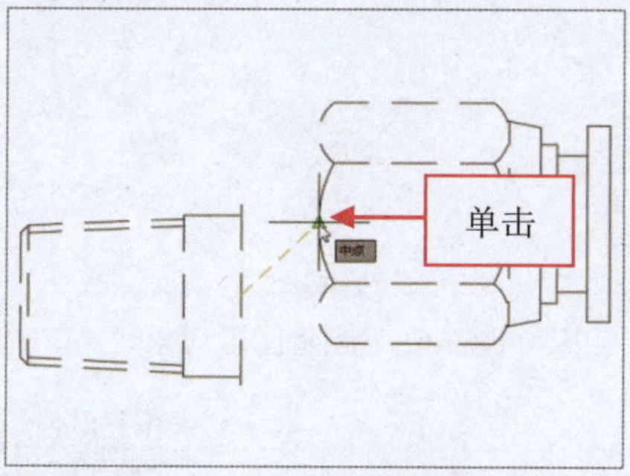


图 5-60　确定目标点

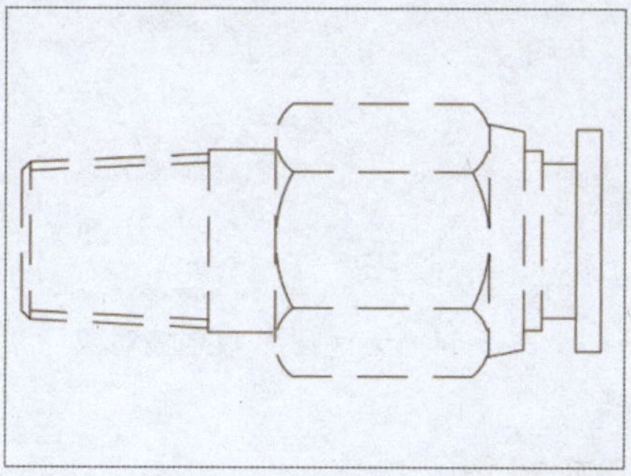

图 5-61　对齐图形对象

### 5.3.3　删除对象

在 AutoCAD 2020 中，删除图形是一个常用的操作，当不需要使用某个图形时，可将其删除。下面介绍删除对象的操作方法。

删除对象

Step 01　按【Ctrl + O】组合键，打开素材图形（资源\素材\第 5 章\装配模型.dwg），如图 5-62 所示。

Step 02　单击“功能区”选项板中的“默认”选项卡，在“修改”面板上单击“删除”按钮，如图 5-63 所示。

**▶ 专家指点**

通过以下三种方法，也可以调用“删除”命令。

- 命令 1：在命令行输入 ERASE（删除）命令，并按【Enter】键确认。
- 命令 2：在命令行输入 E（删除）命令，并按【Enter】键确认。
- 命令 3：显示菜单栏，单击“修改”|“删除”命令。

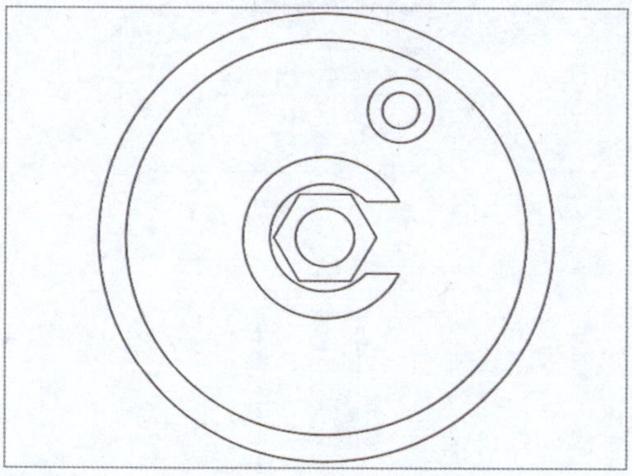

图 5-62　打开素材图形

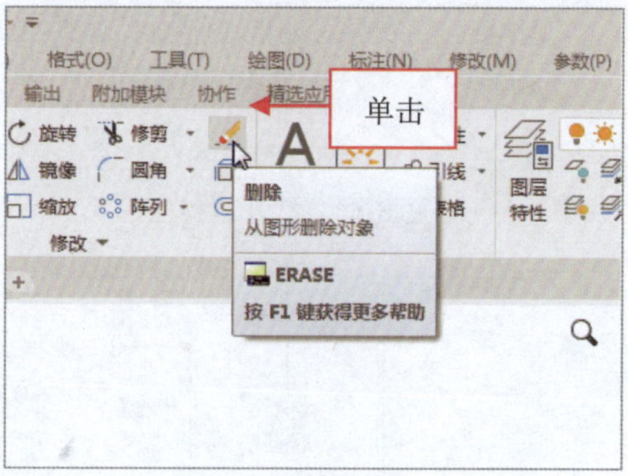


图 5-63　单击“删除”按钮

Step 03　根据命令行提示进行操作，在绘图区选择圆形为删除对象，如图 5-64 所示，并按【Enter】键确认。

Step 04　执行上述操作后，即可删除图形对象，效果如图 5-65 所示。

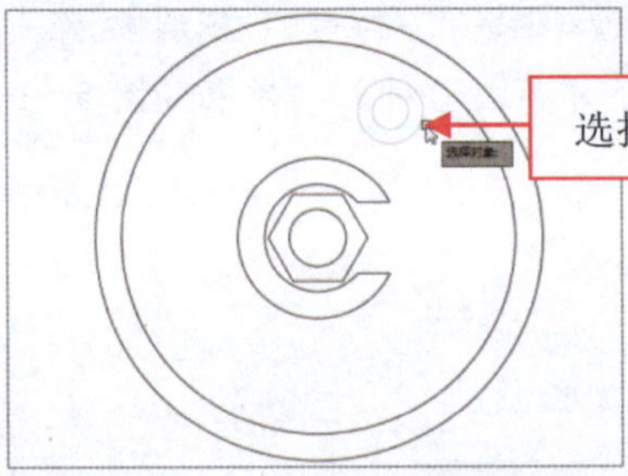


图 5-64　选择圆形为删除对象

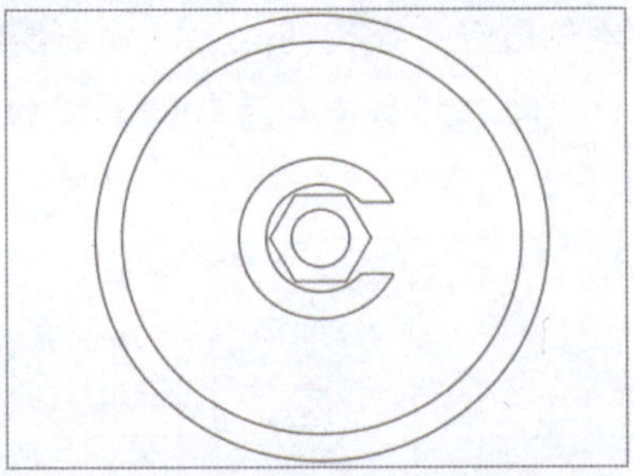

图 5-65　删除图形对象

## 5.3.4　分解对象

分解对象

分解图形是指将多线段分解成一系列组成该多线段的直线与圆弧，将图块分解成组成该图块的各对象，将一个尺寸标分解成线段、箭头和尺寸文字，将填充图案分解成组成该图案的各对象等。下面介绍分解对象的操作方法。

Step 01　按【Ctrl + O】组合键，打开素材图形（资源\素材\第 5 章\衣柜.dwg），如图 5-66 所示。

Step 02　单击“功能区”选项板中的“默认”选项卡，在“修改”面板上单击“分解”按钮，如图 5-67 所示。

Step 03　根据命令行提示进行操作，在绘图区选择需要分解的图形对象，如图 5-68 所示，并按【Enter】键确认。

Step 04　执行上述操作后，即可分解图形对象，效果如图 5-69 所示。

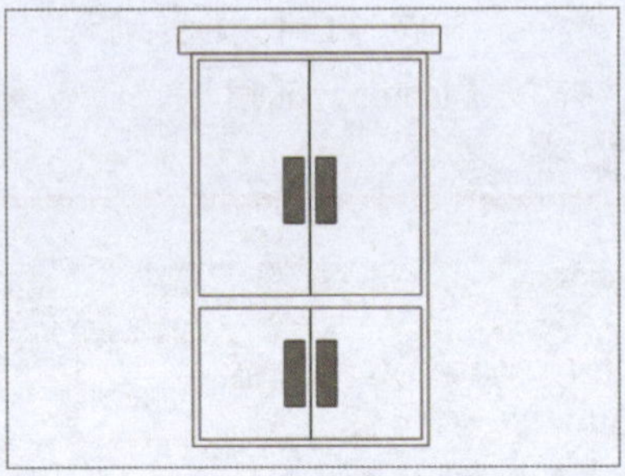

图 5-66　打开素材图形

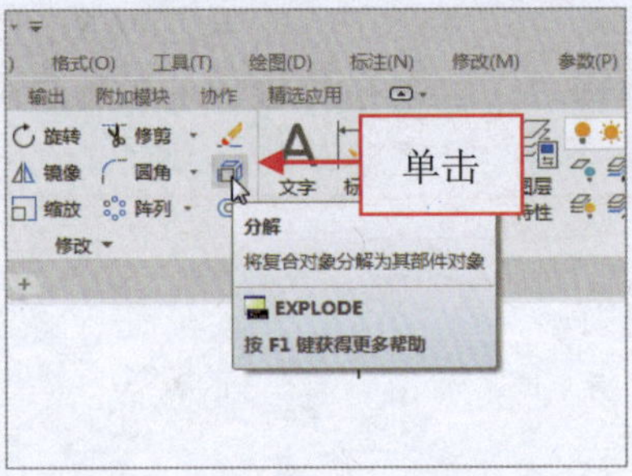


图 5-67　单击“分解”按钮

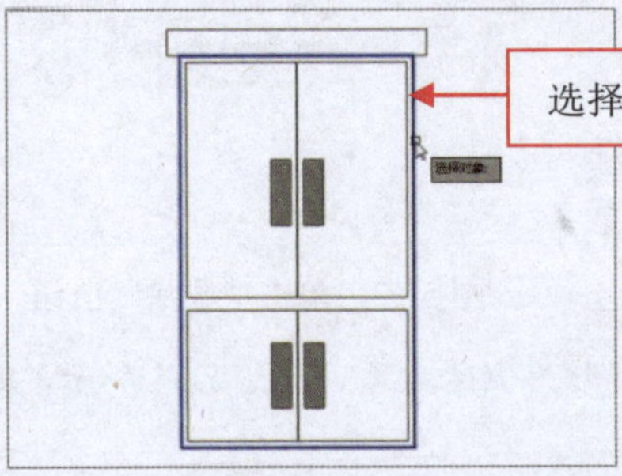


图 5-68　选择需要分解的图形对象

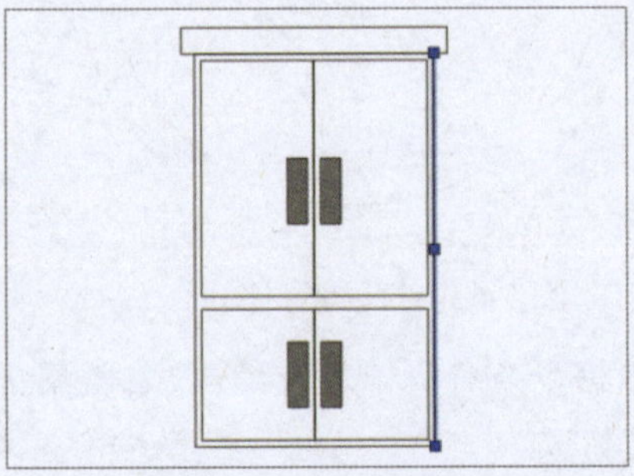

图 5-69　分解图形对象

> **▶ 专家指点**
>
> 通过以下三种方法，也可以调用“分解”命令。
>
> ➢ 命令 1：在命令行输入 EXPLODE（分解）命令，并按【Enter】键确认。
>
> ➢ 命令 2：在命令行输入命令 X（分解），并按【Enter】键确认。
>
> ➢ 命令 3：显示菜单栏，单击“修改”|“分解”命令。

## 5.3.5　打断对象

在 AutoCAD 2020 中，打断图形对象是指删除图形对象上的某一部分或将图形对象分成两部分。下面介绍打断图形对象的操作方法。

打断对象

**Step 01** 按【Ctrl + O】组合键，打开素材图形（资源\素材\第 5 章\油杯模型.dwg），如图 5-70 所示。

**Step 02** 单击“功能区”选项板中的“默认”选项卡，在“修改”面板上单击中间的下拉按钮，在展开的面板上单击“打断”按钮，如图 5-71 所示。

**Step 03** 根据命令行提示进行操作，在绘图区选择中间直线上端合适的点为打断对象的第一点，并按【Enter】键确认，拖曳鼠标至直线另一端点，如图 5-72 所示，单击鼠标左键。

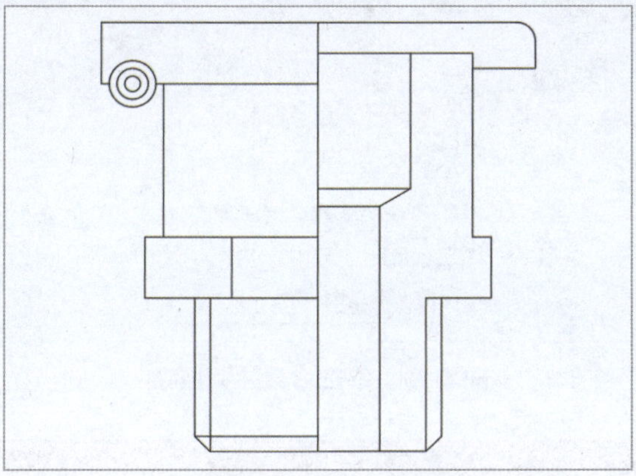

图 5-70　打开素材图形

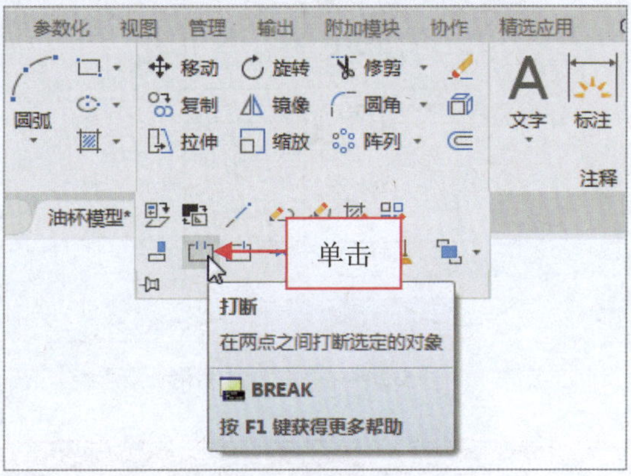


图 5-71　单击“打断”按钮

**Step 04** 执行上述操作后，即可打断图形对象，效果如图 5-73 所示。

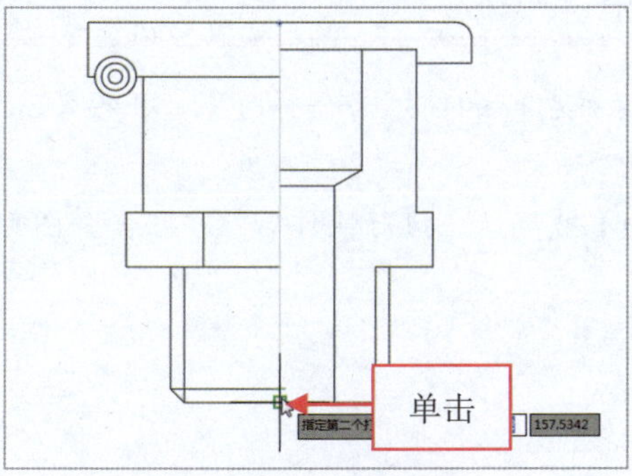


图 5-72　选择打断图形对象

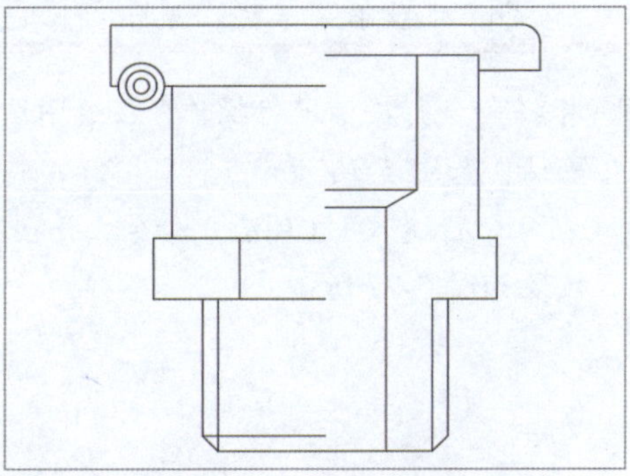

图 5-73　打断图形对象

> **▶ 专家指点**
>
> 通过以下三种方法，也可以调用“打断”命令。
>
> - 命令 1：在命令行输入 BREAK（打断）命令，并按【Enter】键确认。
> - 命令 2：在命令行输入 BR（打断）命令，并按【Enter】键确认。
> - 命令 3：显示菜单栏，单击“修改”|“打断”命令。

### 5.3.6 合并对象

合并对象

在 AutoCAD 2020 中，合并图形是将某一连续图形上的两个部分连接，如将某段圆弧闭合为一个整圆。下面介绍合并对象的操作方法。

**Step 01** 按【Ctrl + O】组合键，打开素材图形（资源\素材\第 5 章\槽轮.dwg），如图 5-74 所示。

**Step 02** 单击“功能区”选项板中的“默认”选项卡，在“修改”面板上单击中间的下拉按钮，在展开的面板上单击“合并”按钮，如图 5-75 所示。

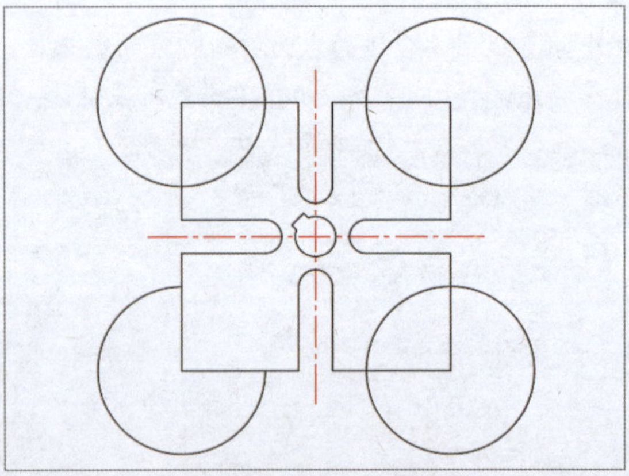

图 5-74 打开素材图形

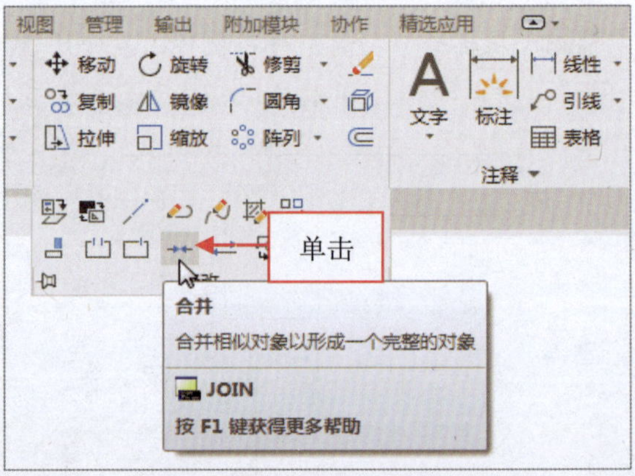


图 5-75 单击“合并”按钮

> **▶ 专家指点**
>
> 通过以下两种方法，也可以调用“合并”命令。
>
> - 命令 1：在命令行输入 JOIN（合并）命令，并按【Enter】键确认。
> - 命令 2：显示菜单栏，单击“修改”|“合并”命令。

**Step 03** 根据命令行提示进行操作，在绘图区中选择被打断的圆弧为合并对象，并按【Enter】键确认，如图 5-76 所示。

**Step 04** 在命令行输入 L（闭合）命令，并按【Enter】键确认，执行操作后，即可合并图形对象，效果如图 5-77 所示。

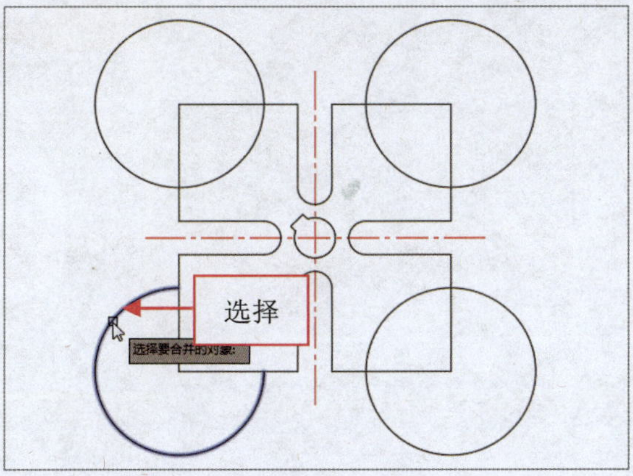


图 5-76　选择被打断的圆弧为合并对象

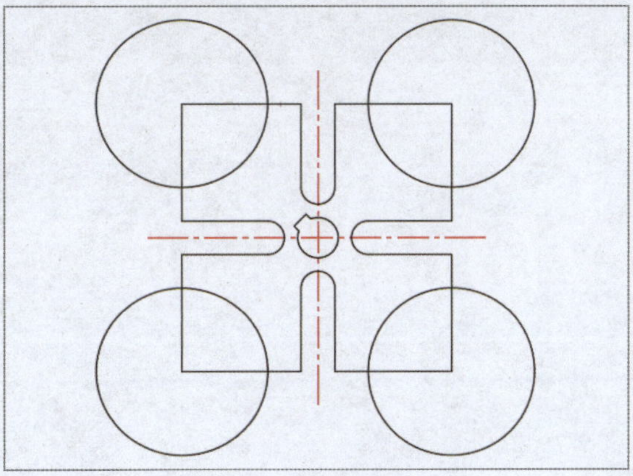

图 5-77　合并图形对象

# 本章小结

本章主要介绍管理、修改与编辑二维图形对象的操作方法，管理图形包括选择、编组、移动、复制、镜像、偏移以及环形阵列对象等内容；修改图形包括延伸、拉长、拉伸以及修剪对象等内容；编辑图形包括旋转、对齐、删除、分解、打断以及合并对象等内容。通过本章的学习，希望读者能够很好地掌握编辑二维平面图形的方法。

# 课后习题

课后习题

鉴于本章知识的重要性，为了帮助读者更好地掌握所学知识，本节将通过上机习题，帮助读者进行简单的知识回顾和补充。

本习题需要掌握通过夹点对图形对象进行镜像的操作方法，如图 5-78 所示。

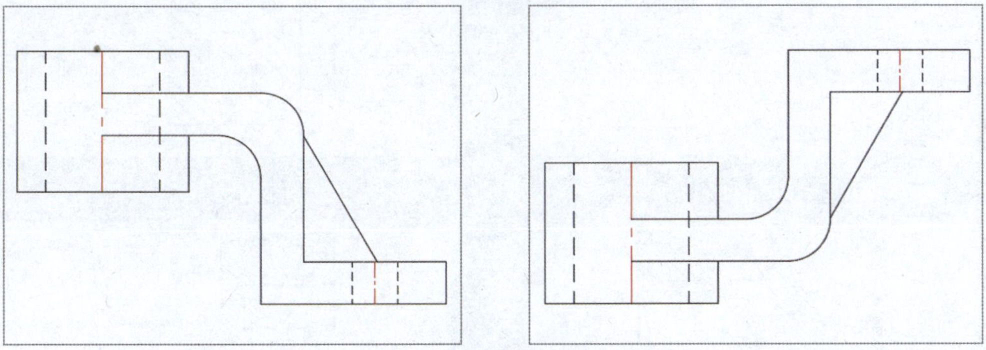

图 5-78　素材与效果文件对比

# 第 6 章
# 应用面域与图案填充

6

在 AutoCAD 2020 中绘制图形时，可以把需要重复绘制的图形创建成面域，并根据需要为面域创建属性，在需要时直接插入这些面域，从而提高绘图效率。图案填充的应用也非常广泛，用于显示某个区域或标识某种材质（例如钢或混凝土）的线和点组成的标准图案，它还可以显示实体填充或渐变填充。本章主要介绍创建面域和填充图案的操作方法。

本章重点

- 创建面域
- 使用布尔运算面域
- 掌握图案填充
- 设置图案特性

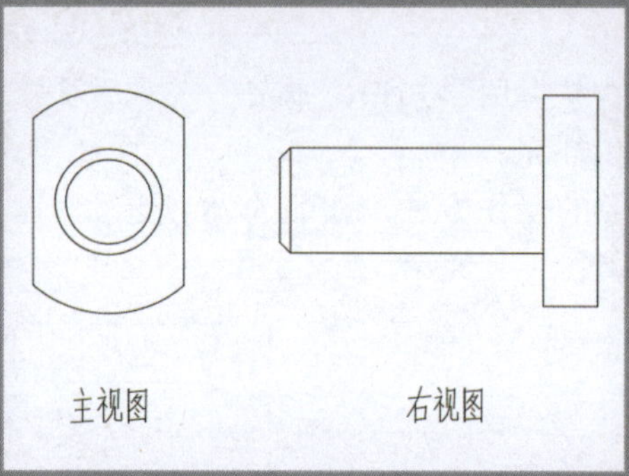


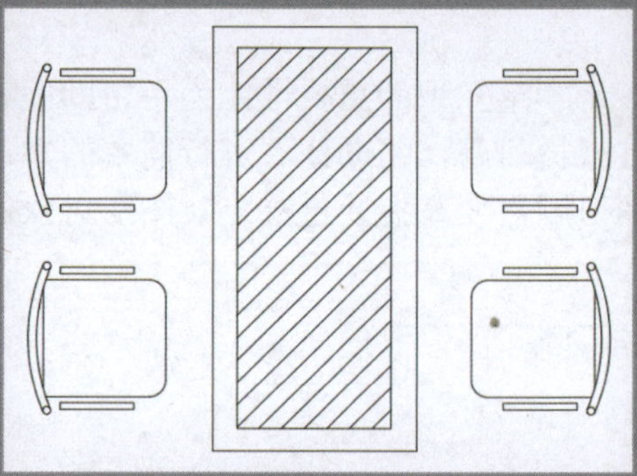

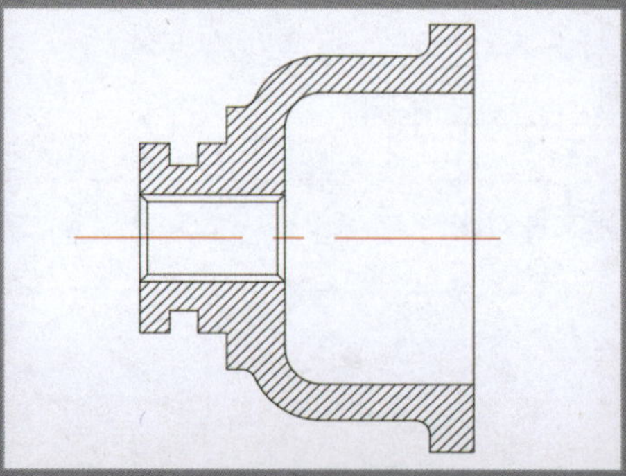

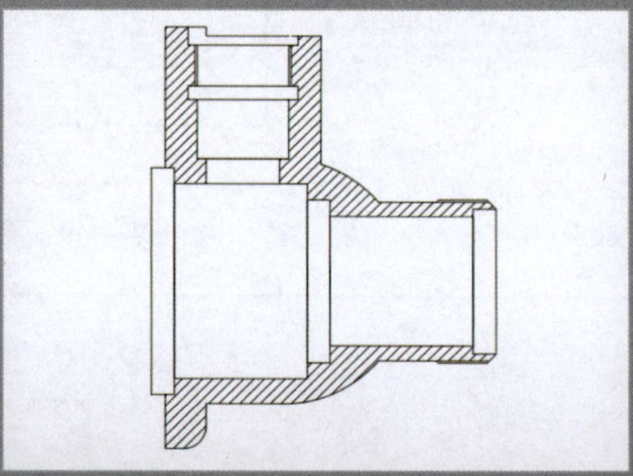

# 6.1　创建面域

面域是由封闭区域形成的二维实体对象，其边界可以由直线、多段线、圆、圆弧、椭圆等图形对象组成。本节主要介绍创建面域的多种操作方法。

## 6.1.1　使用“面域”命令创建面域

使用“面域”命令创建面域

在 AutoCAD 2020 中，可以使用“面域”命令创建面域。

**Step 01**　按【Ctrl + O】组合键，打开素材图形（资源\素材\第 6 章\垫圈.dwg），如图 6-1 所示。

**Step 02**　在“功能区”选项板的“默认”选项卡中，单击“绘图”面板中间的下拉按钮，在展开的面板上单击“面域”按钮，如图 6-2 所示。

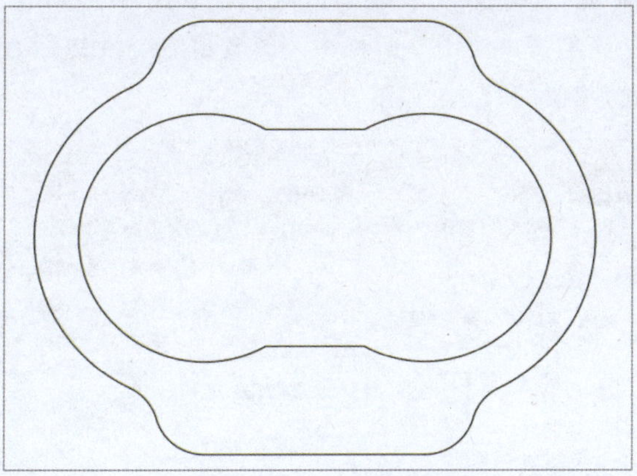

图 6-1　打开素材图形

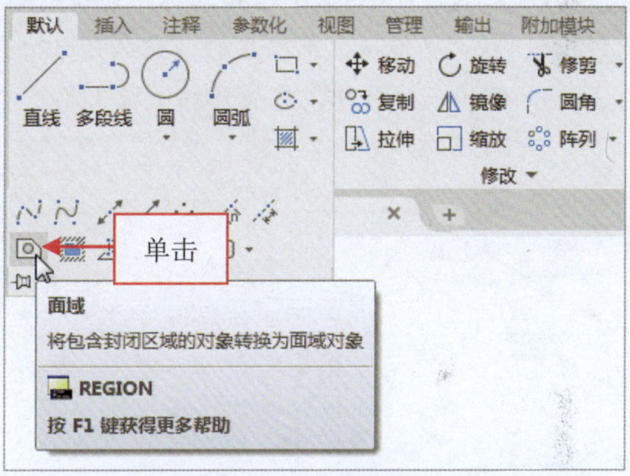


图 6-2　单击“面域”按钮

**Step 03**　根据命令行提示进行操作，在绘图区选择全部图形为需要编辑的图形对象，如图 6-3 所示。

**Step 04**　执行上述操作后，按【Enter】键确认，即可创建面域，如图 6-4 所示。

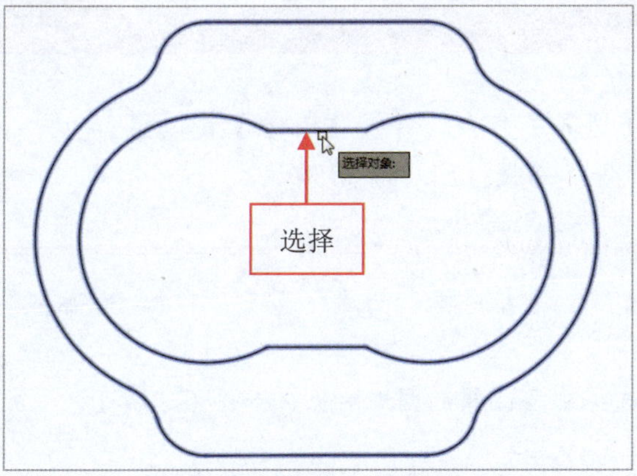


图 6-3　选择需要进行编辑的图形对象

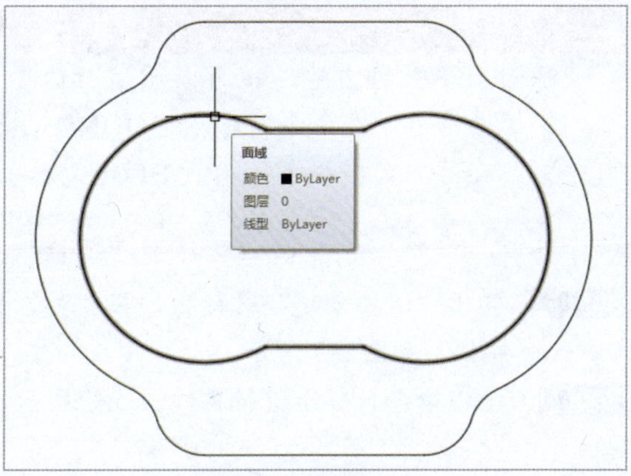


图 6-4　创建面域

▶ 专家指点

通过以下三种方法，也可以调用“面域”命令。

- 命令 1：在命令行输入 REGION（面域）命令，并按【Enter】键确认。
- 命令 2：在命令行输入 REG（面域）命令，并按【Enter】键确认。
- 命令 3：显示菜单栏，单击“绘图”|“面域”命令。

## 6.1.2 使用“边界”命令创建面域

使用“边界”命令创建面域

在 AutoCAD 2020 中，使用“边界”命令既可以由任意一个闭合区域创建一个多段线的边界，也可以创建一个面域。与“面域”命令不同，使用“边界”命令不需要考虑对象是共用一个端点，还是出现了自相交。

Step 01 按【Ctrl + O】组合键，打开素材图形（资源\素材\第 6 章\墙灯.dwg），如图 6-5 所示。

Step 02 在“功能区”选项板的“默认”选项卡中，单击“绘图”面板中“图案填充”按钮右侧的下拉按钮，在展开的面板上单击“边界”按钮，如图 6-6 所示。

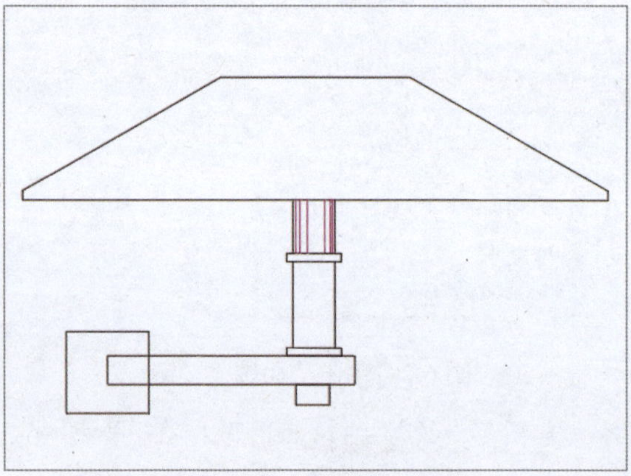

图 6-5 打开素材图形

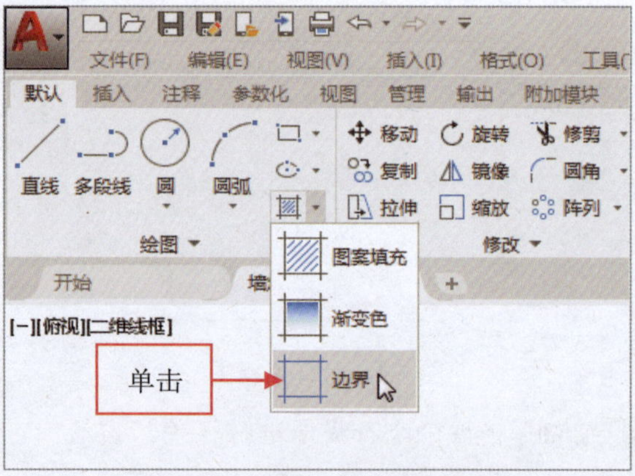


图 6-6 单击“边界”按钮

▶ 专家指点

通过以下三种方法，也可以调用“边界”命令。

- 命令 1：在命令行输入 BOUNDARY（边界）命令，并按【Enter】键确认。
- 命令 2：在命令行输入 BO（边界）命令，并按【Enter】键确认。
- 命令 3：显示菜单栏，单击“绘图”|“边界”命令。

Step 03 弹出“边界创建”对话框，在“对象类型”列表框选择“面域”选项，单击“拾取点”按钮，如图 6-7 所示。

Step 04 根据命令行提示进行操作，在绘图区，选择需要编辑的图形对象，如图 6-8 所示。

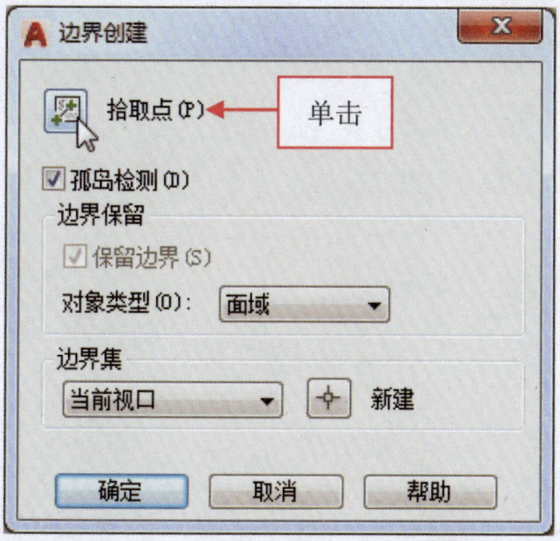


图 6-7　单击“拾取点”按钮

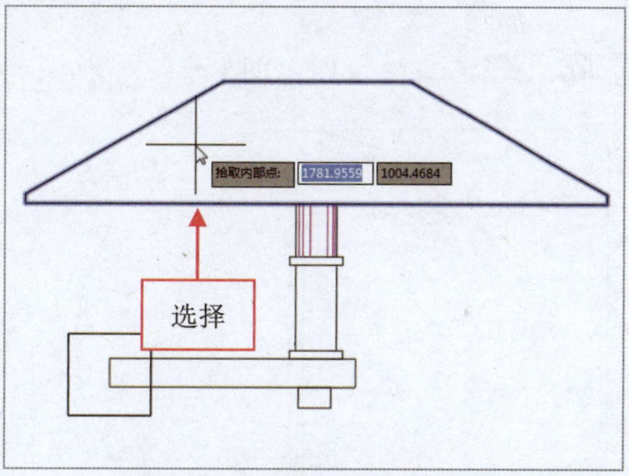


图 6-8　选择需要编辑的图形对象

Step 05　按【Enter】键确认，即可运用“边界”命令创建面域，如图 6-9 所示。

Step 06　在命令窗口，将提示已经创建一个面域，如图 6-10 所示。

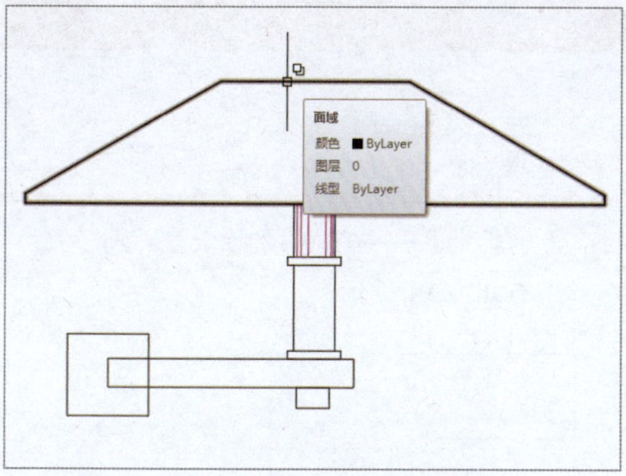


图 6-9　运用“边界”命令创建面域

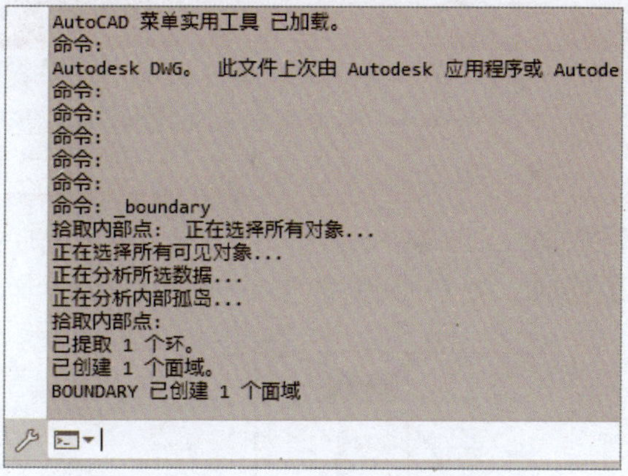


图 6-10　命令窗口提示信息

# 6.2　使用布尔运算面域

布尔运算是数学上的一种逻辑运算，在 AutoCAD 2020 中绘制图形时，使用布尔运算可以提高绘图效率，尤其是在绘制比较复杂的图形时。布尔运算包括“并集”“差集”及“交集”三种。本节主要介绍布尔运算面域的操作方法。

## 6.2.1　并集运算面域

并集运算面域

创建面域的并集，此时需连续选择需要进行并集操作的面域对象，直到按【Enter】键确认，方可将选择的面域合并为一个图形并结束命令。下面介绍并集运算面域的操作方法。

Step 01　按【Ctrl + O】组合键，打开素材图形（资源\素材\第 6 章\盖形螺母.dwg），如图 6-11 所示。

Step 02　在命令行输入 UNION（并集）命令，如图 6-12 所示，并按【Enter】键确认。

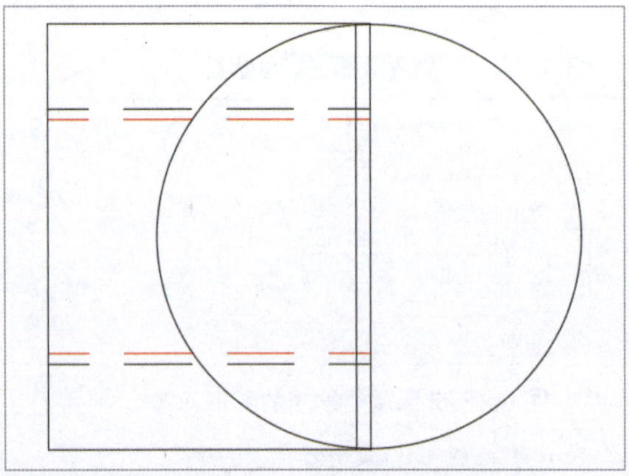

图 6-11　打开素材图形

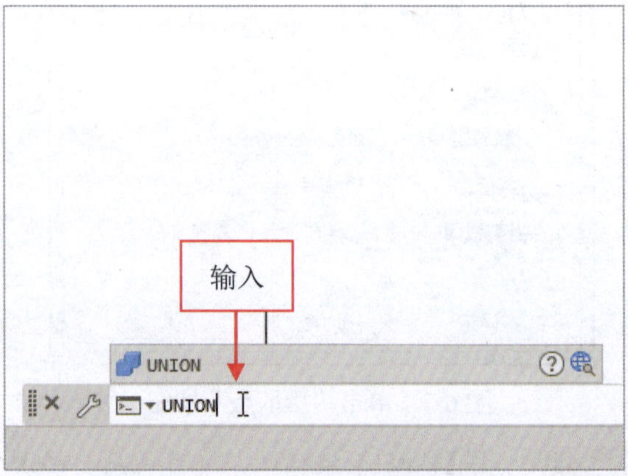


图 6-12　在命令行输入 UNION

**▶ 专家指点**

通过以下两种方法，也可以调用“并集”命令。

- 命令 1：在命令行输入 UNI（并集）命令，并按【Enter】键确认。
- 命令 2：显示菜单栏，单击“修改”|“实体编辑”|“并集”命令。

Step 03　根据命令行提示进行操作，选择圆形和矩形为编辑对象，如图 6-13 所示。

Step 04　按【Enter】键确认，即可并集运算面域，效果如图 6-14 所示。

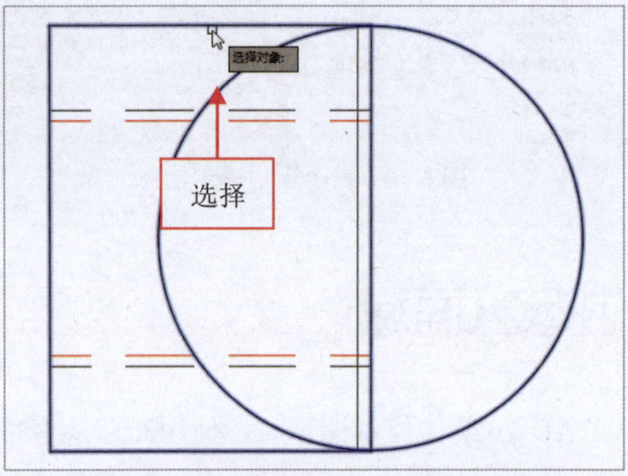


图 6-13　选择圆形和矩形为编辑对象

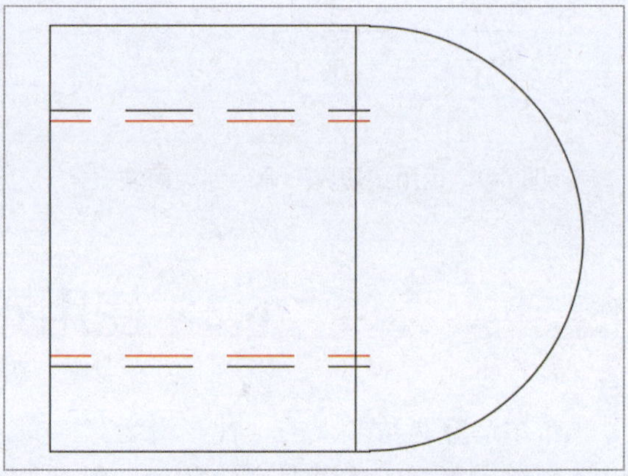

图 6-14　并集运算面域

## 6.2.2　差集运算面域

在 AutoCAD 2020 中，创建面域的差集是指从一个面域减去另一个面域。下面介绍差集运算面域的操作方法。

差集运算面域

Step 01　按【Ctrl + O】组合键，打开素材图形（资源\素材\第 6 章\轴键槽.dwg），如图 6-15 所示。

Step 02　在命令行输入 SUBTRACT（差集）命令，并按【Enter】键确认，根据命令行提示进行操作，在绘图区选择圆为编辑对象，如图 6-16 所示。

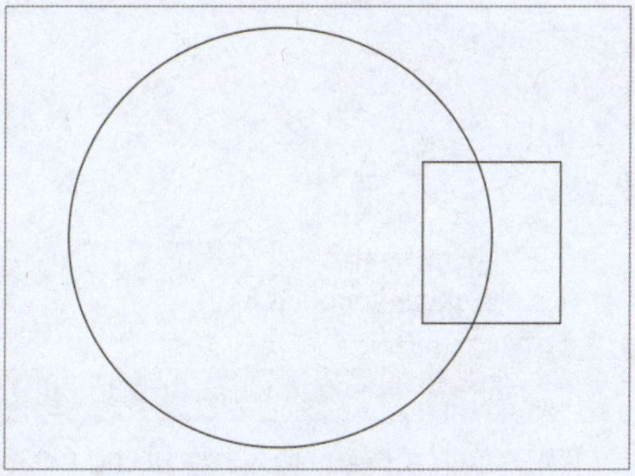

图 6-15　打开素材图形

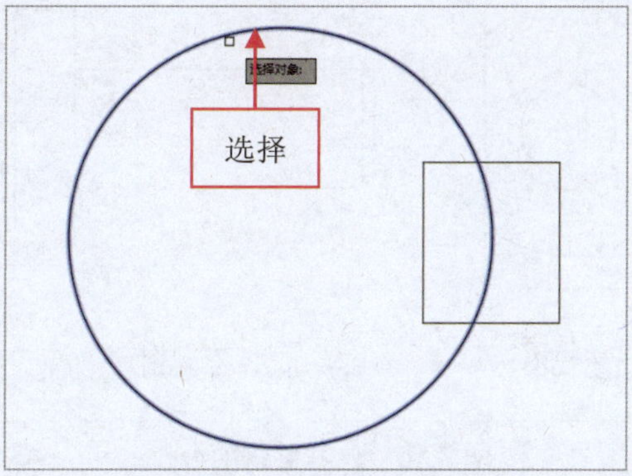


图 6-16　选择圆为编辑对象

Step 03　按【Enter】键确认，在绘图区选择矩形为编辑对象，如图 6-17 所示。

Step 04　按【Enter】键确认，即可差集运算面域，效果如图 6-18 所示。

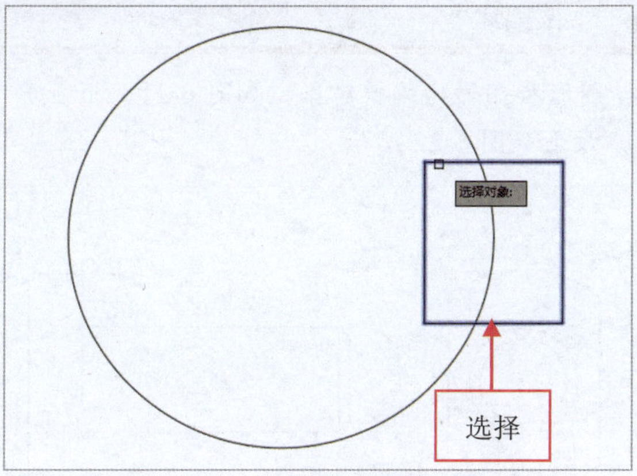


图 6-17　选择矩形为编辑对象

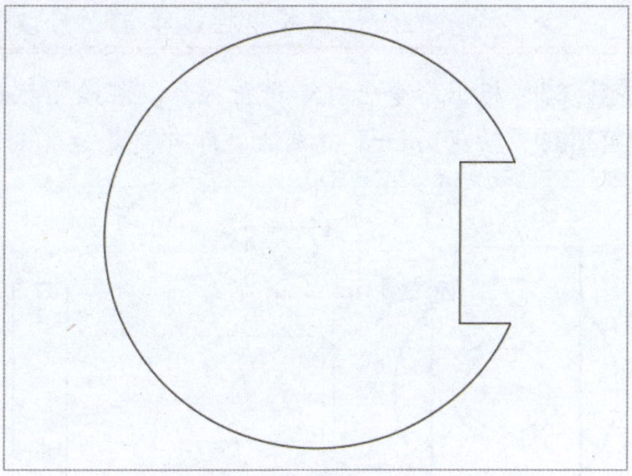

图 6-18　差集运算面域

▶ 专家指点

通过以下两种方法，也可以调用“差集”命令。

- 命令 1：在命令行输入 SU（差集）命令，并按【Enter】键确认。
- 命令 2：显示菜单栏，单击“修改”|“实体编辑”|“差集”命令。

## 6.2.3　交集运算面域

交集运算面域

在 AutoCAD 2020 中，创建多个面域的交集是指各个面域的公共部分，同时选择两个或两个以上面域对象，然后按【Enter】键即可对面域交集运算。下面介绍交集运算面域的操作方法。

Step 01 按【Ctrl + O】组合键，打开素材图形（资源\素材\第 6 章\螺栓.dwg），如图 6-19 所示。

Step 02 在命令行输入 INTERSECT（交集）命令，如图 6-20 所示，并按【Enter】键确认操作。

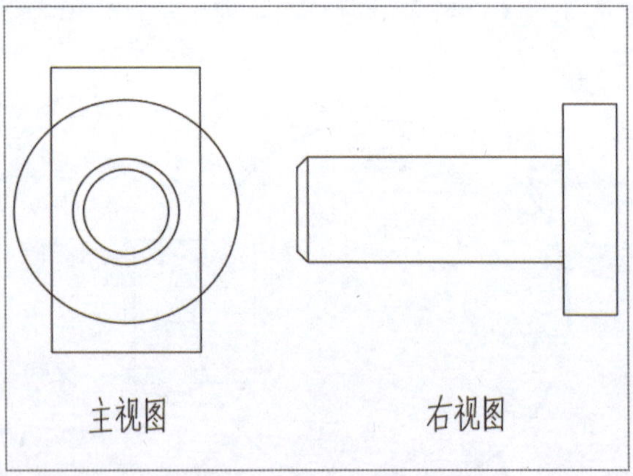


图 6-19　打开素材图形

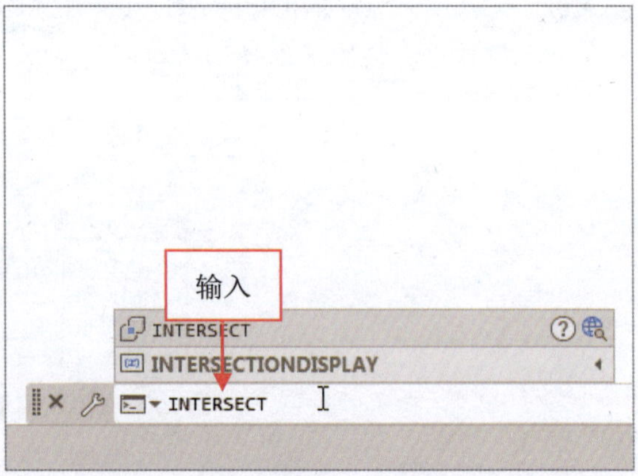


图 6-20　在命令行输入 INTERSECT 命令

▶ 专家指点

通过以下两种方法，也可以调用“交集”命令。

- 命令 1：在命令行输入 IN（交集）命令，并按【Enter】键确认。
- 命令 2：显示菜单栏，单击“修改”|“实体编辑”|“交集”命令。

Step 03 根据命令行提示进行操作，在绘图区选择圆形和矩形为编辑对象，如图 6-21 所示。

Step 04 按【Enter】键确认，即可交集运算面域，效果如图 6-22 所示。

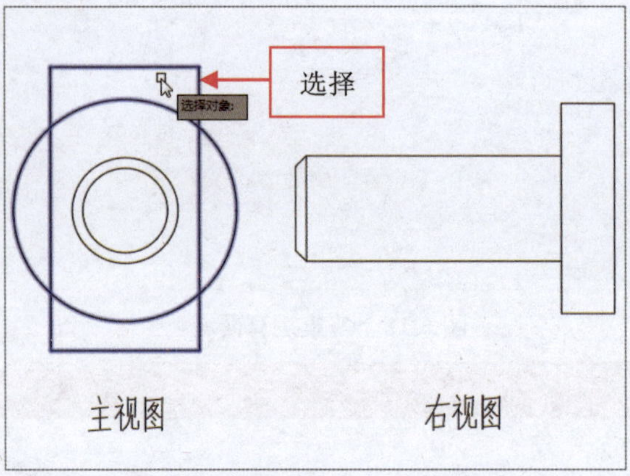


图 6-21　选择圆形和矩形为编辑对象

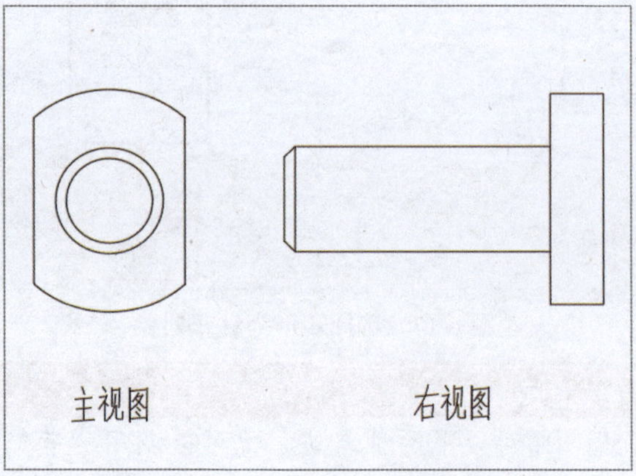


图 6-22　交集运算面域

## 6.2.4　提取面域数据

提取面域数据

从表面上看，面域和一般的封闭线框没有区别，就像是一张没有厚度的纸。实际上，面域就是二维实体模型，它不但包含边的信息，还包含边界内的信息。可以利用这些信息计算工程属性，如面积、材质、惯性等。下面介绍提取面域数据的操作方法。

**Step 01** 按【Ctrl + O】组合键，打开素材图形（资源\素材\第 6 章\起钉锤.dwg），如图 6-23 所示。

**Step 02** 在命令行输入 MASSPROP（面域/质量特性）命令，如图 6-24 所示。

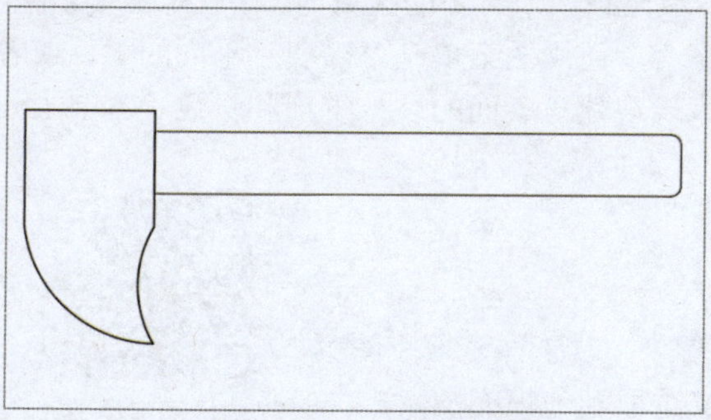

图 6-23　打开素材图形

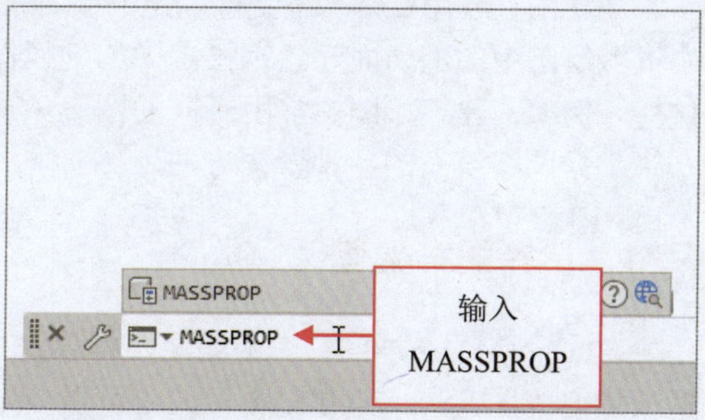


图 6-24　在命令行输入 MASSPROP 命令

**Step 03** 按【Enter】键确认，根据命令行提示进行操作，在绘图区选择需要编辑的面域，如图 6-25 所示。

**Step 04** 按【Enter】键确认，在绘图区输入 Y，如图 6-26 所示。

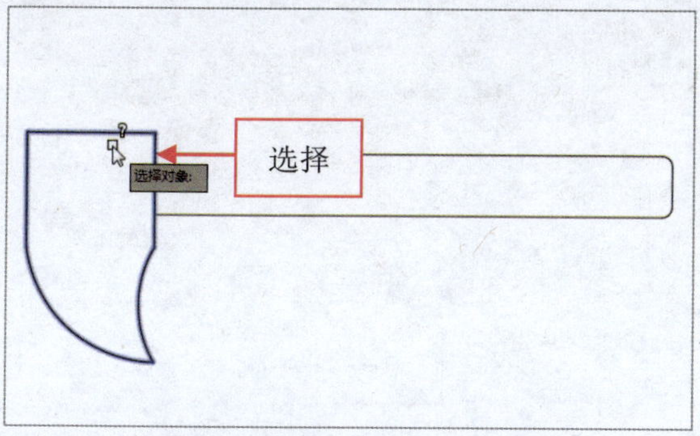


图 6-25　选择需要编辑的面域

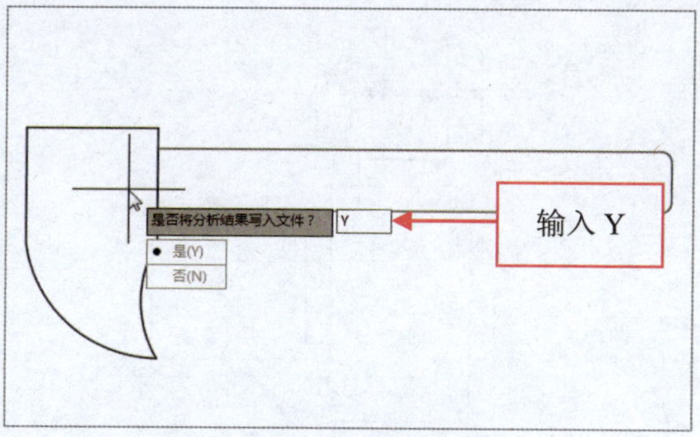


图 6-26　在绘图区输入 Y

**Step 05** 按【Enter】键确认，弹出“创建质量与面积特性文件”对话框，单击“保存”按钮，如图 6-27 所示。

**Step 06** 执行上述操作后，即可保存面域数据，查看提取的面域数据，如图 6-28 所示。

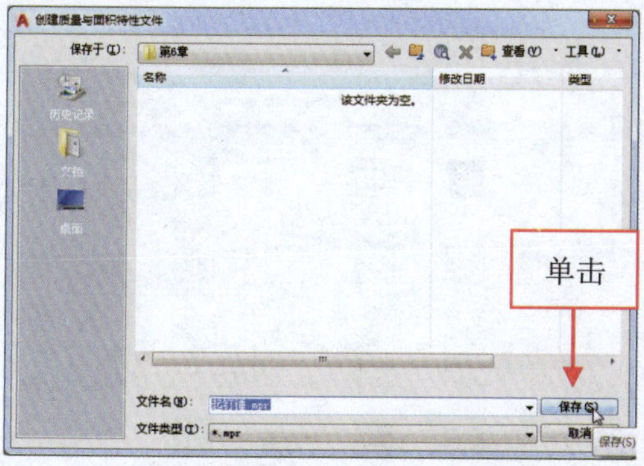


图 6-27　单击“保存”按钮

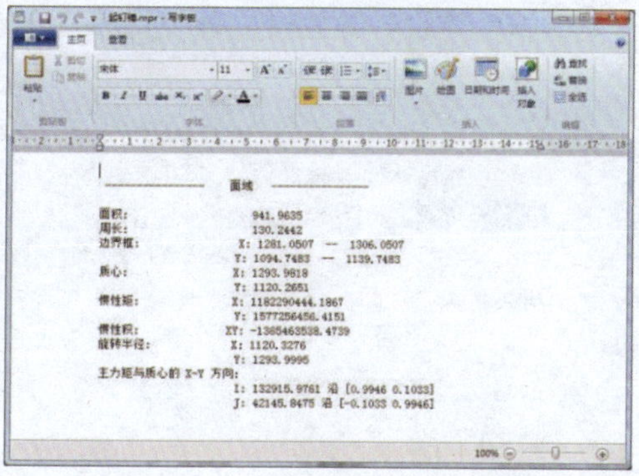


图 6-28　查看提取的面域数据

# 6.3 掌握图案填充

在绘图过程中，经常需要将选定的某种图案填充到一个封闭的区域内，这就是图案填充，如机械绘图中的剖切面、建筑绘图中的地板图案等。使用图案填充可以表示不同的零件或者材料。例如：建筑绘图中常用不同的图案填充来表现建筑表面的装饰纹理和颜色。本节主要介绍掌握图案填充的各种操作方法。

## 6.3.1 选择图案类型

选择图案类型

在 AutoCAD 2020 中，为了满足各行各业的需求设置了许多填充图案，默认填充的图案是 ANGLE 图案，还可以自定义选取其他填充图案。

Step 01 按【Ctrl + O】组合键，打开素材图形（资源\素材\第 6 章\转阀剖视图.dwg），如图 6-29 所示。

Step 02 单击“功能区”选项板中的“默认”选项卡，在“绘图”面板上单击“图案填充”按钮，如图 6-30 所示。

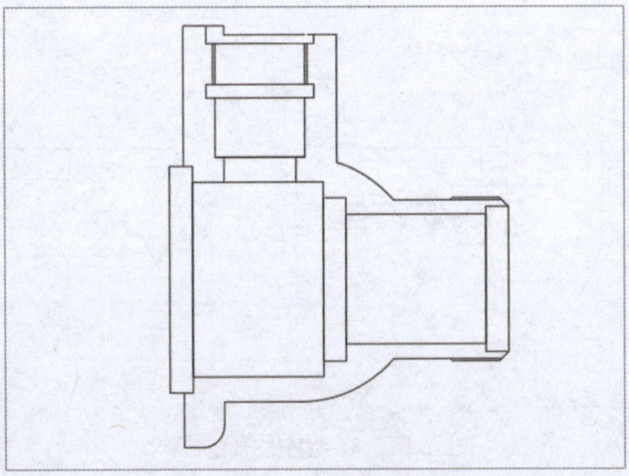

图 6-29 打开素材图形

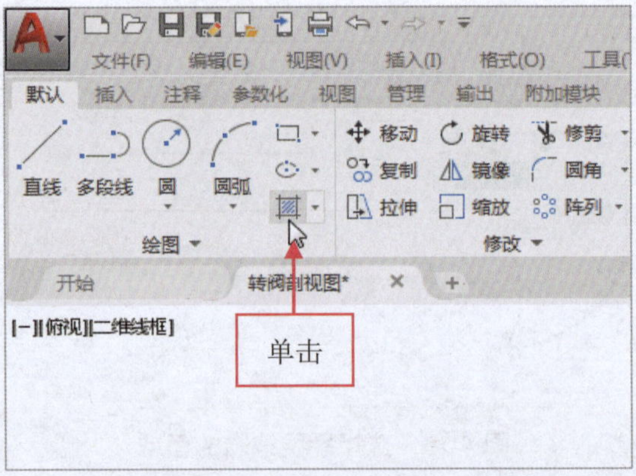


图 6-30 单击“图案填充”按钮

Step 03 弹出“图案填充创建”选项卡，如图 6-31 所示。

Step 04 单击“图案填充图案”下方的下拉按钮，在弹出的列表框中选择 ANSI32 选项，如图 6-32 所示，单击鼠标左键，即可选择图案类型。

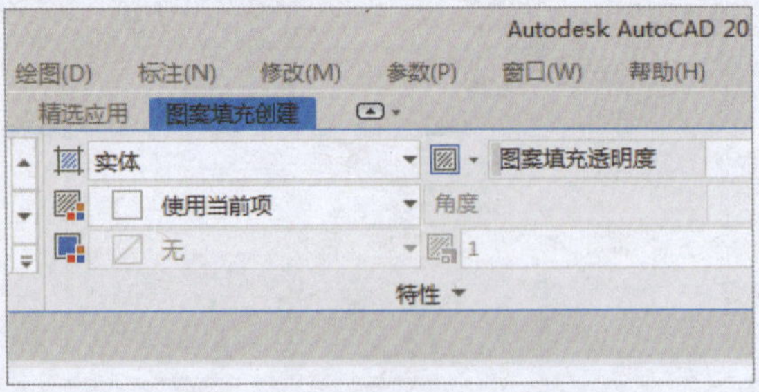


图 6-31 “图案填充创建”选项卡

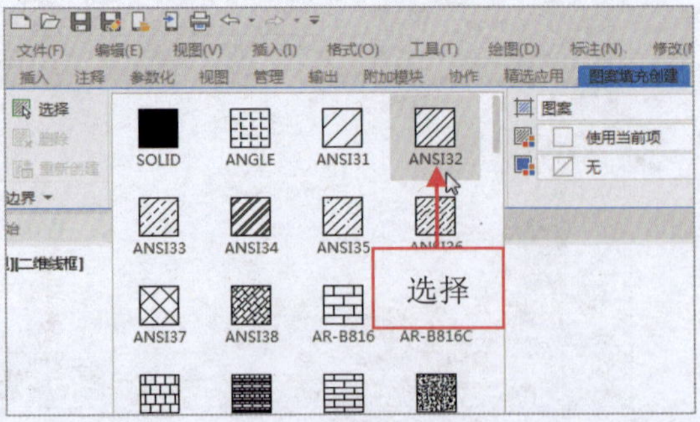


图 6-32 选择“ANSI32”选项

## 6.3.2 创建填充图案

创建填充图案

在 AutoCAD 2020 中，填充边界的内部区域即为填充区域。填充区域可以通过拾取封闭区域中的一点或拾取封闭对象两种方法来指定。下面介绍填充图案的操作方法。

**Step 01** 在上一个素材图形中，单击“功能区”选项板中的“默认”选项卡，在“绘图”面板上单击“图案填充”按钮，弹出“图案填充创建”选项卡，单击“图案填充图案”下方的下拉按钮，在弹出的下拉列表框中选择 ANSI31 选项，如图 6-33 所示。

**Step 02** 选择填充图案后，单击“拾取点”按钮，如图 6-34 所示。

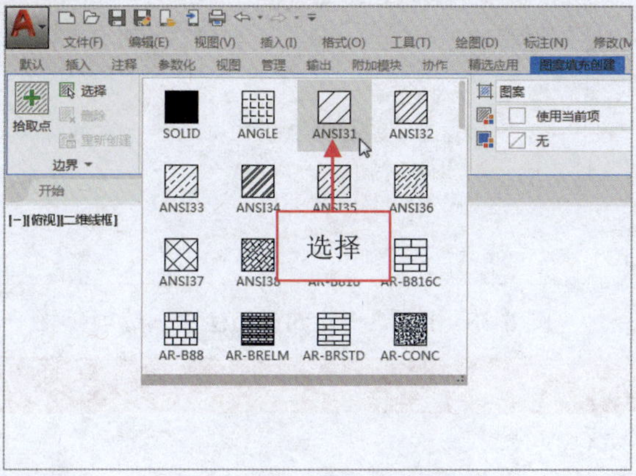


图 6-33 选择 ANSI31 选项

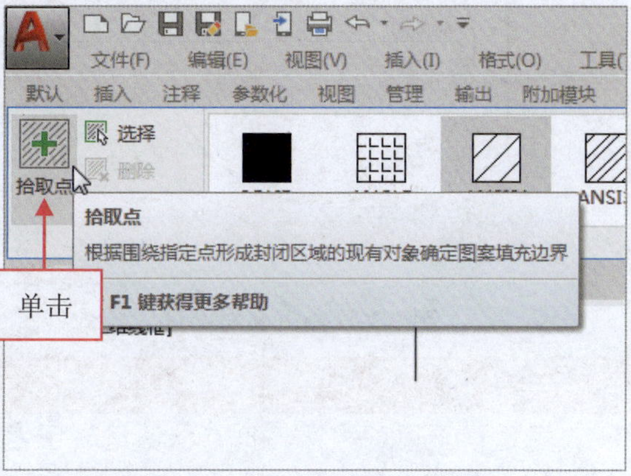


图 6-34 单击“拾取点”按钮

**Step 03** 执行上述操作后，在绘图区拾取需要填充的区域，如图 6-35 所示。

**Step 04** 完成对象拾取后，按【Enter】键确认，即可为图形填充图案，效果如图 6-36 所示。

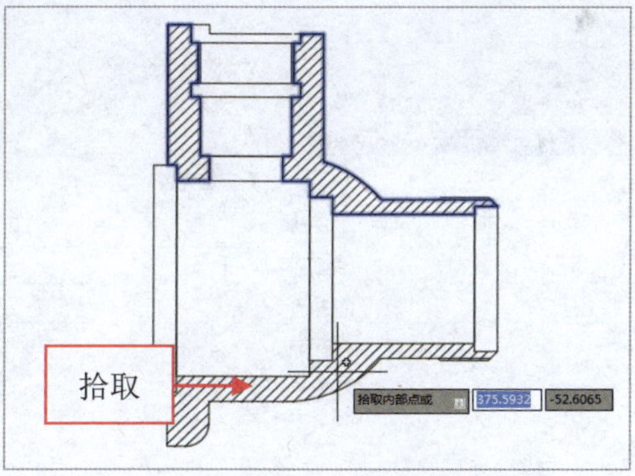


图 6-35 拾取填充区域

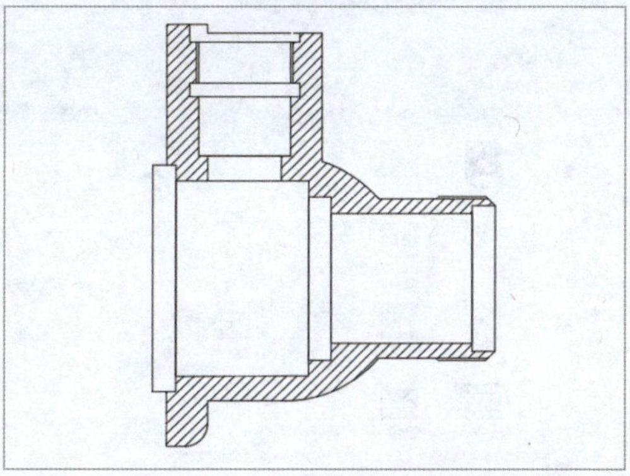

图 6-36 为图形填充图案

## 6.3.3 使用孤岛填充

使用孤岛填充

在 AutoCAD 2020 中进行图案填充时，通常将位于一个已定义好的填充区域内的封闭区域称为孤岛。下面介绍使用孤岛填充图形的操作方法。

**Step 01** 按【Ctrl + O】组合键，打开素材图形（资源\素材\第 6 章\开槽螺母.dwg），如图 6-37 所示。

**Step 02** 单击“功能区”选项板中的“默认”选项卡，在“绘图”面板上单击“图案填充”按钮，弹出“图案填充创建”选项卡，单击“选项”面板中的下拉按钮，展开面板，选择“外部孤岛检测”选项，如图 6-38 所示。

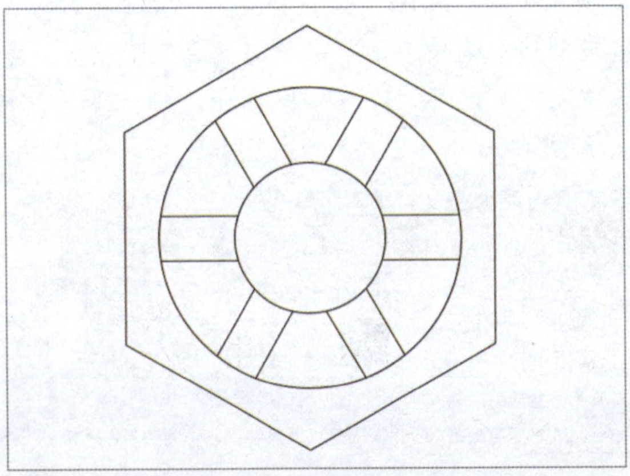

图 6-37　打开素材图形

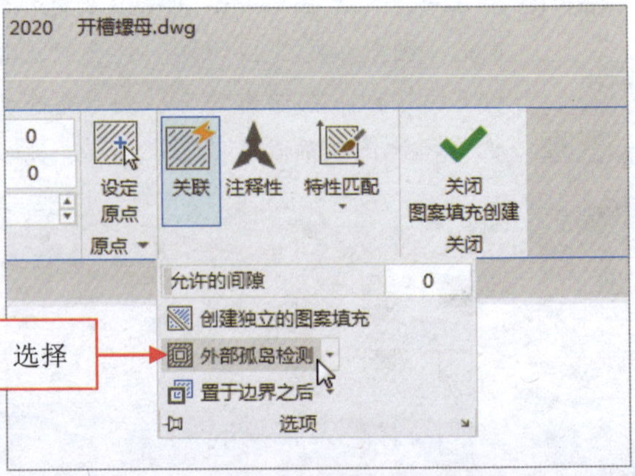


图 6-38　选择“外部孤岛检测”选项

> ▶ **专家指点**
>
> 通过以下两种方法，也可以调用“图案填充”命令。
>
> ➢ 命令 1：在命令行输入 BHATCH（图案填充）命令，按【Enter】键确认。
>
> ➢ 命令 2：单击“绘图”|“图案填充”命令。

**Step 03** 单击“图案填充图案”下方的下拉按钮，选择 ANSI36 选项，如图 6-39 所示。

**Step 04** 设置“填充图案比例”为 0.2，如图 6-40 所示。

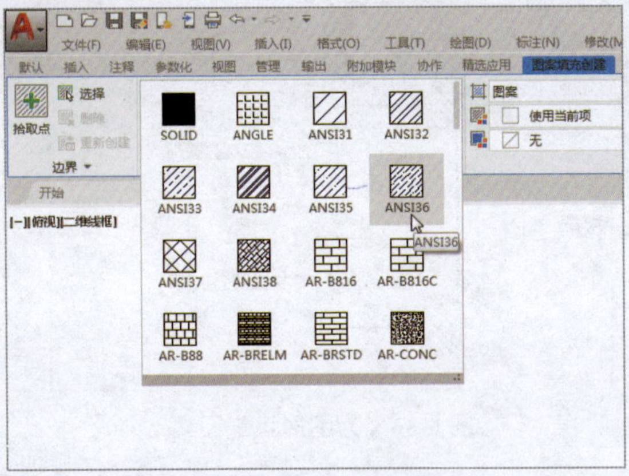


图 6-39　选择 ANSI36 选项

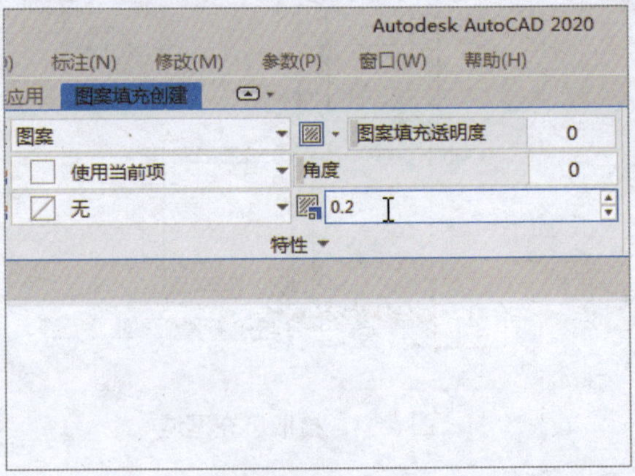


图 6-40　设置“填充图案比例”

**Step 05** 单击“拾取点”按钮，在绘图区的合适位置，选择需要填充图案的图形对象，如图 6-41 所示。

**Step 06** 按【Enter】键确认，即可使用孤岛填充图案，效果如图 6-42 所示。

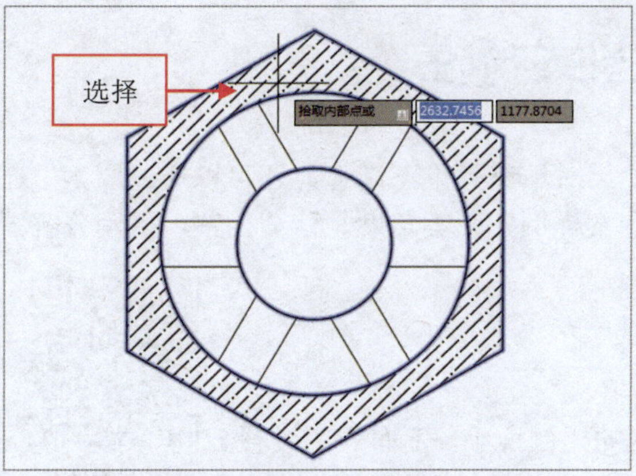


图 6-41　选择需要填充图案的图形对象

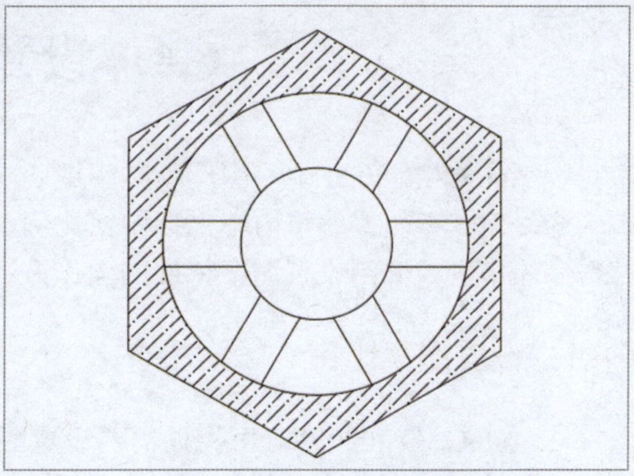

图 6-42　使用孤岛填充图案

## 6.3.4　使用渐变色填充

使用渐变色填充

在“图案填充和渐变色”对话框的“渐变色”选项卡中，可以创建单色或双色渐变色，并对图案填充。下面介绍使用渐变色填充图形的操作方法。

**Step 01** 按【Ctrl + O】组合键，打开素材图形（资源\素材\第 6 章\单头扳手.dwg），如图 6-43 所示。

**Step 02** 单击“功能区”选项板中的“默认”选项卡，在“绘图”面板上单击“图案填充”按钮，弹出“图案填充创建”选项卡，单击“图案”右侧的下拉按钮，在弹出的列表框中选择“渐变色”选项，如图 6-44 所示。

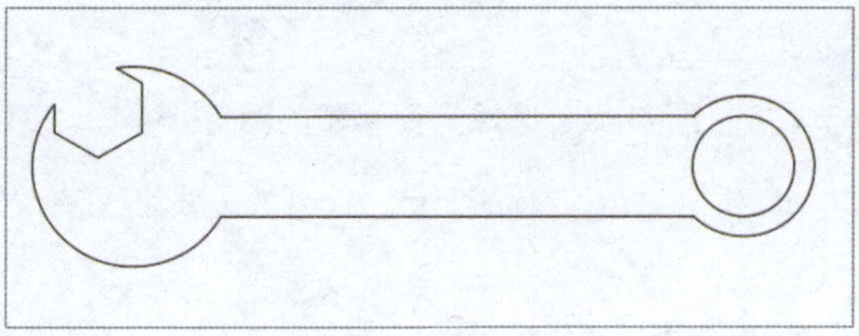

图 6-43　打开素材图形

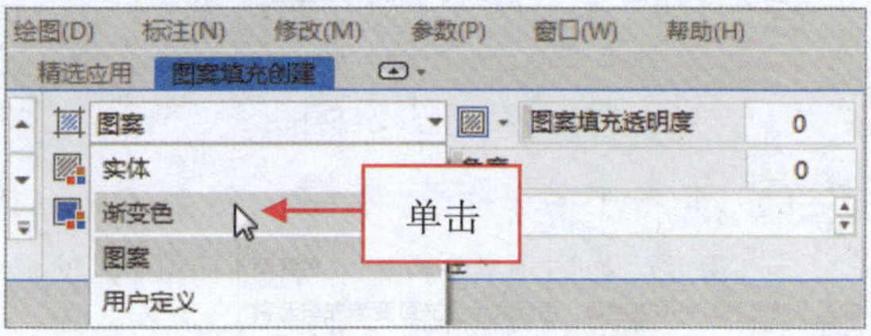


图 6-44　选择“渐变色”选项

**Step 03** 设置“渐变色 1”为“洋红”、“渐变色 2”为“黄”，如图 6-45 所示。

**Step 04** 单击“拾取点”按钮，在绘图区选择需要填充渐变色的图形对象，按【Enter】键确认，即可运用渐变色填充图案，如图 6-46 所示。

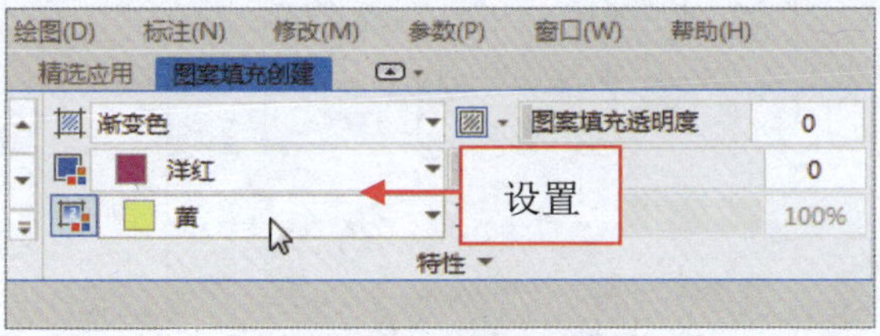


图 6-45　设置渐变色

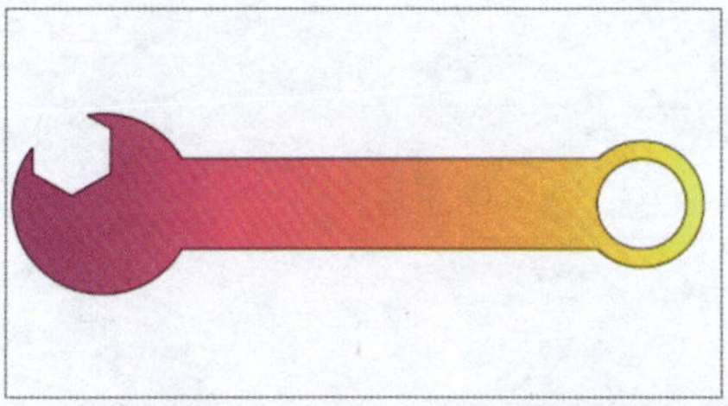

图 6-46　运用渐变色填充图案

# 6.4　设置图案特性

在 AutoCAD 2020 中，图形填充图案后，如果对填充效果不满意，还可以通过图案填充编辑命令对其编辑。编辑内容包括图案比例、图案样例、图案角度、修剪图案，以及分解图案等。本节主要介绍设置图案特性的操作方法。

## 6.4.1　设置图案比例

设置图案比例

在 AutoCAD 2020 中，可根据需要设置图案的比例大小。下面介绍设置图案比例的操作方法。

Step 01　按【Ctrl + O】组合键，打开素材图形（资源\素材\第 6 章\阀盖剖视图.dwg），如图 6-47 所示。

Step 02　在绘图区需要编辑的图形区域上，单击鼠标左键，如图 6-48 所示。

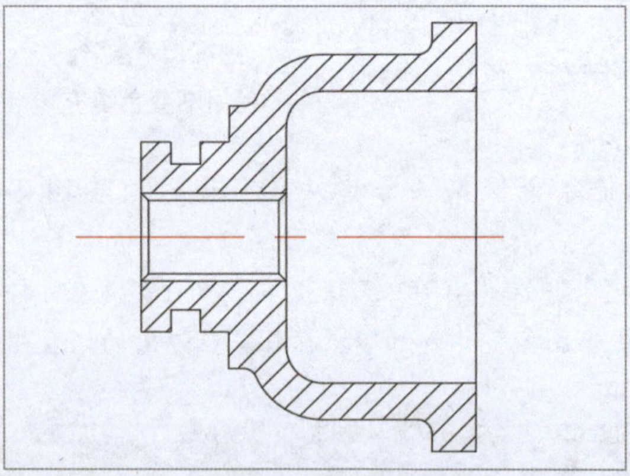

图 6-47　打开素材图形

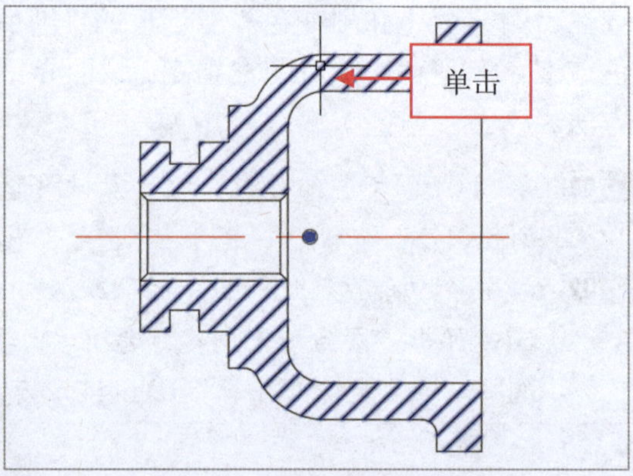


图 6-48　选择需要编辑的图形

Step 03　执行上述操作后，弹出“图案填充编辑器”选项卡，在“填充图案比例”文本框中输入 0.5，如图 6-49 所示，按【Enter】键确认。

Step 04　按【Esc】键退出，即可设置图案的比例，效果如图 6-50 所示。

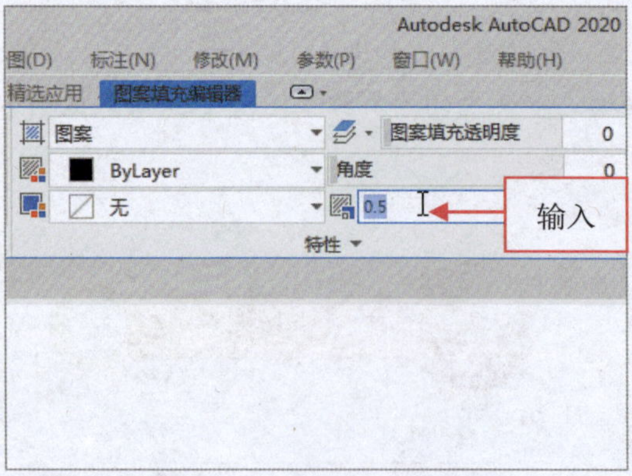


图 6-49　设置填充的比例

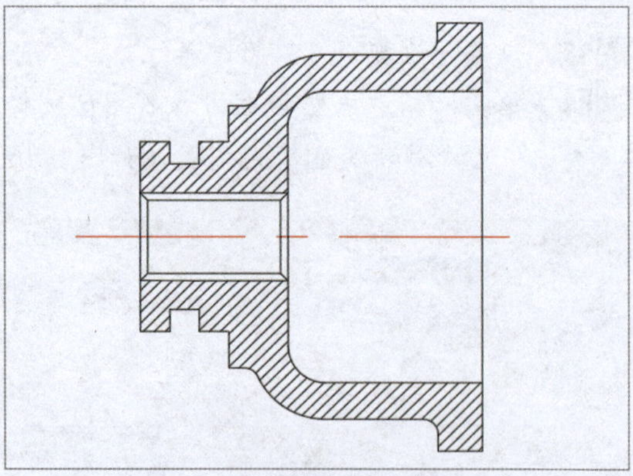

图 6-50　设置比例后的效果

## 6.4.2　设置图案样例

设置图案样例

在 AutoCAD 2020 中，可以根据需要设置图形中图案的样例类型。

Step 01　按【Ctrl + O】组合键，打开素材图形（资源\素材\第 6 章\盘盖剖视图.dwg），如图 6-51 所示。

Step 02　在绘图区需要编辑的图形区域上，单击鼠标左键，如图 6-52 所示。

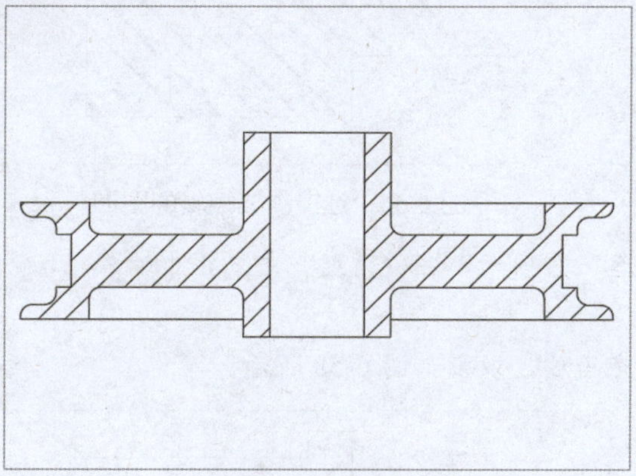

图 6-51　打开素材图形

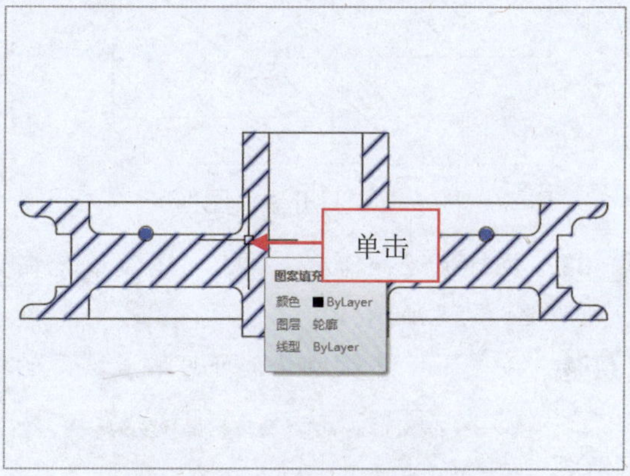


图 6-52　选择需要编辑的区域

Step 03　弹出“图案填充编辑器”选项卡，单击“图案填充图案”下方的下拉按钮，选择 ANSI37 选项，如图 6-53 所示。

Step 04　返回绘图区，按【Esc】键退出，即可设置图案样例，效果如图 6-54 所示。

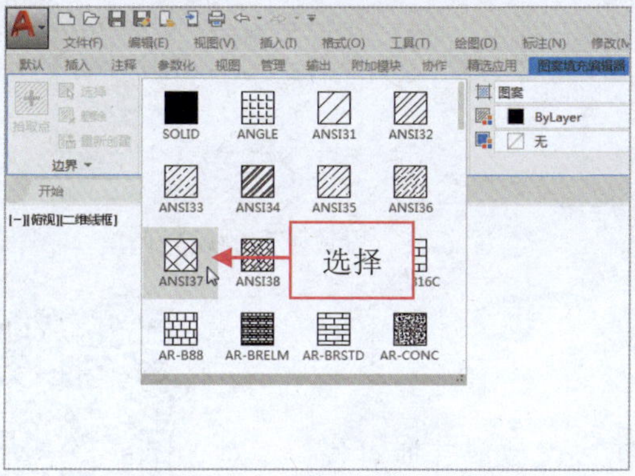


图 6-53　选择 ANSI37 选项

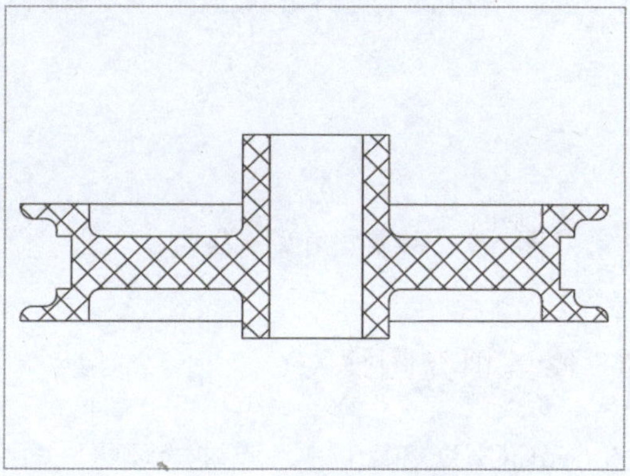

图 6-54　设置图案样例

## 6.4.3　设置图案角度

设置图案角度

在 AutoCAD 2020 中，图案填充的角度可以根据需要设置。下面介绍设置图案角度的操作方法。

Step 01　按【Ctrl + O】组合键，打开素材图形（资源\素材\第 6 章\轴套轴测剖视图.dwg），如图 6-55 所示。

Step 02　在绘图区需要编辑的图形区域，单击鼠标左键，如图 6-56 所示。

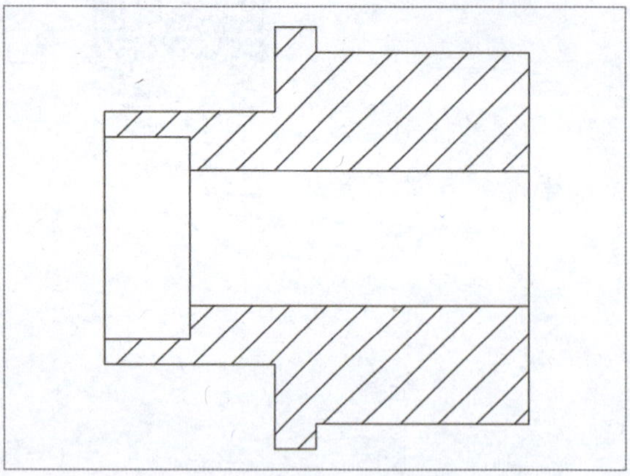

图 6-55　打开素材图形

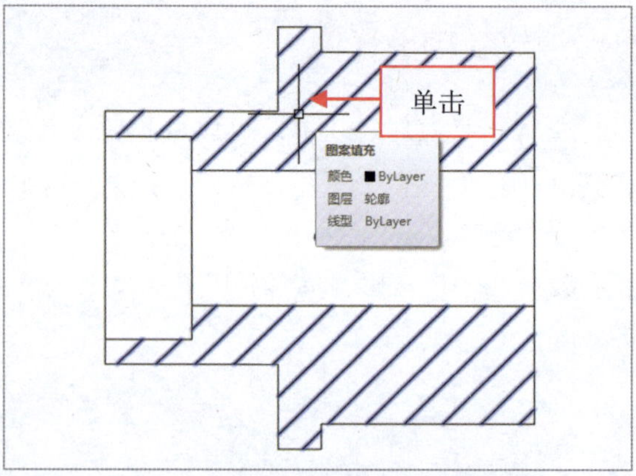


图 6-56　选择需要编辑的图形

Step 03　执行上述操作后，弹出“图案填充编辑器”选项卡，在“角度”文本框中输入 90，如图 6-57 所示。

Step 04　按【Enter】键确认，即可设置图案的填充角度，效果如图 6-58 所示。

图 6-57　设置“角度”为 90

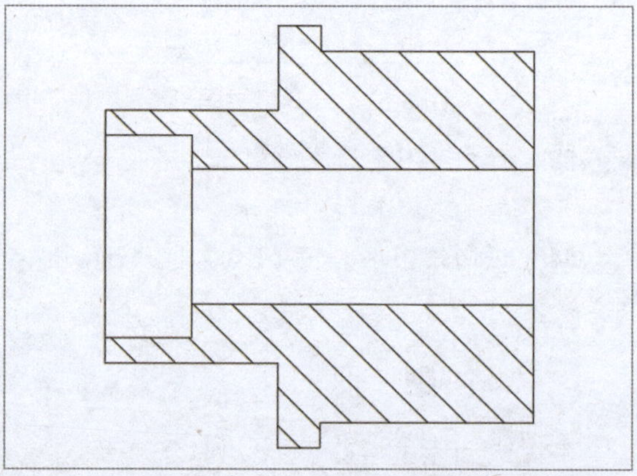

图 6-58　设置图案的填充角度

## 6.4.4　修剪填充图案

修剪填充图案

在 AutoCAD 2020 中，通过“修剪”命令可以像修剪其他对象一样对填充图案进行修剪。下面介绍修剪填充图案的操作方法。

Step 01　按【Ctrl + O】组合键，打开素材图形（资源\素材\第 6 章\方形餐桌.dwg），如图 6-59 所示。

Step 02　单击“功能区”选项板中的“默认”选项卡，在“修改”面板上单击“修剪”按钮，如图 6-60 所示。

Step 03　根据命令行提示进行操作，在绘图区选择需要修剪的图形对象，如图 6-61 所示。

Step 04　按【Enter】键确认，单击矩形内的填充图案，再次按【Enter】键确认，即可修剪填充的图案，效果如图 6-62 所示。

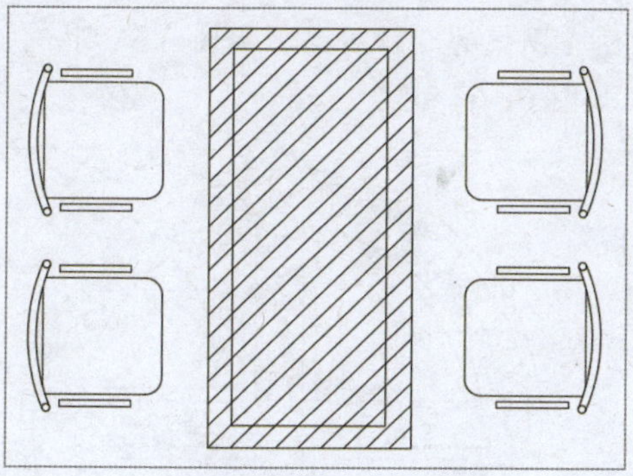

图 6-59　打开素材图形

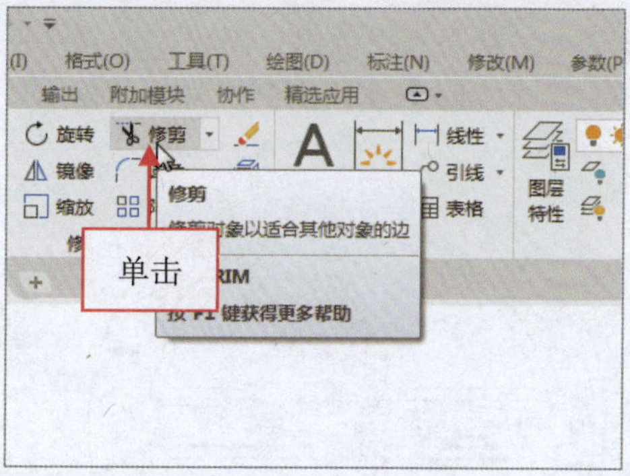


图 6-60　单击“修剪”按钮

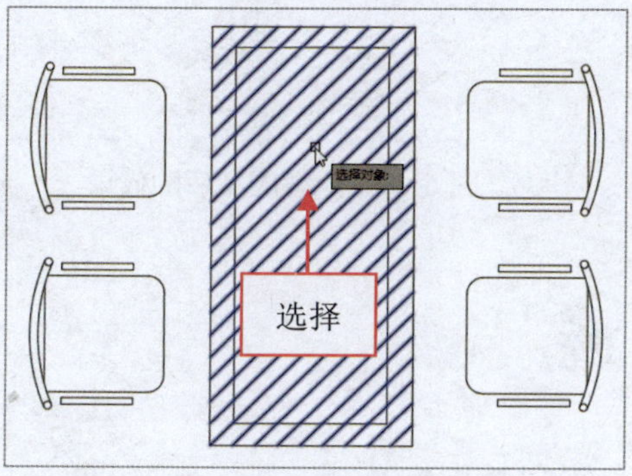


图 6-61　选择需要修剪的图形对象

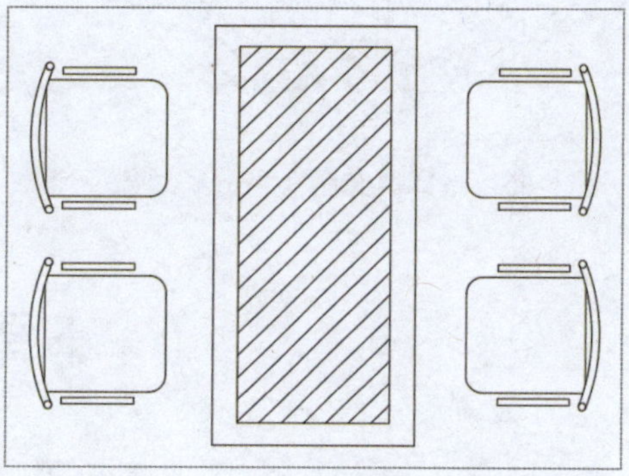

图 6-62　修剪填充图案后的效果

## 6.4.5　分解填充图案

分解填充图案

在 AutoCAD 2020 中，图案称为“匿名”块，是一种特殊的块。无论形状多么复杂，它都是一个单独的对象。可以执行“分解”命令，分解一个已存在的关联图案。图案被分解后，将不再是一个单一的对象，而是一组组成图案的线条。

Step 01　按【Ctrl + O】组合键，打开素材图形（资源\素材\第 6 章\地砖.dwg），如图 6-63 所示。

Step 02　单击“功能区”选项板中的“默认”选项卡，在“修改”面板上单击“分解”按钮，如图 6-64 所示。

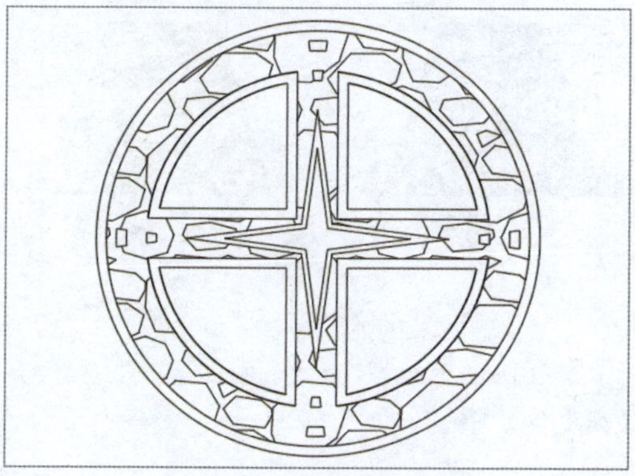

图 6-63　打开素材图形

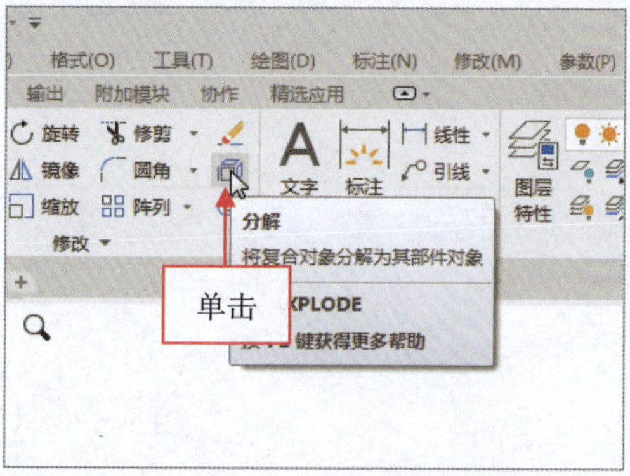


图 6-64　单击“分解”按钮

Step 03 根据命令行提示进行操作，选择绘图区的填充图案为分解对象，如图 6-65 所示。

Step 04 按【Enter】键确认，即可分解图案，效果如图 6-66 所示。

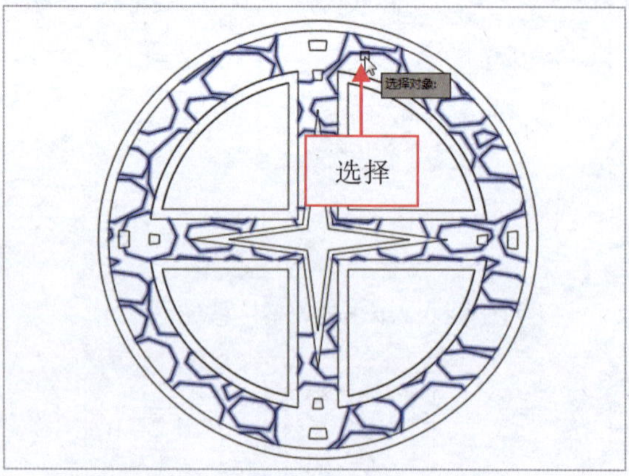


图 6-65 选择填充图案为分解对象

图 6-66 分解图案后的效果

# 本章小结

本章主要介绍应用面域与图案填充的操作方法，包括创建面域、使用布尔运算面域、掌握图案填充，以及设置图案特性等内容。通过本章的学习，希望读者能够很好地掌握应用面域与图案填充的方法。

# 课后习题

课后习题

鉴于本章知识的重要性，为了帮助读者更好地掌握所学知识，本节将通过上机习题，帮助读者进行简单的知识回顾和补充。

本习题需要掌握运用渐变色填充图案的操作方法，如图 6-67 所示。

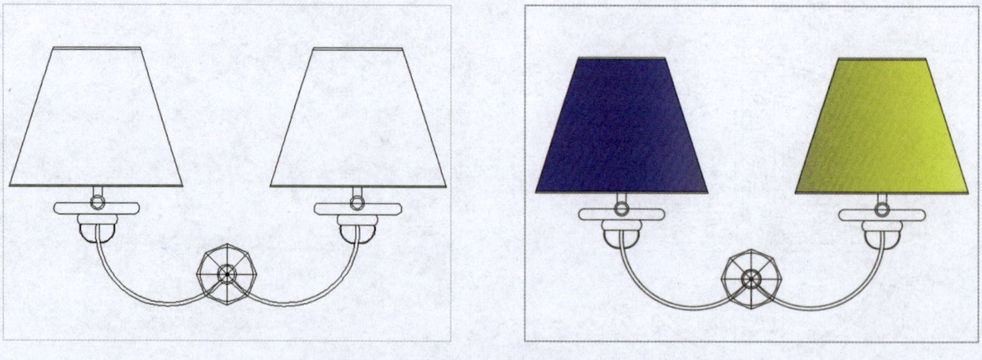

图 6-67 素材与效果文件对比

# 第 7 章
# 创建图纸文字与表格

在 AutoCAD 2020 中绘图时，除了要有图形，还要有必要的图纸说明文字，文字常用于标注一些非图形信息，其中包括标题栏、明细栏和技术要求等。还可以根据需要在图形中创建表格内容，用表格说明相关的文字信息。本章主要介绍创建图纸文字与表格的操作方法。

本章重点

- 创建文字样式与文字
- 编辑单行与多行文字
- 创建表格对象
- 管理表格属性

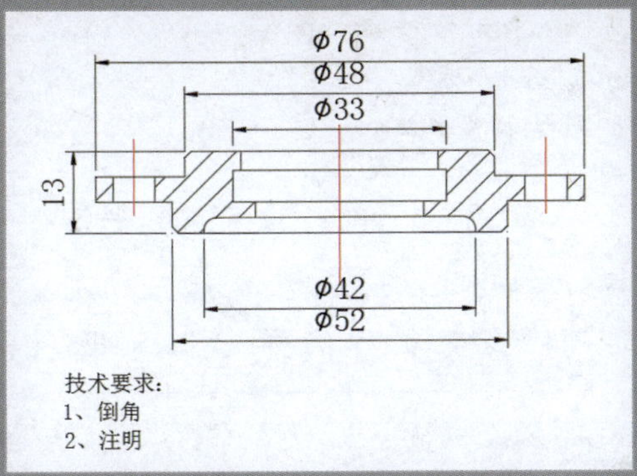


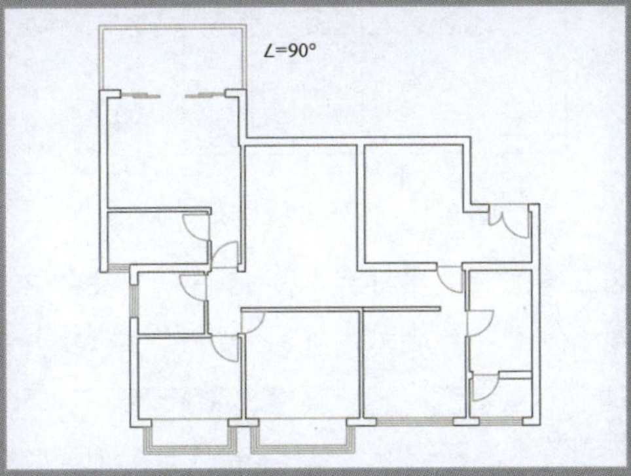


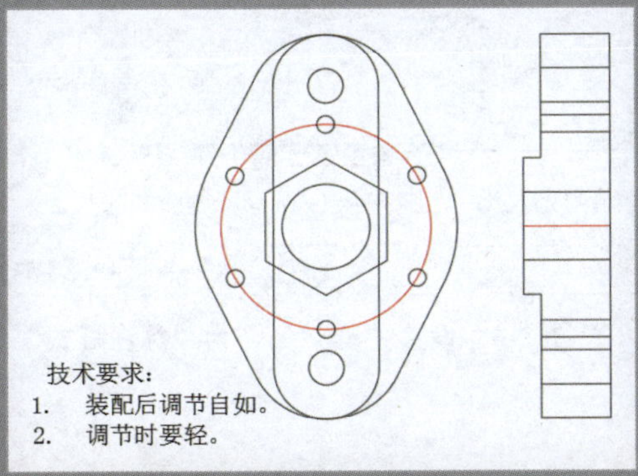


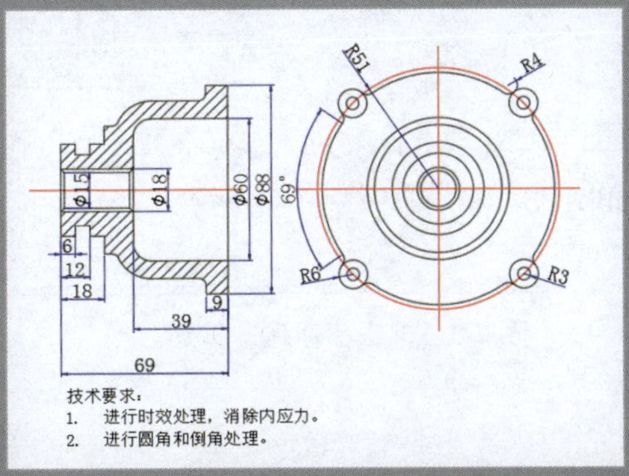

# 7.1　创建文字样式与文字

在 AutoCAD 2020 中，可以创建两种性质的文字，分别是单行文字和多行文字。其中，单行文字常用于不需要使用多种字体的简短文字中；多行文字常用于一些复杂的说明性文字中，可以为文字设置不同的字体和大小。本节主要介绍创建文字样式与文字的方法。

## 7.1.1　创建文字样式

在进行文字标注前，应先设置文字样式，从而方便、快捷地对图形对象进行标注，得到统一、标准、美观的标注文字。下面介绍创建文字样式的操作方法。

创建文字样式

**Step 01**　按【Ctrl + O】组合键，打开素材图形（资源\素材\第 7 章\玻璃酒柜.dwg），如图 7-1 所示。

**Step 02**　在“功能区”选项板的“默认”选项卡中，单击“注释”面板中间的下拉按钮，在展开的面板上单击“文字样式”按钮 A，如图 7-2 所示。

图 7-1　打开素材图形

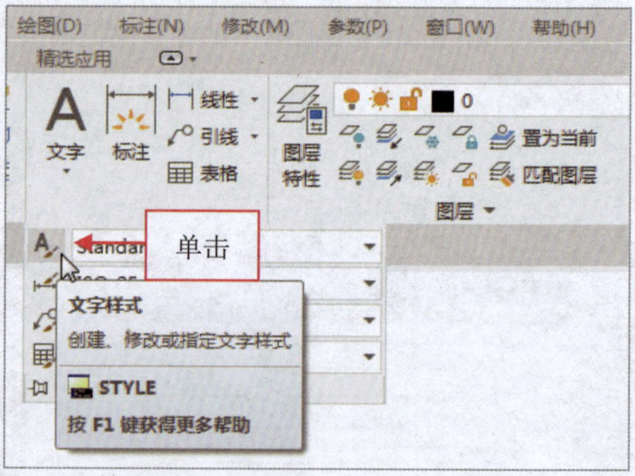


图 7-2　单击“文字样式”按钮

**Step 03**　弹出“文字样式”对话框，单击“新建”按钮，如图 7-3 所示。

**Step 04**　弹出“新建文字样式”对话框，在其中设置“样式名”为“标注样式”，如图 7-4 所示。

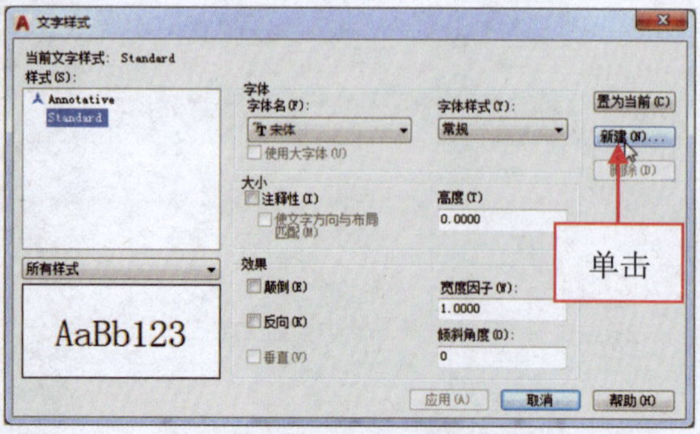


图 7-3　单击“新建”按钮

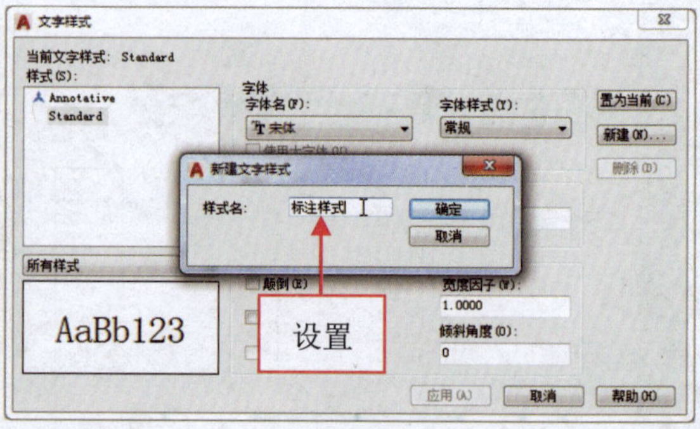


图 7-4　设置“样式名”为“标注样式”

Step 05　单击“确定”按钮，返回“文字样式”对话框，即可创建文字样式，在“样式”列表框中，将显示新建的文字样式，如图 7-5 所示。

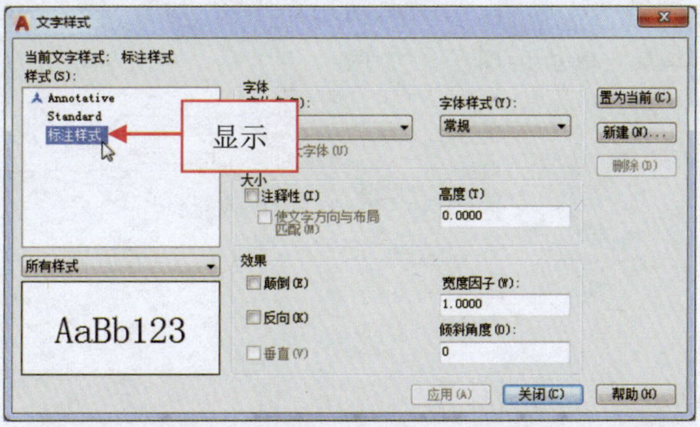


图 7-5　显示新建的文字样式

▶ 专家指点

还可以通过以下三种方法，调用“文字样式”命令。

- 命令 1：在命令行输入 STYLE（文字样式）命令，并按【Enter】键确认。
- 命令 2：在命令行输入 ST（文字样式）命令，并按【Enter】键确认。
- 命令 3：显示菜单栏，单击“格式”|“文字样式”命令。

## 7.1.2　创建单行文字

创建单行文字

对于单行文字而言，每一行是一个文字对象。因此，可以用于文字内容比较少的文字对象中，并可以对其单独编辑。

Step 01　按【Ctrl + O】组合键，打开素材图形（资源\素材\第 7 章\洗衣机.dwg），如图 7-6 所示。

Step 02　单击“功能区”选项板中的“默认”选项卡，在“注释”面板上单击“文字”中间的下拉按钮，在弹出的列表框中单击“单行文字”按钮A，如图 7-7 所示。

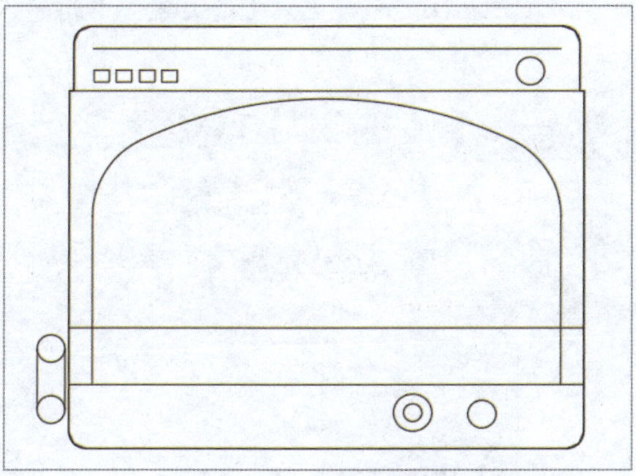

图 7-6　打开素材图形

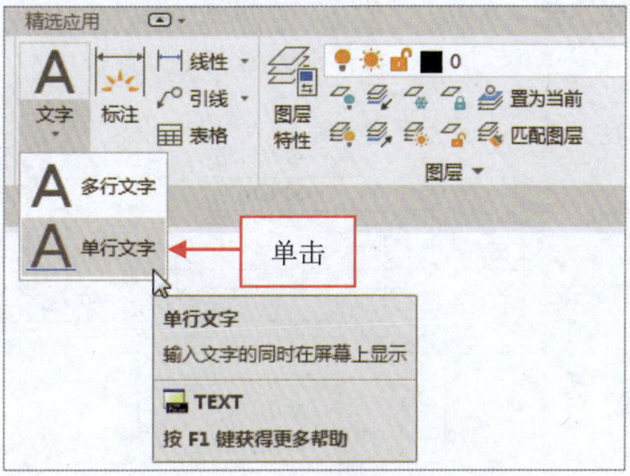


图 7-7　单击“单行文字”按钮

Step03 根据命令行提示，在绘图区图形的下方指定文字的起点，输入文字的高度为 30，如图 7-8 所示，并按两次【Enter】键确认。

Step04 在绘图区输入文字“洗衣机”，并按【Enter】键确认，按【Esc】键退出，创建单行文字，调整文字位置，效果如图 7-9 所示。

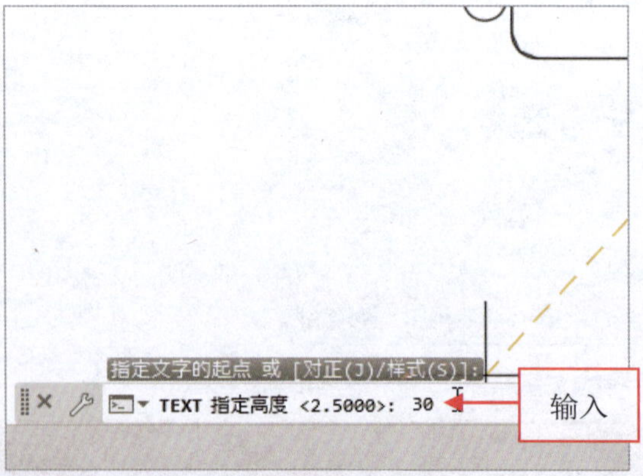


图 7-8 输入文字的高度为 30

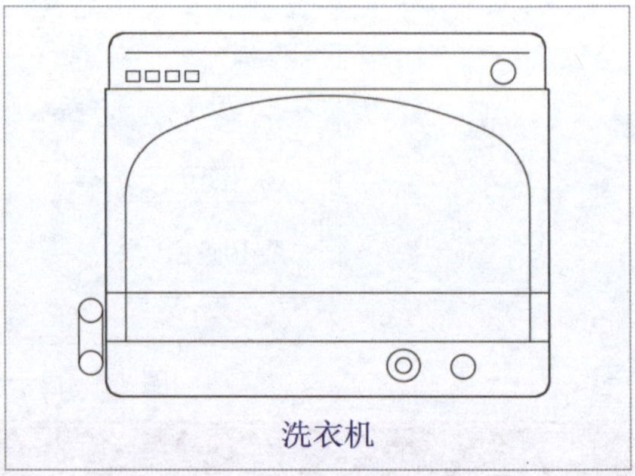


图 7-9 显示“洗衣机”

**▶ 专家指点**

在命令行输入 DTEXT（单行文字）命令，并按【Enter】键确认，也可以调用“单行文字”命令。

## 7.1.3 创建多行文字

创建多行文字

多行文字又称段落文本，是一种方便管理的文字对象，它可以由两行以上的文字组成，而且所有行的文字都作为一个整体来处理，在机械设计中，使用“多行文字”命令创建较为复杂的文字说明，如图样的技术要求等。

Step01 按【Ctrl + O】组合键，打开素材图形（资源\素材\第 7 章\技术要求.dwg），如图 7-10 所示。

Step02 单击“功能区”选项板中的“默认”选项卡，在“注释”面板上单击“文字”中间的下拉按钮，在弹出的列表框中单击“多行文字”按钮A，如图 7-11 所示。

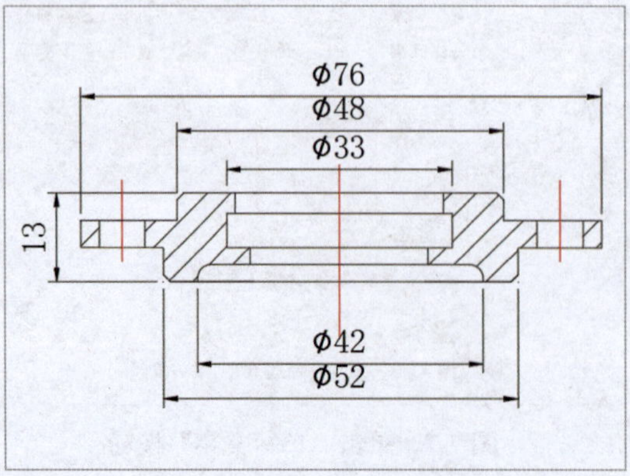


图 7-10 打开素材图形

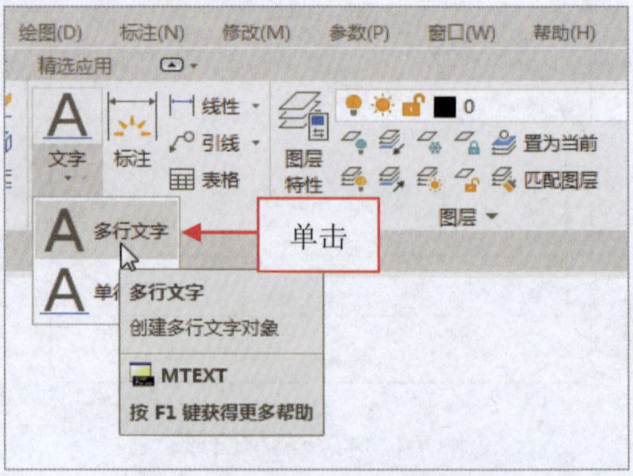


图 7-11 单击“多行文字”按钮

**Step 03** 根据命令行提示进行操作，在绘图区的下方合适位置单击鼠标左键，指定第一点，在命令行输入 H（高度），按【Enter】键确认，根据命令行提示，设置文字高度为 2.5，如图 7-12 所示，按【Enter】键确认，如图 7-12 所示。

**Step 04** 根据命令行提示，在绘图区单击鼠标左键指定对角点，弹出文本框，输入文字“技术要求”等文字，在绘图区的任意位置单击鼠标左键，即可创建多行文字，效果如图 7-13 所示。

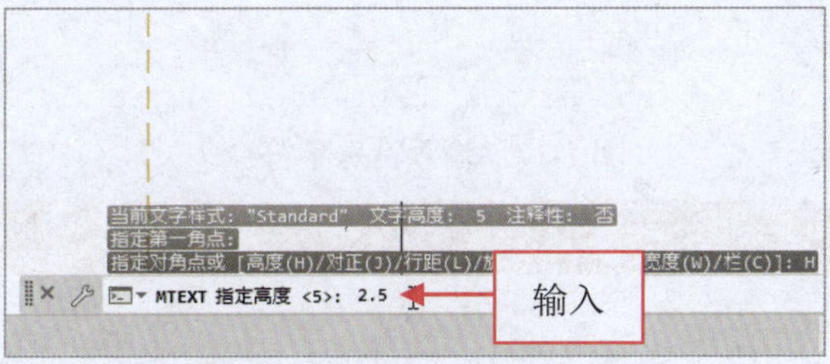


图 7-12　指定文字高度为 2.5

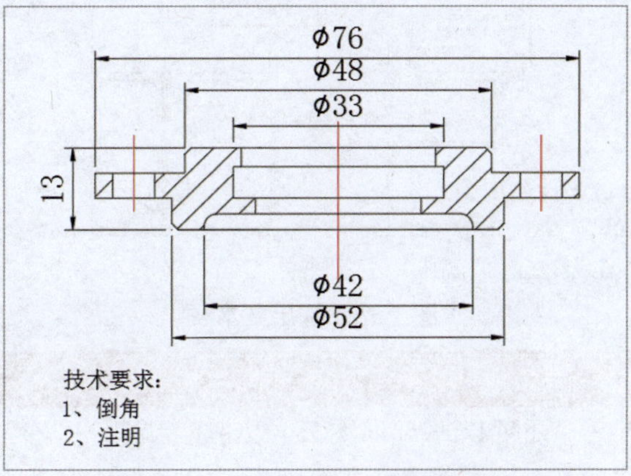


图 7-13　创建多行文字效果

## 7.1.4　输入特殊字符

输入特殊字符

在 AutoCAD 2020 中，输入文字的过程中，还可以输入特殊字符。

**Step 01** 按【Ctrl + O】组合键，打开素材图形（资源\素材\第 7 章\土建结构图.dwg），如图 7-14 所示。

**Step 02** 单击“功能区”选项板的“默认”选项卡，在“注释”面板上单击“多行文字”按钮 A，根据命令行提示进行操作，在绘图区的合适位置单击鼠标左键并拖曳，如图 7-15 所示。

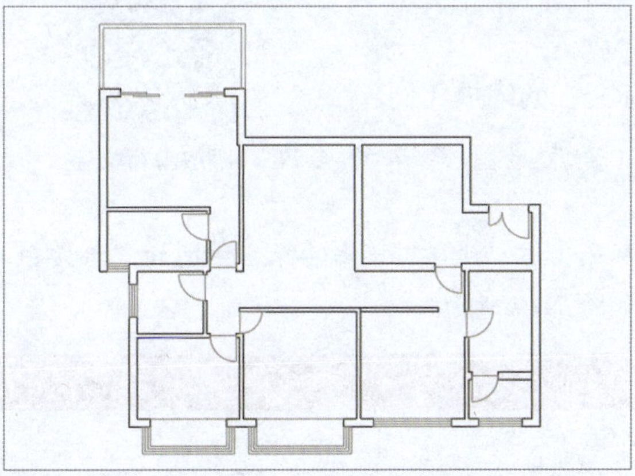

图 7-14　打开素材图形

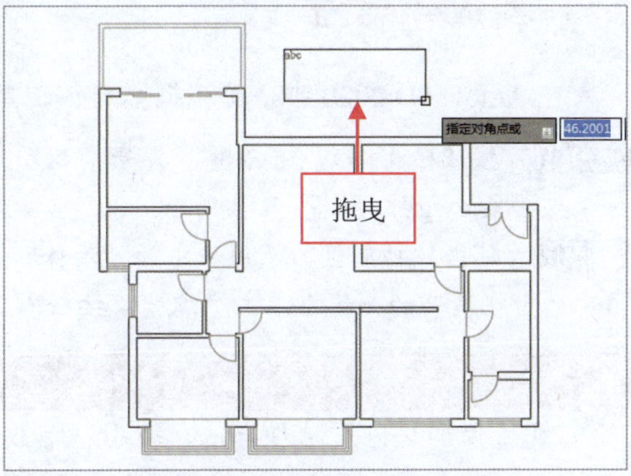


图 7-15　单击鼠标左键并拖曳

**Step 03** 拖曳至合适位置后单击鼠标左键，弹出文本框，如图 7-16 所示。

**Step 04** 输入“\U+2220=90%%D”，设置文字高度为 5.0，在绘图区的任意位置单击鼠标左键，即可输入特殊字符，效果如图 7-17 所示。

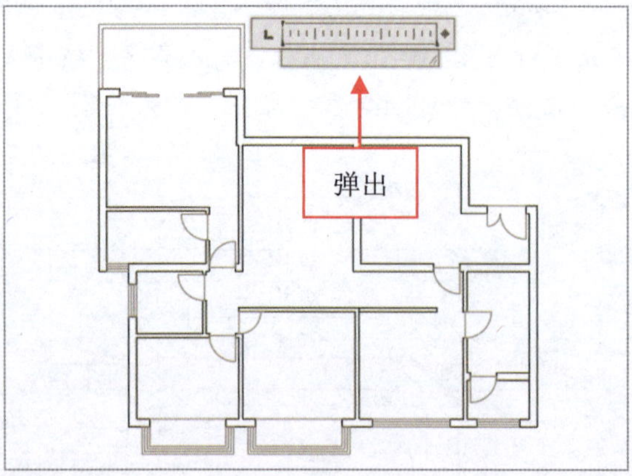


图 7-16　弹出文本框

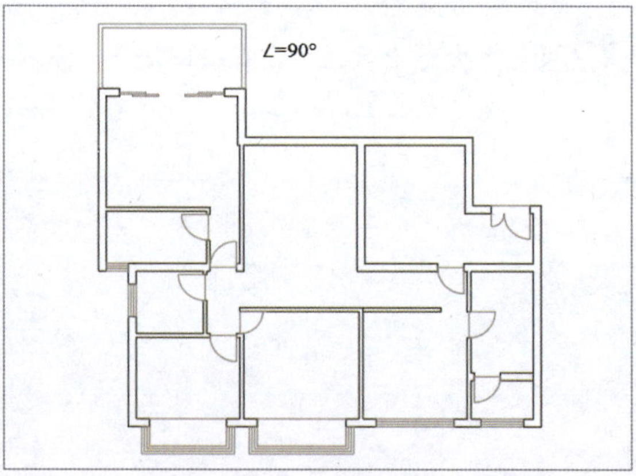


图 7-17　输入特殊字符

> ▶ 专家指点
>
> 还可以通过以下三种方法，调用“多行文字”命令。
>
> ➢ 命令 1：在命令行输入 MTEXT（多行文字）命令，并按【Enter】键确认。
>
> ➢ 命令 2：在命令行输入 MT（多行文字）命令，按【Enter】键确认。
>
> ➢ 命令 3：显示菜单栏，单击“绘图”|“文字”|“多行文字”命令。

# 7.2　编辑单行与多行文字

在 AutoCAD 2020 中，可根据需要编辑单行与多行文字内容，主要包括缩放单行文字、添加项目符号、控制文字显示，以及对齐多行文字等内容。

## 7.2.1　缩放单行文字

缩放单行文字

在 AutoCAD 2020 中，可根据需要编辑单行文字的缩放比例。

**Step 01** 按【Ctrl + O】组合键，打开素材图形（资源\素材\第 7 章\会议桌.dwg），如图 7-18 所示。

**Step 02** 单击“功能区”选项板中的“注释”选项卡，在“文字”面板中单击中间的下拉按钮，在展开的面板上单击“缩放”按钮，如图 7-19 所示。

> ▶ 专家指点
>
> 还可以通过以下两种方法，调用“缩放比例”命令。
>
> ➢ 命令 1：在命令行输入 SCALETEXT（缩放比例）命令，并按【Enter】键确认。
>
> ➢ 命令 2：显示菜单栏，单击“修改”|“对象”|“文字”|“比例”命令。

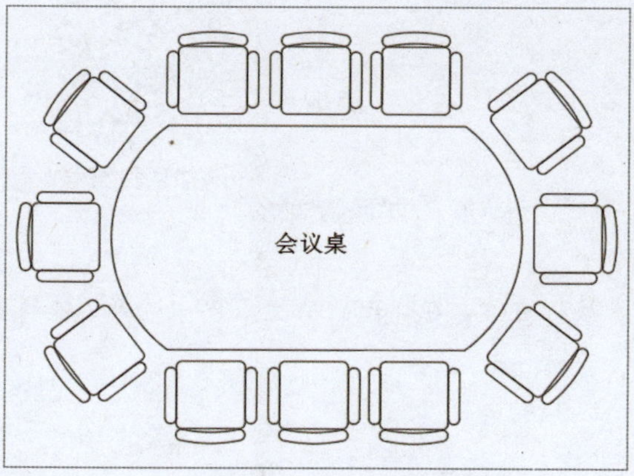


图 7-18　打开素材图形

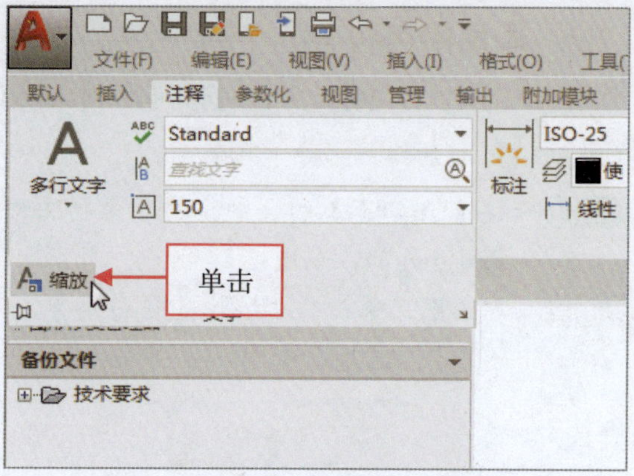


图 7-19　单击“缩放”按钮

**Step 03**　根据命令行提示进行操作，在绘图区选择单行文字对象，按【Enter】键确认，弹出快捷菜单，选择“中上（TC）”选项，如图 7-20 所示，并按【Enter】键确认。

**Step 04**　输入 S（比例因子），如图 7-21 所示，并按【Enter】键确认。

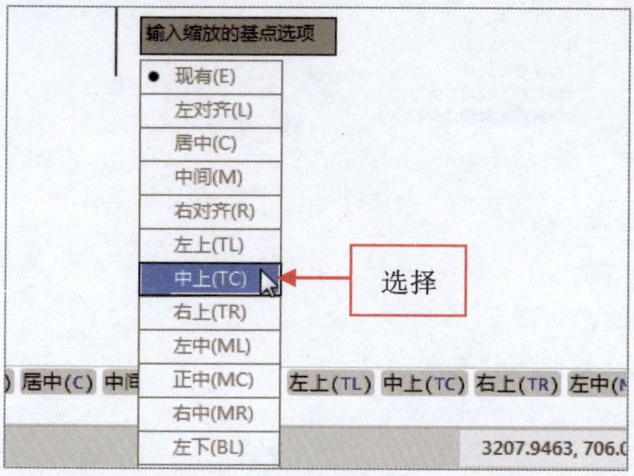


图 7-20　选择“中上（TC）”选项

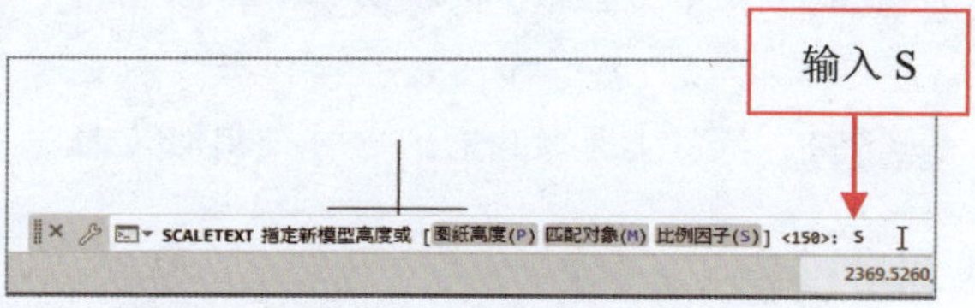


图 7-21　输入 S（比例因子）

**Step 05**　输入 3，指定缩放比例，如图 7-22 所示，并按【Enter】键确认。

**Step 06**　执行上述操作后，即可编辑单行文字的缩放比例，效果如图 7-23 所示。

图 7-22　指定缩放比例

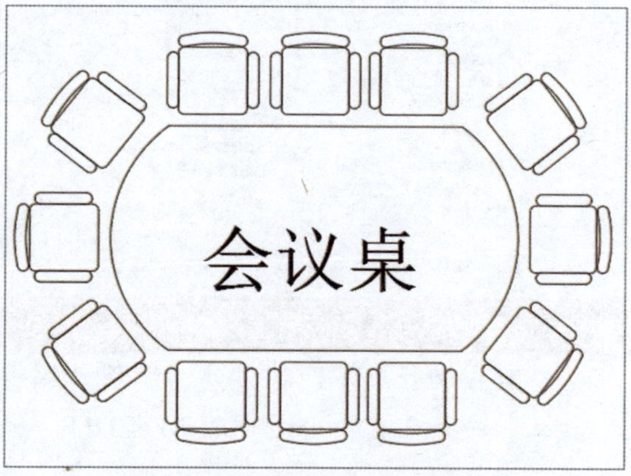


图 7-23　编辑单行文字的缩放比例

## 7.2.2 添加项目符号

添加项目符号

在 AutoCAD 2020 中，可以使用数字标记多行文字，为文字添加项目符号。

**Step 01** 按【Ctrl + O】组合键，打开素材图形（资源\素材\第 7 章\阀盖剖视图.dwg），如图 7-24 所示。

**Step 02** 在绘图区选择需要编辑的多行文字，单击鼠标右键，在弹出的快捷菜单中选择“编辑多行文字”选项，如图 7-25 所示。

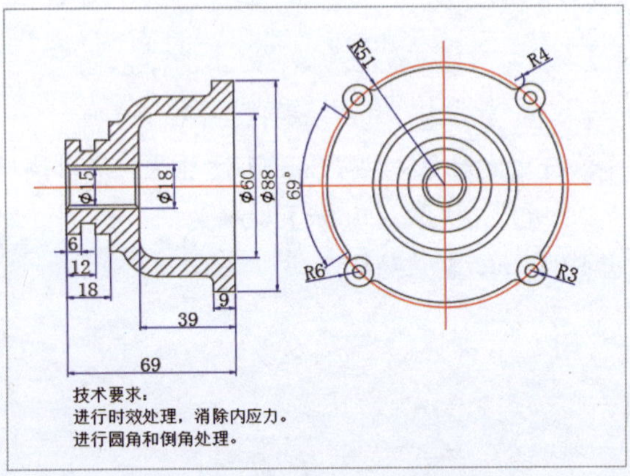


图 7-24 打开素材图形

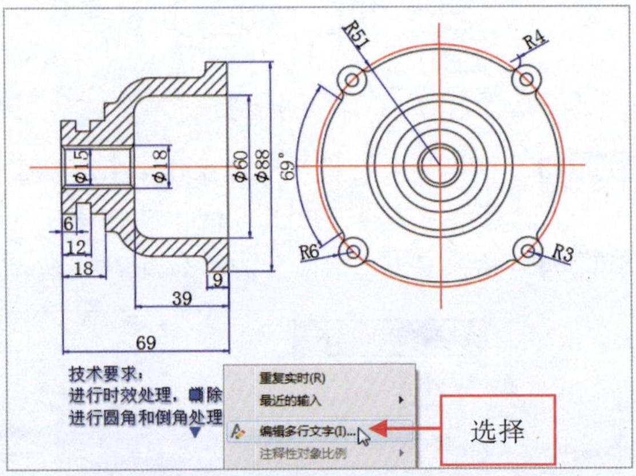


图 7-25 选择“编辑多行文字”选项

**Step 03** 弹出文本框，选择需要编辑的部分文本内容，单击鼠标右键，在弹出的快捷菜单中选择“项目符号和列表”|“以数字标记”选项，如图 7-26 所示。

**Step 04** 执行上述操作后，即可使用数字标记多行文字，效果如图 7-27 所示。

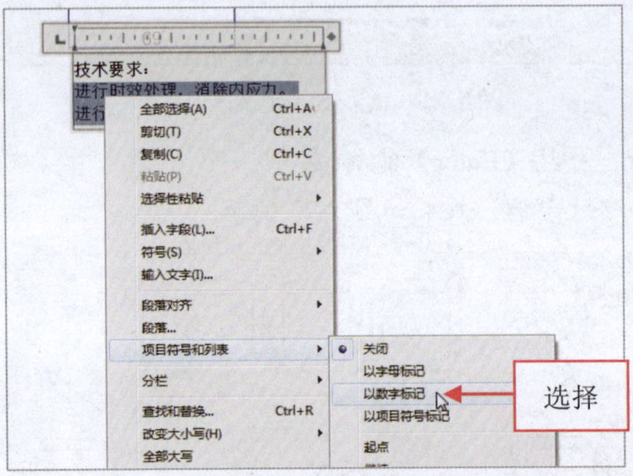


图 7-26 选择“以数字标记”选项

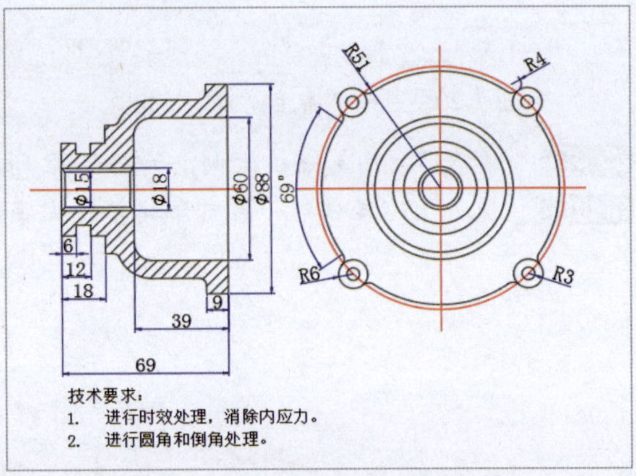


图 7-27 使用数字标记多行文字

**▶ 专家指点**

还可以通过以下两种方法，调用“编辑多行文字”命令。

- 命令：在命令行输入 MTEDIT（编辑多行文字）命令，并按【Enter】键确认。
- 按钮：在绘图区选择多行文字，单击“文字”工具栏中的“编辑文字”按钮。

## 7.2.3 控制文字显示

控制文字显示

在编辑多行文字的过程中，可以控制文字的显示状态。

**Step 01** 以上一个效果图形为例，在命令行输入 QTEXT（文本显示）命令，如图 7-28 所示。

**Step 02** 按【Enter】键确认，根据命令行提示进行操作，输入 ON（开），如图 7-29 所示，并按【Enter】键确认。

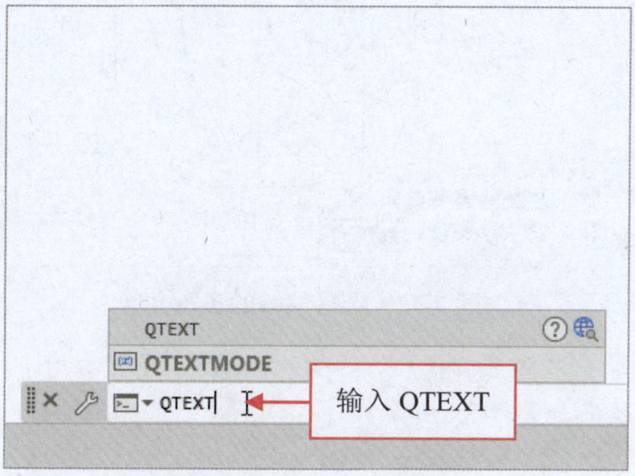


图 7-28 输入 QTEXT 命令

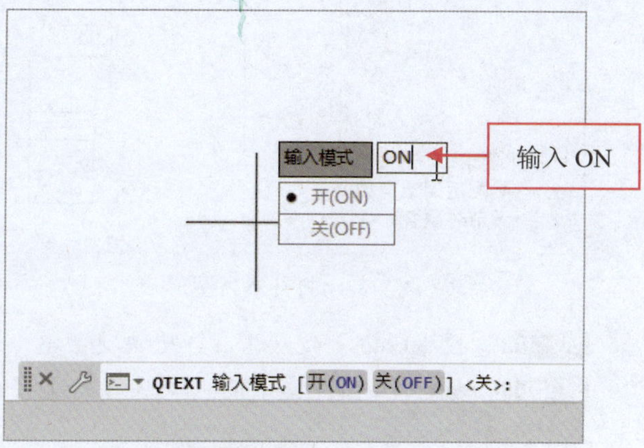


图 7-29 输入 ON（开）

**Step 03** 在命令行输入 REGEN（重生成）命令，如图 7-30 所示，并按【Enter】键确认。

**Step 04** 执行上述操作后，即可控制文字显示状态，效果如图 7-31 所示。

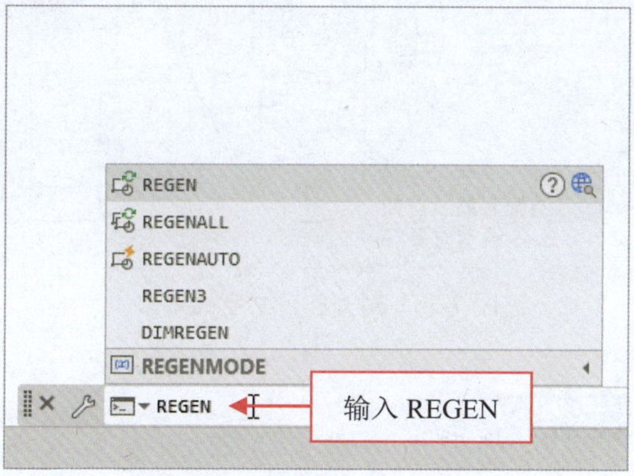


图 7-30 输入 REGEN 命令

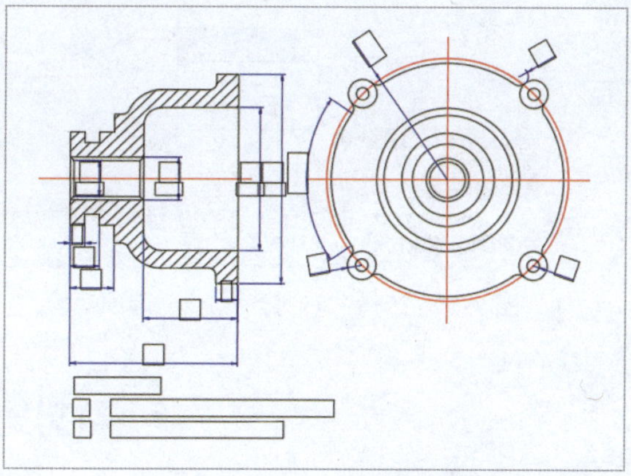

图 7-31 控制文字显示状态

## 7.2.4 对齐多行文字

对齐多行文字

在编辑多行文字时，常常需要设置其对齐方式，使制作的文字符合图纸的需要。下面介绍对齐多行文字的操作方法。

Step 01 按【Ctrl + O】组合键，打开素材图形（资源\素材\第 7 章\基板.dwg），如图 7-32 所示。

Step 02 在命令行输入 JUSTIFYTEXT（对正）命令，按【Enter】键确认，根据命令行提示进行操作，在绘图区选择编辑的多行文字对象，如图 7-33 所示。

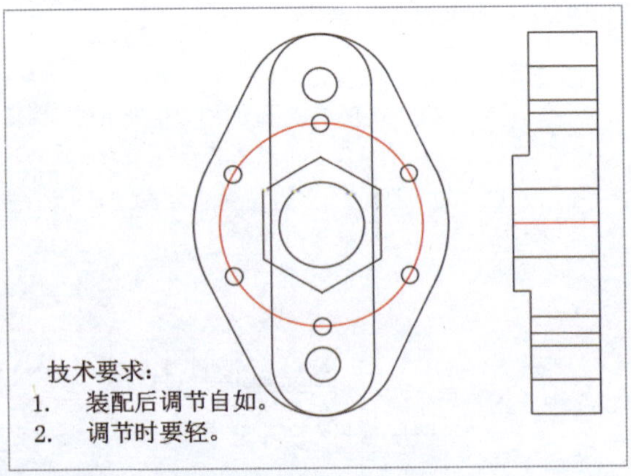


图 7-32 打开素材图形

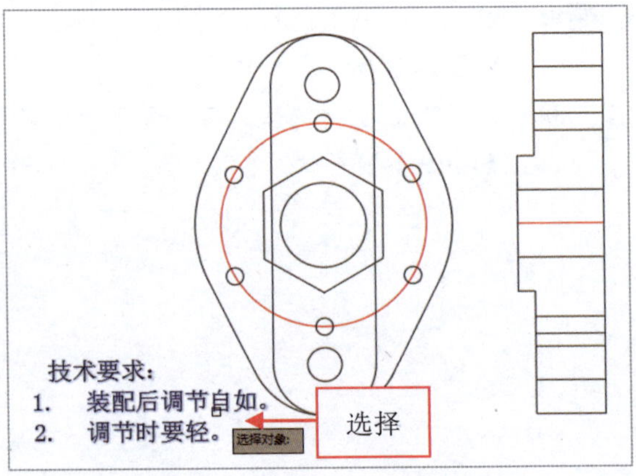


图 7-33 选择编辑的多行文字

Step 03 按【Enter】键确认，弹出快捷菜单，选择“右对齐（R）”选项，如图 7-34 所示。

Step 04 执行上述操作后，即可对齐多行文字，效果如图 7-35 所示。

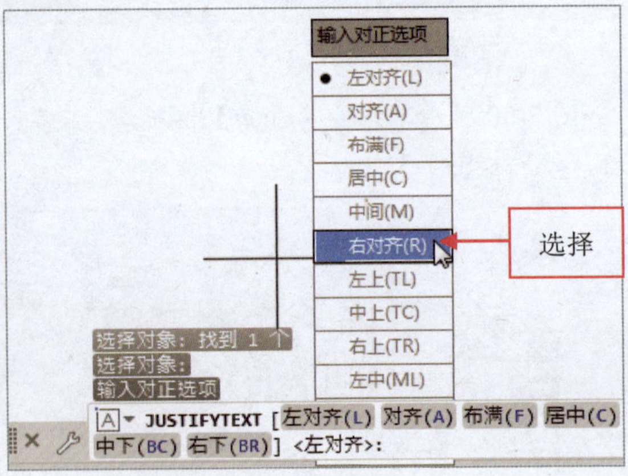


图 7-34 选择“右对齐（R）”选项

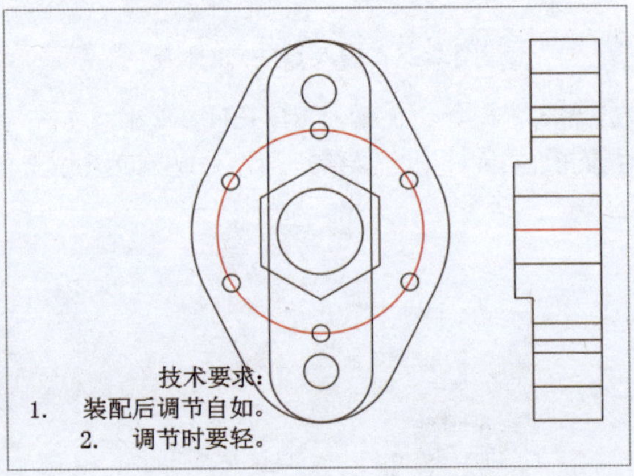


图 7-35 对齐多行文字的效果

# 7.3 创建表格对象

在 AutoCAD 2020 中，可以直接插入表格对象，而不需要用单独的直线绘制组成表格，并且还可以对已经创建好的表格进行编辑。本节主要介绍创建表格对象的操作方法。

## 7.3.1 创建表格

在 AutoCAD 2020 中，创建表格时，首先必须创建一个空表格，然后在表格单元中添加内容。下面介绍创建表格的操作方法。

创建表格

**Step 01** 启动 AutoCAD 2020，在“功能区”选项板的“默认”选项卡中，单击“注释”面板上的“表格”按钮，如图 7-36 所示。

**Step 02** 弹出“插入表格”对话框，在“列和行设置”选项区，设置“列数”为 10、“列宽”为 100、“数据行数”为 5、“行高”为 10，如图 7-37 所示。

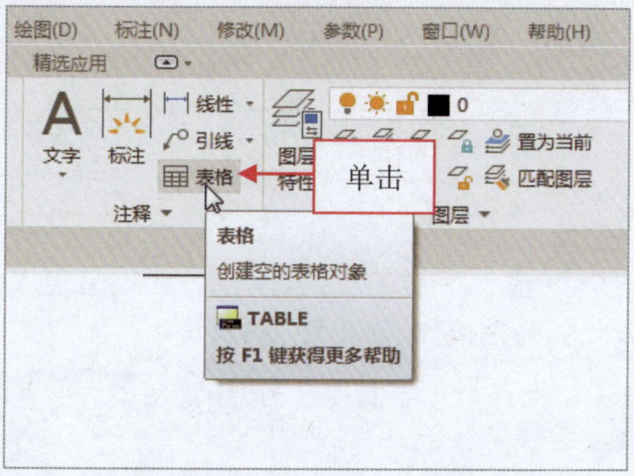


图 7-36　单击“表格”按钮

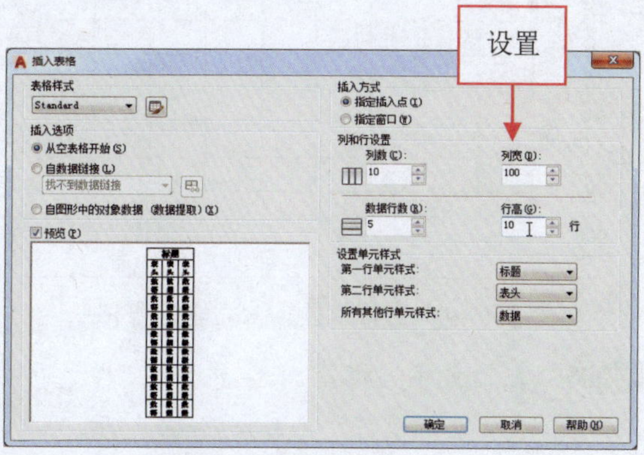


图 7-37　设置表格相应参数

**Step 03** 单击“确定”按钮，在绘图区中的合适位置，单击鼠标左键，如图 7-38 所示。

**Step 04** 执行上述操作后，按两次【Esc】键退出，即可创建表格，效果如图 7-39 所示。

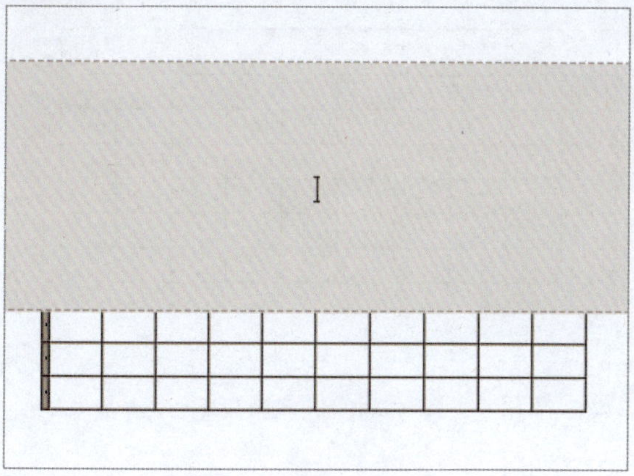

图 7-38　单击鼠标左键

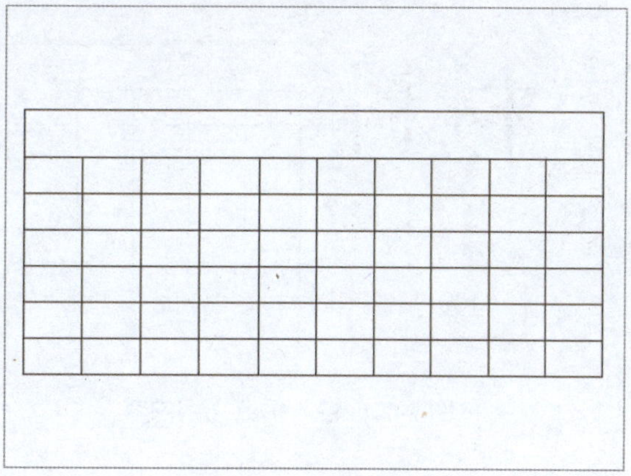

图 7-39　创建表格

**▶ 专家指点**

在 AutoCAD 2020 中，还可以通过以下两种方法，调用“表格”命令。

➢ 命令 1：在命令行输入 TABLE（表格）命令，按【Enter】键确认。

➢ 命令 2：显示菜单栏，单击“绘图”|“表格”命令。

## 7.3.2　输入文本

输入文本

在 AutoCAD 2020 中，创建表格后，可根据需要在表格输入相应的文本内容。

**Step 01** 以上一个效果文件为例，在绘图区选择需要输入文本的表格，如图 7-40 所示。

Step 02 在该表格上双击鼠标左键，弹出文本输入框，如图 7-41 所示。

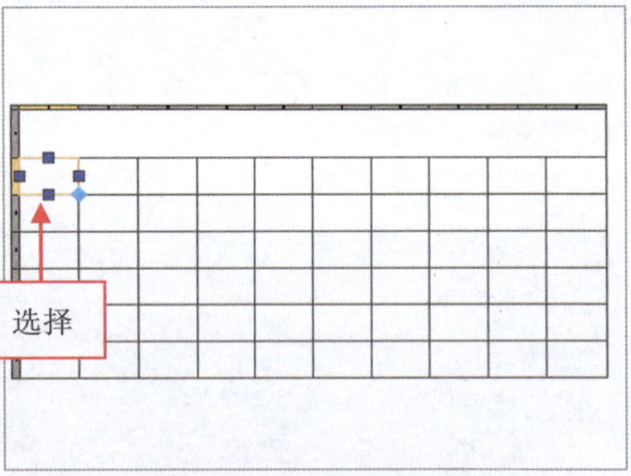


图 7-40 选择需要输入文本的表格

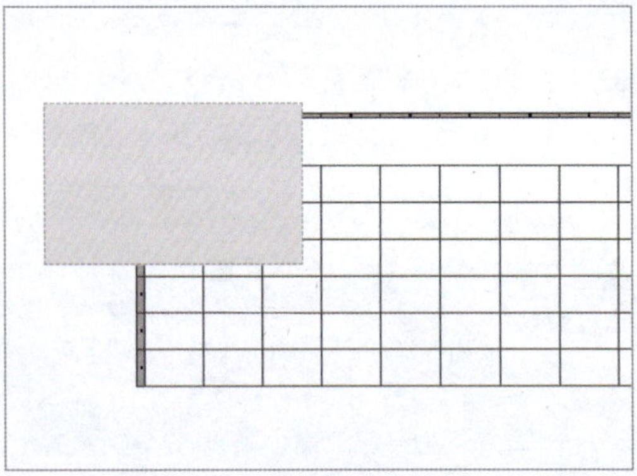

图 7-41 弹出文本输入框

Step 03 在“文字编辑器”选项卡的“样式”面板上，设置“文字高度”为 30，在文本框中输入文字“材料”，如图 7-42 所示。

Step 04 输入完成后，在绘图区的空白处单击鼠标左键，即可完成文本的输入，效果如图 7-43 所示。

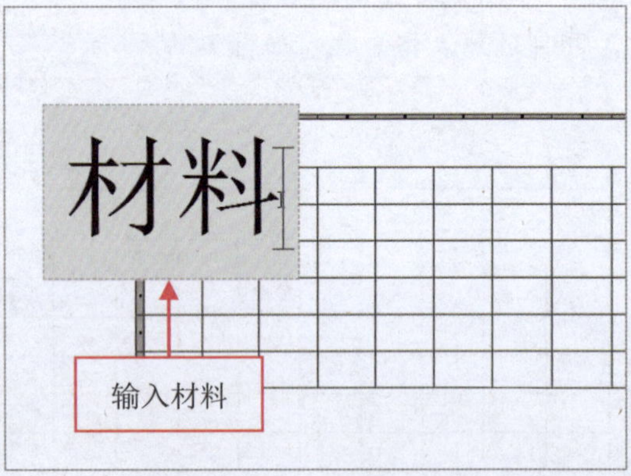


图 7-42 输入相应文字内容

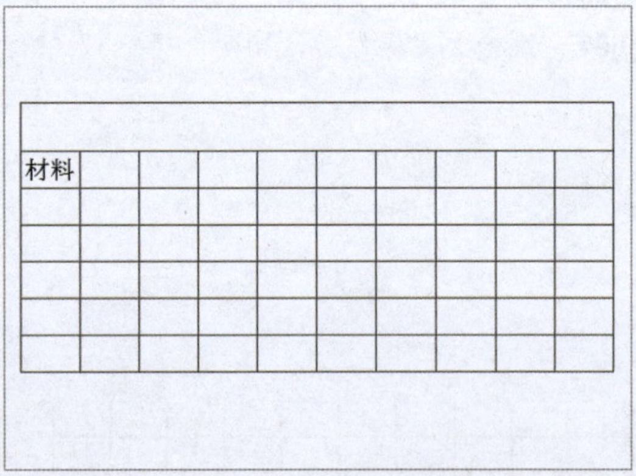


图 7-43 完成效果图

# 7.4 管理表格属性

在 AutoCAD 2020 中，一般情况下，不可能一次就创建出完全符合要求的表格。此外，由于情形的变化，也需要对表格进行适当地修改，使其满足需求。本节主要介绍管理表格的各种操作方法，如合并单元格、调整列宽、设置行高、设置表格底纹和线宽等。

## 7.4.1 合并单元格

在 AutoCAD 2020 中，合并单元格是指将多个单元格合并成一个单元格。下面介绍合并单元格的操作方法。

合并单元格

Step 01 按【Ctrl + O】组合键，打开素材图形（资源\素材\第 7 章\材料明细单.dwg），如图 7-44 所示。

Step 02　在表格中选择需要合并的单元格，如图 7-45 所示。

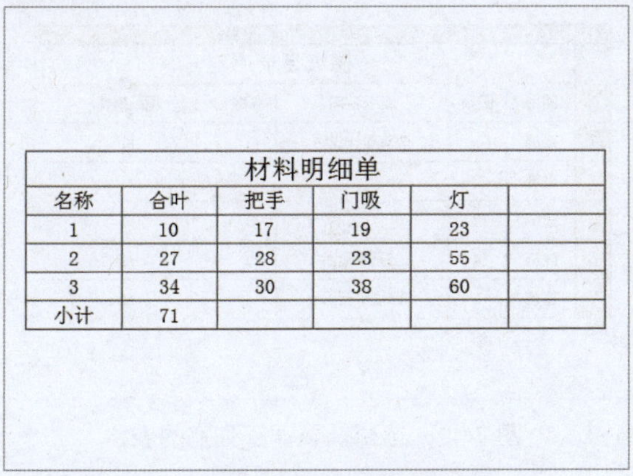


图 7-44　打开素材图形

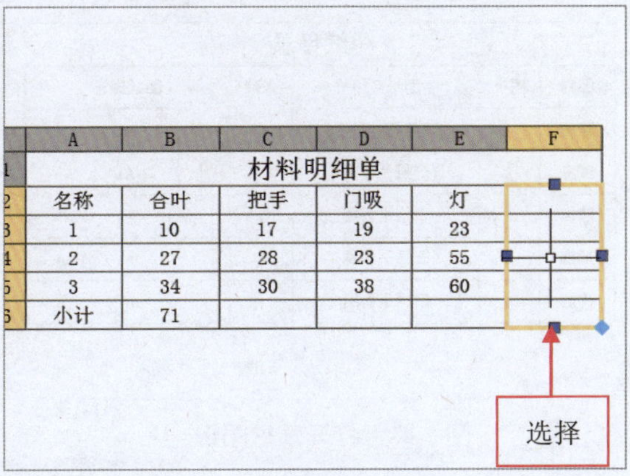


图 7-45　选择需要合并的单元格

Step 03　在"功能区"选项板中的"表格单元"选项卡中，单击"合并"面板上的"合并单元"下拉按钮，在弹出的列表框中选择"合并全部"选项，如图 7-46 所示。

Step 04　执行上述操作后，即可合并单元格，效果如图 7-47 所示。

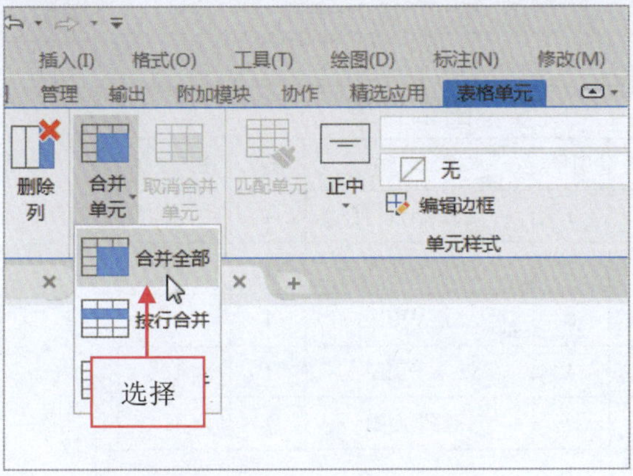


图 7-46　选择"合并全部"选项

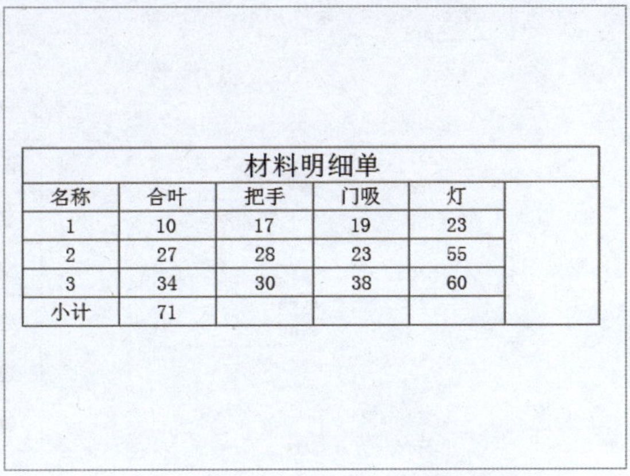


图 7-47　合并单元格

## 7.4.2　调整列宽

一般情况下，AutoCAD 2020 会根据表格插入的数量自动调整列宽，也可以自定义表格的列宽，以满足不同的需求。

调整列宽

Step 01　按【Ctrl + O】组合键，打开素材图形（资源\素材\第 7 章\图纸目录.dwg），如图 7-48 所示。

Step 02　在绘图区选择需要调整列宽的表格，如图 7-49 所示。

> ▶ 专家指点
>
> 在绘图区选择需要调整列宽的表格，将鼠标移至表格右侧的控制点，单击鼠标左键并向右拖曳，至合适位置后释放鼠标；也可以调整表格的列宽效果。

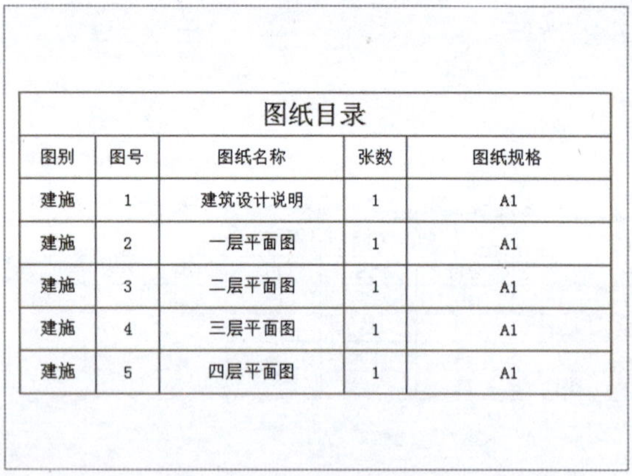

| 图纸目录 | | | | |
|---|---|---|---|---|
| 图别 | 图号 | 图纸名称 | 张数 | 图纸规格 |
| 建施 | 1 | 建筑设计说明 | 1 | A1 |
| 建施 | 2 | 一层平面图 | 1 | A1 |
| 建施 | 3 | 二层平面图 | 1 | A1 |
| 建施 | 4 | 三层平面图 | 1 | A1 |
| 建施 | 5 | 四层平面图 | 1 | A1 |

图 7-48　打开素材图形

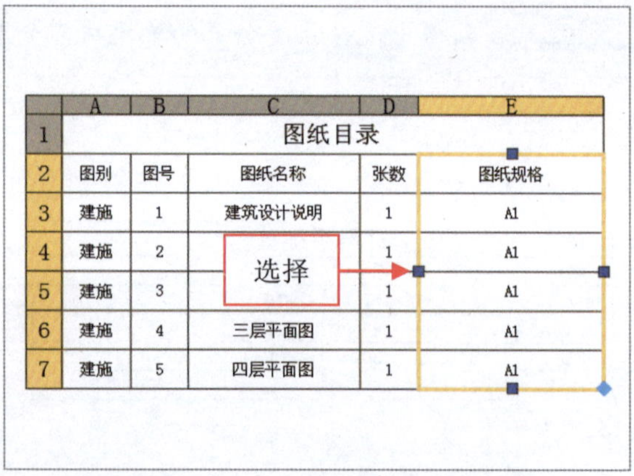


图 7-49　选择需要调整列宽的表格

**Step 03** 在“功能区”选项板的“视图”选项卡中，单击“选项板”面板上的“特性”按钮，弹出“特性”面板，在“单元宽度”文本框中输入 150，如图 7-50 所示。

**Step 04** 按【Enter】键确认，即可调整表格的列宽，效果如图 7-51 所示。

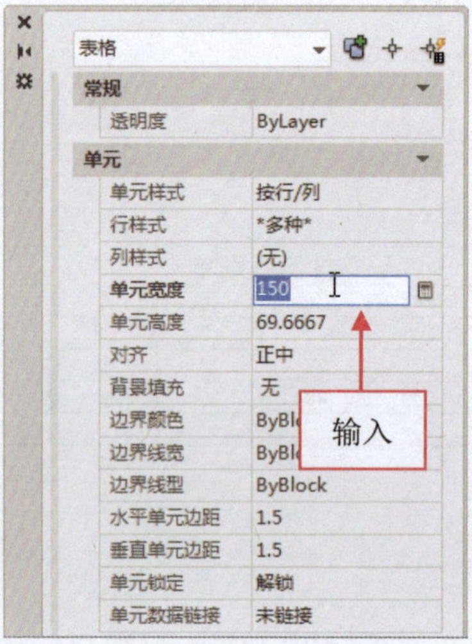


图 7-50　在文本框中输入 150

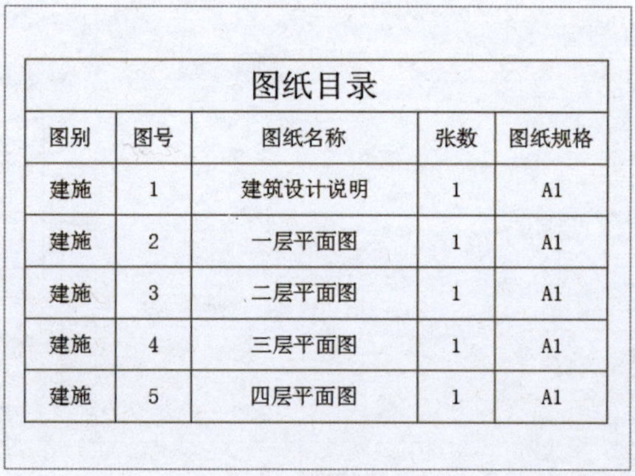

| 图纸目录 | | | | |
|---|---|---|---|---|
| 图别 | 图号 | 图纸名称 | 张数 | 图纸规格 |
| 建施 | 1 | 建筑设计说明 | 1 | A1 |
| 建施 | 2 | 一层平面图 | 1 | A1 |
| 建施 | 3 | 二层平面图 | 1 | A1 |
| 建施 | 4 | 三层平面图 | 1 | A1 |
| 建施 | 5 | 四层平面图 | 1 | A1 |

图 7-51　调整表格的列宽

### 7.4.3　设置行高

在 AutoCAD 2020 中，不仅可以设置表格的列宽，还可以根据需要设置表格的行高。下面介绍设置行高的操作方法。

设置行高

**Step 01** 按【Ctrl + O】组合键，打开素材图形（资源\素材\第 7 章\设置行高.dwg），如图 7-52 所示。

**Step 02** 在绘图区选择需要调整行高的表格，如图 7-53 所示。

**Step 03** 在“功能区”选项板的“视图”选项卡中，单击“选项板”面板上的“特性”按钮，弹出“特性”面板，在“单元高度”文本框中输入 80，如图 7-54 所示。

**Step 04** 按【Enter】键确认，即可设置表格的行高，效果如图 7-55 所示。

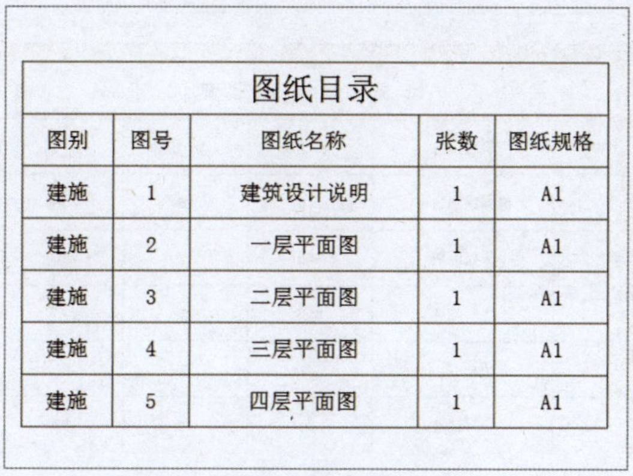

| 图纸目录 | | | | |
|---|---|---|---|---|
| 图别 | 图号 | 图纸名称 | 张数 | 图纸规格 |
| 建施 | 1 | 建筑设计说明 | 1 | A1 |
| 建施 | 2 | 一层平面图 | 1 | A1 |
| 建施 | 3 | 二层平面图 | 1 | A1 |
| 建施 | 4 | 三层平面图 | 1 | A1 |
| 建施 | 5 | 四层平面图 | 1 | A1 |

图 7-52　打开素材图形

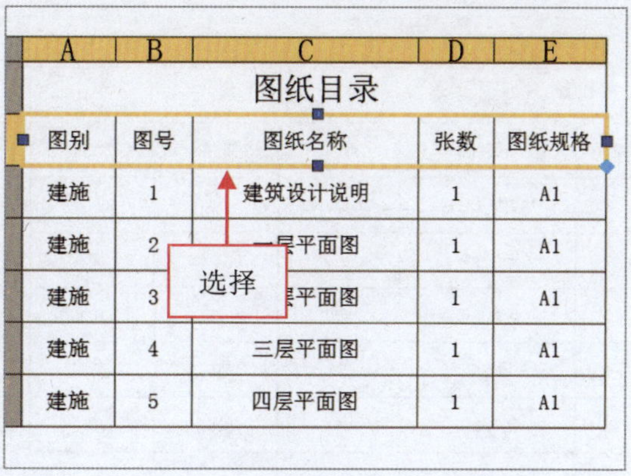


| 图纸目录 | | | | |
|---|---|---|---|---|
| 图别 | 图号 | 图纸名称 | 张数 | 图纸规格 |
| 建施 | 1 | 建筑设计说明 | 1 | A1 |
| 建施 | 2 | 一层平面图 | 1 | A1 |
| 建施 | 3 | 二层平面图 | 1 | A1 |
| 建施 | 4 | 三层平面图 | 1 | A1 |
| 建施 | 5 | 四层平面图 | 1 | A1 |

图 7-53　选择需要调整行高的表格

图 7-54　在文本框中输入 80

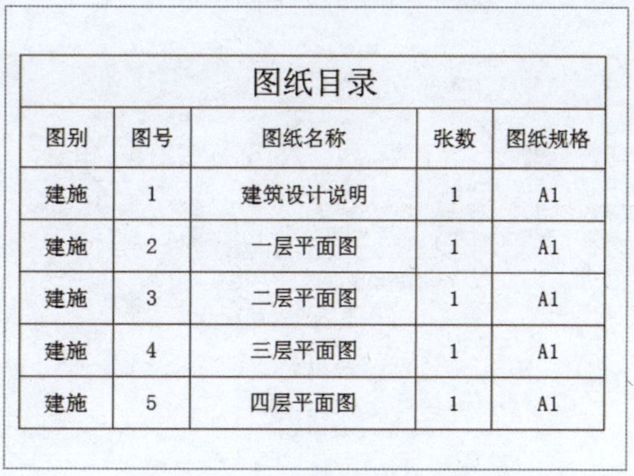

| 图纸目录 | | | | |
|---|---|---|---|---|
| 图别 | 图号 | 图纸名称 | 张数 | 图纸规格 |
| 建施 | 1 | 建筑设计说明 | 1 | A1 |
| 建施 | 2 | 一层平面图 | 1 | A1 |
| 建施 | 3 | 二层平面图 | 1 | A1 |
| 建施 | 4 | 三层平面图 | 1 | A1 |
| 建施 | 5 | 四层平面图 | 1 | A1 |

图 7-55　设置表格的行高

## 7.4.4　设置表格底纹

设置表格底纹

在 AutoCAD 2020 中，当表格中的底纹不能满足需求时，可以自定义表格底纹。下面介绍设置表格底纹的操作方法。

**Step 01**　按【Ctrl + O】组合键，打开素材图形（资源\素材\第 7 章\设置表格底纹.dwg），如图 7-56 所示。

**Step 02**　选择需要设置底纹的表格，如图 7-57 所示。

> ▶ 专家指点
>
> 在 AutoCAD 2020 中，选择需要设置底纹的表格，在“功能区”选项板的“表格单元”选项卡中，单击“单元样式”面板上的“表格单元背景色”按钮，在弹出的列表框中，可根据需要选择相应的底纹颜色。

**Step 03**　单击“功能区”选项板中的“视图”选项卡，在“选项板”面板上单击“特性”按钮 ，如图 7-58 所示。

**Step 04**　弹出“特性”面板，在“单元”选项区单击“背景填充”右侧的下拉按钮，在弹出的下拉列表中选择“选择颜色”选项，如图 7-59 所示。

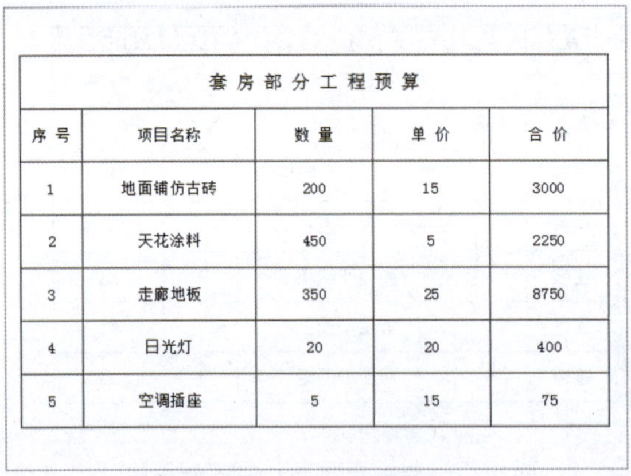

| 套房部分工程预算 | | | | |
|---|---|---|---|---|
| 序 号 | 项目名称 | 数 量 | 单 价 | 合 价 |
| 1 | 地面铺仿古砖 | 200 | 15 | 3000 |
| 2 | 天花涂料 | 450 | 5 | 2250 |
| 3 | 走廊地板 | 350 | 25 | 8750 |
| 4 | 日光灯 | 20 | 20 | 400 |
| 5 | 空调插座 | 5 | 15 | 75 |

图 7-56 打开素材图形

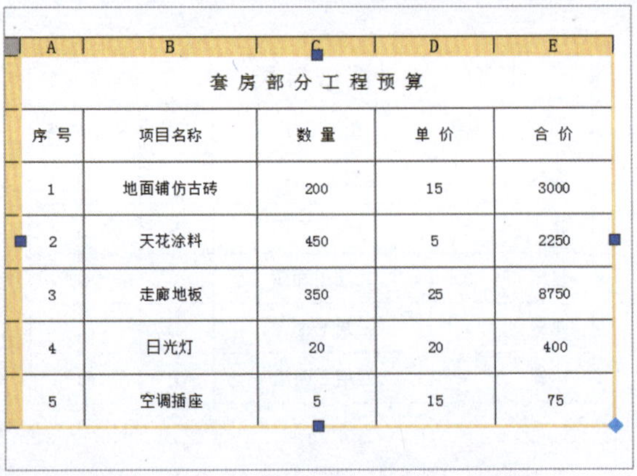

| A | B | C | D | E |
|---|---|---|---|---|
| 套房部分工程预算 | | | | |
| 序 号 | 项目名称 | 数 量 | 单 价 | 合 价 |
| 1 | 地面铺仿古砖 | 200 | 15 | 3000 |
| 2 | 天花涂料 | 450 | 5 | 2250 |
| 3 | 走廊地板 | 350 | 25 | 8750 |
| 4 | 日光灯 | 20 | 20 | 400 |
| 5 | 空调插座 | 5 | 15 | 75 |

图 7-57 选择需要设置底纹的表格

图 7-58 单击“特性”按钮

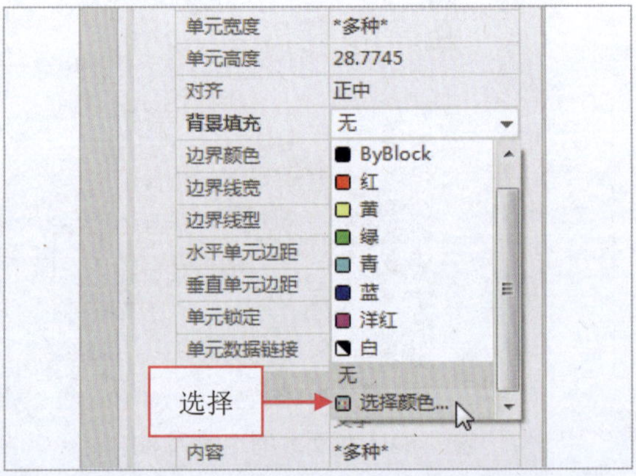


图 7-59 选择“选择颜色”选项

**Step 05** 弹出“选择颜色”对话框，在“索引颜色”选项卡中选择“青色”为表格底纹，如图 7-60 所示。

**Step 06** 设置完成后，单击“确定”按钮，即可设置表格底纹，效果如图 7-61 所示。

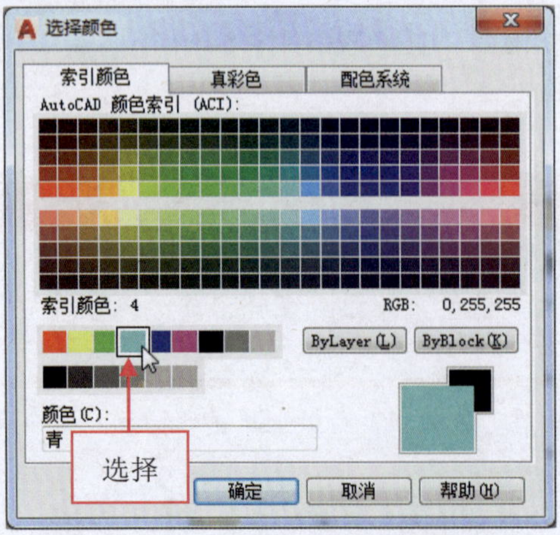


图 7-60 选择“青色”为表格底纹

| 套房部分工程预算 | | | | |
|---|---|---|---|---|
| 序 号 | 项目名称 | 数 量 | 单 价 | 合 价 |
| 1 | 地面铺仿古砖 | 200 | 15 | 3000 |
| 2 | 天花涂料 | 450 | 5 | 2250 |
| 3 | 走廊地板 | 350 | 25 | 8750 |
| 4 | 日光灯 | 20 | 20 | 400 |
| 5 | 空调插座 | 5 | 15 | 75 |

图 7-61 设置表格底纹

## 7.4.5　设置表格线宽

在 AutoCAD 2020 中，可以设置表格线宽效果。

设置表格线宽

**Step 01** 按【Ctrl + O】组合键，打开素材图形（资源\素材\第 7 章\设置表格线宽.dwg），如图 7-62 所示。

**Step 02** 在绘图区选择需要设置线宽的表格，如图 7-63 所示。

| 套房部分工程预算 | | | | |
|---|---|---|---|---|
| 序号 | 项目名称 | 数量 | 单价 | 合价 |
| 1 | 地面铺仿古砖 | 200 | 15 | 3000 |
| 2 | 天花涂料 | 450 | 5 | 2250 |
| 3 | 走廊地板 | 350 | 25 | 8750 |
| 4 | 日光灯 | 20 | 20 | 400 |
| 5 | 空调插座 | 5 | 15 | 75 |

图 7-62　打开素材图形

| A | B | C | D | E |
|---|---|---|---|---|
| 套房部分工程预算 | | | | |
| 序号 | 项目名称 | 数量 | 单价 | 合价 |
| 1 | 地面铺仿古砖 | 200 | 15 | 3000 |
| 2 | 天花涂料 | 450 | 5 | 2250 |
| 3 | 走廊地板 | 350 | 25 | 8750 |
| 4 | 日光灯 | 20 | 20 | 400 |
| 5 | 空调插座 | 5 | 15 | 75 |

图 7-63　选择需要设置线宽的表格

**Step 03** 在“功能区”选项板的“表格单元”选项卡中，单击“单元样式”面板上的“编辑边框”按钮，如图 7-64 所示。

**Step 04** 弹出“单元边框特性”对话框，在“边框特性”选项区中选中“双线”复选框，如图 7-65 所示。

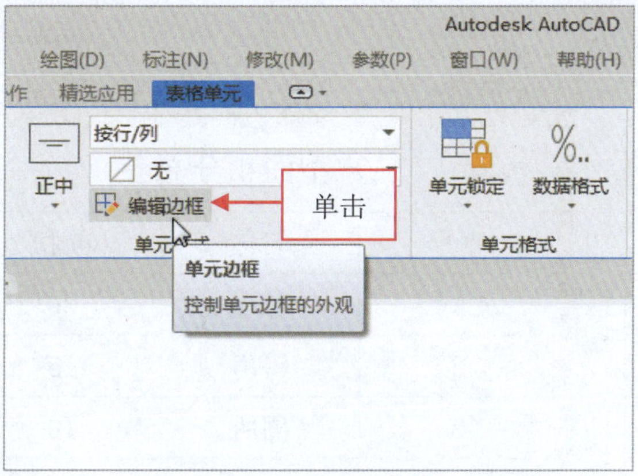


图 7-64　单击“编辑边框”按钮

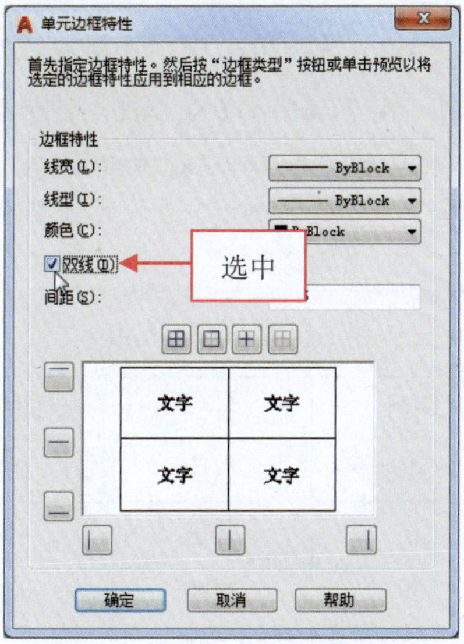


图 7-65　选中“双线”复选框

**Step 05** 在下方预览窗口的线型位置上，单击鼠标左键，使其呈双线显示状态，如图 7-66 所示。

**Step 06** 设置完成后，单击“确定”按钮，即可设置表格线宽为双线，效果如图 7-67 所示。

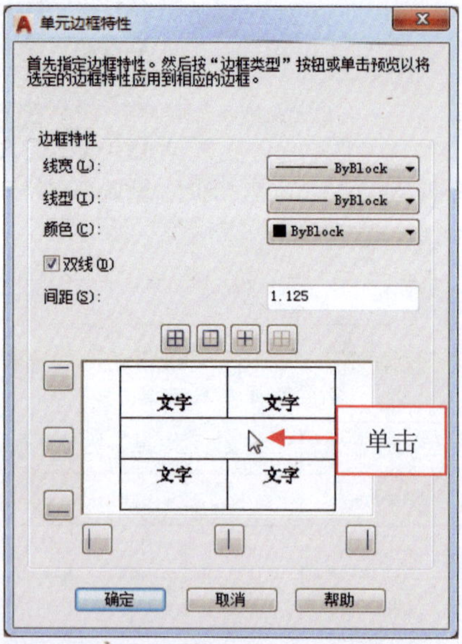


图 7-66　使表格线宽呈双线显示

| 套房部分工程预算 | | | | |
|---|---|---|---|---|
| 序号 | 项目名称 | 数量 | 单价 | 合价 |
| 1 | 地面铺仿古砖 | 200 | 15 | 3000 |
| 2 | 天花涂料 | 450 | 5 | 2250 |
| 3 | 走廊地板 | 350 | 25 | 8750 |
| 4 | 日光灯 | 20 | 20 | 400 |
| 5 | 空调插座 | 5 | 15 | 75 |

图 7-67　设置表格线宽为双线的效果

**▶ 专家指点**

选中相应单元格后，单击“功能区”选项板中的“视图”选项卡，在“选项板”面板上单击“特性”按钮，在弹出的“特性”面板也可以设置线宽和其他相关的属性，合理利用特性功能面板。

## 7.4.6　设置表格线型颜色

设置表格线型颜色

在 AutoCAD 2020 中，还可以根据需要设置表格的线型颜色。

**Step 01**　按【Ctrl + O】组合键，打开素材图形（资源\素材\第 7 章\户型面积分布.dwg），如图 7-68 所示。

**Step 02**　在绘图区选择需要设置线型颜色的表格，如图 7-69 所示。

| 户型面积分布 | | |
|---|---|---|
| 序号 | 名称 | 面积 |
| 1 | 客厅 | 30 |
| 2 | 厨房 | 15 |
| 3 | 厕所 | 10 |
| 4 | 卧室 | 50 |

图 7-68　打开素材图形

| A | B | C |
|---|---|---|
| 户型面积分布 | | |
| 序号 | 名称 | 面积 |
| 1 | 客厅 | 30 |
| 2 | 厨房 | 15 |
| 3 | 厕所 | 10 |
| 4 | 卧室 | 50 |

图 7-69　选择需要设置线型颜色的表格

**Step 03** 在“功能区”选项板的“表格单元”选项卡中，单击“单元样式”面板上的“编辑边框”按钮，如图 7-70 所示。

**Step 04** 弹出“单元边框特性”对话框，单击“颜色”右侧的下拉按钮，在弹出的列表框选择“蓝”选项，如图 7-71 所示。

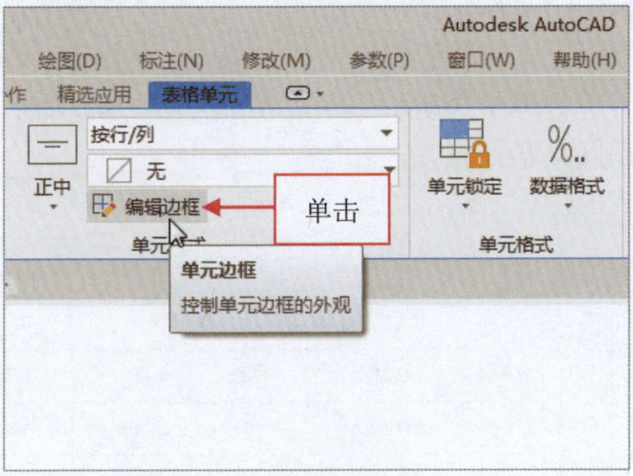


图 7-70　单击“编辑边框”按钮

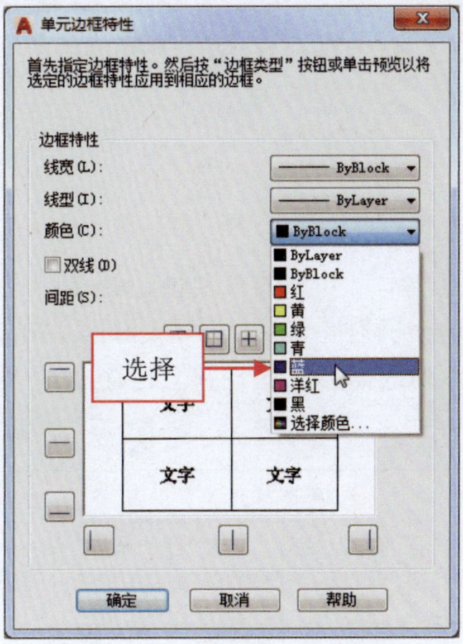


图 7-71　选择“蓝”选项

**Step 05** 在预览窗口周围，单击“所有边框”按钮，使预览窗口中的线条呈蓝色显示，如图 7-72 所示。

**Step 06** 设置完成后，单击“确定”按钮，即可设置表格线型的颜色，效果如图 7-73 所示。

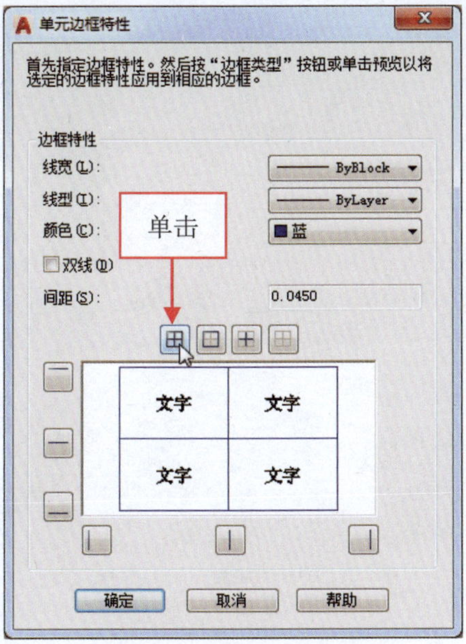


图 7-72　单击边框按钮

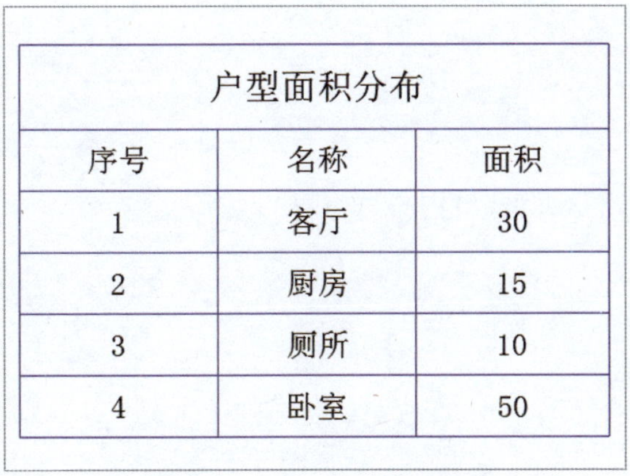

| 户型面积分布 | | |
|---|---|---|
| 序号 | 名称 | 面积 |
| 1 | 客厅 | 30 |
| 2 | 厨房 | 15 |
| 3 | 厕所 | 10 |
| 4 | 卧室 | 50 |

图 7-73　设置表格线型的颜色

# 本章小结

本章主要介绍创建图纸文字与表格的操作方法，包括创建文字样式与文字、编辑单行与多行文字、创建表格以及管理表格等内容。通过本章的学习，希望读者能够很好地掌握创建图纸文字与表格的方法。

# 课后习题

课后习题

鉴于本章知识的重要性，为了帮助读者更好地掌握所学知识，本节将通过上机习题，帮助读者进行简单的知识回顾和补充。

本习题需要掌握设置表格边框线型样式的操作方法，如图 7-74 所示。

| 套房部分工程预算 | | | | |
|---|---|---|---|---|
| 序号 | 项目名称 | 数量 | 单价 | 合价 |
| 1 | 地面铺仿古砖 | 200 | 15 | 3000 |
| 2 | 天花涂料 | 450 | 5 | 2250 |
| 3 | 走廊地板 | 350 | 25 | 8750 |
| 4 | 日光灯 | 20 | 20 | 400 |
| 5 | 空调插座 | 5 | 15 | 75 |

| 套房部分工程预算 | | | | |
|---|---|---|---|---|
| 序号 | 项目名称 | 数量 | 单价 | 合价 |
| 1 | 地面铺仿古砖 | 200 | 15 | 3000 |
| 2 | 天花涂料 | 450 | 5 | 2250 |
| 3 | 走廊地板 | 350 | 25 | 8750 |
| 4 | 日光灯 | 20 | 20 | 400 |
| 5 | 空调插座 | 5 | 15 | 75 |

图 7-74　素材与效果文件对比

# 第 8 章
# 设置与管理图层属性

8

图层是组织和管理图形的工具，在 AutoCAD 2020 中，所有图形对象都有图层、颜色、线型和线宽这四个基本属性。从而可以方便地控制对象的显示和编辑，提高绘制图形的效率和准确性。本章主要介绍设置与管理图层属性的操作方法。

本章重点

- 创建与设置图层
- 管理图层对象
- 显示与隐藏图层

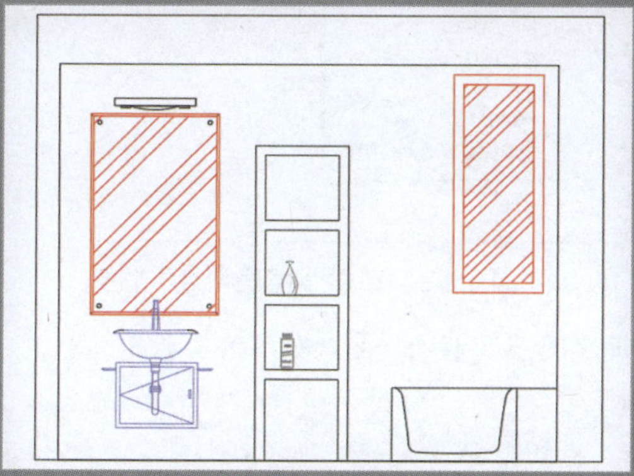

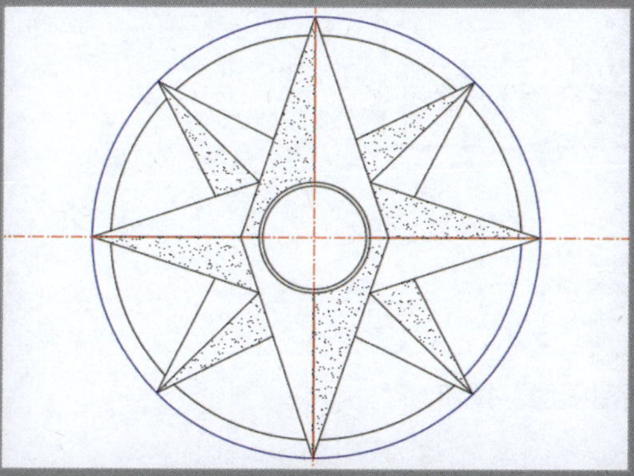
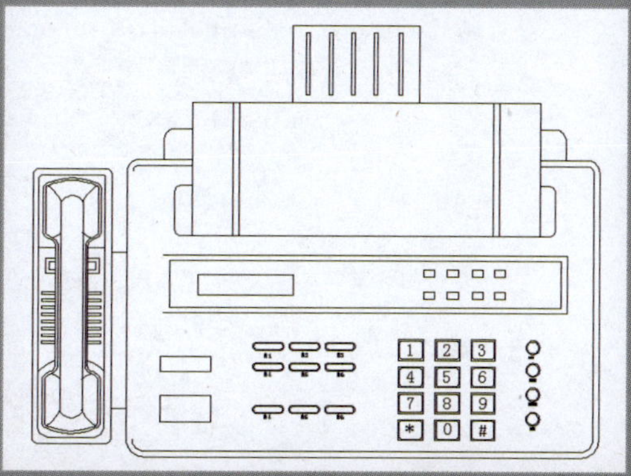

# 8.1 创建与设置图层

在机械及建筑等工程制图中，图形中主要包括基准线、轮廓线、虚线、剖面线、尺寸标注以及文字说明等元素。如果使用图层来管理这些元素，不仅能使图形的各种信息清晰、有序，便于观察，而且也会给图形的编辑、修改和输出带来极大的方便。本节主要介绍创建与设置图层的操作方法。

## 8.1.1 创建图层

创建图层

图层是 AutoCAD 2020 提供的一个管理图形对象的工具，可以通过图层来对图形对象、文字和标注等元素进行归类处理。下面介绍创建图层的操作方法。

Step 01 按【Ctrl + O】组合键，打开素材图形（资源\素材\第 8 章\床平面.dwg），如图 8-1 所示。

Step 02 单击“功能区”选项板中的“默认”选项卡，在“图层”面板上单击“图层特性”按钮，如图 8-2 所示。

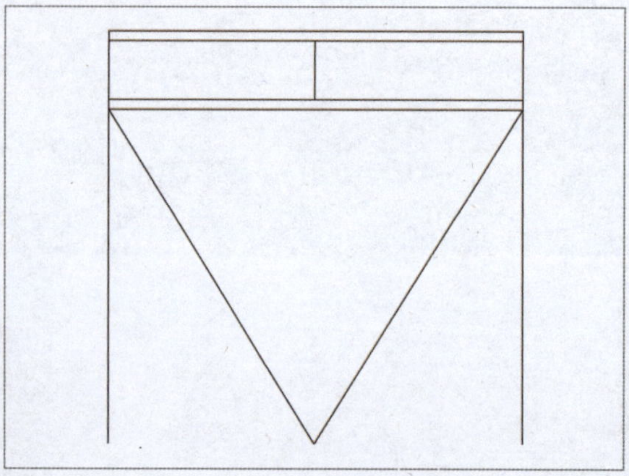

图 8-1 打开素材图形

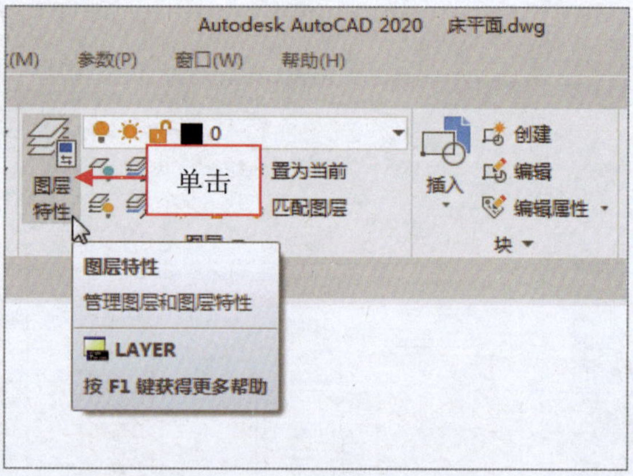


图 8-2 单击“图层特性”按钮

Step 03 弹出“图层特性管理器”面板，单击“新建图层”按钮，如图 8-3 所示。

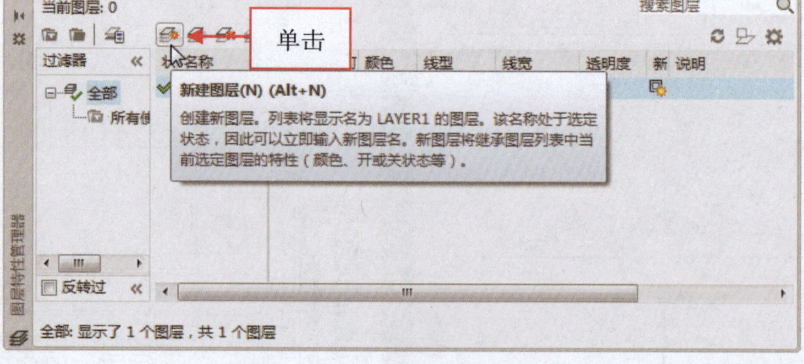


图 8-3 单击“新建图层”按钮

Step 04　执行上述操作后，将自动新建一个图层，其默认名为“图层 1”，如图 8-4 所示。

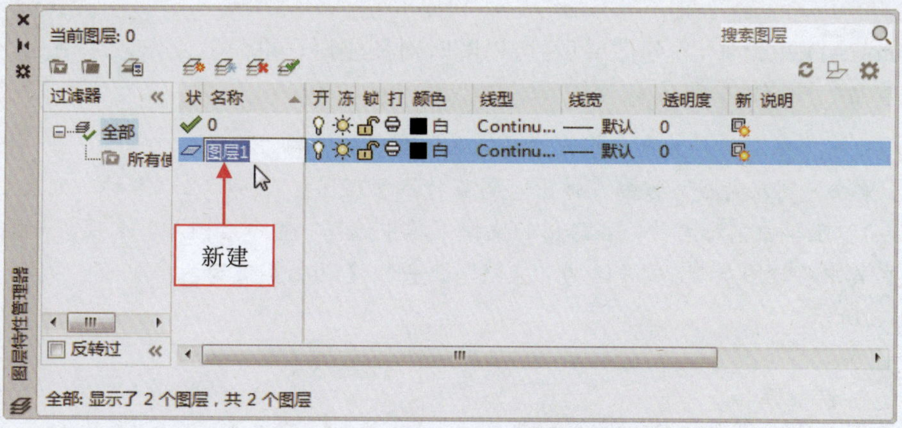


图 8-4　默认名为“图层 1”

Step 05　单击“关闭”按钮，关闭该面板，单击“功能区”选项板中的“默认”选项卡，在“图层”面板上单击“图层”右侧的下拉按钮，在弹出的列表框选择“图层 1”选项，如图 8-5 所示。

Step 06　在命令行输入 LINE（直线）命令，并按【Enter】键确认，根据命令行提示进行操作，在绘图区绘制一条直线，效果如图 8-6 所示，所绘制的直线在图层 1 中。

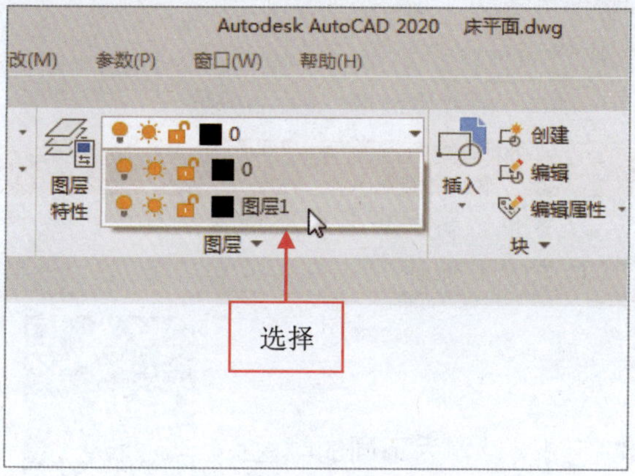


图 8-5　选择“图层 1”选项

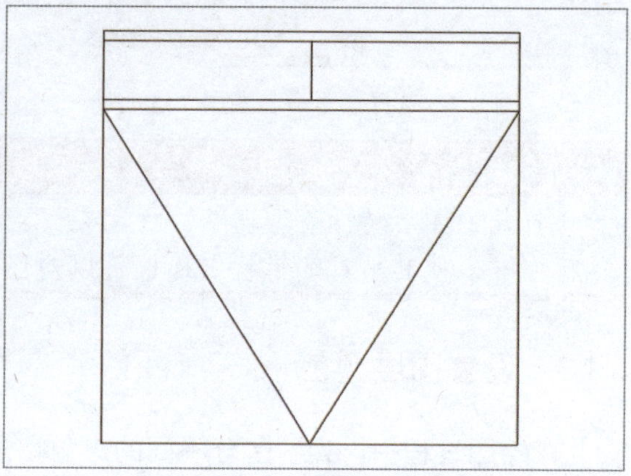

图 8-6　绘制一条直线

▶ 专家指点

通过以下四种方法，可以调用“图层”命令。

➢ 按钮：单击“功能区”选项板中的“视图”选项卡，在“选项板”面板上单击“图层特性”按钮。

➢ 命令 1：在命令行输入 LAYER（图层）命令，并按【Enter】键确认。

➢ 命令 2：在命令行输入 LA（图层）命令，并按【Enter】键确认。

➢ 命令 3：显示菜单栏，单击“格式”|“图层”命令。

## 8.1.2 重命名图层

重命名图层

在 AutoCAD 2020 中，新建图层后，可以随时对图层进行重命名操作。下面介绍重命名图层的操作方法。

**Step 01** 以上一个效果文件为例，单击“功能区”选项板中的“默认”选项卡，在“图层”面板上单击“图层特性”按钮，弹出“图层特性管理器”面板，在“名称”列表框中的“图层 1”上单击鼠标右键，在弹出的快捷菜单中选择“重命名图层”选项，如图 8-7 所示。

**Step 02** 在其中将“图层 1”重命名为“直线”，并按【Enter】键确认，即可重命名图层，如图 8-8 所示。

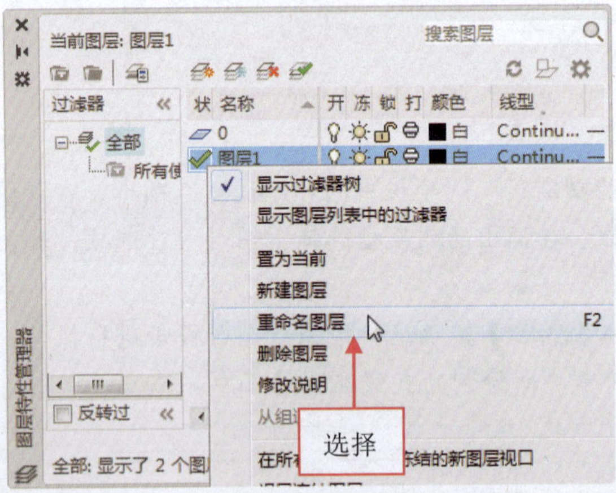


图 8-7 选择“重命名图层”选项

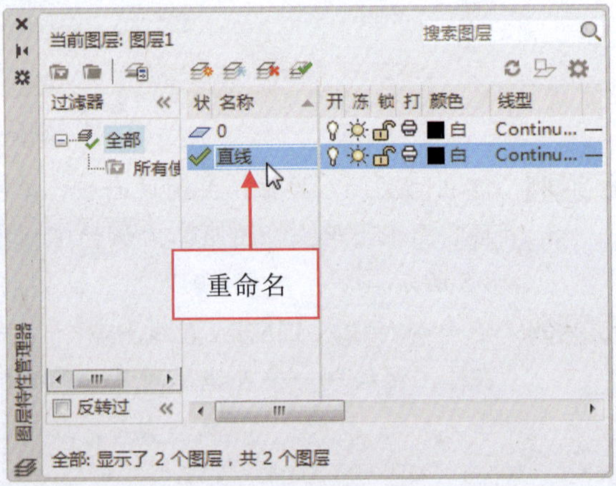


图 8-8 重命名图层

> **▶ 专家指点**
>
> 打开“图层特性管理器”面板，在“名称”列表框中需要重命名的图层名称上，单击鼠标左键，使其呈可编辑状态，也可以对图层进行重命名操作。

## 8.1.3 设置图层颜色

设置图层颜色

在绘图过程中，为了区分不同的对象，通常将图层设置为不同的颜色；在 AutoCAD 2020 中，提供了七种标准颜色，即红色、黄色、绿色、青色、蓝色、紫色和白色，可根据需要选择相应的颜色。

**Step 01** 按【Ctrl + O】组合键，打开素材图形（资源\素材\第 8 章\浴室立面图.dwg），如图 8-9 所示。

**Step 02** 在命令行输入 LA（图层）命令，按【Enter】键确认，弹出“图层特性管理器”面板，如图 8-10 所示。

**Step 03** 在“镜子”图层上单击“颜色”列，弹出“选择颜色”对话框，选择“颜色”为“红”，如图 8-11 所示。

**Step 04** 单击“确定”按钮，返回“图层特性管理器”面板，单击“关闭”按钮 ✕，即可显示设置的图层颜色，如图 8-12 所示。

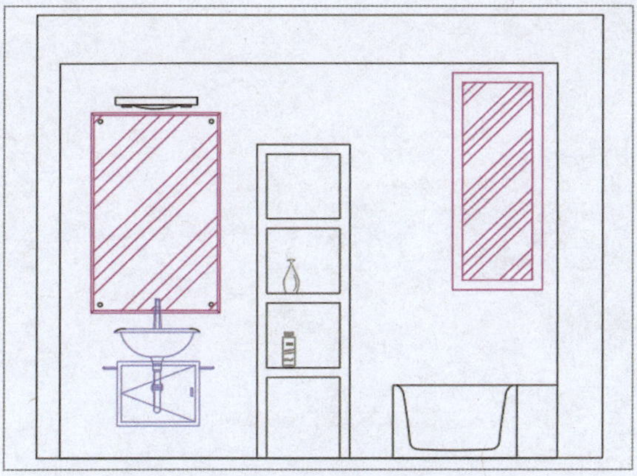

图 8-9　打开素材图形

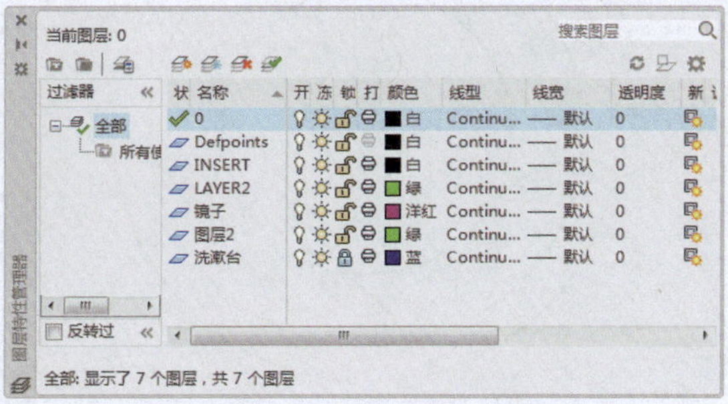


图 8-10　弹出“图层特性管理器”面板

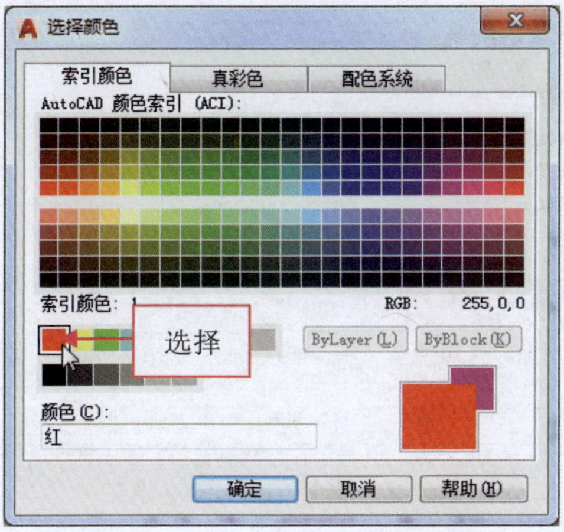


图 8-11　选择“颜色”为“红”

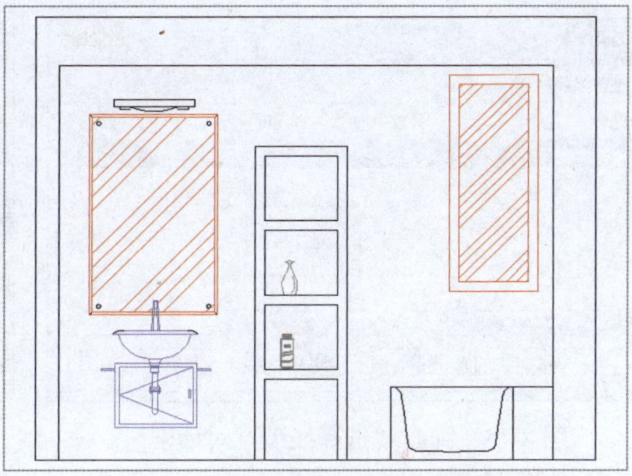

图 8-12　显示设置的图层颜色

## 8.1.4　设置图层线型样式

设置图层线型样式

图层线型是指在图层中绘图时所使用的线型，每一个图层都有相应的线型。例如，线中的“全局比例因子”参数需要与图形比例匹配，以便在图纸正确地反映该线型。

Step 01　按【Ctrl + O】组合键，打开素材图形（资源\素材\第 8 章\地面拼花.dwg），如图 8-13 所示。

Step 02　单击“功能区”选项板中的“默认”选项卡，在“图层”面板上单击“图层特性”按钮，弹出“图层特性管理器”面板，如图 8-14 所示。

Step 03　在“圆”图层上，单击“线型”列，弹出“选择线型”对话框，单击“加载”按钮，如图 8-15 所示。

Step 04　弹出“加载或重载线型”对话框，在“可用线型”下拉列表框中选择 HIDDEN2 选项，如图 8-16 所示。

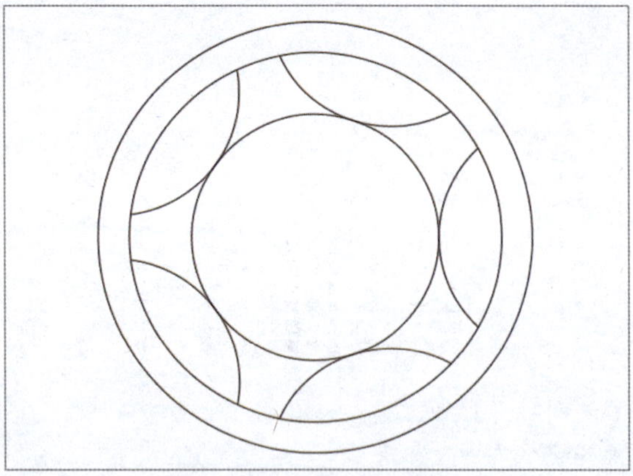

图 8-13 打开素材图形

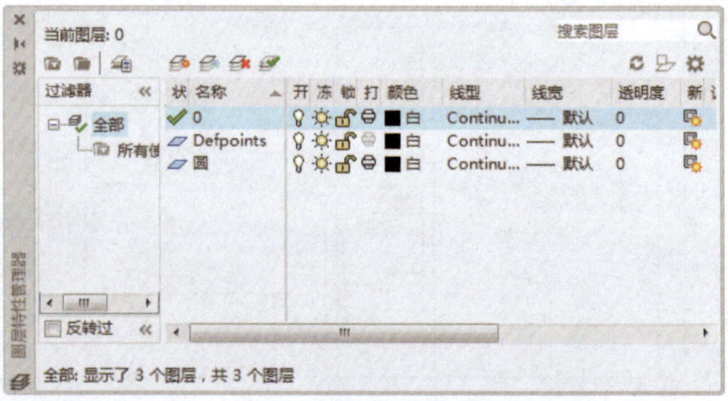


图 8-14 “图层特性管理器”面板

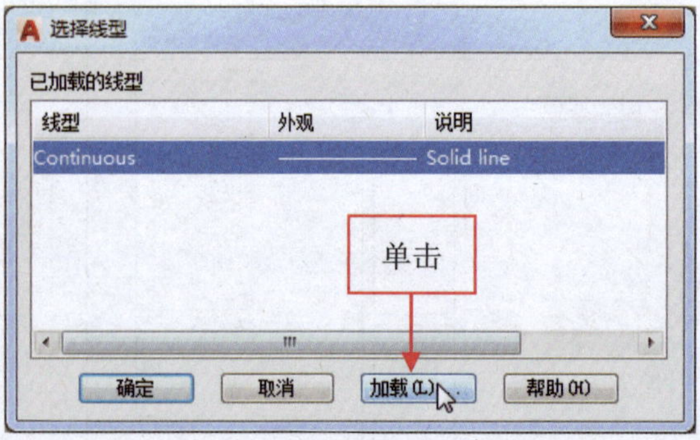


图 8-15 弹出“选择线型”对话框

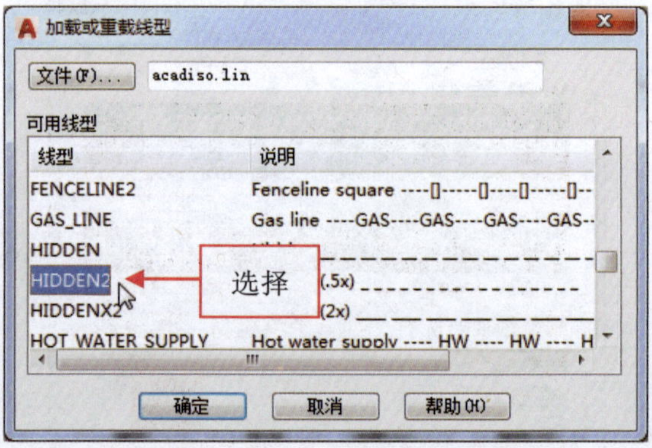


图 8-16 选择 HIDDEN2 选项

**Step 05** 单击“确定”按钮，返回“选择线型”对话框，在“已加载的线型”列表框中再次选择 HIDDEN2 选项，如图 8-17 所示。

**Step 06** 单击“确定”按钮，返回绘图窗口，即可查看图层线型样式，如图 8-18 所示。

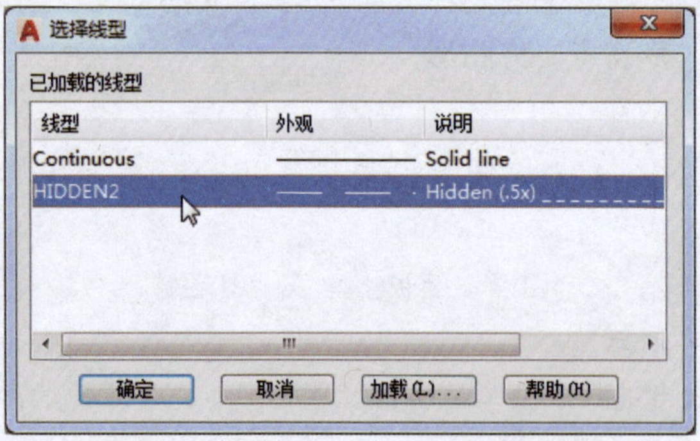


图 8-17 再次选择 HIDDEN2 选项

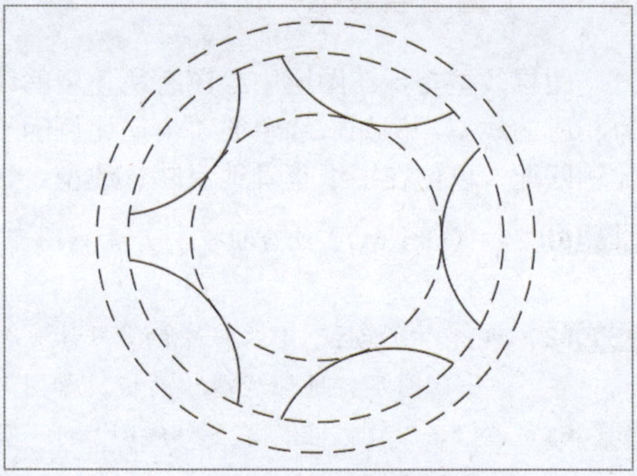

图 8-18 查看图层线型样式

## 8.1.5　设置图层线型比例

设置图层线型比例

在 AutoCAD 2020 中，可以设置图形中的线型比例，从而改变线型的外观。下面介绍设置图层线型比例的操作方法。

**Step 01**　按【Ctrl＋O】组合键，打开素材图形（资源\素材\第 8 章\单人沙发.dwg），如图 8-19 所示。

**Step 02**　显示菜单栏，单击“格式”|“线型”命令，如图 8-20 所示。

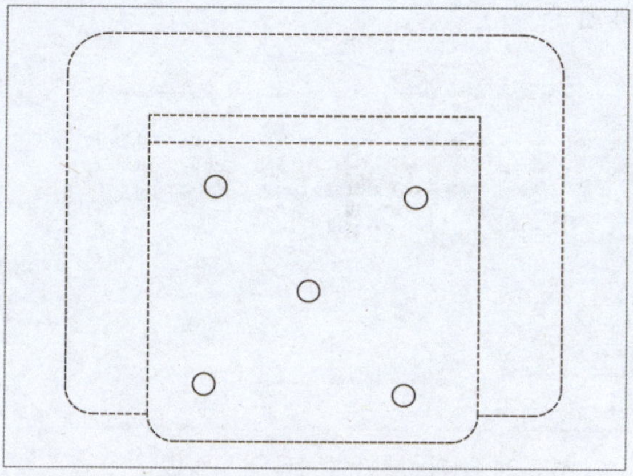

图 8-19　打开素材图形

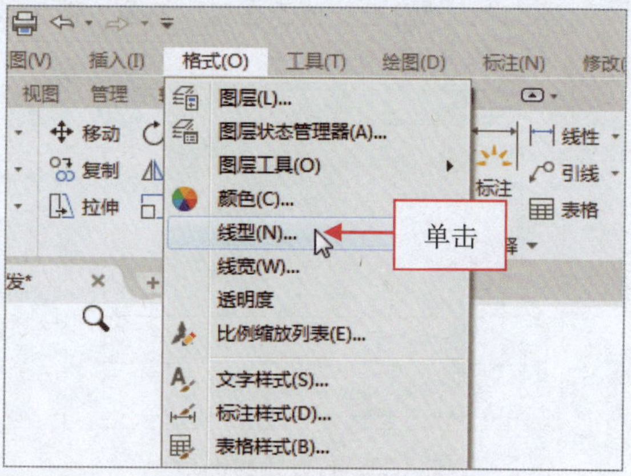


图 8-20　单击“线型”命令

> **▶ 专家指点**
>
> 在命令行输入 LINETYPE（线型）命令，按【Enter】键确认，也可以弹出“线型管理器”对话框。

**Step 03**　弹出“线型管理器”对话框，单击“显示细节”按钮，在对话框下方设置“全局比例因子”为 5，如图 8-21 所示。

**Step 04**　设置完成后，单击“确定”按钮，即可设置图层的线型比例，如图 8-22 所示。

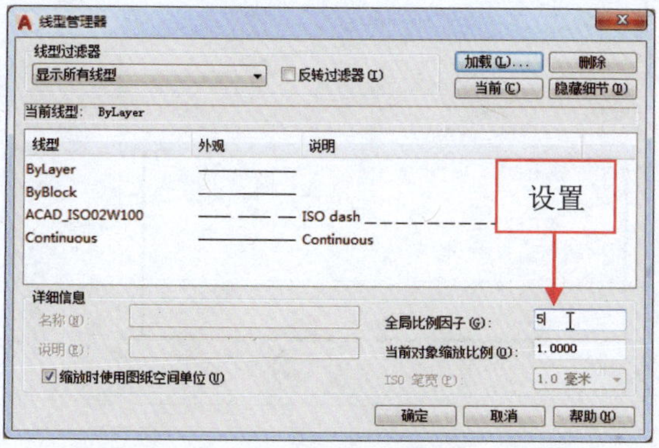


图 8-21　设置“全局比例因子”为 5

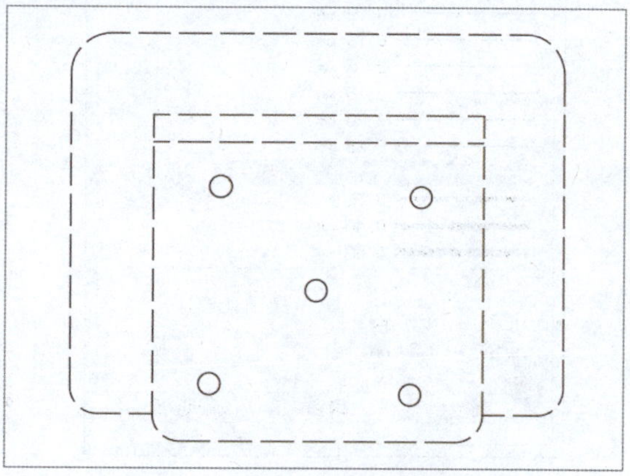

图 8-22　设置图层的线型比例

## 8.1.6 设置图层线宽

在 AutoCAD 2020 中，通常对图层进行颜色和线型设置后，还需对图层的线宽进行设置，这样可以在打印时不再设置线宽。

设置图层线宽

**Step 01** 按【Ctrl + O】组合键，打开素材图形（资源\素材\第 8 章\洗衣机.dwg），如图 8-23 所示。

**Step 02** 单击“功能区”选项板中的“默认”选项卡，在“图层”面板上单击“图层特性”按钮，弹出“图层特性管理器”面板，如图 8-24 所示。

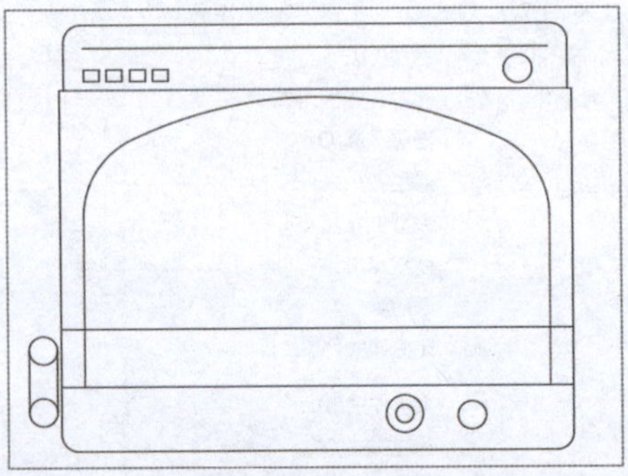

图 8-23 打开素材图形

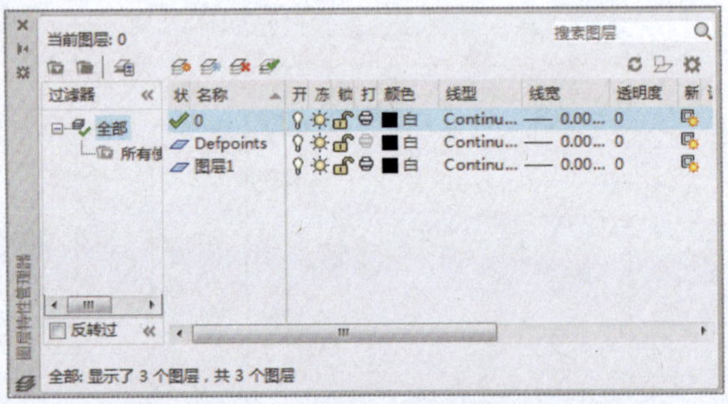


图 8-24 “图层特性管理器”面板

**Step 03** 在“图层 1”图层上单击“线宽”列，弹出“线宽”对话框，在“线宽”下拉列表中选择 0.30 mm 选项，如图 8-25 所示。

**Step 04** 单击“确定”按钮，返回“图层特性管理器”面板，单击“关闭”按钮，在状态栏单击“显示/隐藏线宽”按钮，执行操作后，即可在绘图区中显示图层线宽，效果如图 8-26 所示。

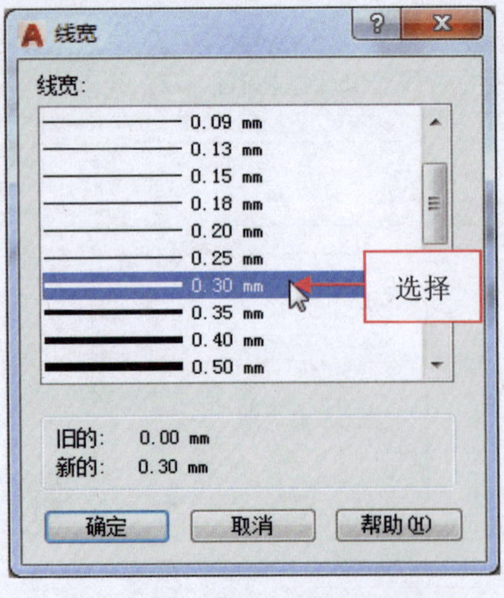


图 8-25 选择 0.30 mm 选项

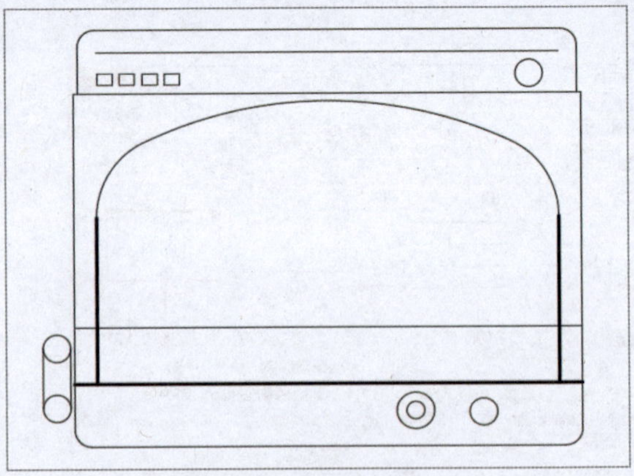

图 8-26 显示图层线宽

# 8.2　管理图层对象

在 AutoCAD 2020 中，新建图层后，需要对其进行管理，如图层的冻结、锁定、删除、转换以及合并等。本节主要介绍管理图层的各种操作技巧。

## 8.2.1　冻结图层

冻结图层

冻结图层有利于减少系统重生成图形的时间，冻结的图层不参与重生成计算且不显示在绘图区中，不能对其进行编辑。下面介绍冻结图层的操作方法。

Step 01　按【Ctrl + O】组合键，打开素材图形（资源\素材\第 8 章\回转器.dwg），如图 8-27 所示。

Step 02　单击“功能区”选项板中的“默认”选项卡，在“图层”面板上单击“图层特性”按钮，弹出“图层特性管理器”面板，如图 8-28 所示。

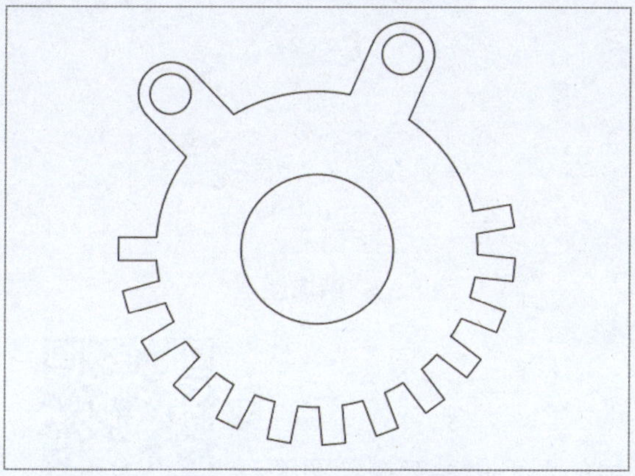

图 8-27　打开素材图形

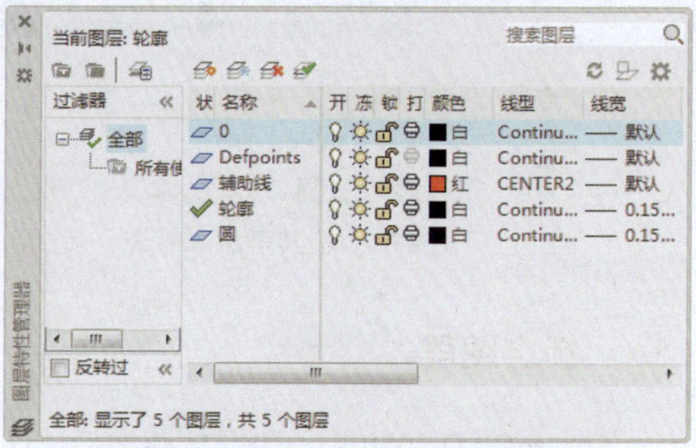


图 8-28　弹出“图层特性管理器”面板

Step 03　单击“圆”图层上的“冻结”图标，使其呈冻结状态，如图 8-29 所示。

Step 04　执行上述操作后，即可冻结图层，如图 8-30 所示。

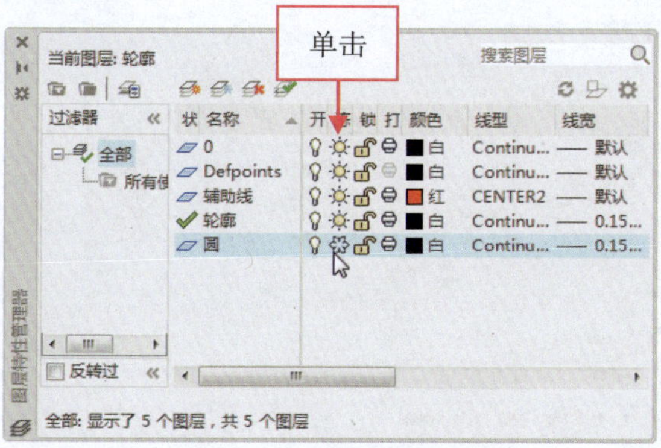


图 8-29　使其呈冻结状态

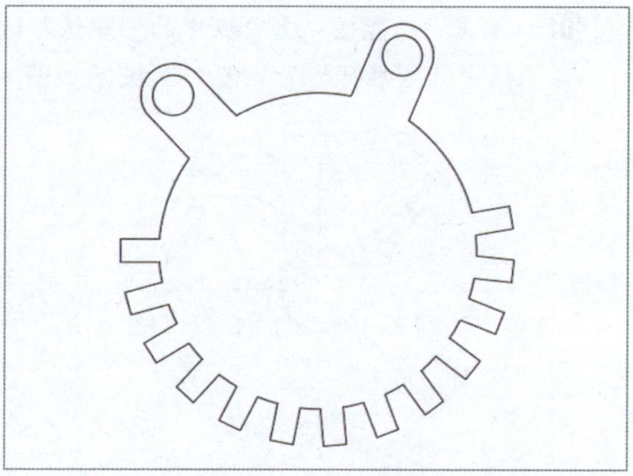

图 8-30　冻结图层

**▶ 专家指点**

在 AutoCAD 2020 中，如果绘制的图形较大且需要重生成图形时，即可使用图层的冻结功能，将不需要重生成的图层进行冻结；完成重生成后，可使用解冻功能将其解冻，恢复为原来的状态。注意，当前图层不能被冻结。

## 8.2.2 解冻图层

解冻图层

在 AutoCAD 2020 中，可根据需要将图层进行解冻操作。

**Step 01** 以上一个效果文件为例，单击“功能区”选项板中的“默认”选项卡，在“图层”面板上单击“图层特性”按钮，弹出“图层特性管理器”面板，单击“圆”图层上的“冻结”图标，使其呈解冻状态，如图 8-31 所示。

**Step 02** 执行上述操作，即可解冻图层，如图 8-32 所示。

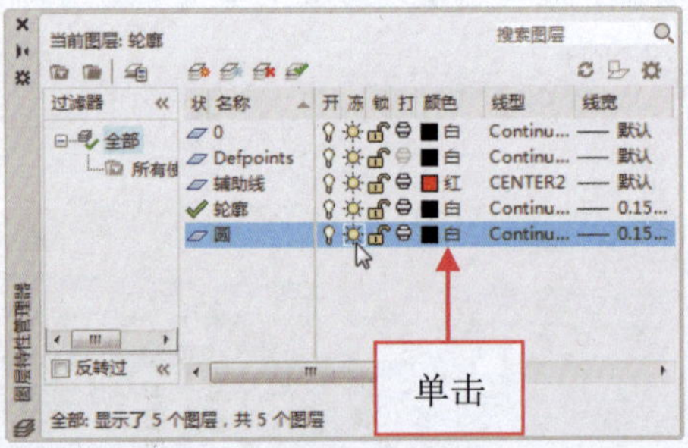


图 8-31 使其呈解冻状态

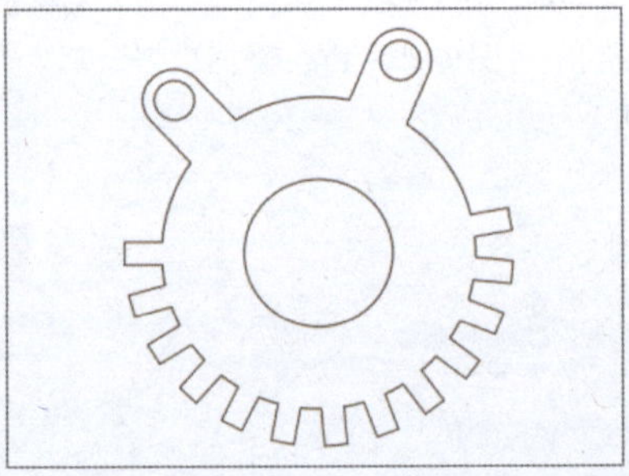

图 8-32 解冻图层

## 8.2.3 锁定图层

锁定图层

在 AutoCAD 2020 中，图层被锁定后，该图层的图形仍显示在绘图区，但不能对其编辑操作，锁定图层有利于对较复杂的图形进行编辑。

**Step 01** 按【Ctrl + O】组合键，打开素材图形（资源\素材\第 8 章\拼花平面.dwg），如图 8-33 所示。

**Step 02** 单击“功能区”选项板中的“默认”选项卡，在“图层”面板上单击“图层特性”按钮，弹出“图层特性管理器”面板，如图 8-34 所示。

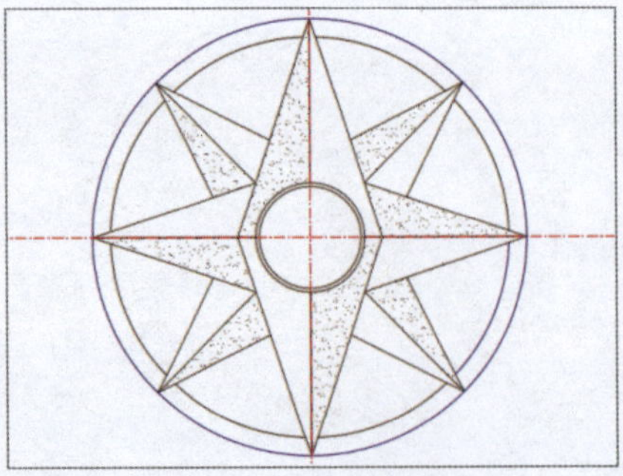

图 8-33 打开素材图形

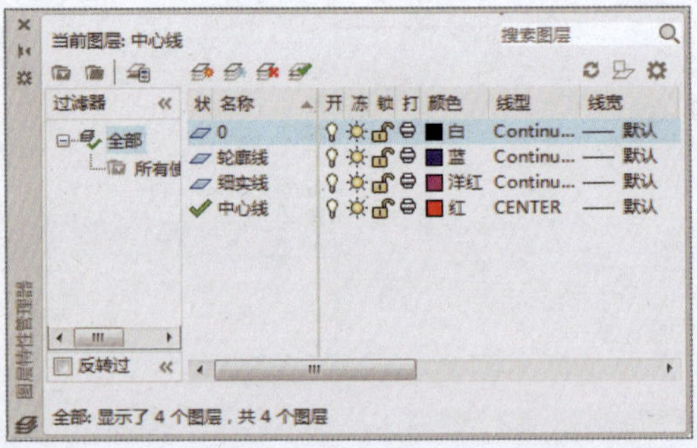


图 8-34 弹出“图层特性管理器”面板

Step 03　单击“轮廓线”图层对应的“锁定”图标，使其呈锁定状态，如图 8-35 所示。

Step 04　执行上述操作后，即可锁定图层，锁定后的图层颜色将以浅色显示，如图 8-36 所示。

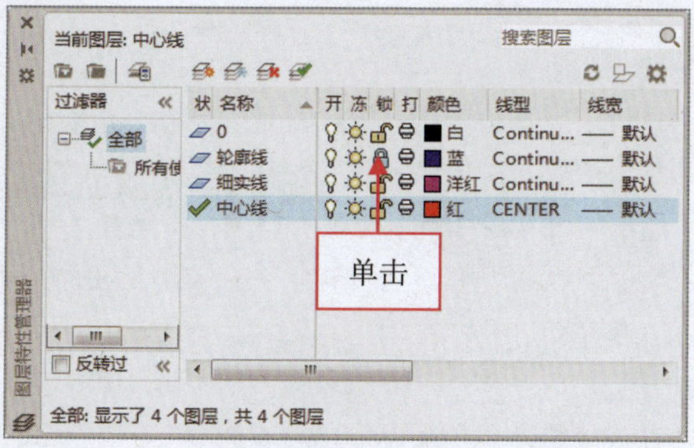


图 8-35　锁定图层

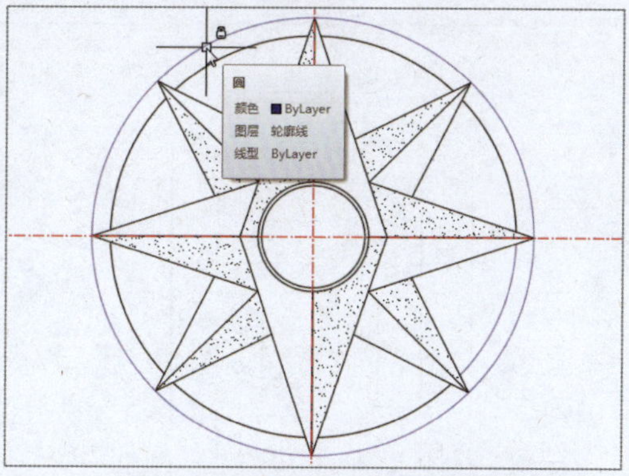


图 8-36　锁定后的图层颜色以浅色显示

## 8.2.4　解锁图层

解锁图层

在 AutoCAD 2020 中，可根据需要对图层进行解锁操作。

Step 01　以上一个效果文件为例，切换至“功能区”选项板中的“默认”选项卡，在“图层”面板上单击“图层特性”按钮，弹出“图层特性管理器”面板，单击“轮廓线”图层的“解锁”图标，使其呈解锁状态，如图 8-37 所示。

Step 02　执行上述操作，即可解锁图层，如图 8-38 所示。

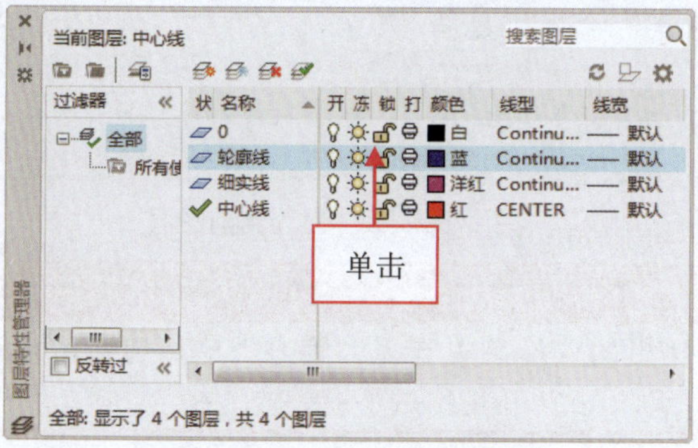


图 8-37　单击“解锁”图标

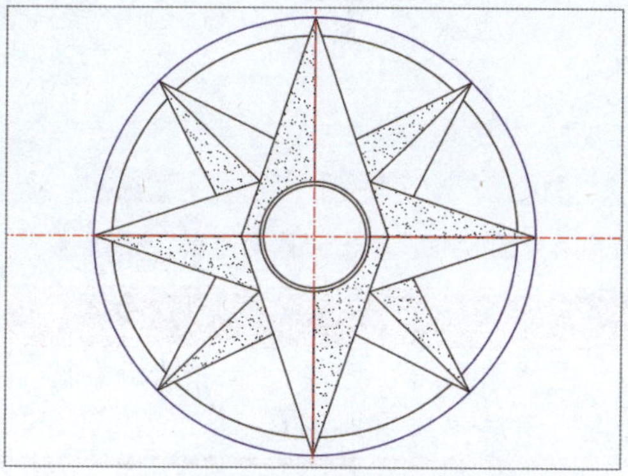

图 8-38　解锁图层

## 8.2.5　设为当前层

设为当前层

如果需要在某个图层上绘制具有该图层特性的对象，应将该图层设置为当前图层。下面介绍设为当前层的操作方法。

Step 01　按【Ctrl＋O】组合键，打开素材图形（资源\素材\第 8 章\上衣设计.dwg），如图 8-39 所示。

Step02 单击“功能区”选项板中的“默认”选项卡，在“图层”面板上单击“图层特性”按钮，弹出“图层特性管理器”面板，如图 8-40 所示。

图 8-39 打开素材图形

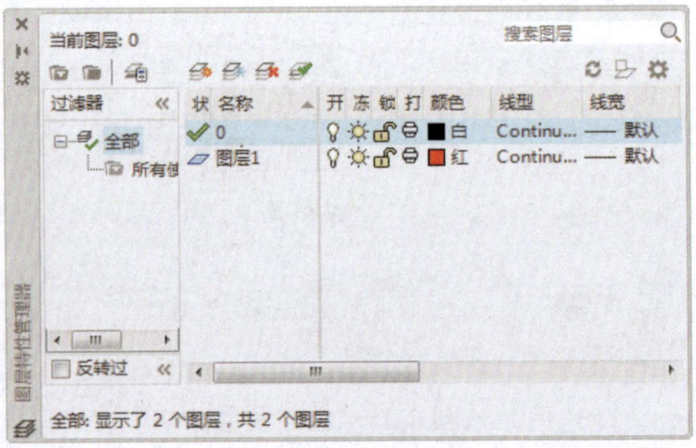


图 8-40 “图层特性管理器”面板

Step03 在“名称”列表框中选择“图层 1”图层，单击“置为当前”按钮，如图 8-41 所示。

Step04 执行上述操作后，即可将其置为当前图层，图层前将显示符号，如图 8-42 所示。

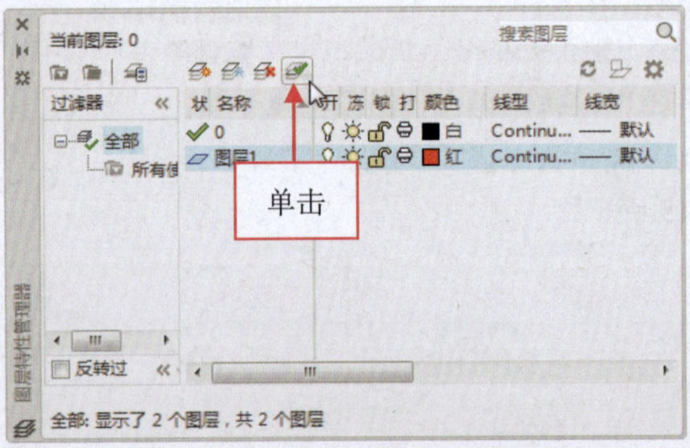


图 8-41 单击“置为当前”按钮

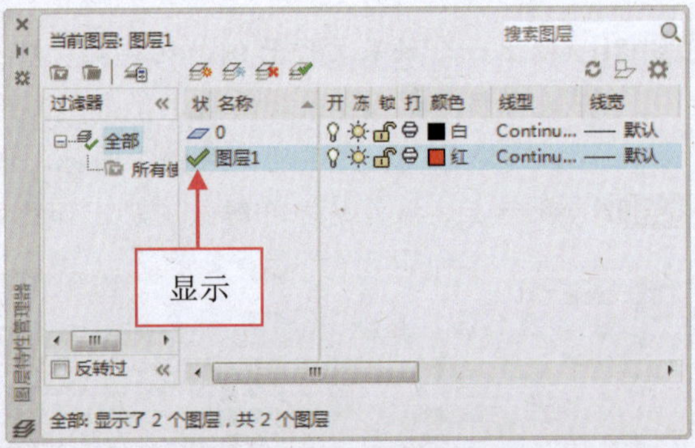


图 8-42 置为当前图层

> ▶ 专家指点
>
> 在“图层 1”图层，单击鼠标右键，在弹出的快捷菜单选择“置为当前”选项，也可以将该图层置为当前图层。

## 8.2.6 删除图层

删除图层

在 AutoCAD 2020 中，可将不需要使用的图层进行删除。

Step01 按【Ctrl + O】组合键，打开素材图形（资源\素材\第 8 章\圆形拼花.dwg），如图 8-43 所示。

Step02 切换至“功能区”选项板中的“默认”选项卡，单击“图层”面板中间的下三角按钮，在展开的面板上单击“删除”按钮，如图 8-44 所示。

**Step 03** 根据命令行提示进行操作，选择图形中的填充块作为编辑对象，如图 8-45 所示，单击鼠标左键，按【Enter】键确认。

**Step 04** 输入 Y，按【Enter】键确认，执行上述操作后，即可删除图层，如图 8-46 所示。

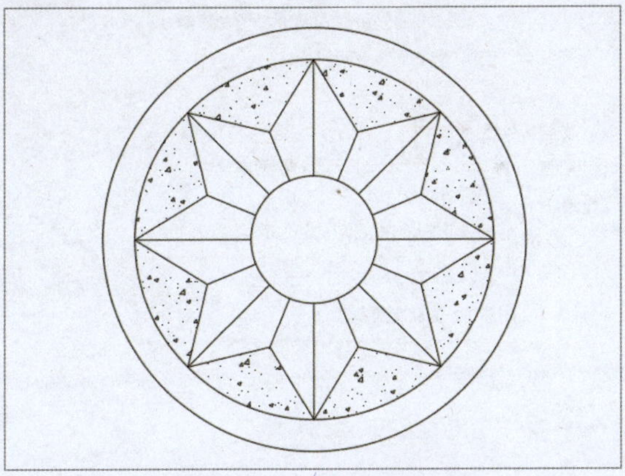

图 8-43　打开素材图形

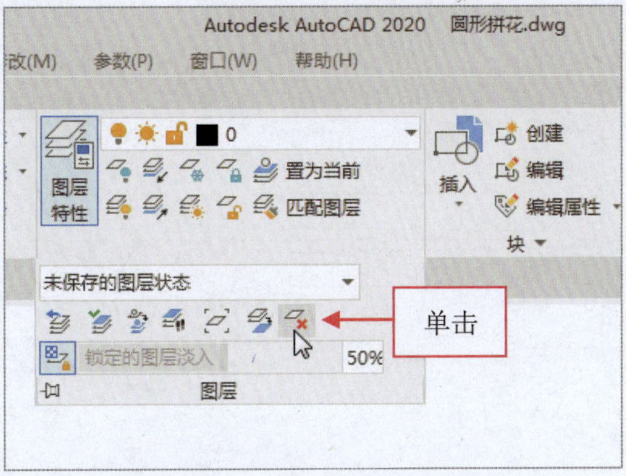


图 8-44　单击“删除”按钮

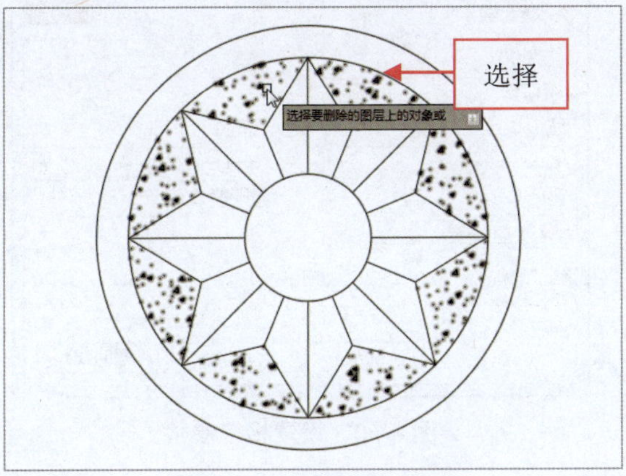


图 8-45　选择删除对象

图 8-46　删除图层

## 8.2.7　转换图层

在 AutoCAD 2020 中，使用“图层转换器”可以转换图层，实现图形的标准化和规范化。

转换图层

**Step 01** 按【Ctrl + O】组合键，打开素材图形（资源\素材\第 8 章\浇口套.dwg），如图 8-47 所示。

**Step 02** 单击“功能区”选项板中的“管理”选项卡，在“CAD 标准”面板上单击“图层转换器”按钮，如图 8-48 所示。

**▶ 专家指点**

通过以下两种方法，也可以调用“图层转换器”命令：

➢ 命令 1：在命令行输入 LAYTRANS（图层转换器）命令，并按【Enter】键确认。

➢ 命令 2：显示菜单栏，单击“工具”|“CAD 标准”|“图层转换器”命令。

**Step 03** 弹出“图层转换器”对话框，单击“新建”按钮，如图 8-49 所示。

**Step 04** 弹出“新图层”对话框，在其中设置“名称”为“浇口套”、“颜色”为红色、“线宽”为“默认”，如图 8-50 所示。

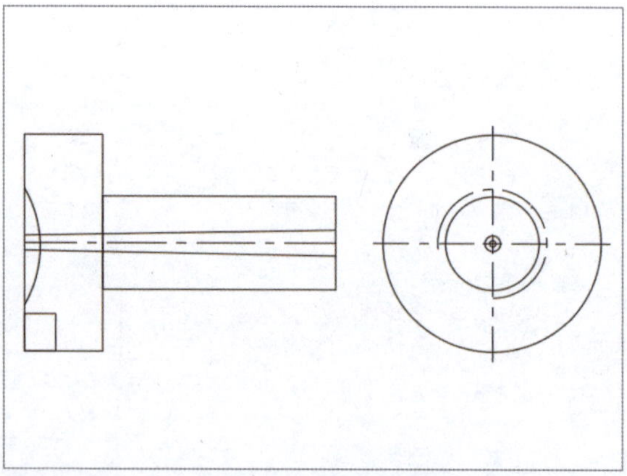

图 8-47　打开素材图形

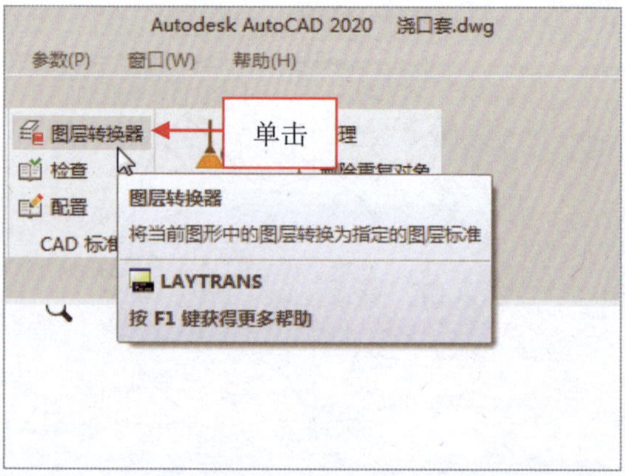


图 8-48　单击“图层转换器”按钮

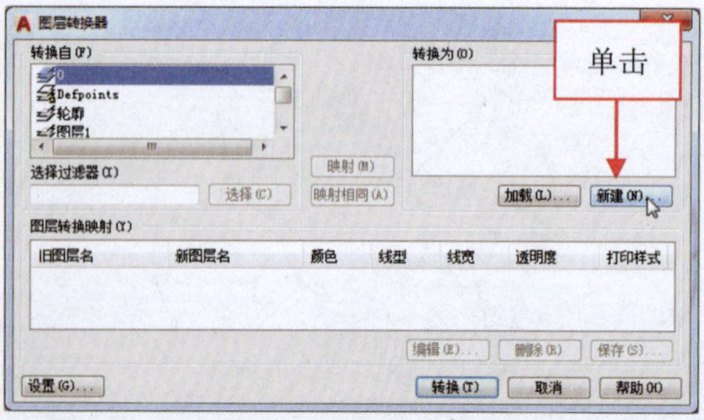


图 8-49　单击“新建”按钮

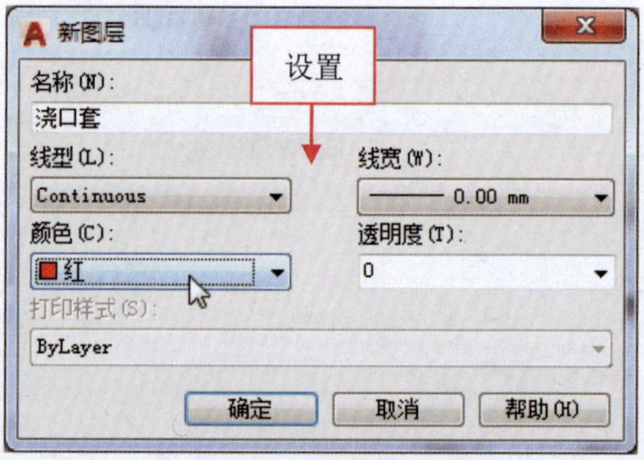


图 8-50　设置相应参数

**Step 05** 单击“确定”按钮，返回“图层转换器”对话框，在“转换为”列表框中显示“浇口套”图层，如图 8-51 所示。

**Step 06** 在“转换自”列表框中选择“图层 1”选项，在“转换为”列表框中选择“浇口套”选项，单击“映射”按钮，“图层 1”图层即可映射到“浇口套”图层中，如图 8-52 所示。

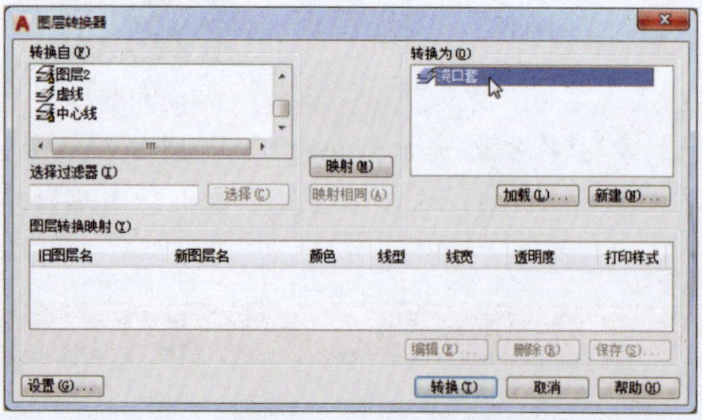


图 8-51　显示“浇口套”图层

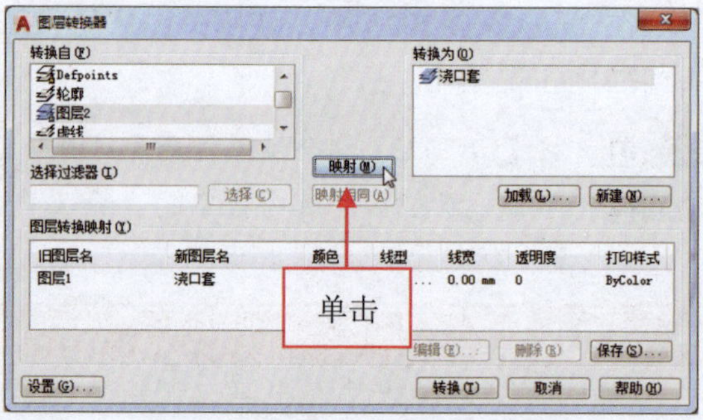


图 8-52　单击“映射”按钮

**Step 07** 单击“保存”按钮，弹出“保存图层映射”对话框，在“文件名”文本框中输入“浇口套”，然后设置文件的保存路径，如图 8-53 所示。

**Step 08** 单击“保存”按钮，返回“图层转换器”对话框，单击“转换”按钮，即可转换图层，效果如图 8-54 所示。

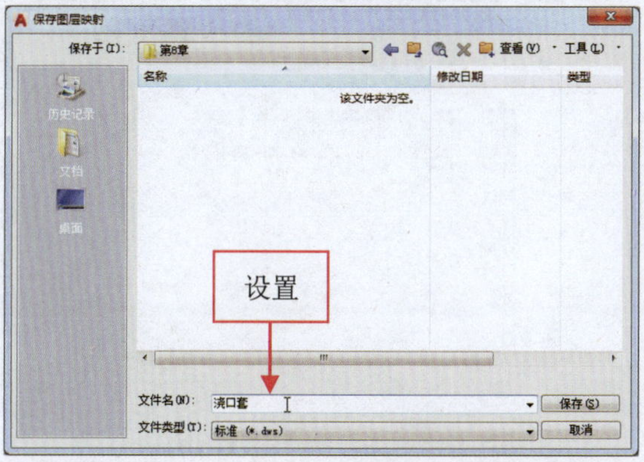


图 8-53　设置文件的保存路径

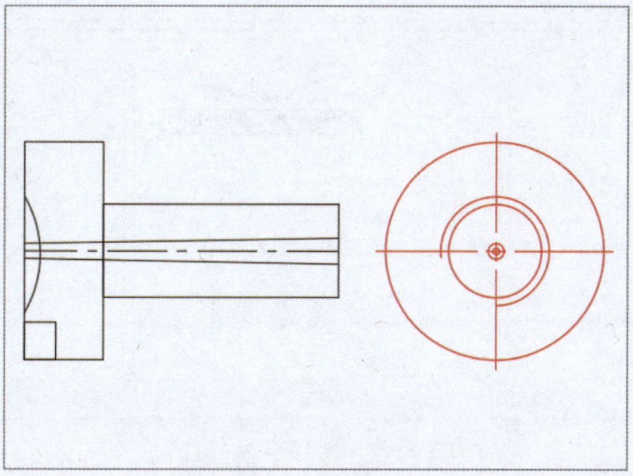

图 8-54　转换图层

> **▶ 专家指点**
>
> 在“保存图层映射”对话框中，单击“文件类型”右侧的下拉按钮，在弹出的列表框中可选择文件的保存类型。

## 8.2.8　合并图层

合并图层

在 AutoCAD 2020 中，可根据需要将图层合并操作。

**Step 01** 按【Ctrl + O】组合键，打开素材图形（资源\素材\第 8 章\餐桌椅立面图.dwg），打开素材图形，如图 8-55 所示。

**Step 02** 在“功能区”选项板中的“默认”选项卡中，单击“图层”面板中间的下拉按钮，在展开的面板上单击“合并”按钮，如图 8-56 所示。

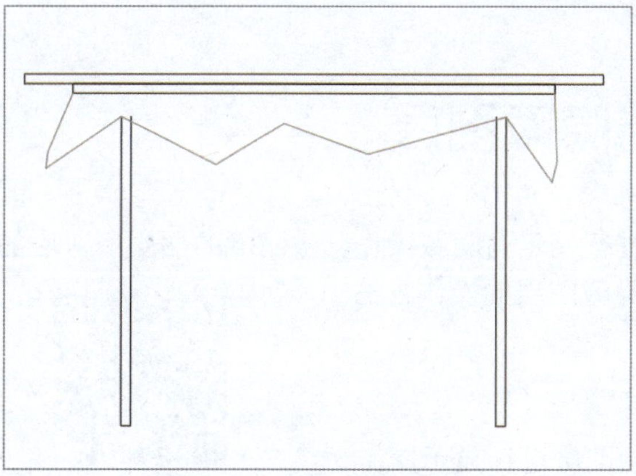

图 8-55　打开素材图形

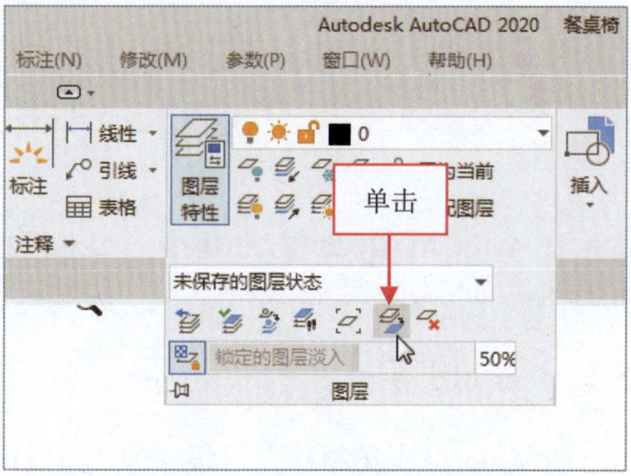


图 8-56　单击“合并”按钮

**Step 03** 根据命令行提示进行操作，任意选择一条线段为编辑对象，如图 8-57 所示，并按【Enter】键确认。

**Step 04** 在绘图区选择需要合并的图层，如图 8-58 所示。

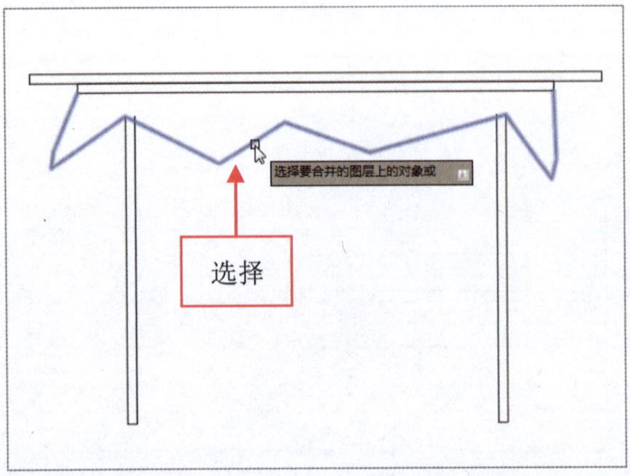


图 8-57　选择一条线段

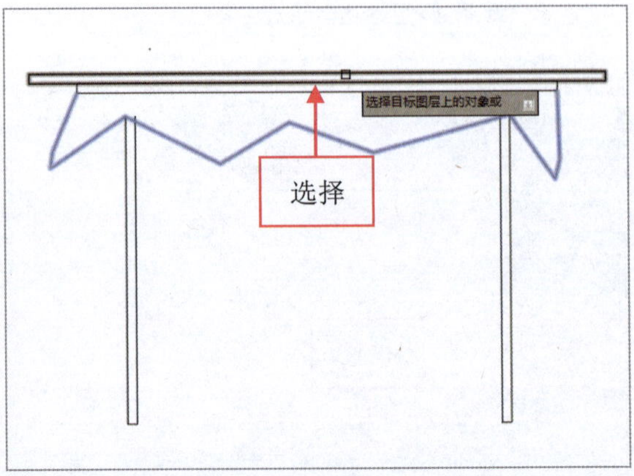


图 8-58　选择需要合并的图层

**Step 05** 在命令行输入 Y，并按【Enter】键确认。此时，在命令窗口中将提示已经合并图层，效果如图 8-59 所示。

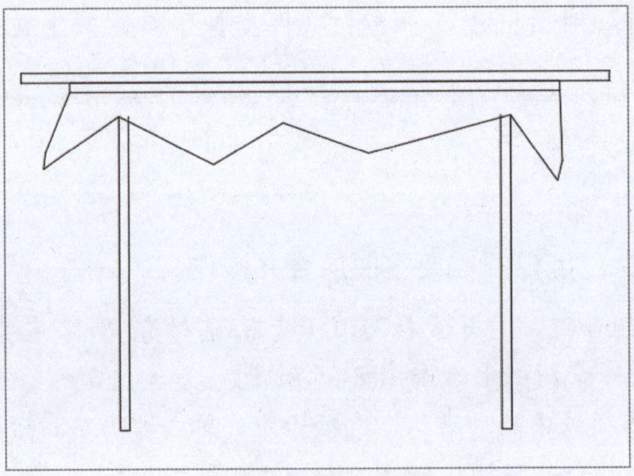

图 8-59　合并图层

# 8.3　显示与隐藏图层

在 AutoCAD 2020 中，可根据需要对图层进行显示与隐藏操作，被隐藏的图层所对应的图形也将同时被隐藏了。本节主要介绍显示与隐藏图层的操作方法。

## 8.3.1　显示图层

在 AutoCAD 2020 中，可根据需要将隐藏的图层进行显示操作。

显示图层

**Step 01** 按【Ctrl + O】组合键，打开素材图形（资源\素材\第 8 章\酒具.dwg），如图 8-60 所示。

**Step 02** 单击“功能区”选项板中的“默认”选项卡，在“图层”面板上单击“图层特性”按钮，如图 8-61 所示。

**Step 03** 弹出“图层特性管理器”面板，单击“酒杯”图层上的“开”图标，如图 8-62 所示。

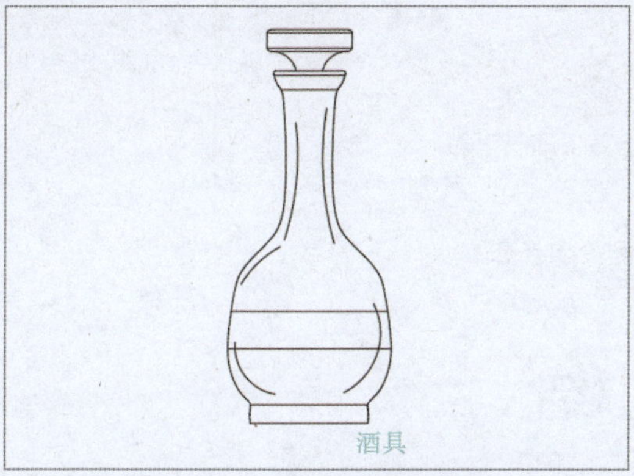


图 8-60　打开素材图形

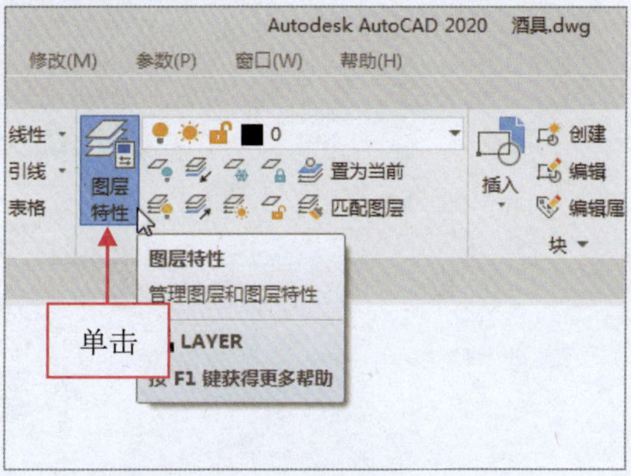


图 8-61　单击“图层特性”按钮

**Step 04** 执行上述操作后，在绘图区即可显示“酒杯”图层，如图 8-63 所示。

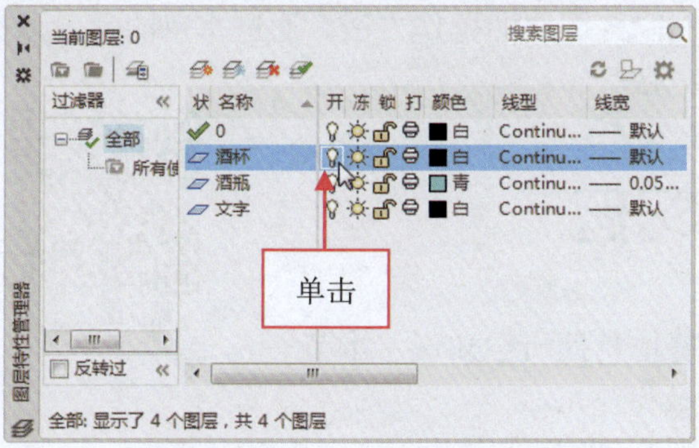


图 8-62　单击“开”图标

图 8-63　显示“酒杯”图层

## 8.3.2　隐藏图层

在 AutoCAD 2020 的绘图区，可将暂时不需要的图层进行隐藏操作。

以上一个效果图形为例，单击“功能区”选项板中的“默认”选项卡，在“图层”面板上单击“图层特性”按钮，弹出“图层特性管理器”面板，单击“酒杯”图层上的“开”图标，使其呈关闭状态，如图 8-64 所示，即可隐藏该图层。

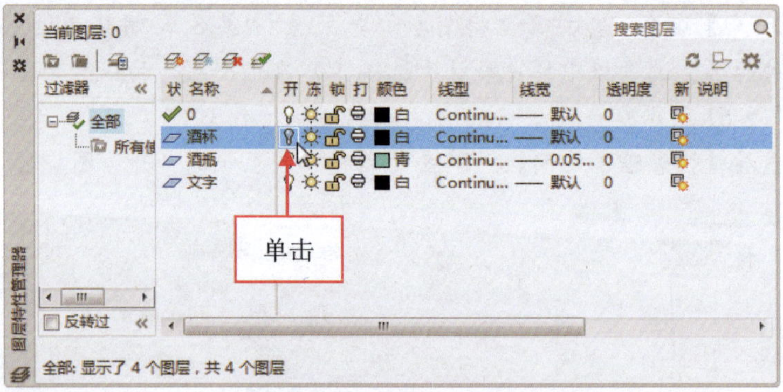


图 8-64　使其呈关闭状态

# 本章小结

本章主要介绍设置与管理图层属性的操作方法，首先介绍了创建与设置图层的操作，包括创建图层、重命名图层、设置图层颜色、设置图层线型样式，以及设置图层线型比例等内容；其次介绍了管理图层对象的方法，包括冻结图层、解冻图层、锁定图层、解锁图层、删除图层以及转换图层等内容；最后介绍了显示与隐藏图层的操作方法。通过本章的学习，希望读者能够很好地掌握设置与管理图层属性的方法。

# 课后习题

课后习题

鉴于本章知识的重要性，为了帮助读者更好地掌握所学知识，本节将通过上机习题，帮助读者进行简单的知识回顾和补充。

本习题需要掌握删除图层的操作方法，如图 8-65 所示。

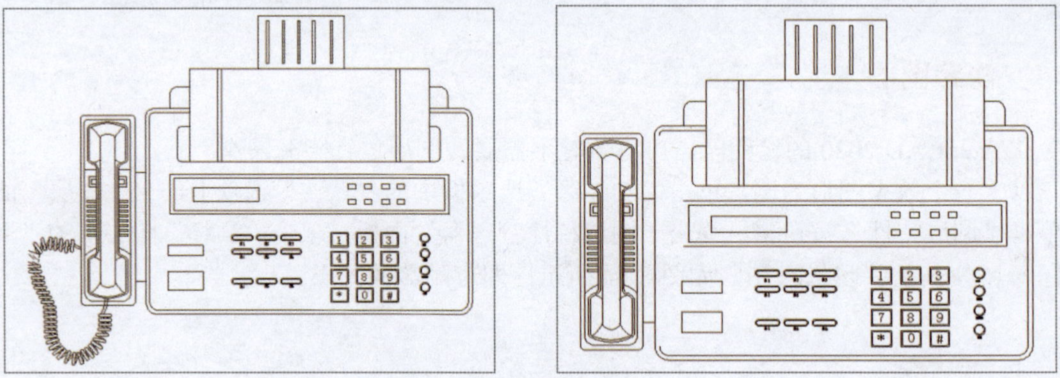

图 8-65　素材与效果文件对比

# 第 9 章
# 管理图块与设计中心

在 AutoCAD 2020 中，图块具有节省空间和便于修改等特点，因此在绘图中得到了广泛应用。图块是由一个或多个对象组成的对象集合，常用于绘制复杂、重复的图形。本章主要介绍管理图块与设计中心的操作方法。

本章重点

- 创建图块
- 编辑图块
- 使用外部参照
- 使用 AutoCAD 设计中心

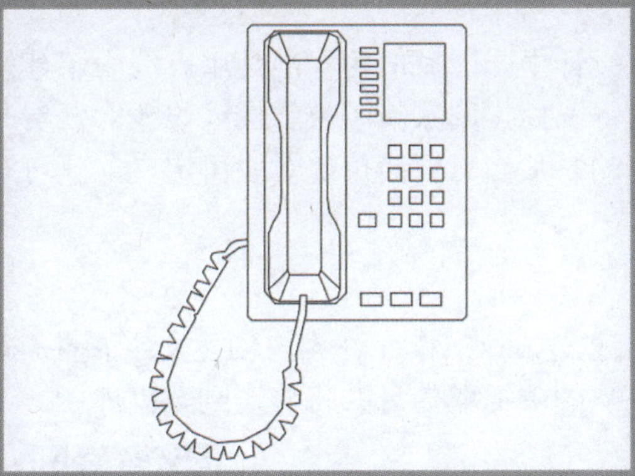

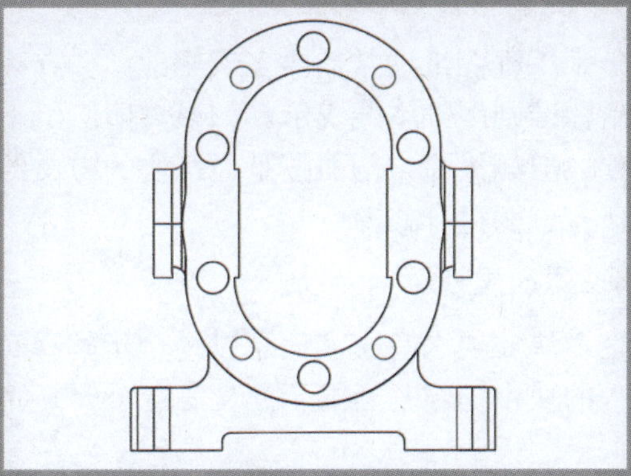

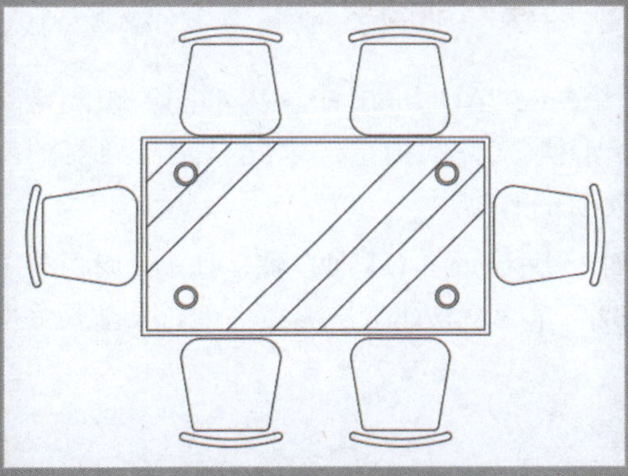

# 9.1 创建图块

创建图块就是将已有的图形对象定义为图块的过程，可将一个或多个图形对象定义为一个图块。本节主要介绍创建图块的操作方法。

## 9.1.1 图块的特点

在 AutoCAD 2020 中，使用块可以提高绘图速度、节省存储空间、便于修改图形并能够为其添加属性。下面介绍 AutoCAD 中图块的特点。

**1．提高绘图效率**

在 AutoCAD 中绘图时，常常要绘制一些重复出现的图形。如果把这些图形做成块保存起来，需要时就可以用插入块的方法实现，绘图变成了拼图，从而避免了大量的重复性工作，提高了绘图效率。

**2．节省存储空间**

AutoCAD 要保存图中每一个对象的相关信息，如对象的类型、位置、图层、线型及颜色等，这些信息要占用存储空间。如果图中包含有大量相同的图形，就会占据较大的磁盘空间。但如果把相同的图形事先定义成一个块，绘制它们时就可以直接把块插入到图中的各个相应位置。这样既满足了绘图要求，又可以节省磁盘空间。因为虽然在块的定义中包含了图形的全部对象，但系统只需要一次这样的定义。对块的每次插入，AutoCAD 仅需要记住这个块对象的有关信息（如块名、插入点坐标，以及插入比例等）。

**3．便于修改图形**

一张工程图纸通常需要多次修改。如在建筑设计中，国家旧的标准是用虚线表示建筑剖面，新标准则用细实线表示。如果对旧图纸上的每一处按国家新国家新标准修改，既费时又不方便。但如果原来剖面图是通过块的方法绘制的，那么只要简单地对块再定义，就可对图中的所有剖面进行修改。

**4．添加属性**

许多块还要求有文字信息以进一步解释其用途。AutoCAD 允许为块创建文字属性，并可在插入的块中指定是否显示属性。此外，还可以从图中提取信息并将传送到数据库中。

## 9.1.2 创建内部图块

创建内部图块

在 AutoCAD 2020 中，内部图块跟随定义它的图形文件一起保存，存储在图形文件的内部，因此只能在当前图形文件中调用，而不能在其他图形文件中调用。

**Step 01** 按【Ctrl + O】组合键，打开素材图形（资源\素材\第 9 章\电话机.dwg），如图 9-1 所示。

**Step 02** 单击“功能区”选项板中的“插入”选项卡，在“块定义”面板上单击“创建块”按钮，如图 9-2 所示。

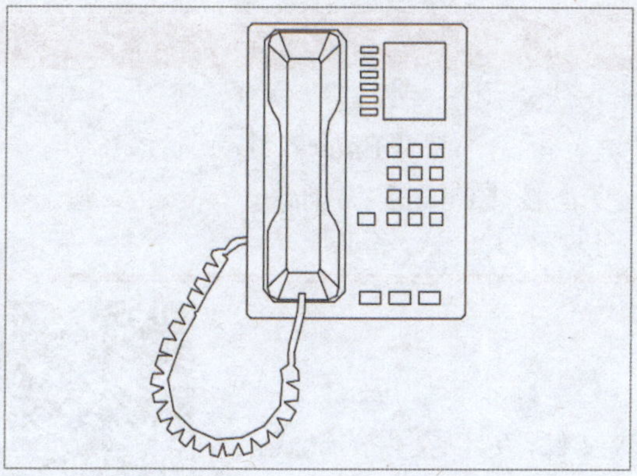

图 9-1　打开素材图形

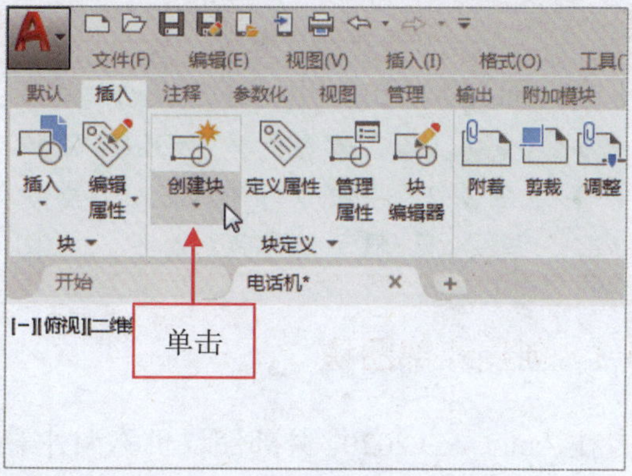


图 9-2　单击“创建块”按钮

**Step 03**　弹出“块定义”对话框，在其中设置“名称”为“电话机”，如图 9-3 所示。

**Step 04**　在“对象”选项区中单击“选择对象”按钮，在绘图区选择需要创建为图块的图形对象，如图 9-4 所示。

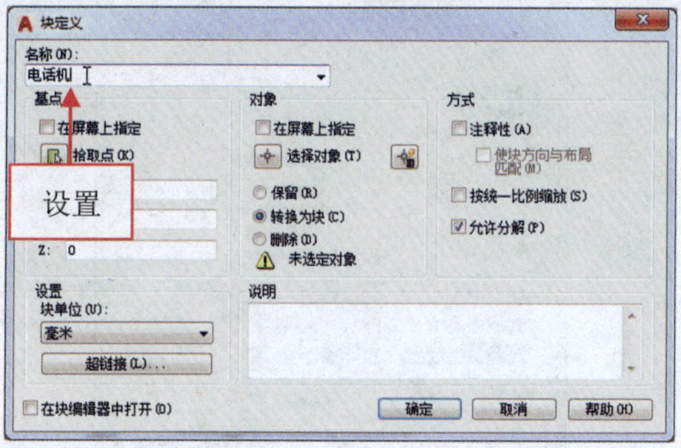


图 9-3　设置“名称”为“电话机”

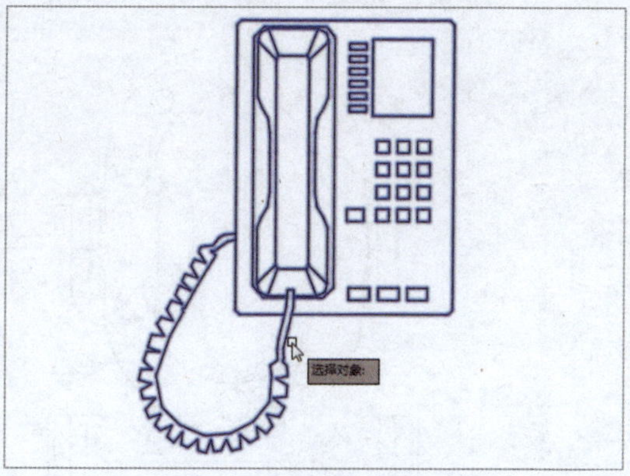


图 9-4　选择图形对象

**Step 05**　按【Enter】键确认，弹出“块定义”对话框，单击“确定”按钮，如图 9-5 所示。

**Step 06**　执行上述操作后，即可创建内部图块，如图 9-6 所示。

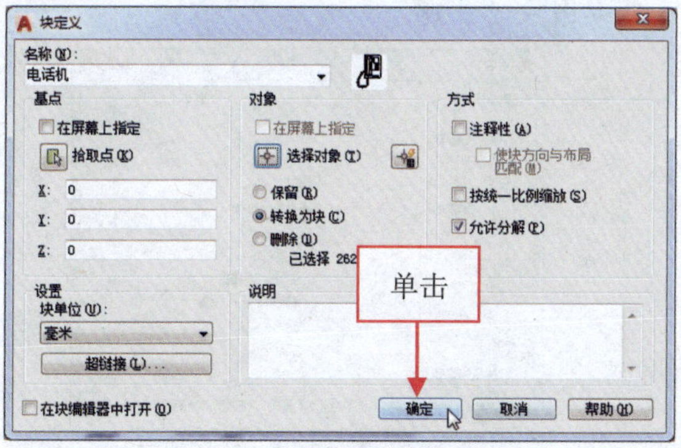


图 9-5　单击“确定”按钮

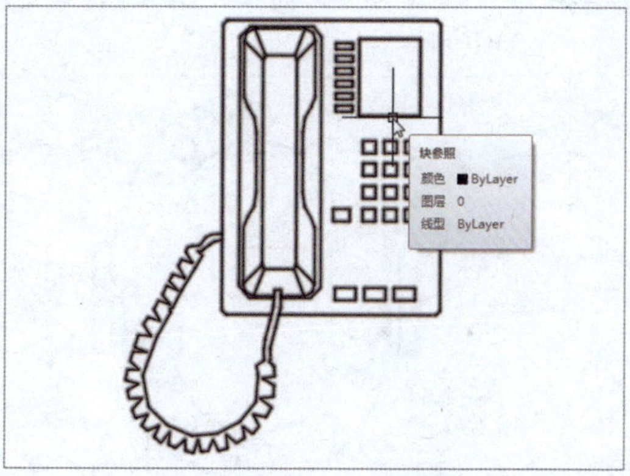


图 9-6　创建内部图块

**▶ 专家指点**

在 AutoCAD 2020 中，还可以通过以下三种方法，调用“创建”命令。

- ➢ 命令 1：在命令行输入 BLOCK（创建块）命令，按【Enter】键确认。
- ➢ 命令 2：在命令行输入 B（创建块）命令，按【Enter】键确认。
- ➢ 命令 3：显示菜单栏，单击“绘图”|“块”|“创建”命令。

### 9.1.3 创建外部图块

创建外部图块

在 AutoCAD 2020，外部图块也称为外部图块文件，它以文件的形式保存在本地磁盘中，可根据需要随时将外部图块调用到其他图形文件中。

**Step 01** 按【Ctrl＋O】组合键，打开素材图形（资源\素材\第 9 章\镜子.dwg），如图 9-7 所示。

**Step 02** 在命令行输入 WBLOCK（写块）命令，按【Enter】键确认，弹出“写块”对话框，在“对象”选项区中单击“选择对象”按钮，如图 9-8 所示。

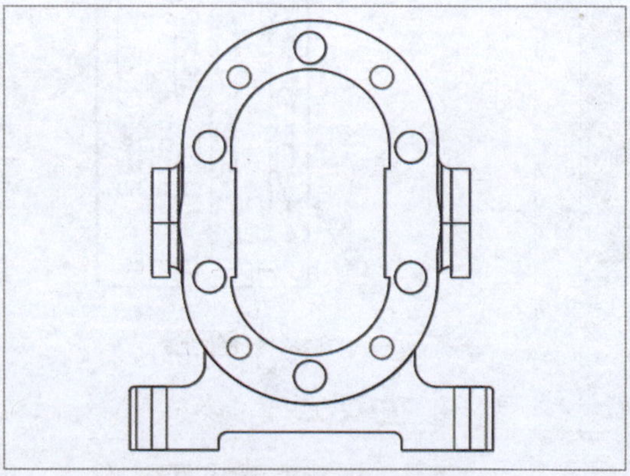

图 9-7 打开素材图形

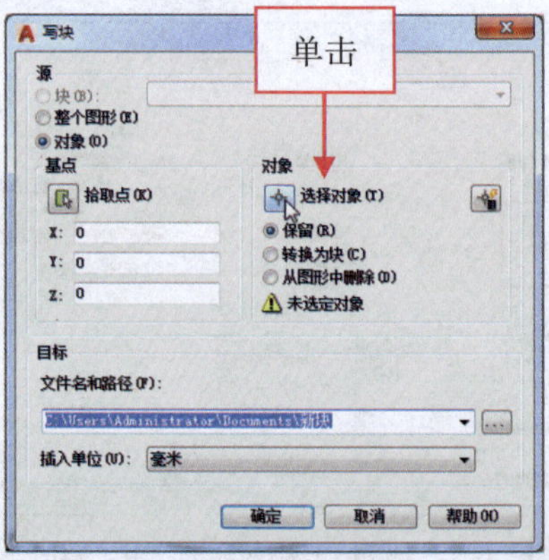


图 9-8 单击“选择对象”按钮

**Step 03** 在绘图区选择需要编辑的图形对象，如图 9-9 所示。

**Step 04** 按【Enter】键确认，弹出“写块”对话框，在“目标”选项区设置文件名和路径，如图 9-10 所示，单击“确定”按钮，即可完成外部图块的创建。

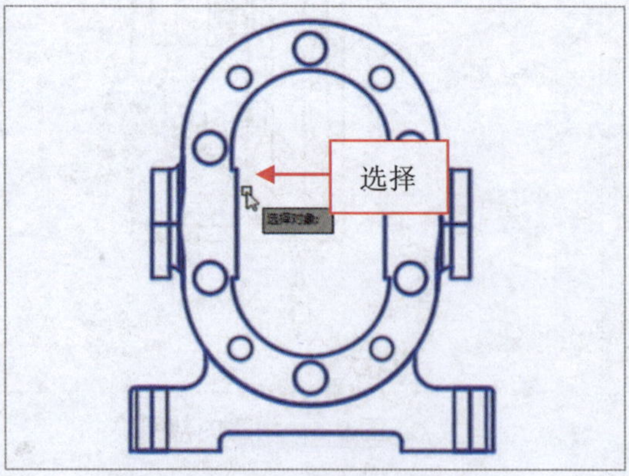


图 9-9 选择图形对象

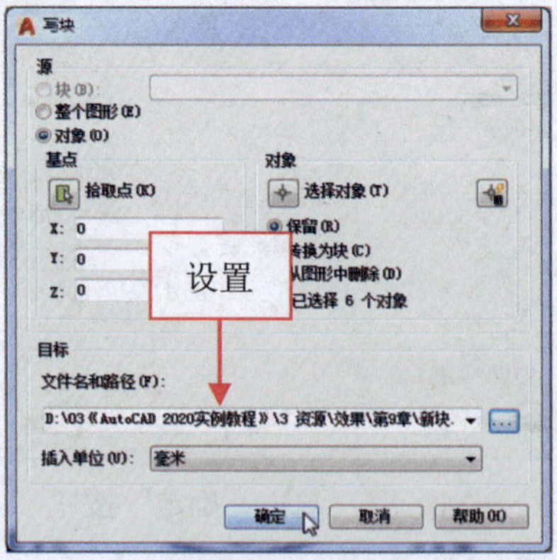


图 9-10 完成外部图块的创建

# 9.2　编辑图块

在 AutoCAD 2020 中，可根据需要对图块进行编辑，如插入单个图块、插入阵列图块、修改图块插入基点、分解图块，以及重新定义图块等。

## 9.2.1　插入单个图块

在 AutoCAD 2020 中，插入图块是指将已定义的图块插入到当前的文件中。下面介绍插入单个图块的操作方法。

插入单个图块

**Step 01** 单击“功能区”选项板中的“插入”选项卡，在“块”面板上单击“插入”按钮，在弹出的列表框选择“其他图形中的块”选项，如图 9-11 所示。

**Step 02** 弹出“选择图形文件”对话框，选择需要插入的图形文件（资源\素材\第 9 章\开口销钉.dwg），单击“打开”按钮，如图 9-12 所示。

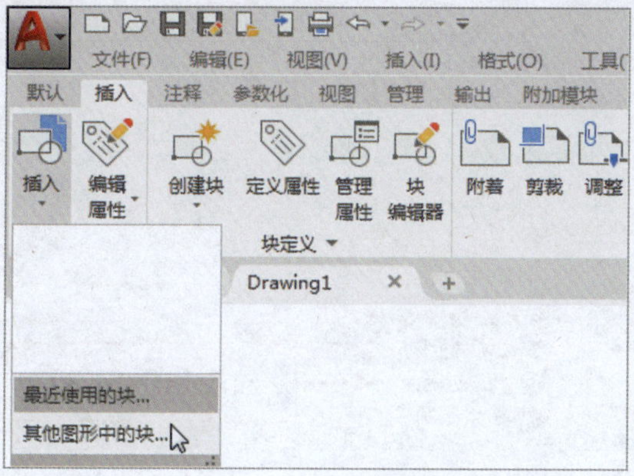


图 9-11　选择“其他图形中的块”选项

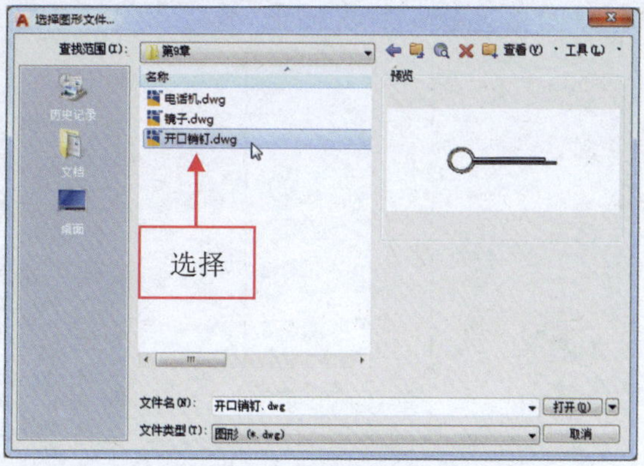


图 9-12　选择图形文件

**Step 03** 弹出“块”面板，在其中选择刚打开的图块对象，如图 9-13 所示。

**Step 04** 在绘图区的适当位置单击鼠标左键，即可插入单个图块，如图 9-14 所示。

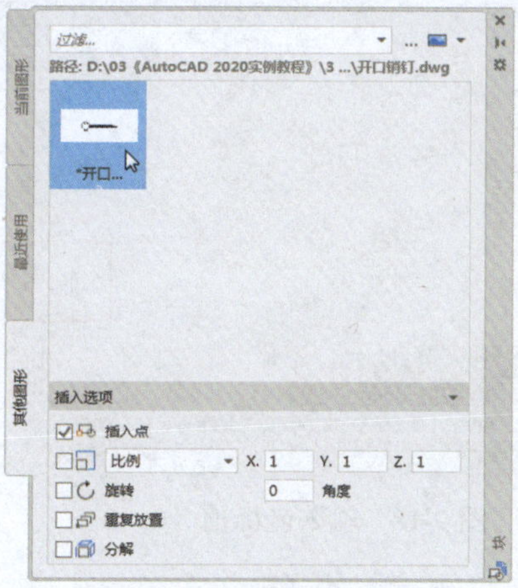


图 9-13　选择图块对象

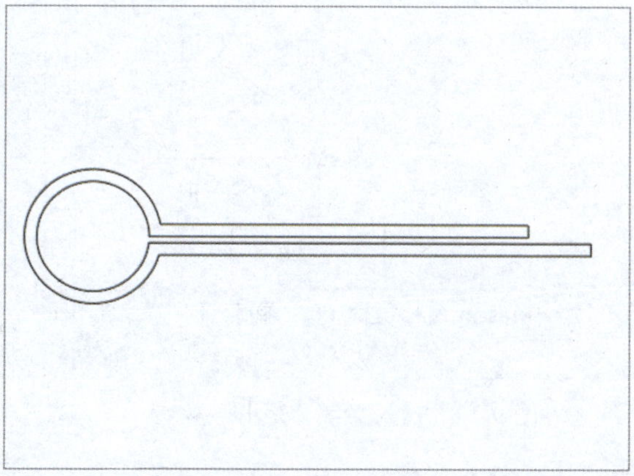

图 9-14　插入单个图块

▶ 专家指点

在 AutoCAD 2020 中，还可以通过以下三种方法，调用“插入块”命令。

- 命令 1：在命令行输入 INSERT（插入）命令，按【Enter】键确认。
- 命令 2：在命令行输入 I（插入）命令，按【Enter】键确认。
- 命令 3：显示菜单栏，单击“插入”|“块”命令。

### 9.2.2 插入阵列图块

插入阵列图块

在 AutoCAD 2020 中，可根据需要插入阵列图块。

Step 01 按【Ctrl + O】组合键，打开素材图形（资源\素材\第 9 章\煤气罐.dwg），如图 9-15 所示。

Step 02 在命令行输入 MINSERT（阵列插入块）命令，如图 9-16 所示，并按【Enter】键确认。

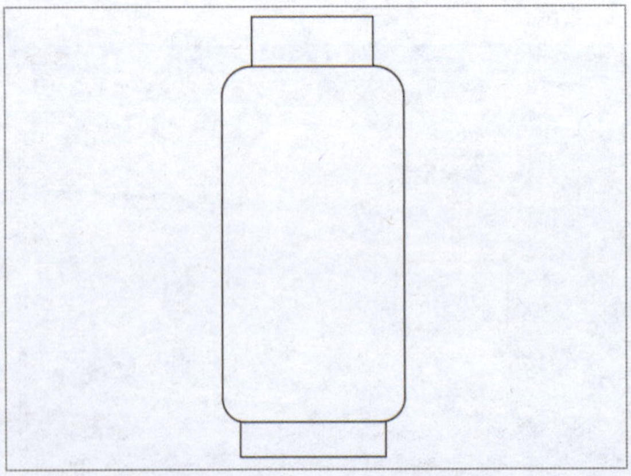

图 9-15 打开素材图形

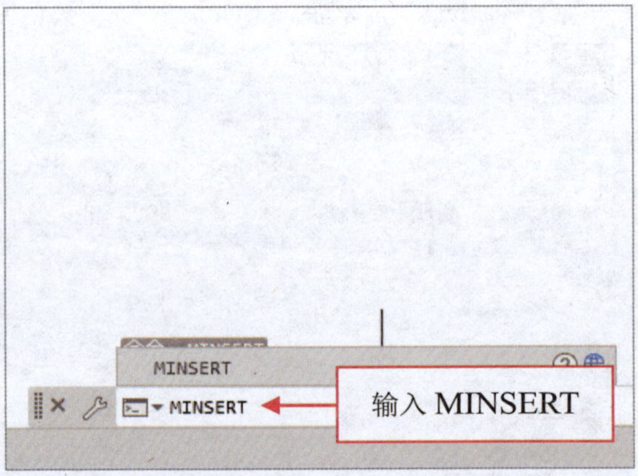


图 9-16 输入 MINSERT 命令

Step 03 根据命令行提示进行操作，输入文字“矩形”，如图 9-17 所示，并按【Enter】键确认。

Step 04 输入坐标值（0，0），指定插入点，如图 9-18 所示，并按【Enter】键确认。

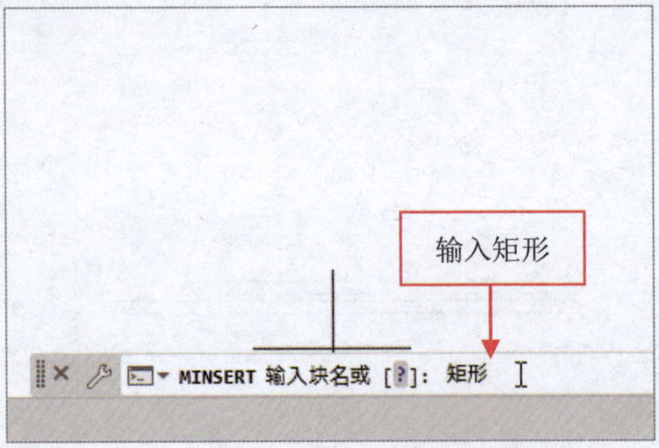


图 9-17 输入文字“矩形”

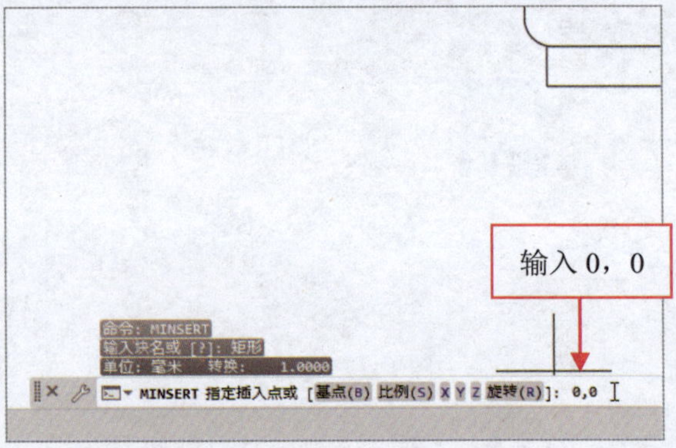


图 9-18 输入坐标值（0，0）

Step 05 再次输入坐标值（0，0），指定插入点，如图 9-19 所示，按【Enter】键确认。

Step 06 输入 1，指定 X 比例因子，指定对角点，如图 9-20 所示，按【Enter】键确认。

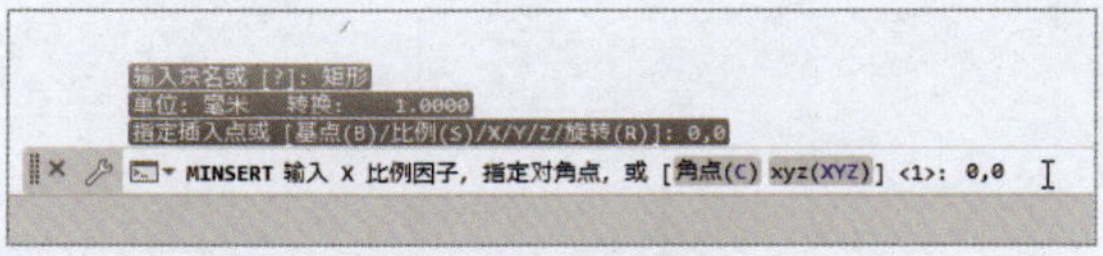


图 9-19　再次输入坐标值（0，0）

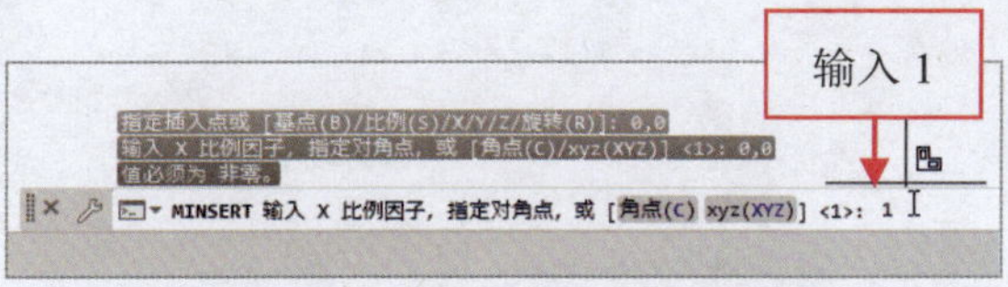


图 9-20　输入 1 指定 X 比例因子

**Step 07**　继续输入 1，指定 Y 比例因子，如图 9-21 所示，并按【Enter】键确认。

**Step 08**　输入 0，指定旋转角度，如图 9-22 所示，并按【Enter】键确认。

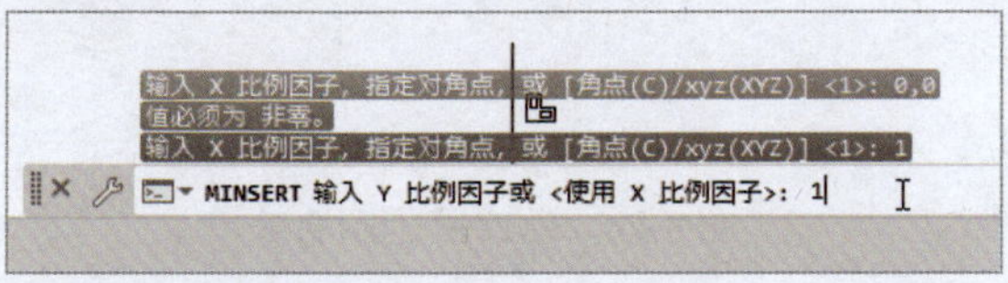


图 9-21　指定 Y 比例因子

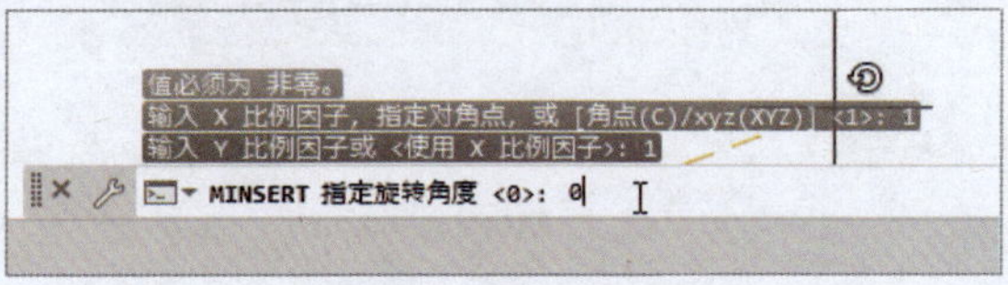


图 9-22　指定旋转角度

**Step 09**　输入 2，指定图块阵列行数，如图 9-23 所示，并按【Enter】键确认。

**Step 10**　输入 1，指定图块阵列列数，如图 9-24 所示，并按【Enter】键确认。

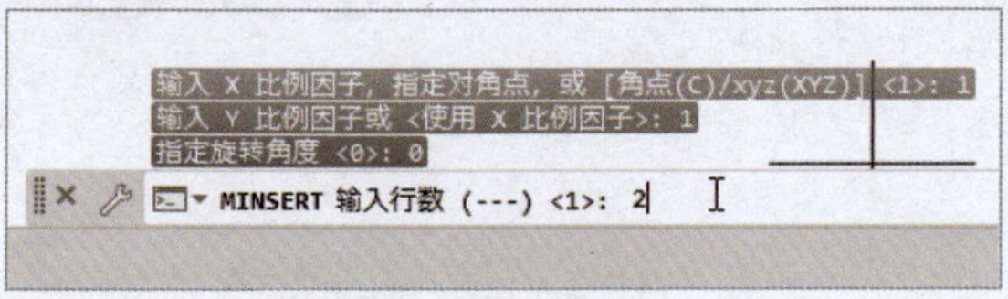


图 9-23　指定图块阵列行数

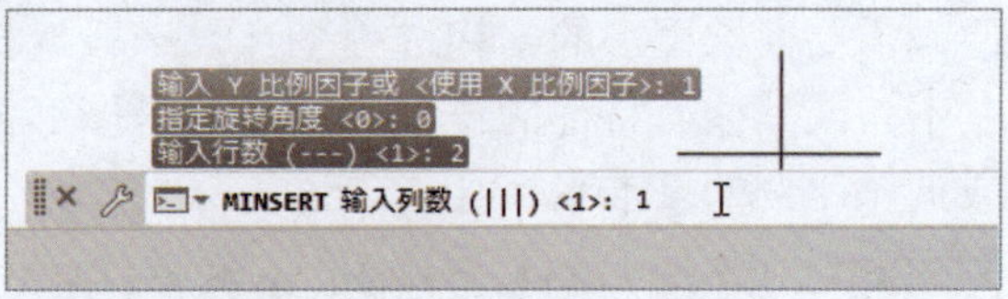


图 9-24　指定图块阵列列数

**Step 11**　输入 3，指定阵列行间距，如图 9-25 所示，并按【Enter】键确认。

**Step 12**　执行上述操作后，即可阵列图块，如图 9-26 所示。

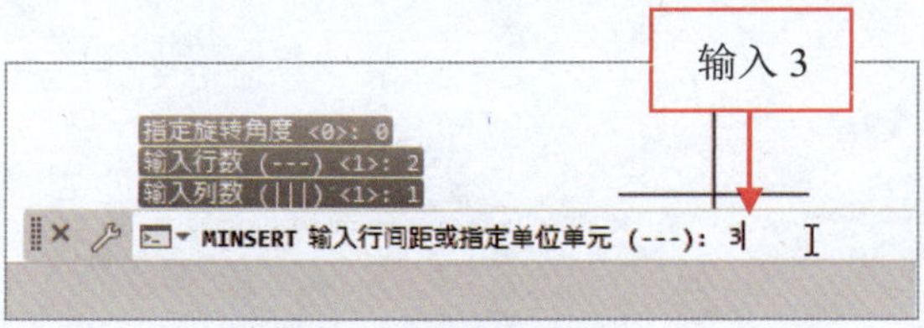


图 9-25　指定阵列行间距

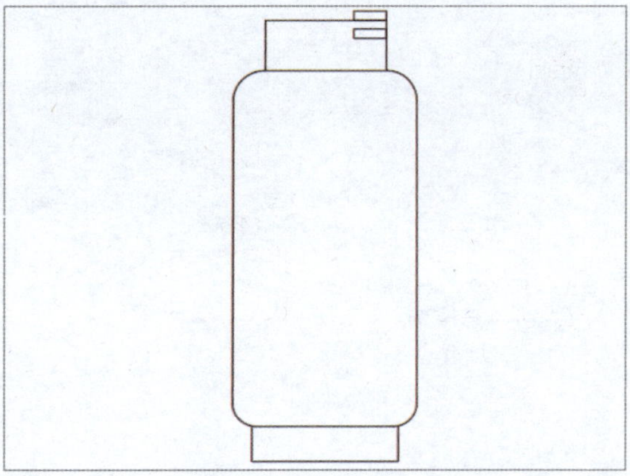

图 9-26　阵列图块效果

**Step 13**　在命令行输入 MOVE（移动）命令，如图 9-27 所示，并按【Enter】键确认。

**Step 14**　根据命令行提示进行操作，选择阵列图块为移动对象并确认，将其移动至合适位置后单击鼠标左键，即可移动图形，效果如图 9-28 所示。

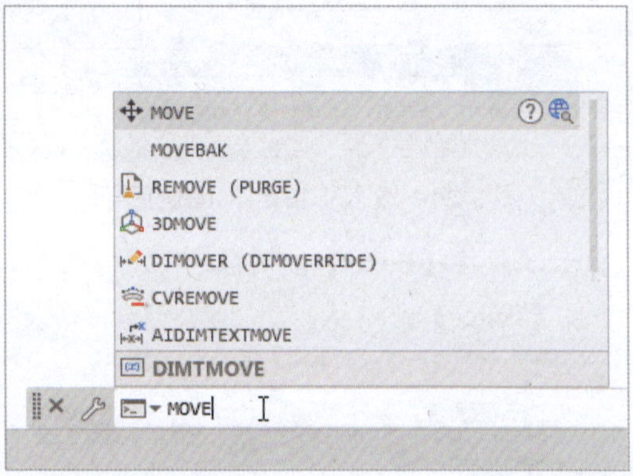


图 9-27　输入 MOVE（移动）命令

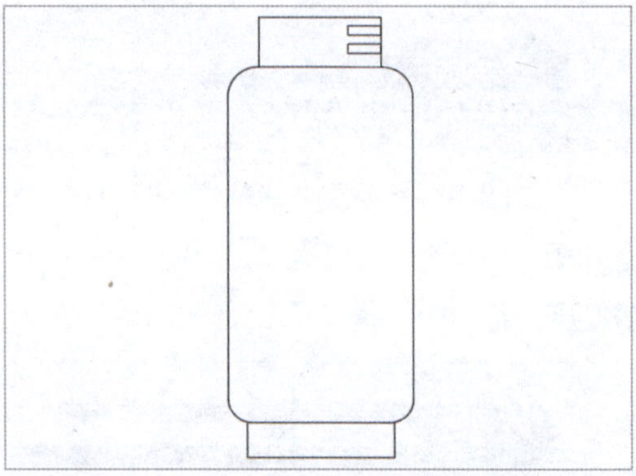

图 9-28　选择阵列图块效果

## 9.2.3　修改图块插入基点

修改图块插入基点

图块上的任意一点都可以作为该图块的基点，但为了绘图方便，需要根据图形的结构选择基点，一般选择图块的对称中心、左下角或其他有特征的位置，该基点是图形插入过程中进行旋转或调整比例的基准点。

**Step 01** 按【Ctrl + O】组合键，打开素材图形（资源\素材\第 9 章\三角板.dwg），在“功能区”选项板中的“插入”选项卡单击“块定义”面板中间的下拉按钮，在展开的面板上单击“设置基点”按钮，如图 9-29 所示。

**Step 02** 根据命令行提示操作，在命令行输入新的基点坐标值（100，100，0），如图 9-30 所示，按【Enter】键确认，即可修改图块插入基点。

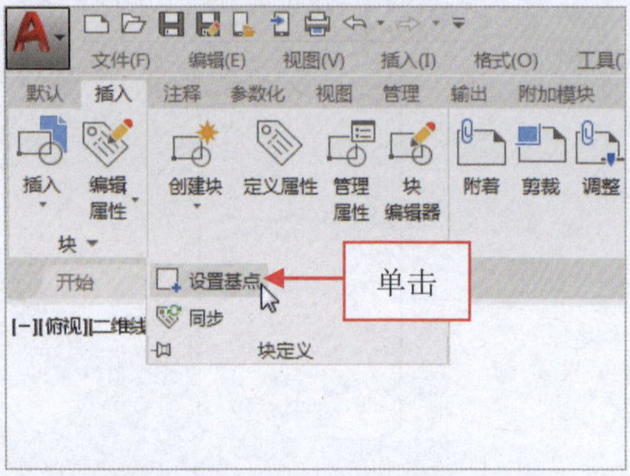


图 9-29　单击“设置基点”按钮

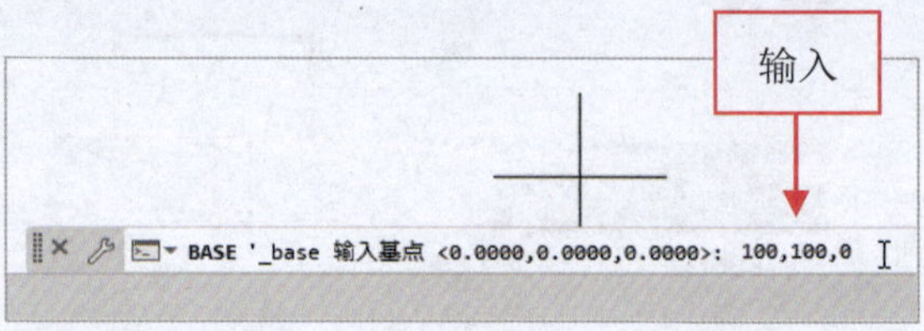


图 9-30　修改图块插入基点

## 9.2.4　分解图块

分解图块

在 AutoCAD 2020 中，插入的图块是一个整体，如果需要对图块编辑，必须先将其分解。下面介绍分解图块的操作方法。

Step 01　按【Ctrl + O】组合键，打开素材图形（资源\素材\第 9 章\圆形床.dwg），如图 9-31 所示。

Step 02　单击“功能区”选项板中的“默认”选项卡，在“修改”面板上单击“分解”按钮，如图 9-32 所示。

图 9-31　打开素材图形

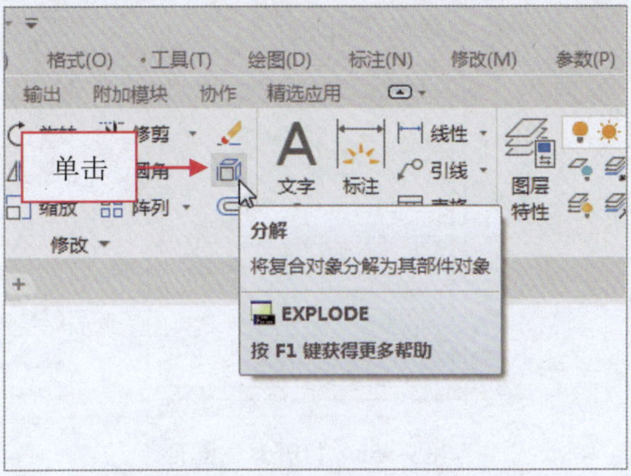


图 9-32　单击“分解”按钮

Step 03　根据命令行提示，在绘图区选择需要分解的图块对象，如图 9-33 所示。

Step 04　按【Enter】键确认，即可分解图块，效果如图 9-34 所示。

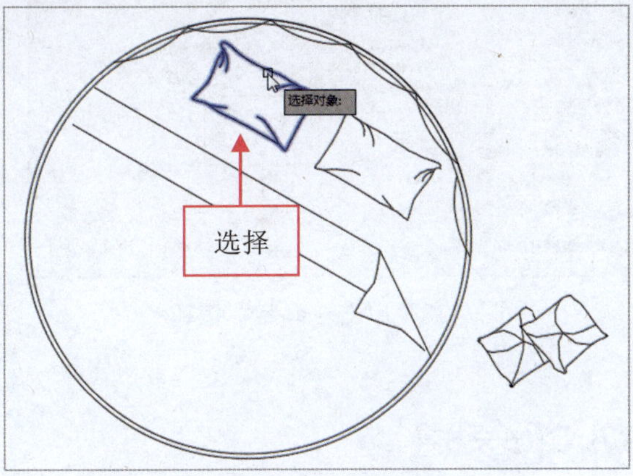


图 9-33　选择需要分解的图块对象

图 9-34　分解图块对象

## 9.2.5　重新定义图块

在 AutoCAD 2020 中，如果在一个图形文件中多次重复插入一个图块，又需将所有相同的图块统一修改或改变成另一个标准，则可以运用图块的重新定义功能来实现。

重新定义图块

Step 01　按【Ctrl + O】组合键，打开素材图形（资源\素材\第 9 章\台灯.dwg），如图 9-35 所示。

Step 02　单击“功能区”选项板中的“插入”选项卡，在“块定义”面板上单击“创建块”按钮，弹出“块定义”对话框，在“名称”文本框输入“新圆”，如图 9-36 所示。

Step 03 单击“选择对象”按钮，根据命令行提示操作，在绘图区选择圆为编辑对象，如图 9-37 所示。

Step 04 按【Enter】键确认，弹出“块定义”对话框，单击“确定”按钮，如图 9-38 所示，即可重新定义图块。

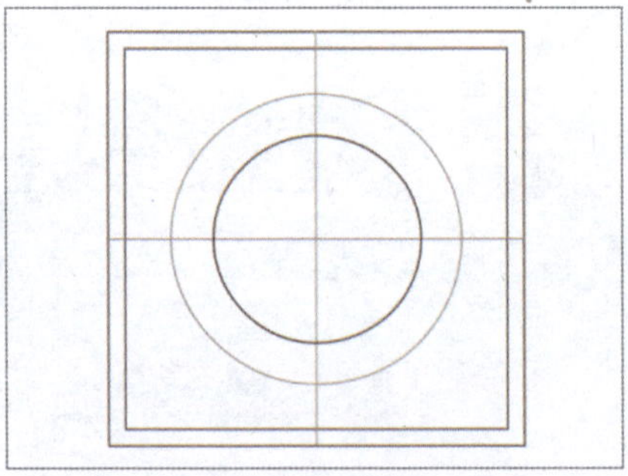

图 9-35 打开素材图形

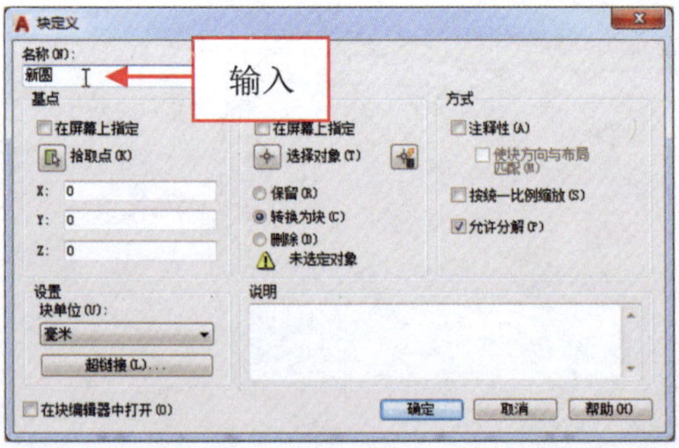


图 9-36 在文本框输入“新圆”

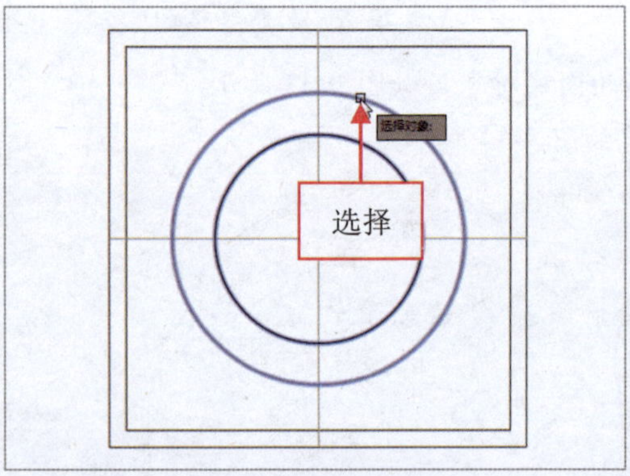


图 9-37 选择圆为编辑对象

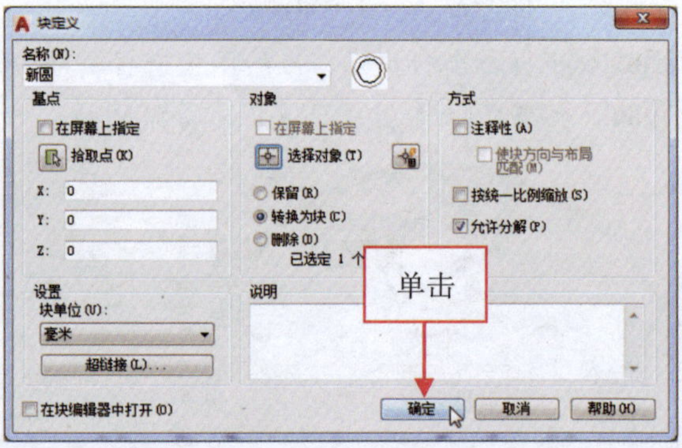


图 9-38 单击“确定”按钮

# 9.3 使用外部参照

外部参照是指一个图形对另一个图形的引用。在绘制图形时，如果一个图形文件需要参照其他图形或图像绘制，而又不希望占用太多的存储空间，就可以使用 AutoCAD 的外部参照功能。本节主要介绍使用外部参照的操作方法。

## 9.3.1 附着 DWG 文件

在 AutoCAD 2020 中，通过“功能区”选项板可以快速地插入外部参照。

附着 DWG 文件

Step 01 单击“菜单浏览器”按钮，在弹出的菜单列表中单击“新建”|“图形”命令，新建空白图形文件，单击“功能区”选项板的“插入”选项卡，在“参照”面板上单击“附着”按钮，如图 9-39 所示。

**Step 02** 弹出“选择参照文件”对话框，选择需要打开的图形文件（资源\素材\第 9 章\个性沙发.dwg），如图 9-40 所示。

**Step 03** 单击“打开”按钮，弹出“附着外部参照”对话框，在“参照类型”选项区选中“附着型”单选按钮，在“插入点”选项区选中“在屏幕上指定”复选框，如图 9-41 所示。

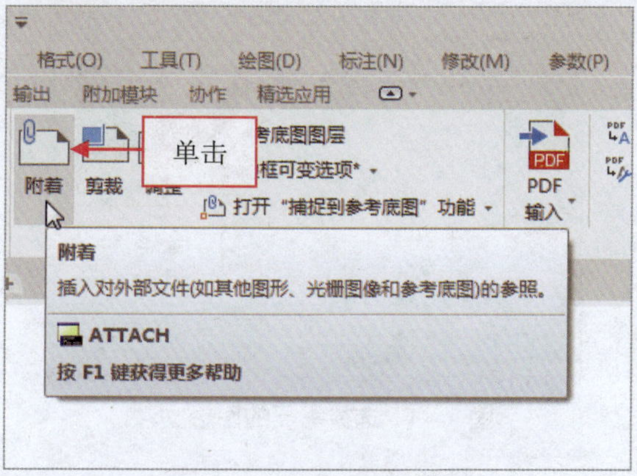


图 9-39　单击“附着”按钮

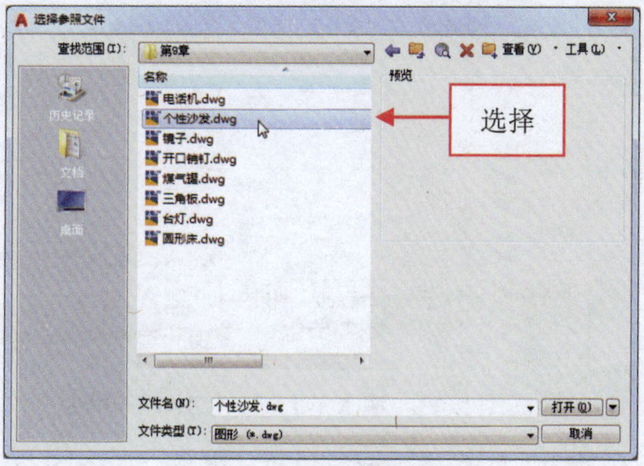


图 9-40　选择图形文件

**Step 04** 单击“确定”按钮，在命令行输入（100，100），并按【Enter】键确认，将图形插入到新建文件，即可附着外部参照图形，如图 9-42 所示。

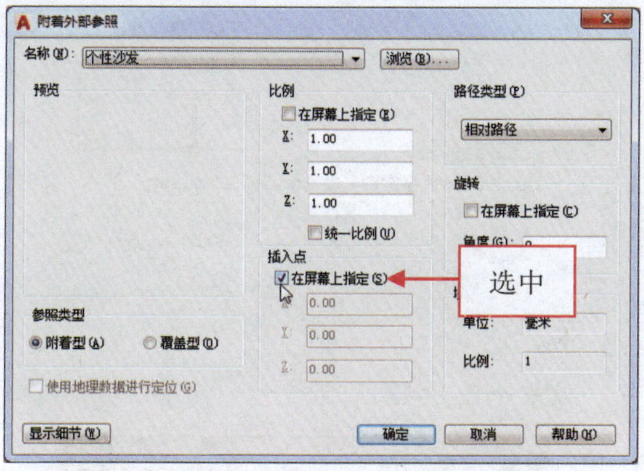


图 9-41　选中“在屏幕上指定”复选框

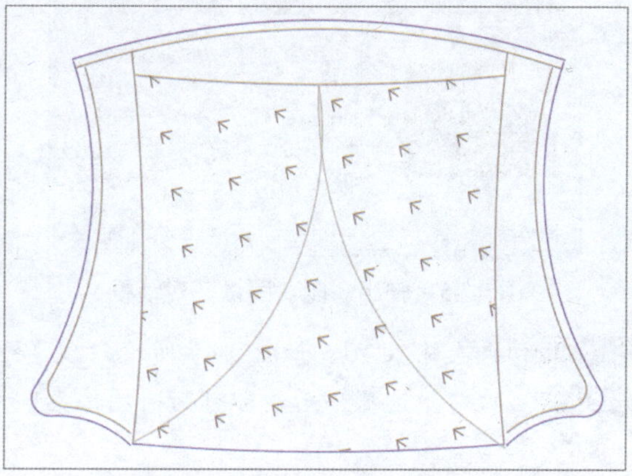

图 9-42　附着外部参照图形

> **▶ 专家指点**
>
> 单击快速访问工具栏右侧的下拉按钮，在弹出的列表框选择“显示菜单栏”选项，显示菜单栏，然后单击“插入”|“DWG 参照”命令，也可以调用“DWG 参照”命令。

## 9.3.2　附着图像参照

附着图像参照

在 AutoCAD 2020 中，可以附着图像参照。

**Step 01** 单击“菜单浏览器”按钮，在弹出的菜单列表中单击“新建”|“图

形”命令，新建空白图形文件，在命令行输入 IMAGEATTACH（光栅图像参照）命令，如图 9-43 所示。

**Step 02** 按【Enter】键确认，弹出“选择参照文件”对话框，选择需要的图形文件（资源\素材\第 9 章\客厅.bmp），如图 9-44 所示。

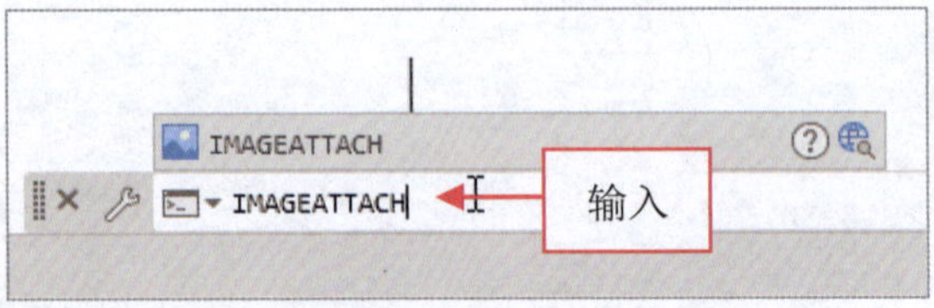


图 9-43　输入 IMAGEATTACH 命令

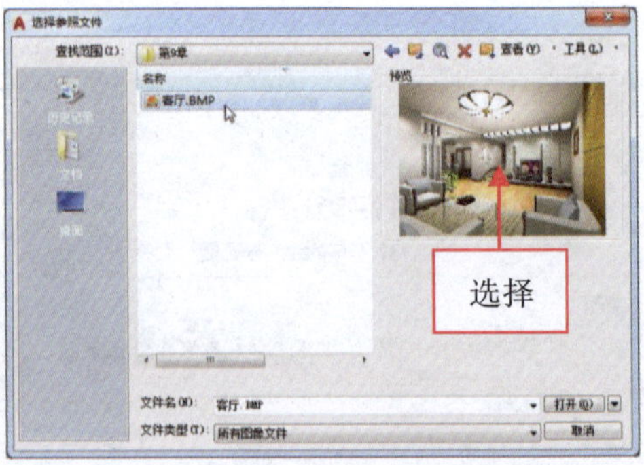


图 9-44　选择需要的图形文件

**Step 03** 单击“打开”按钮，弹出“附着图像”对话框，如图 9-45 所示。

**Step 04** 单击“确定”按钮，根据命令行提示进行操作，输入（2 000，500），如图 9-46 所示，按【Enter】键确认。

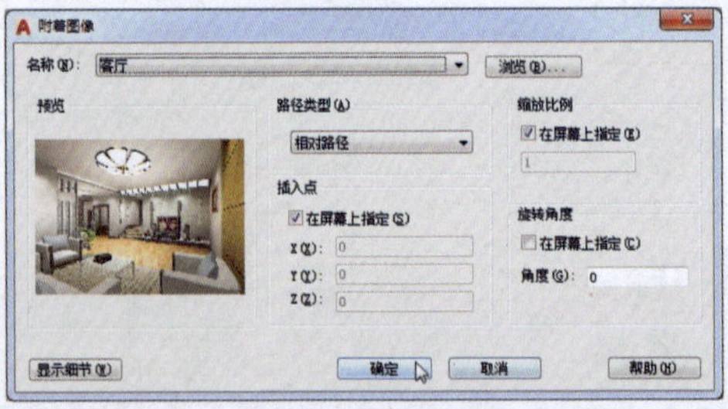

图 9-45　弹出“附着图像”对话框

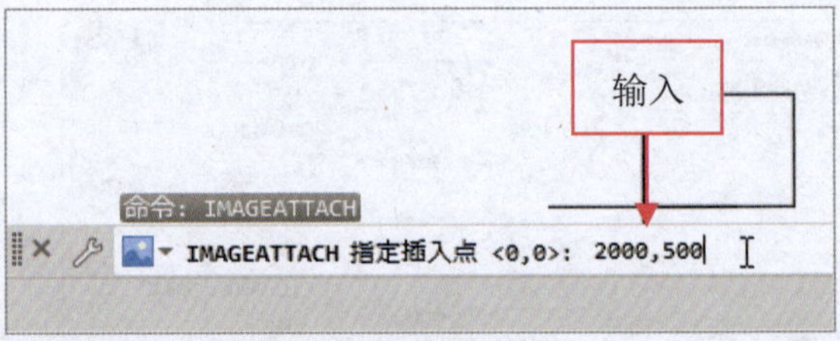


图 9-46　输入（2 000，500）

**Step 05** 再次输入 10，如图 9-47 所示，按【Enter】键确认。

**Step 06** 执行上述操作后，即可附着图像参照文件，效果如图 9-48 所示。

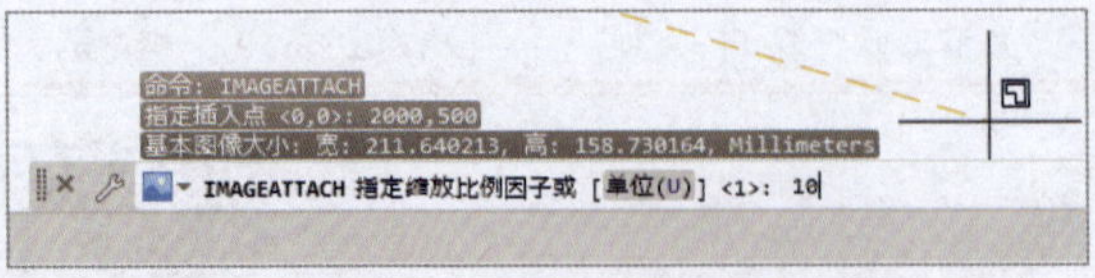


图 9-47　再次输入 10

图 9-48　附着图像参照文件

**▶ 专家指点**

显示菜单栏，单击“插入”|“光栅图像参照”命令，也可调用“光栅图像参照”命令。

### 9.3.3　附着 DWF 参考底图

附着 DWF 参考底图

在 AutoCAD 2020 中，附着 DWF 参考底图与附着外部参照功能相似，DWF 格式文件是一种从 DWG 格式文件创建的高度压缩的文件格式。可以将 DWF 文件作为参考图附着到图形文件上，通过附着 DWF 文件，可以参照该文件而不增加图形文件的大小。另外，DWG 格式文件支持实时平移和缩放以及对图层的显示和命名视图显示的控制。

**Step 01**　启动 AutoCAD 2020，在命令行输入 DWFATTACH（DWF 参考底图）命令，如图 9-49 所示。

**Step 02**　按【Enter】键确认，弹出“选择参照文件”对话框，在其中选择需要的图形文件（资源\素材\第 9 章\家庭影院.dwf），如图 9-50 所示。

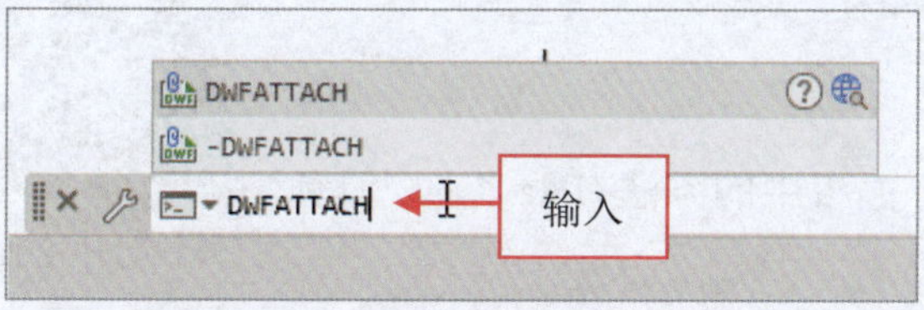


图 9-49　输入 DWFATTACH 命令

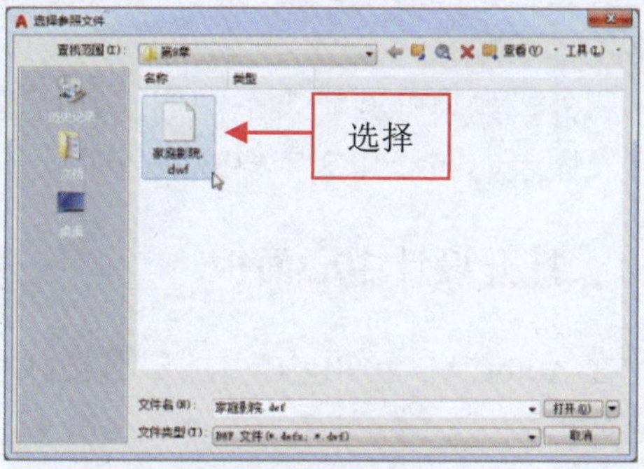


图 9-50　选择需要的图形文件

> **专家指点**
>
> 显示菜单栏，单击“插入”|“DWF 参考底图”命令，也可以调用“DWF 参考底图”命令。

**Step 03**　单击“打开”按钮，弹出“附着 DWF 参考底图”对话框，如图 9-51 所示。

**Step 04**　单击“确定”按钮，根据命令行提示进行操作，在命令行输入（1 500，500），如图 9-52 所示，按【Enter】键确认。

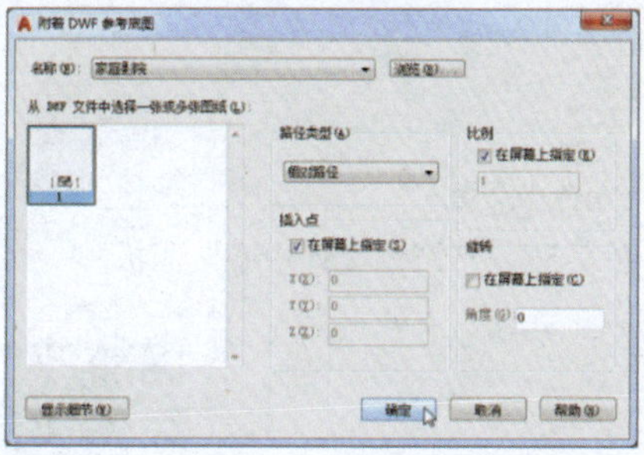

图 9-51　“附着 DWF 参考底图”对话框

图 9-52　在命令行输入（1 500，500）

**Step 05**　输入 0.4，如图 9-53 所示，按【Enter】键确认。

**Step 06**　执行上述操作后，即可附着 DWF 参考底图，效果如图 9-54 所示。

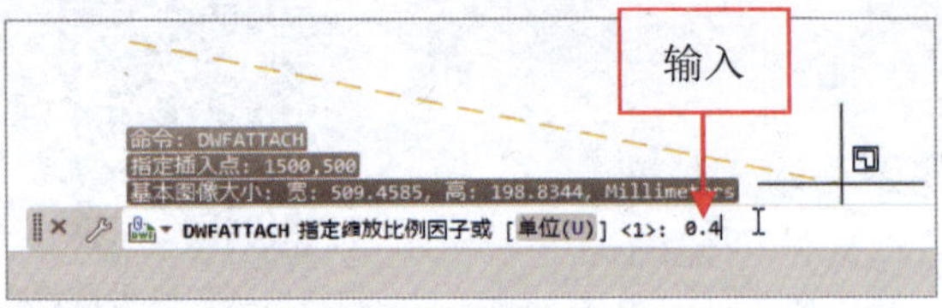


图 9-53　在命令行输入 0.4

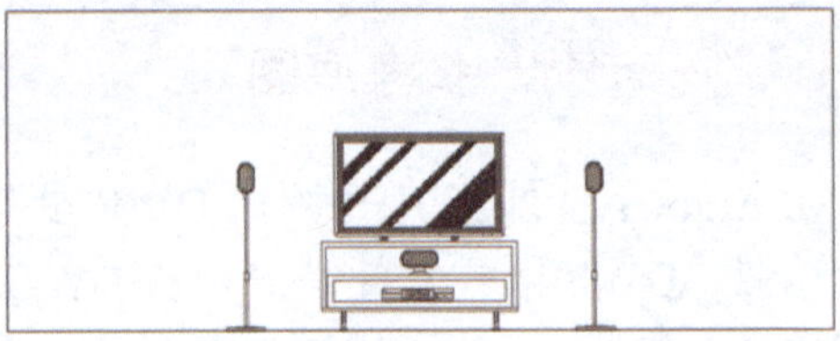

图 9-54　附着 DWF 参考底图

# 9.4　使用 AutoCAD 设计中心

在 AutoCAD 2020 中，AutoCAD 设计中心为提供了一个直观且高效的工具进行管理图形设计资源。利用它可以访问图形、块、图案填充和其他图形内容，可以将原图形中的任何内容拖曳到当前图形中，还可以将图形、块和填充拖曳至工具面板。原图可以位于的计算机、网络位置或网站。

另外，如果打开了多个图形，则可以通过设计中心，在图形之间复制和粘贴其他内容，如定义图层、布局和文字样式进行简化绘图过程。

## 9.4.1　打开设计中心面板

打开设计中心面板

在 AutoCAD 2020 中，打开“设计中心”面板中的方法有很多种，具体内容如下。

Step 01　启动 AutoCAD 2020，单击“功能区”选项板的“视图”选项卡，在“选项板”面板上单击“设计中心”按钮，如图 9-55 所示。

Step 02　执行上述操作后，即可打开“设计中心”面板，如图 9-56 所示。

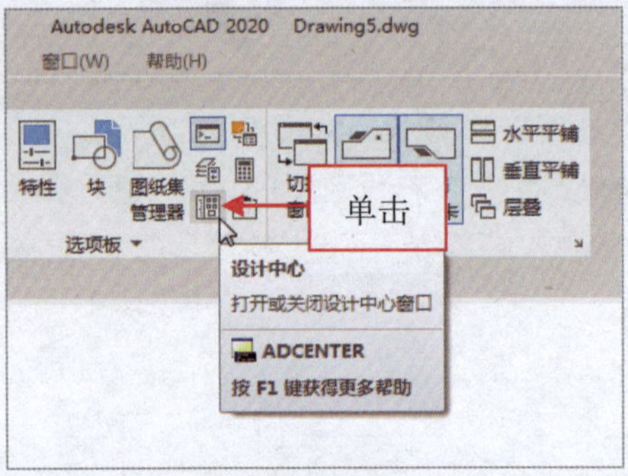


图 9-55　单击“设计中心”按钮

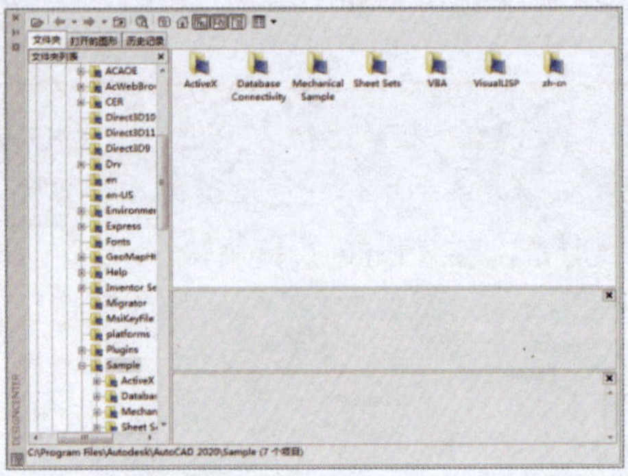

图 9-56　打开“设计中心”面板

## 9.4.2　查找对象

查找对象

在 AutoCAD 2020 中，使用设计中心的查找功能，可以方便地查找需要的文件。

**Step 01** 启动 AutoCAD 2020，单击“功能区”选项板中的“视图”选项卡，在“选项板”面板上单击“设计中心”按钮▦，打开“设计中心”面板，单击“搜索”按钮🔍，如图 9-57 所示。

**Step 02** 弹出“搜索”对话框，在“搜索文字”文本框中输入文件的名称，在“搜索”下拉列表中选择包含要查找文件的驱动器，单击“立即搜索”按钮，在下侧的列表框中即可显示搜索到的图形文件，如图 9-58 所示。

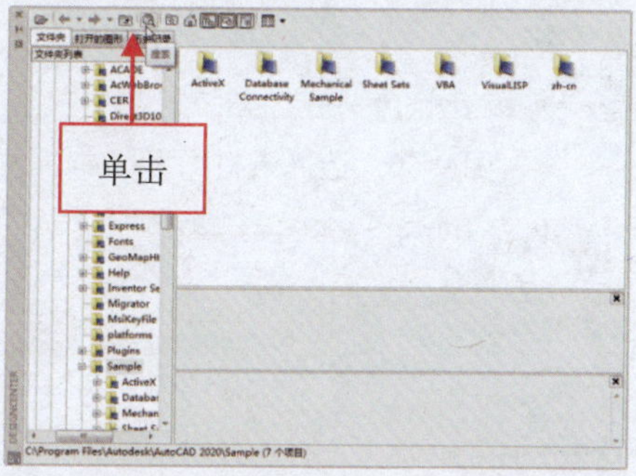


图 9-57　单击“搜索”按钮

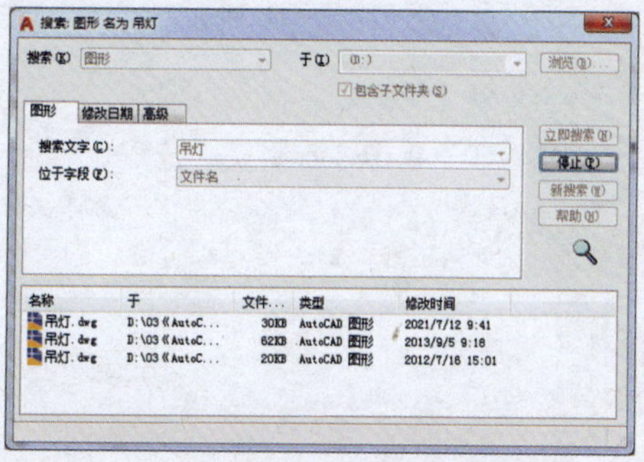

图 9-58　显示搜索到的图形文件

**▶ 专家指点**

可以通过以下四种方法执行“设计中心”命令。

- 菜单栏：单击菜单栏的“工具”｜“选项板”｜“设计中心”命令
- 命令行：输入 ADCENTER 命令
- 按钮法：在“功能区”选项板的“视图”选项卡中，单击“选项板”面板中的“设计中心”按钮▦。
- 快捷键：按【Ctrl + 2】组合键

## 9.4.3　收藏对象

收藏对象

在 AutoCAD 2020 中，利用 AutoCAD 设计中心的收藏功能，可以将常用的文件收集在一起，以便以后使用。

**Step 01** 启动 AutoCAD 2020，单击“功能区”选项板中的“视图”选项卡，在“选项板”面板上单击“设计中心”按钮▦，打开“设计中心”面板，单击“收藏夹”按钮，如图 9-59 所示。

**Step 02** 在“文件夹列表”模型树中，选择需要添加到收藏夹的素材图形，如图 9-60 所示。

**Step 03** 单击鼠标右键，在弹出的快捷菜单中选择“添加到收藏夹”选项，如图 9-61 所示。

**Step 04** 执行上述操作后，即可收藏图形对象，单击面板上方的“收藏夹”按钮，即可显示已收藏的素材图形，如图 9-62 所示。

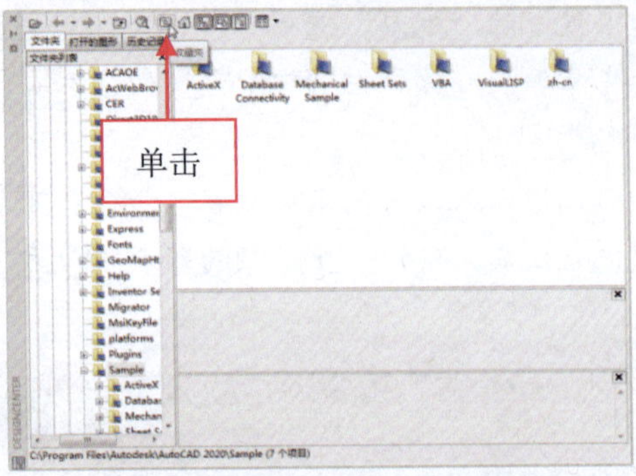


图 9-59　单击“收藏夹”按钮

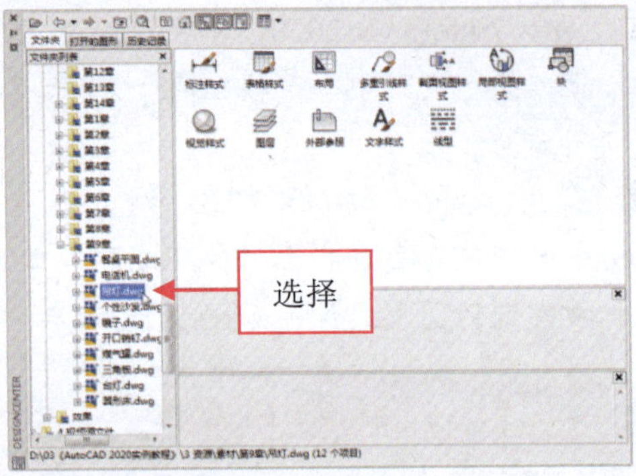


图 9-60　选择素材图形

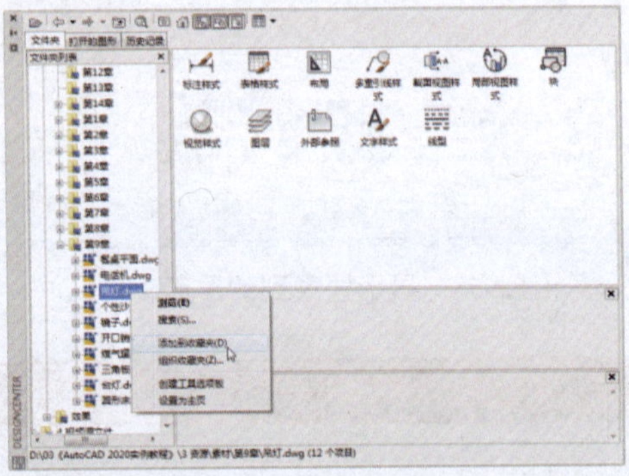

图 9-61　选择“添加到收藏夹”选项

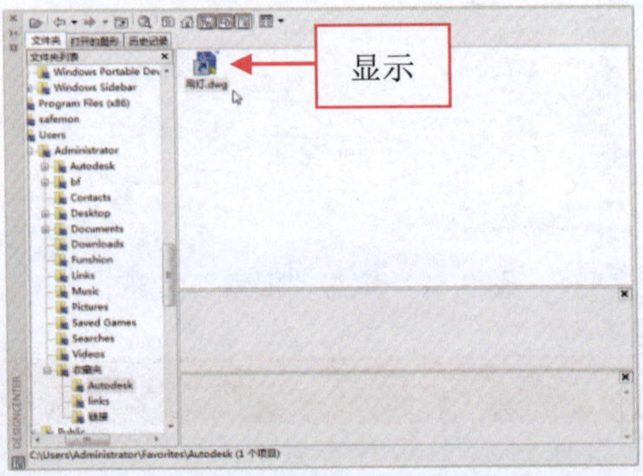


图 9-62　收藏图形对象

## 9.4.4　预览对象

预览对象

在 AutoCAD 2020 中，使用 AutoCAD 设计中心的预览功能，可以显示图形的预览效果。

**Step 01**　按【Ctrl + O】组合键，打开素材图形（资源\素材\第 9 章\餐桌平面.dwg），如图 9-63 所示。

**Step 02**　单击“功能区”选项板的“视图”选项卡，在“选项板”面板上单击“设计中心”按钮▦，打开“设计中心”面板，在“文件夹列表”模型树中选择素材文件夹中的第 9 章，如图 9-64 所示。

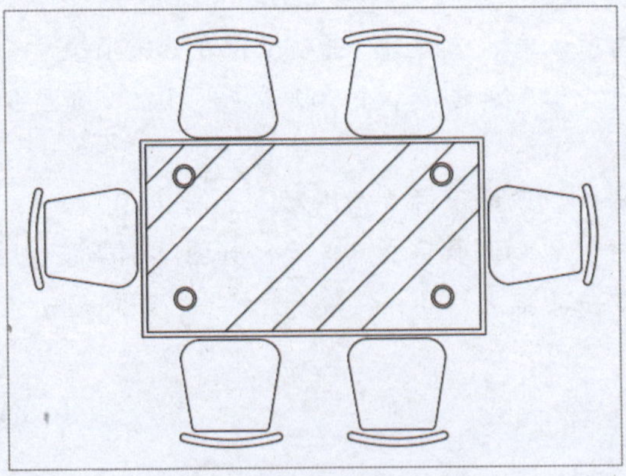

图 9-63　打开素材图形

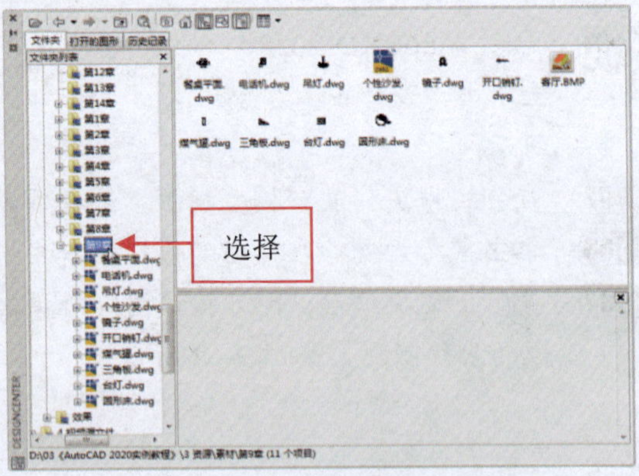


图 9-64　选择第 9 章

Step03　在控制板中选择“餐桌平面.dwg”选项，如图 9-65 所示。

Step04　单击面板上方的“预览”按钮，即可预览图形对象，如图 9-66 所示。

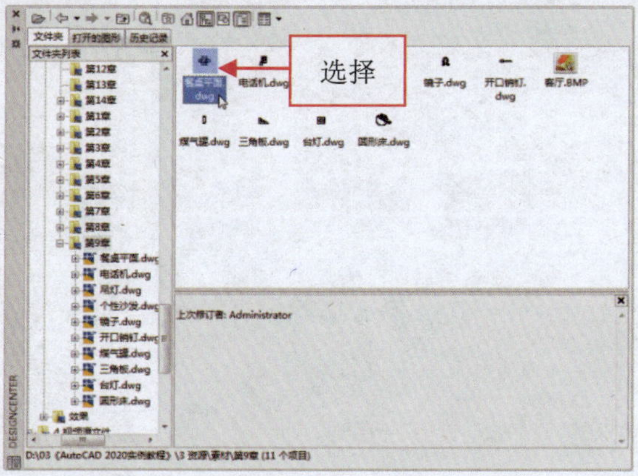


图 9-65　选择“餐桌平面”选项

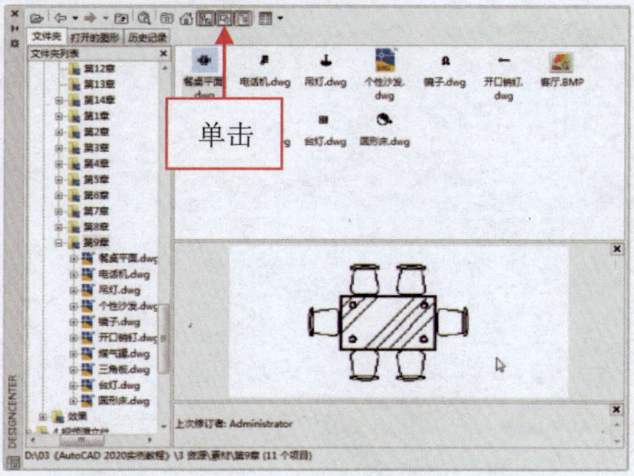


图 9-66　预览图形对象

# 本章小结

本章主要向读者介绍了管理图块与设计中心的操作方法，主要包括创建图块、编辑图块、使用外部参照，以及使用 AutoCAD 设计中心等内容。通过本章的学习，希望读者能够很好地掌握图块与设计中心的操作方法。

# 课后习题

课后习题

鉴于本章知识的重要性，为了帮助读者更好地掌握所学知识，本节将通过上机习题，帮助读者进行简单的知识回顾和补充。

本习题需要掌握创建带有属性的块的操作方法，如图 9-67 所示。

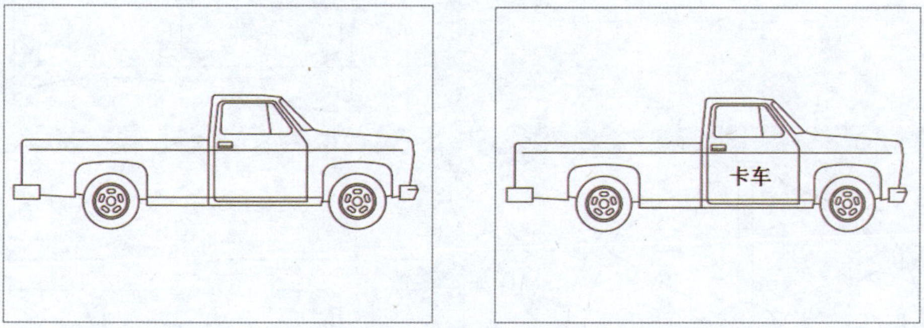


图 9-67　素材与效果文件对比

# 第 10 章 创建与设置尺寸标注

10

在 AutoCAD 2020 中，尺寸标注主要用于描述对象各组成部分的大小及相对位置关系，是实际生产中的重要依据，而尺寸标注在工程绘图中也是不可缺少的一个重要环节。使用尺寸标注，可以清晰地查看图形的真实尺寸。本章主要向读者介绍创建与设置尺寸标注的操作方法。

**本章重点**

- 创建与设置标注样式
- 创建图形的尺寸标注
- 编辑图形的尺寸标注

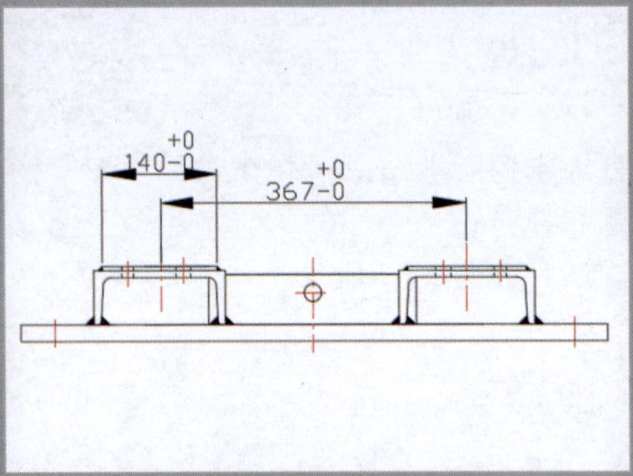

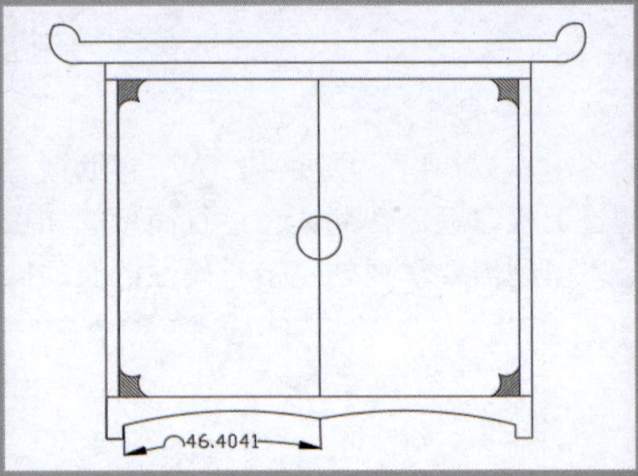

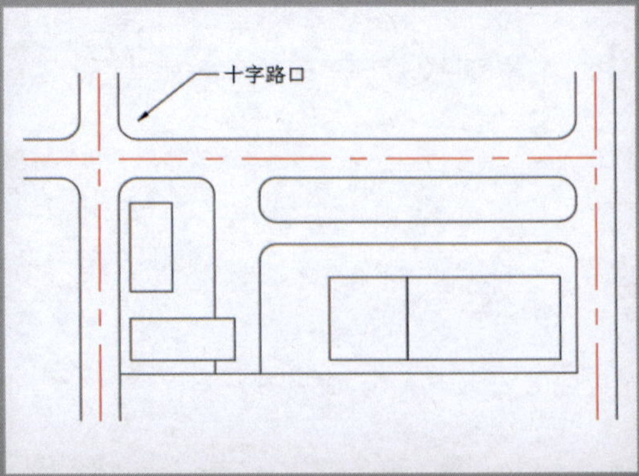

# 10.1 创建与设置标注样式

标注样式是决定尺寸标注形式的尺寸变量设置集合，使用标注样式可以控制标注的格式和外观，建立严格的绘图标准，并且有利于对标注格式及用途修改。本节主要介绍创建与设置标注样式的操作方法。

## 10.1.1 创建标注样式

创建标注样式

为了便于管理标注样式，AutoCAD 2020 提供了“标注样式管理器”对话框，在其中可以创建和修改标注样式。

**Step 01** 启动 AutoCAD 2020，单击“功能区”选项板中的“注释”选项卡，在“标注”面板上单击“标注、标注样式”按钮 ，如图 10-1 所示。

**Step 02** 弹出“标注样式管理器”对话框，单击“新建”按钮，如图 10-2 所示。

图 10-1 单击“标注、标注样式”按钮

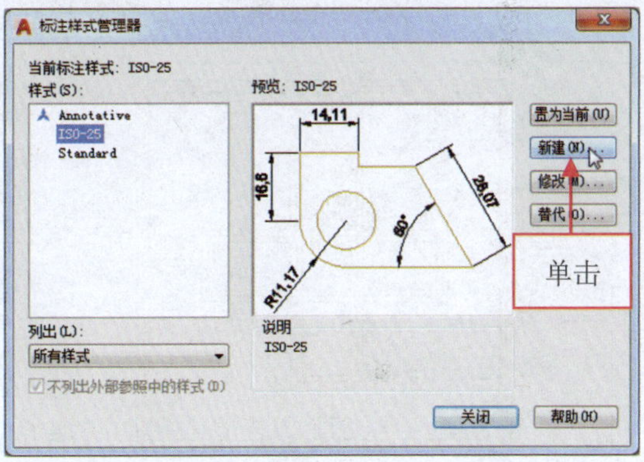


图 10-2 单击“新建”按钮

**Step 03** 弹出“创建新标注样式”对话框，在“新样式名”文本框中输入“设计标注”，单击“继续”按钮，如图 10-3 所示。

**Step 04** 弹出“新建标注样式：设计标注”对话框，单击“确定”按钮，如图 10-4 所示，返回“标注样式管理器”对话框，单击“置为当前”按钮，即可创建标注样式。

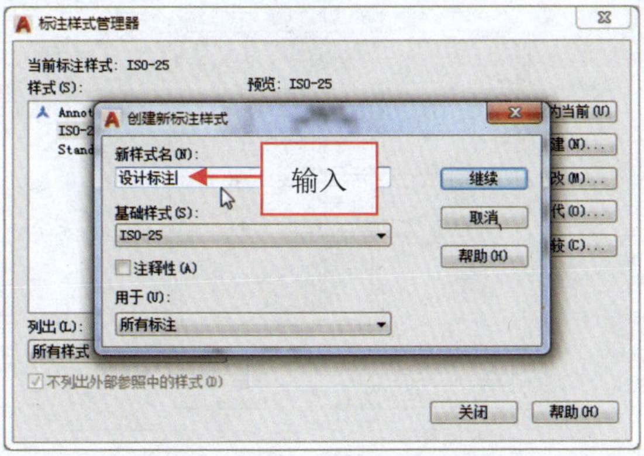


图 10-3 输入“设计标注”

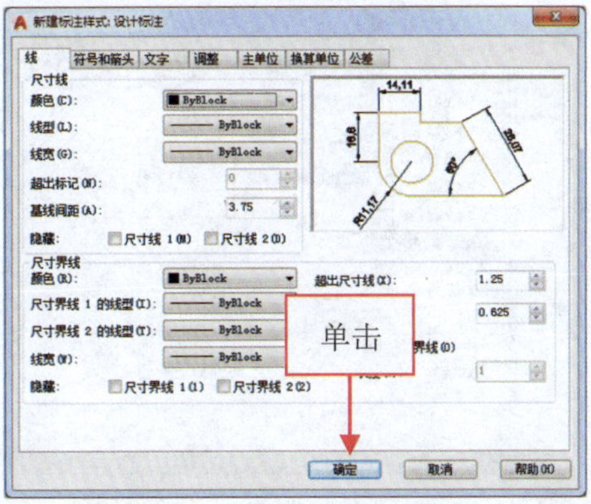


图 10-4 单击“确定”按钮

**▶ 专家指点**

在 AutoCAD 2020 中，还可以通过以下三种方法，调用“标注样式”命令。

➢ 命令 1：在命令行输入 DIMSTYLE（标注样式）命令，按【Enter】键确认。

➢ 命令 2：在命令行输入 D（标注样式）命令，按【Enter】键确认。

➢ 命令 3：显示菜单栏，单击“格式”|“标注样式”命令。

## 10.1.2　设置标注文字

设置标注文字

在“修改标注样式”对话框中，单击“文字”选项卡，可以设置文字的外观、位置和对齐方式等属性。下面介绍设置标注文字的操作方法。

**Step 01** 按【Ctrl＋O】组合键，打开素材图形（资源\素材\第 10 章\设置标注文字.dwg），如图 10-5 所示。

**Step 02** 在命令行输入 DIMSTYLE（标注样式）命令，并按【Enter】键确认，弹出“标注样式管理器”对话框，单击“修改”按钮，如图 10-6 所示。

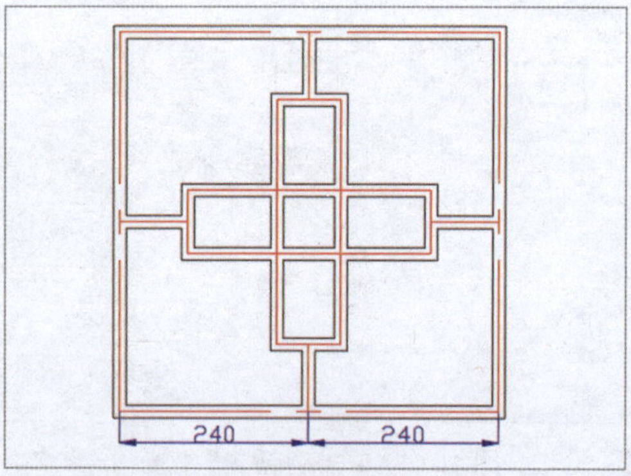


图 10-5　打开素材图形

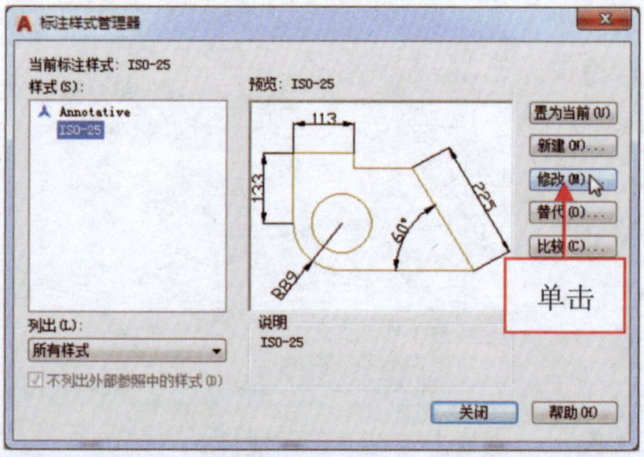


图 10-6　单击“修改”按钮

**Step 03** 弹出“修改标注样式：ISO-25”对话框，在“文字”选项卡，单击“文字颜色”右侧的下拉按钮，在弹出的列表框选择“红”选项，如图 10-7 所示。

**Step 04** 依次单击“确定”和“关闭”按钮，设置标注文字效果，如图 10-8 所示。

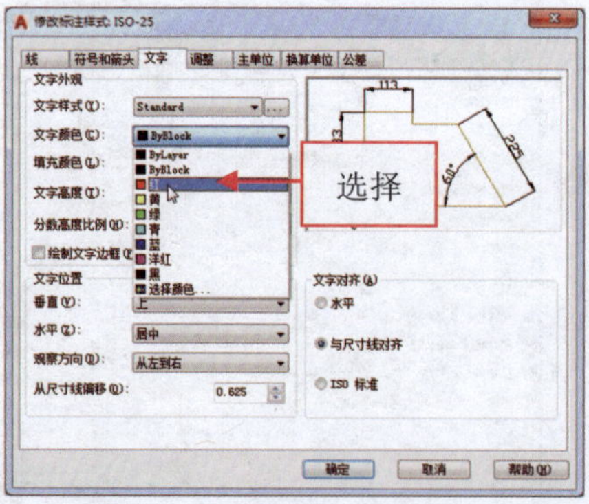


图 10-7　选择“红”选项

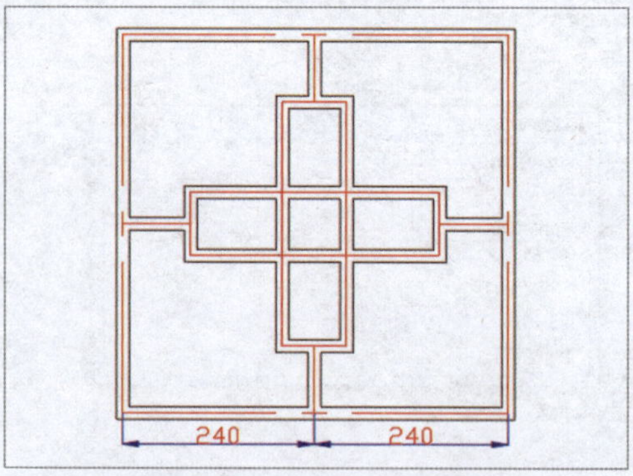


图 10-8　设置标注文字效果

## 10.1.3　设置标注比例

在"修改标注样式"对话框，单击"调整"选项卡，可以设置标注文字、箭头、引线和尺寸线的放置位置等。下面介绍设置标注比例的操作方法。

设置标注比例

**Step 01**　按【Ctrl + O】组合键，打开素材图形（资源\素材\第 10 章\楔键.dwg），如图 10-9 所示。

**Step 02**　在命令行输入 DIMSTYLE（标注样式）命令，并按【Enter】键确认，弹出"标注样式管理器"对话框，单击"修改"按钮，如图 10-10 所示。

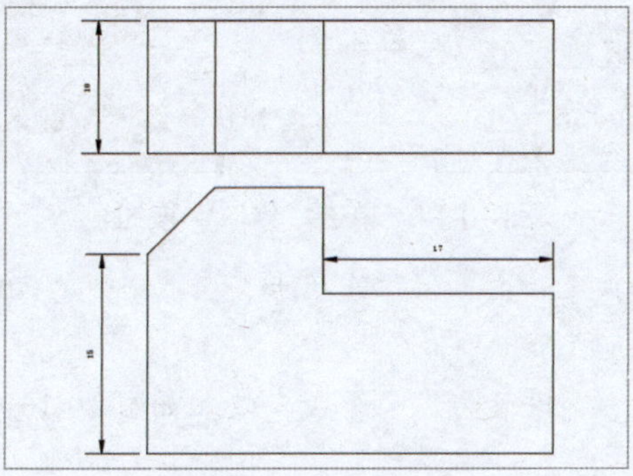

图 10-9　打开素材图形

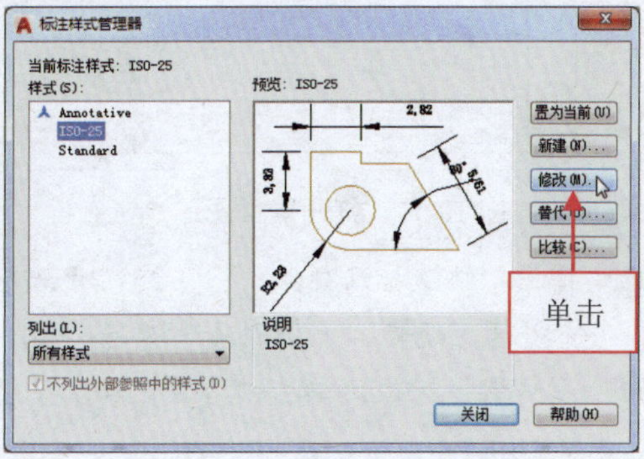


图 10-10　单击"修改"按钮

**Step 03**　弹出"修改标注样式: ISO-25"对话框，在"调整"选项卡的"标注特征比例"选项区，选中"使用全局比例"单选按钮，在右侧设置为 2，如图 10-11 所示。

**Step 04**　依次单击"确定"和"关闭"按钮，设置标注调整比例，效果如图 10-12 所示。

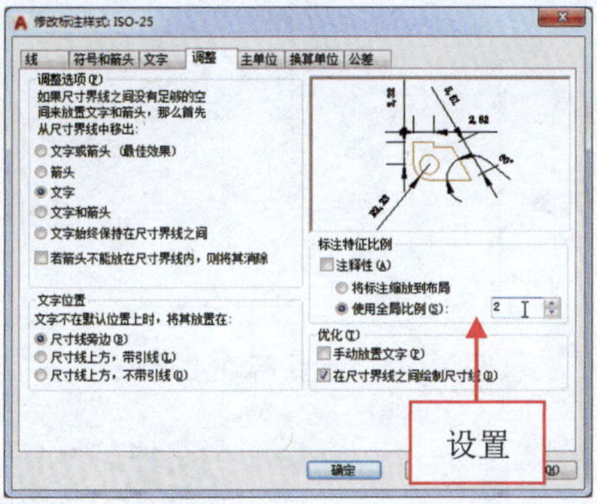


图 10-11　选中"使用全局比例"单选按钮

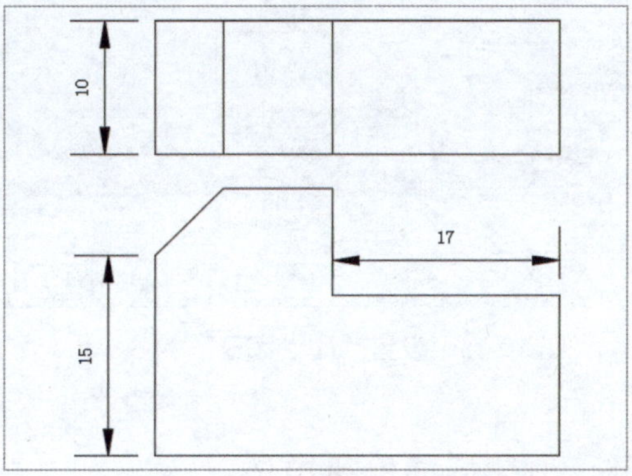


图 10-12　设置标注调整比例

## 10.1.4　设置标注主单位

在 AutoCAD 2020 中，可以设置主单位的格式与精度等属性，具体操作方法如下。

设置标注主单位

**Step 01**　按【Ctrl + O】组合键，打开素材图形（资源\素材\第 10 章\设置标注主单位.dwg），如图 10-13 所示。

Step 02 在命令行输入 DIMSTYLE（标注样式）命令，并按【Enter】键确认，弹出“标注样式管理器”对话框，单击“修改”按钮，如图 10-14 所示。

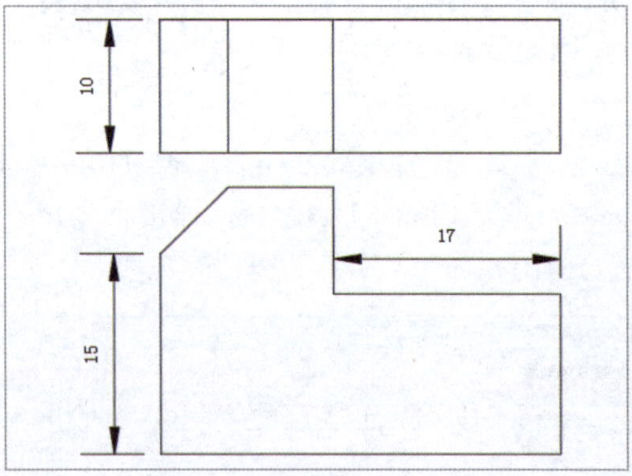

图 10-13 打开素材图形

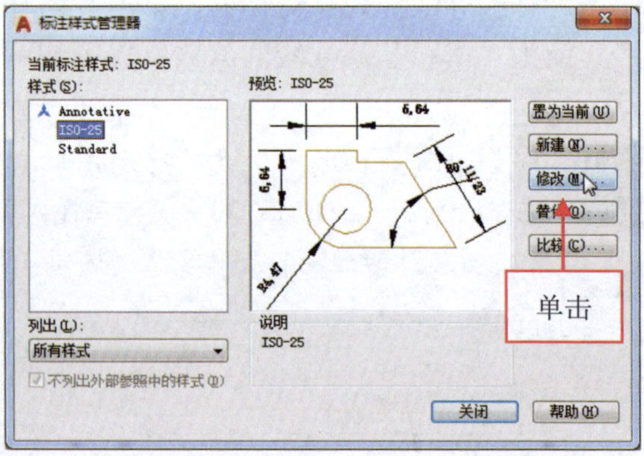

图 10-14 单击“修改”按钮

Step 03 弹出“修改标注样式：ISO-25”对话框，切换至“主单位”选项卡，在“测量单位比例”选项区，设置“比例因子”为 5，如图 10-15 所示。

Step 04 设置完成后依次单击“确定”和“关闭”按钮，设置标注主单位，效果如图 10-16 所示。

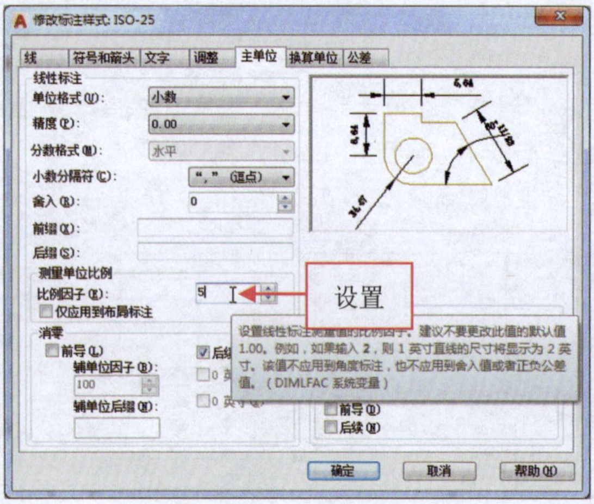

图 10-15 设置“比例因子”为 5

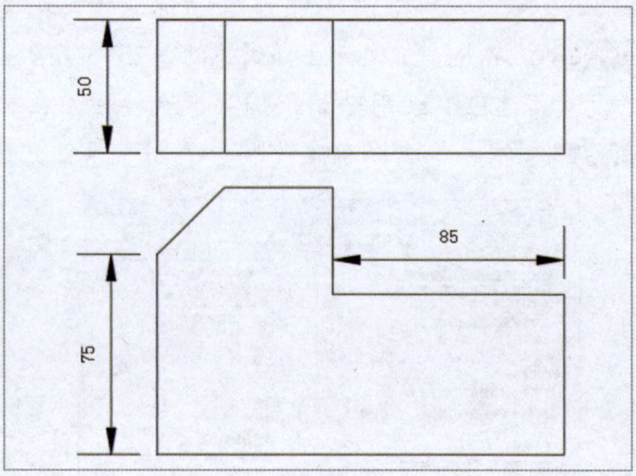

图 10-16 设置标注主单位

## 10.1.5 设置标注换算单位

设置标注换算单位

在“修改标注样式”对话框，单击“换算单位”选项卡，可以设置换算单位的格式与精度等属性。在 AutoCAD 2020 中，通过换算标注单位，可以转换不同测量单位制的标注，通过常显示英制标注的等效公制标注或公制标注的等效英制标注。在标注文字中，换算标注单位显示在主单位旁边的方括号内。

Step01　按【Ctrl + O】组合键，打开素材图形（资源\素材\第 10 章\设置标注换算单位.dwg），如图 10-17 所示。

Step02　在命令行输入 DIMSTYLE（标注样式）命令，并按【Enter】键确认，弹出“标注样式管理器”对话框，单击“修改”按钮，如图 10-18 所示。

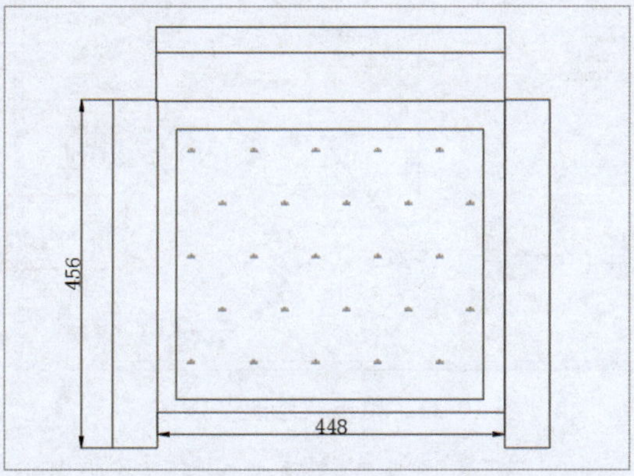


图 10-17　打开素材图形

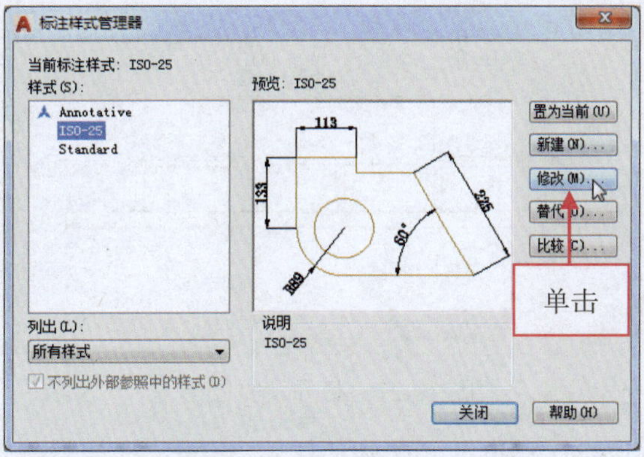


图 10-18　单击“修改”按钮

Step03　弹出“修改标注样式：ISO-25”对话框，切换至“换算单位”选项卡，选中“显示换算单位”复选框，单击“精度”右侧的下拉按钮，在弹出的列表框中选择“0.000”选项，如图 10-19 所示。

Step04　依次单击“确定”和“关闭”按钮，设置标注换算单位，效果如图 10-20 所示。

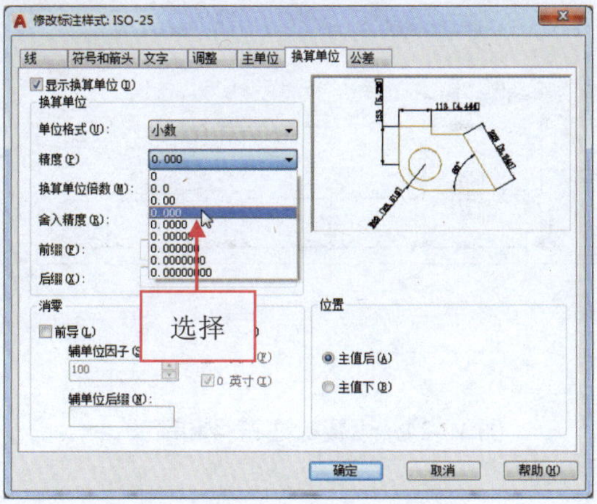


图 10-19　选择“0.000”选项

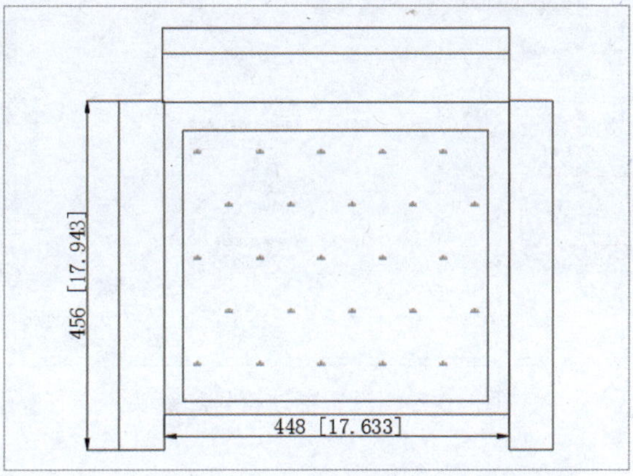


图 10-20　设置标注换算单位

## 10.1.6　设置标注符号和箭头

设置标注符号和箭头

在 AutoCAD 2020 中，可以设置标注的符号和箭头。

Step01　按【Ctrl + O】组合键，打开素材图形（资源\素材\第 10 章\设置标注符号和箭头.dwg），如图 10-21 所示。

Step 02 在命令行输入 DIMSTYLE（标注样式）命令，并按【Enter】键确认，弹出“标注样式管理器”对话框，单击“修改”按钮，如图 10-22 所示。

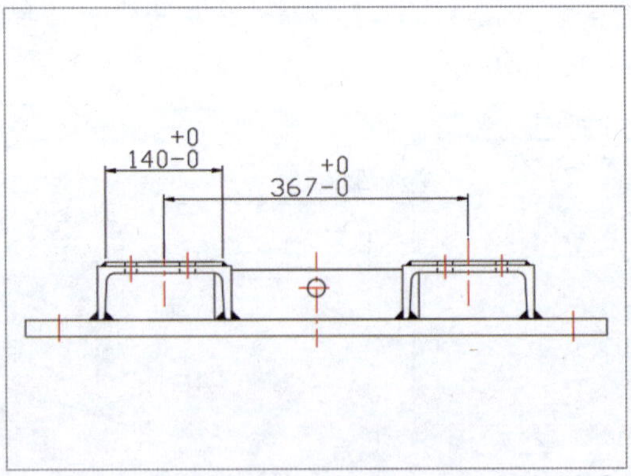


图 10-21　打开素材图形

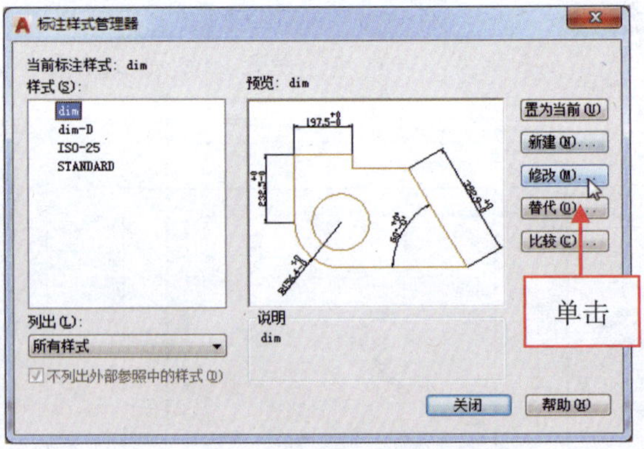


图 10-22　单击“修改”按钮

Step 03 弹出“修改标注样式：dim”对话框，切换至“符号和箭头”选项卡，在“箭头大小”数值框中输入 10，如图 10-23 所示。

Step 04 依次单击“确定”和“关闭”按钮，设置标注符号和箭头，如图 10-24 所示。

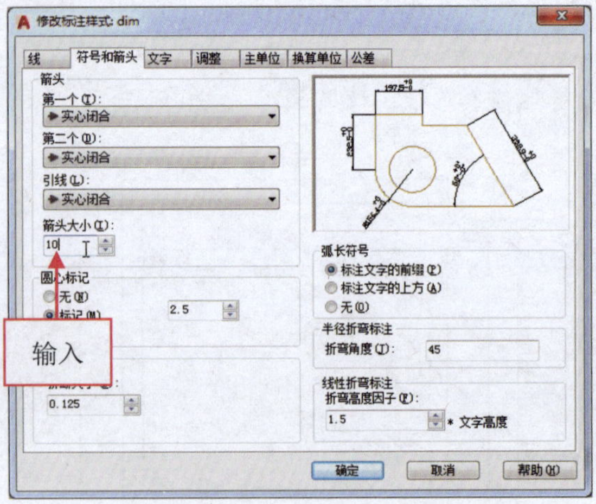


图 10-23　设置标注符号和箭头

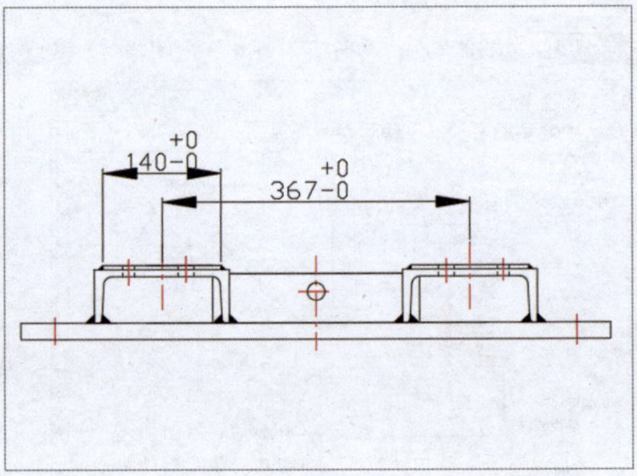


图 10-24　设置标注符号和箭头

## 10.2　创建图形的尺寸标注

在 AutoCAD 2020 中，设置好标注样式后，即可使用该样式标注对象。常用的长度型尺寸标注主要有线性标注、对齐标注、基线标注和连续标注等类型。本节主要介绍创建图形的尺寸标注的操作方法。

### 10.2.1　创建线性尺寸标注

创建线性尺寸标注

在 AutoCAD 2020 中，线性尺寸标注主要用来标注当前坐标系

XY 平面中两点之间的距离。可以直接指定标注定义点，也可以通过指定标注对象的方法来定义标注点。

**Step 01** 按【Ctrl + O】组合键，打开素材图形（资源\素材\第 10 章\电梯立面图.dwg），如图 10-25 所示。

**Step 02** 在“功能区”选项板的“注释”选项卡，单击“标注”面板中的“线性”按钮，如图 10-26 所示。

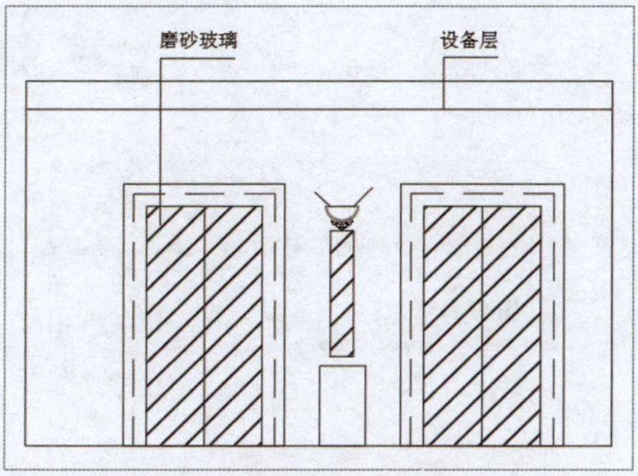


图 10-25 打开素材图形

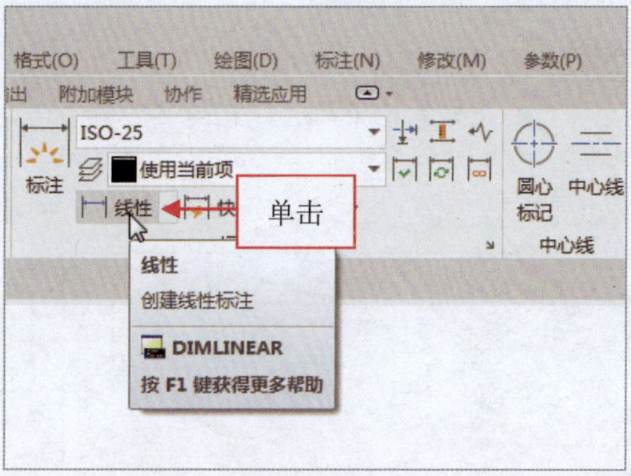


图 10-26 单击“线性”按钮

### ▶ 专家指点

在 AutoCAD 2020 中，还可以通过以下四种方法，调用“线性”命令。

- 命令 1：在命令行输入 DIMLINEAR（线性）命令，按【Enter】键确认。
- 命令 2：在命令行输入 DLI（线性）命令，按【Enter】键确认。
- 命令 3：显示菜单栏，单击“标注”|“线性”命令。
- 按钮：单击“功能区”选项板的“常用”选项卡，在“注释”面板上单击“线性”按钮。

**Step 03** 根据命令行提示进行操作，在绘图区最下方的直线左侧单击鼠标左键并向右拖曳，至合适端点再次单击鼠标左键，确定两点之间的标注线段，如图 10-27 所示。

**Step 04** 向下拖曳鼠标，至合适位置后单击鼠标左键，即可创建线性尺寸标注，效果如图 10-28 所示。

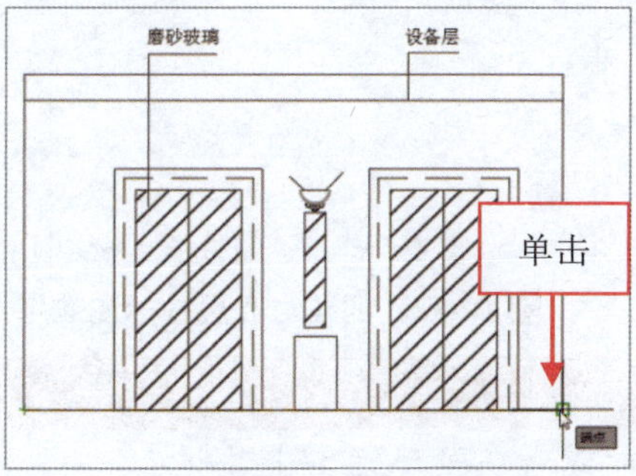


图 10-27 确定两点之间的标注线段

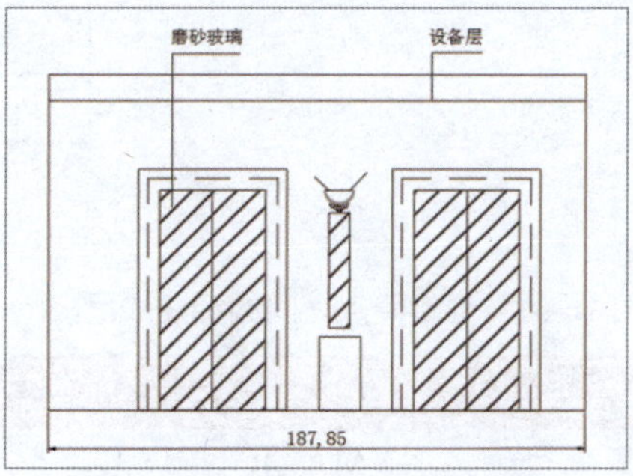


图 10-28 创建线性尺寸标注效果

### 10.2.2 创建对齐尺寸标注

创建对齐尺寸标注

在机械制图过程中，经常需要标注倾斜线段的实际长度，当需要得到线段的实际长度，而线段的倾斜角度未知时，就需要使用 AutoCAD 2020 提供的对齐标注功能。

**Step 01** 按【Ctrl + O】组合键，打开素材图形（资源\素材\第 10 章\支撑块.dwg），如图 10-29 所示。

**Step 02** 在“功能区”选项板的“注释”选项卡中，单击“标注”面板上的“线性”按钮，在弹出的列表框中单击“已对齐”按钮，如图 10-30 所示。

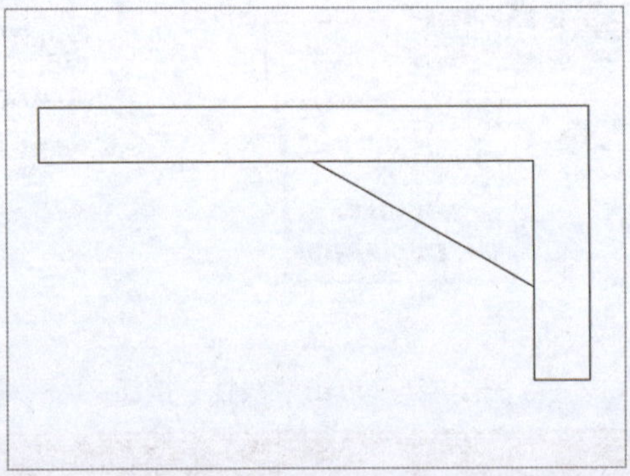

图 10-29 打开素材图形

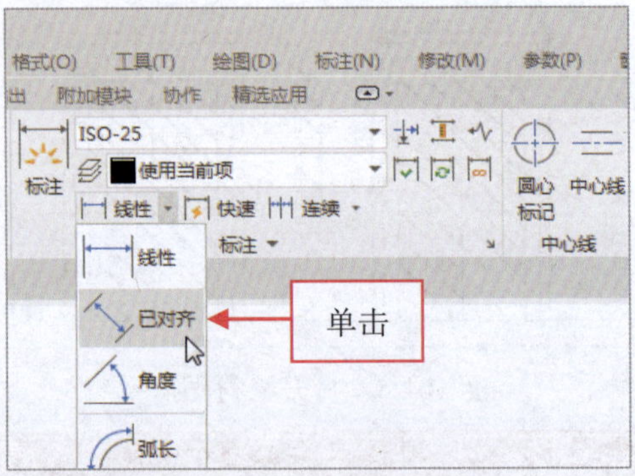


图 10-30 单击“已对齐”按钮

**Step 03** 根据命令行提示进行操作，在绘图区合适的端点单击鼠标左键，向右下方拖曳鼠标，至合适端点再次单击鼠标左键，确定两点之间的标注线段，如图 10-31 所示。

**Step 04** 向左下方拖曳鼠标，至合适位置后单击鼠标左键，即可创建对齐尺寸标注，效果如图 10-32 所示。

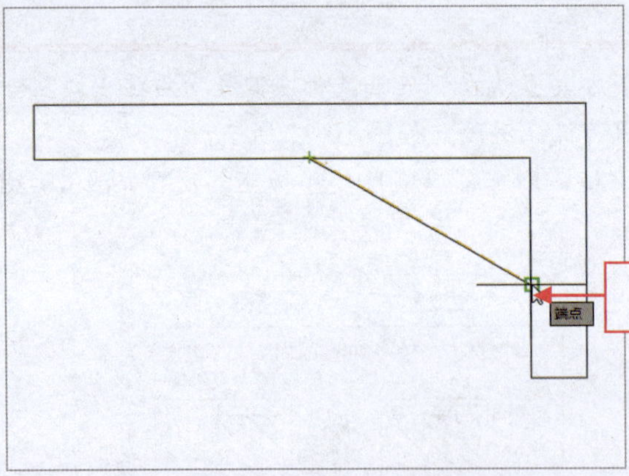


图 10-31 确定两点之间的标注线段

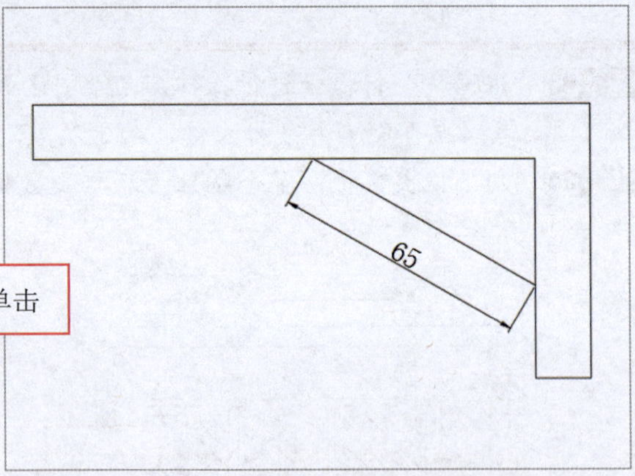


图 10-32 创建对齐尺寸标注效果

> **▶ 专家指点**
>
> 在命令行输入 DIMALIGNED（对齐）命令，或者在菜单栏单击“标注”|“对齐”命令，也可以调用“对齐”命令。

## 10.2.3　创建弧长尺寸标注

创建弧长尺寸标注

在 AutoCAD 2020 中，弧长尺寸标注主要用于测量和显示圆弧的长度。

**Step 01** 按【Ctrl + O】组合键，打开素材图形（资源\素材\第 10 章\柜子立面图.dwg），如图 10-33 所示。

**Step 02** 在“功能区”选项板的“注释”选项卡，单击“标注”面板中的“线性”按钮，在弹出的列表框中单击“弧长”按钮，如图 10-34 所示。

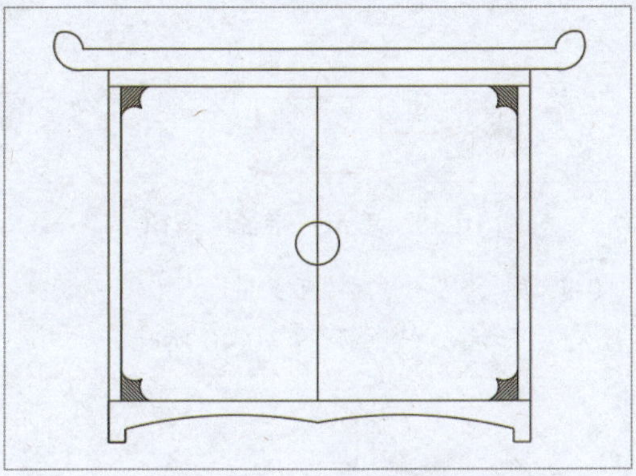

图 10-33　打开素材图形

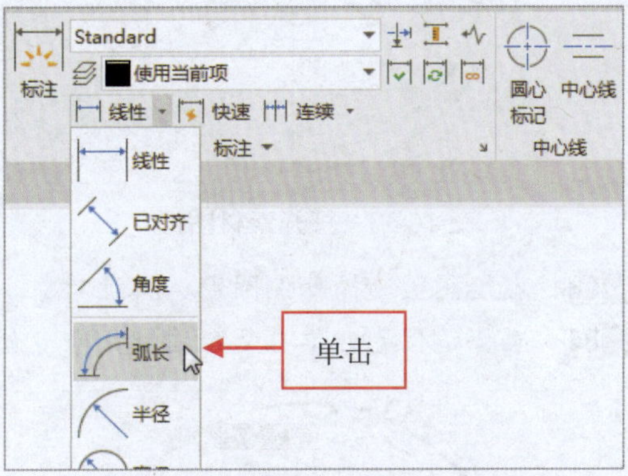


图 10-34　单击“弧长”按钮

**Step 03** 根据命令行提示进行操作，选择需要标注尺寸的圆弧，如图 10-35 所示。

**Step 04** 向下拖曳鼠标，至合适位置后单击鼠标左键，即可创建弧长尺寸标注，效果如图 10-36 所示。

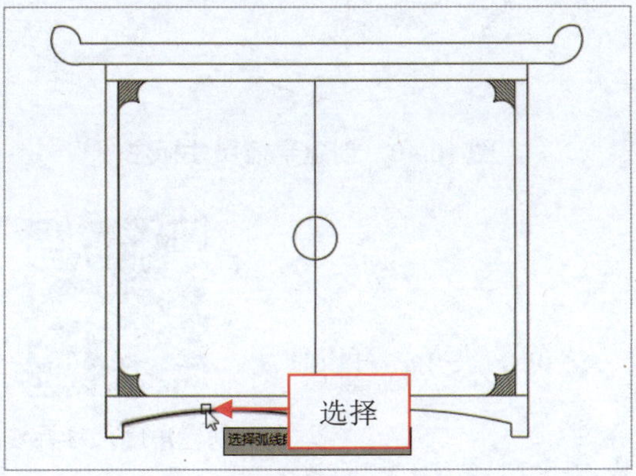


图 10-35　选择需要标注尺寸的圆弧

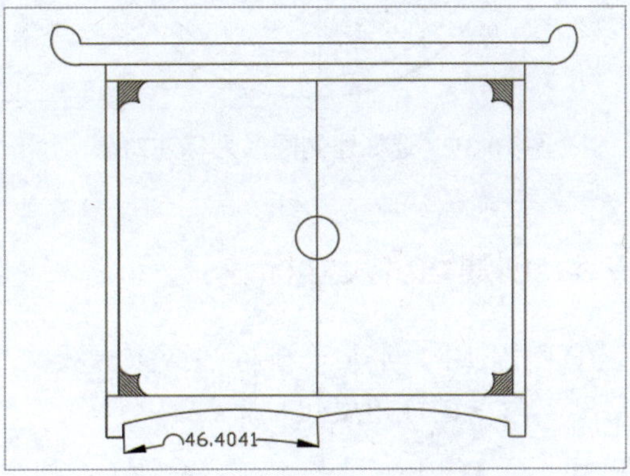


图 10-36　创建弧长尺寸标注

## 10.2.4　创建半径尺寸标注

创建半径尺寸标注

在 AutoCAD 2020 中，标注半径就是标注圆或圆弧的半径尺寸。

**Step 01** 按【Ctrl + O】组合键，打开素材图形（资源\素材\第 10 章\手轮.dwg），如图 10-37 所示。

Step 02 在“功能区”选项板的“注释”选项卡中，单击“标注”面板上的“线性”按钮，在弹出的列表框中单击“半径”按钮，如图 10-38 所示。

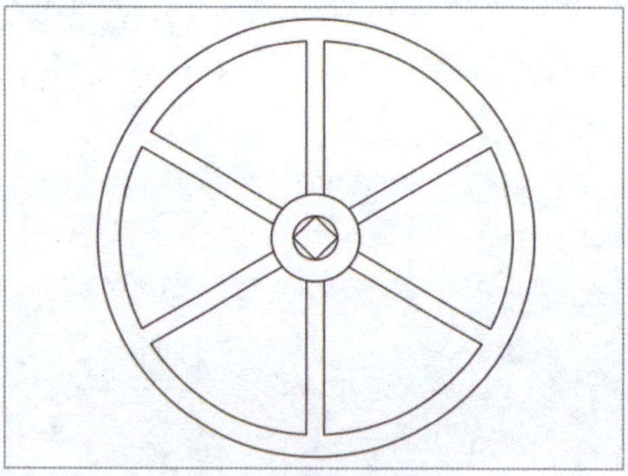

图 10-37　打开素材图形

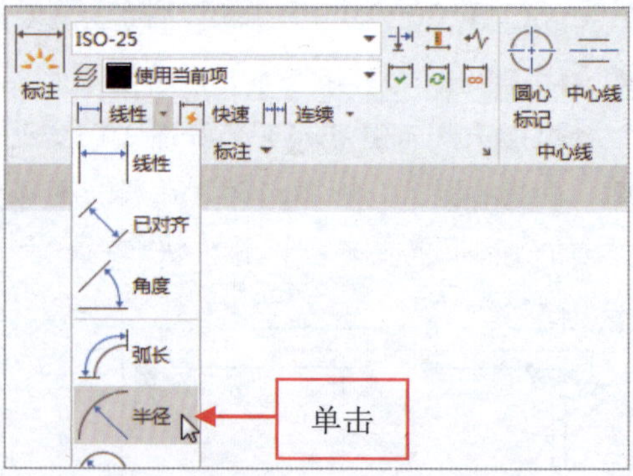


图 10-38　单击“半径”按钮

Step 03 在绘图区选择外侧圆形为标注对象，如图 10-39 所示，并向右拖曳鼠标。

Step 04 至合适位置后单击鼠标左键，即可创建半径尺寸标注，效果如图 10-40 所示。

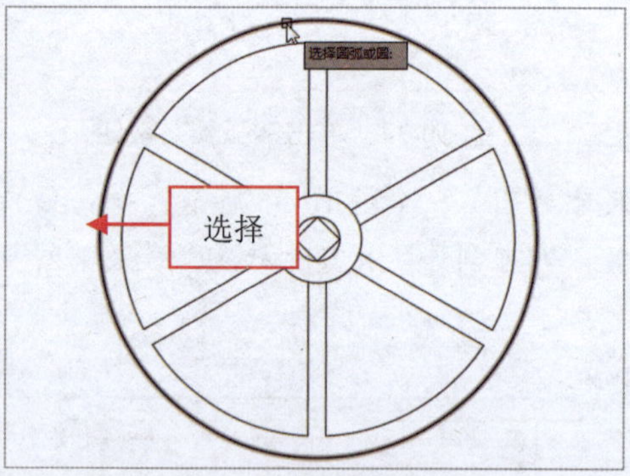


图 10-39　选择外侧圆形为标注对象

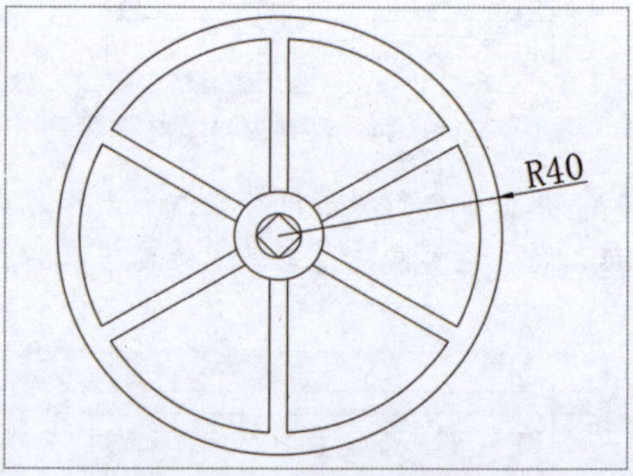


图 10-40　创建半径尺寸标注

## 10.2.5　创建角度尺寸标注

在工程图中，常常需要标注两条直线或 3 个点之间的夹角，可以使用“角度”命令进行角度尺寸标注。

创建角度尺寸标注

Step 01 按【Ctrl + O】组合键，打开素材图形（资源\素材\第 10 章\基米螺丝.dwg），如图 10-41 所示。

Step 02 在“功能区”选项板的“注释”选项卡，单击“标注”面板中的“线性”按钮，在弹出的列表框单击“角度”按钮，如图 10-42 所示。

Step 03 根据命令行提示进行操作，在绘图区选择需要创建角度尺寸标注的第一条直线，再选择需要创建角度尺寸标注的第二条直线，如图 10-43 所示。

Step 04 执行上述操作后，向右拖曳鼠标，至合适位置后单击鼠标左键，即可创建角度尺寸标注，效果如图 10-44 所示。

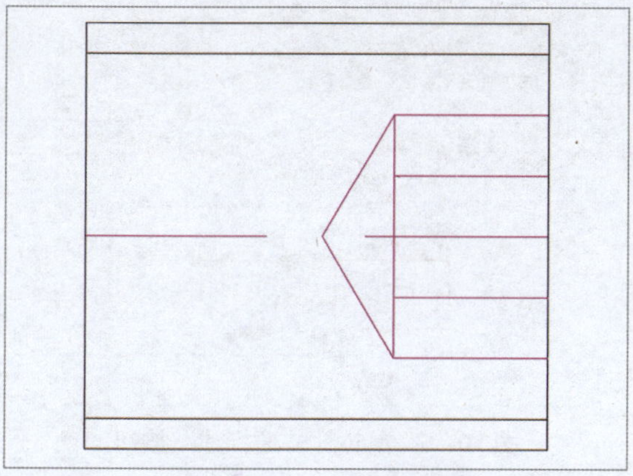

图 10-41　打开素材图形

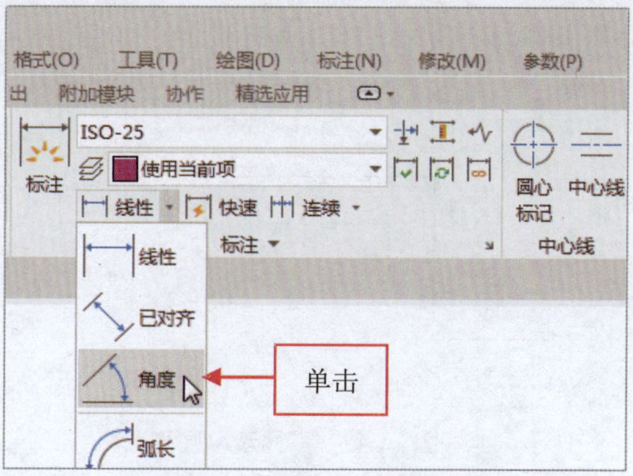


图 10-42　单击“角度”按钮

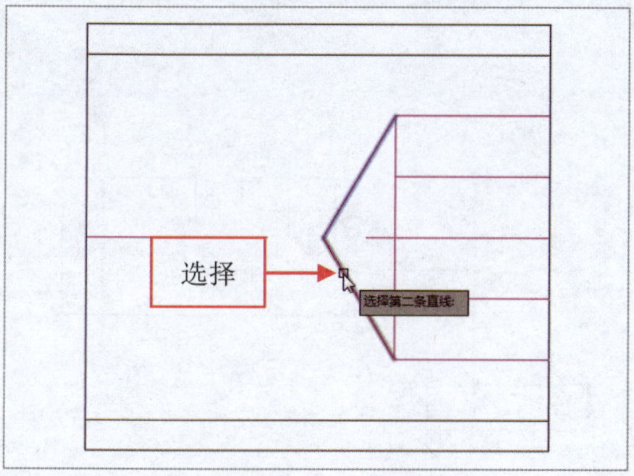


图 10-43　选择直线

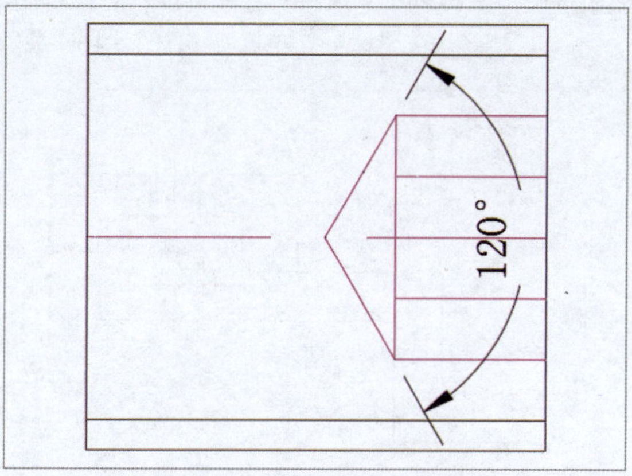


图 10-44　创建角度尺寸标注

▶ 专家指点

在 AutoCAD 2020 中，还可以通过以下三种方法，调用“角度”命令。

- 命令 1：在命令行输入 DIMANGULAR（角度）命令，按【Enter】键确认。
- 命令 2：在命令行输入 DAN（角度）命令，按【Enter】键确认。
- 命令 3：显示菜单栏，单击“标注”|“角度”命令。

## 10.2.6　创建快速尺寸标注

使用快速尺寸标注可以快速创建尺寸标注，以及对尺寸标注进行注释和说明。

创建快速尺寸标注

Step 01　按【Ctrl + O】组合键，打开素材图形（资源\素材\第 10 章\悬臂支座.dwg），如图 10-45 所示。

Step 02　在“功能区”选项板的“注释”选项卡，单击“标注”面板中的“快速”按钮，如图 10-46 所示。

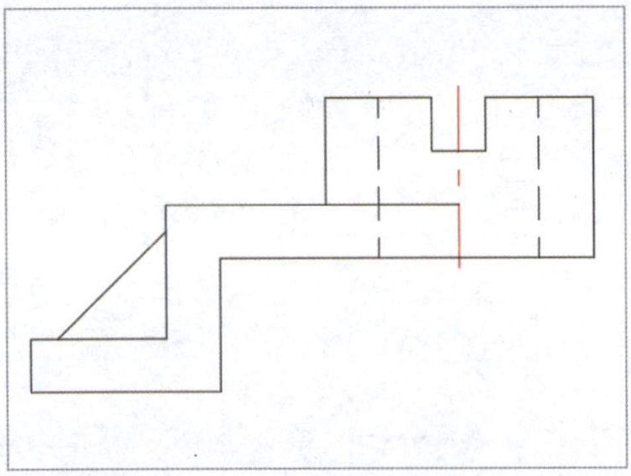

图 10-45　打开素材图形

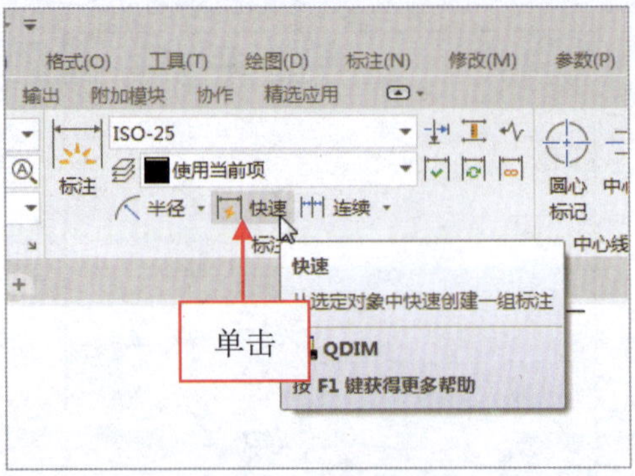


图 10-46　单击“快速标注”按钮

**Step 03**　根据命令行提示进行操作，在绘图区选择最右侧的直线为标注对象，如图 10-47 所示。

**Step 04**　按【Enter】键确认，并向右引导光标，在合适的位置单击鼠标左键，即可在图形中创建快速尺寸标注，效果如图 10-48 所示。

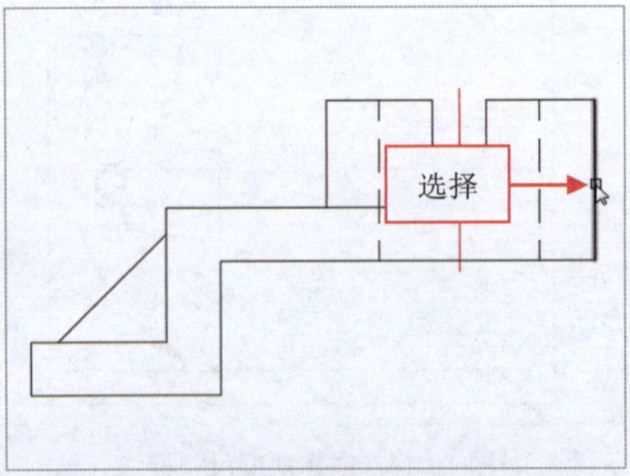


图 10-47　选择最右侧的直线为标注对象

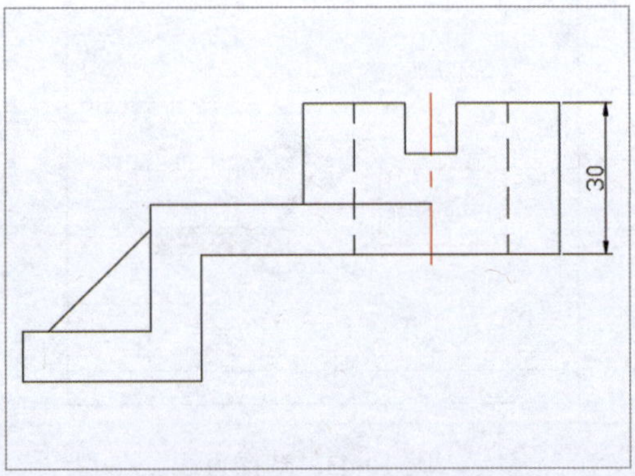


图 10-48　创建快速尺寸标注

> **▶ 专家指点**
>
> 在 AutoCAD 2020 中，还可以通过以下两种方法，调用“快速标注”命令。
>
> ➢ 命令 1：在命令行输入 QDIM（快速标注）命令，按【Enter】键确认。
>
> ➢ 命令 2：显示菜单栏，单击“标注”|“快速标注”命令。

### 10.2.7　创建引线尺寸标注

创建引线尺寸标注

在 AutoCAD 2020 中，引线对象通常包含箭头、引线或曲线和文字。引线标注中的引线是一条带箭头的直线，箭头指向被标注的对象，直线的尾部带有文字注释或图形。

**Step 01**　按【Ctrl + O】组合键，打开素材图形（资源\素材\第 10 章\道路规划图.dwg），如图 10-49 所示。

**Step 02**　在“功能区”选项板的“注释”选项卡，单击“引线”面板中的“多重引线”按钮，如图 10-50 所示。

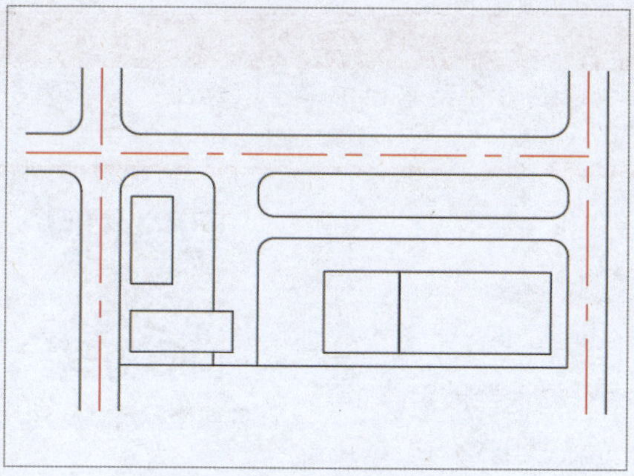

图 10-49　打开素材图形

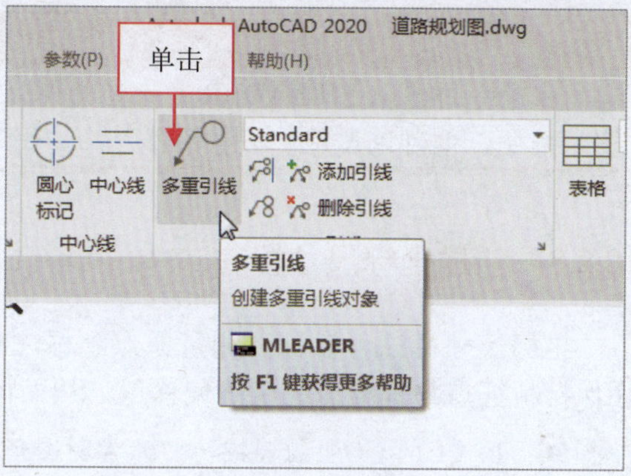


图 10-50　单击“多重引线”按钮

**Step 03** 在命令行提示下，输入 H，如图 10-51 所示，按【Enter】键确认。

**Step 04** 在合适的位置上单击鼠标左键，确定引线的箭头方向，如图 10-52 所示。

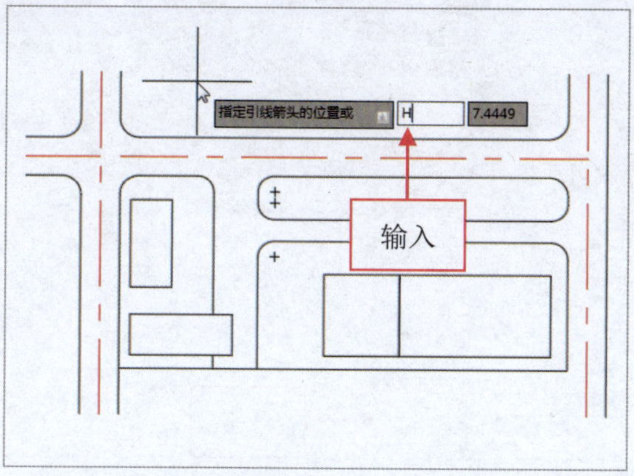


图 10-51　输入 H

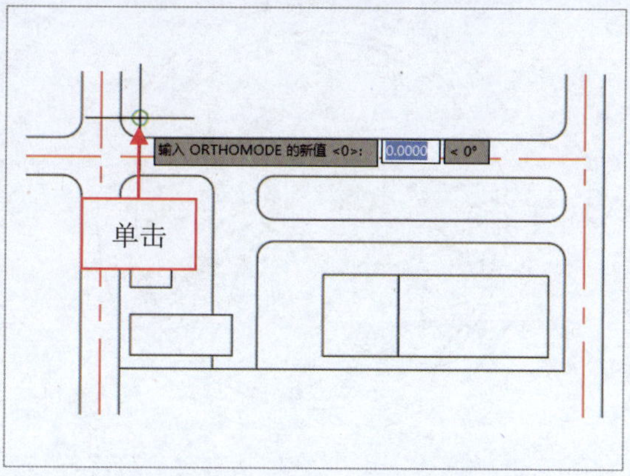


图 10-52　确定引线的箭头方向

**Step 05** 向右上方拖曳鼠标，至合适位置后单击鼠标左键，弹出文本框，如图 10-53 所示。

**Step 06** 在“样式”面板上设置“文字高度”为 6，然后输入文字“十字路口”，在绘图区的任意位置上单击鼠标左键，即可创建引线尺寸标注，效果如图 10-54 所示。

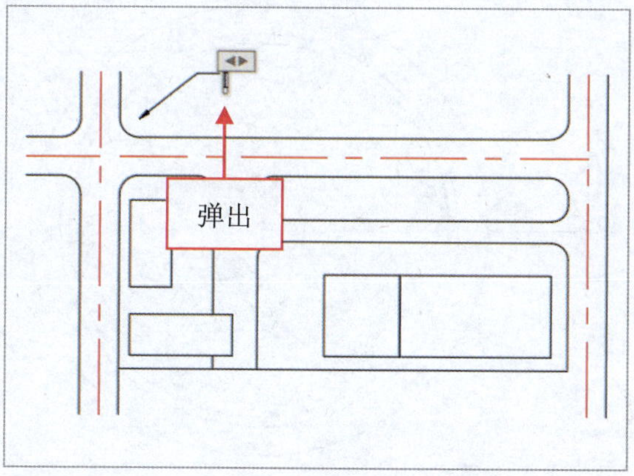


图 10-53　弹出文本框

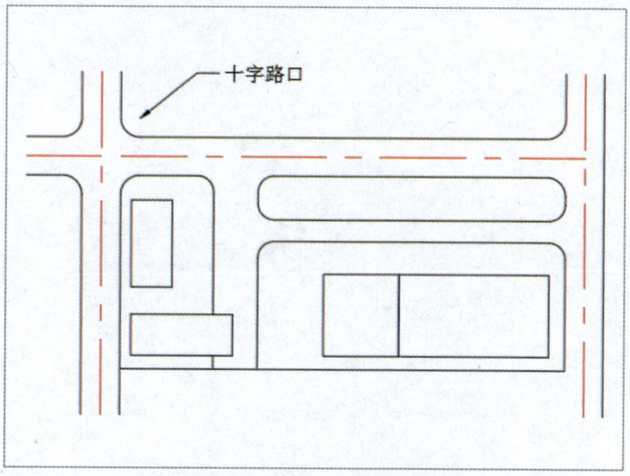


图 10-54　创建引线尺寸标注

▶ 专家指点

在命令行输入 MLEADER（多重引线）命令，或者在菜单栏中单击“标注”|“多重引线”命令，也可以调用“多重引线”命令。

## 10.2.8 创建坐标尺寸标注

坐标尺寸标注可以标注测量原点到标注特性点的垂直距离，这种标注保持特征点与基准点的精确偏移量，从而可以避免误差的产生。

创建坐标尺寸标注

**Step 01** 按【Ctrl + O】组合键，打开素材图形（资源\素材\第 10 章\地面拼花.dwg），如图 10-55 所示。

**Step 02** 单击“功能区”选项板中的“注释”选项卡，单击“标注”面板上的“线性”按钮，在弹出的列表框中单击“坐标”按钮，如图 10-56 所示。

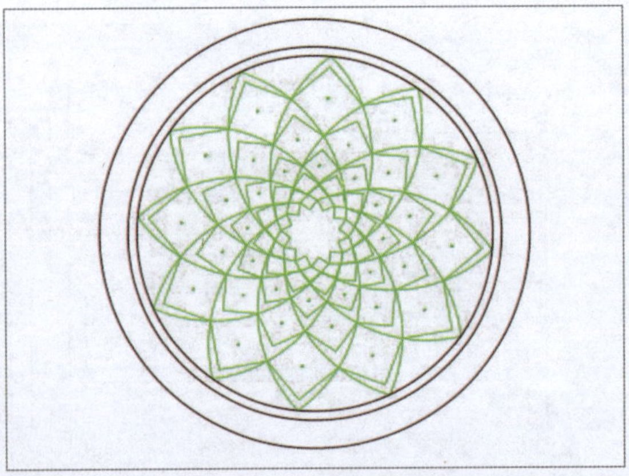

图 10-55　打开素材图形

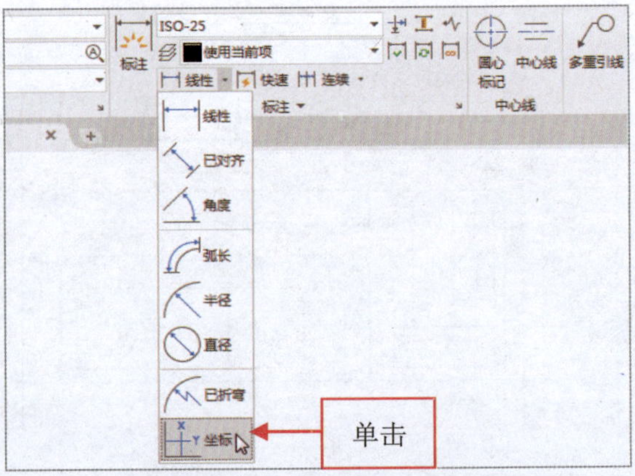


图 10-56　单击“坐标”按钮

**Step 03** 根据命令行提示进行操作，在绘图区圆心上单击鼠标左键，如图 10-57 所示。

**Step 04** 向左拖曳鼠标，至合适位置后单击鼠标左键，即可创建坐标尺寸标注，效果如图 10-58 所示。

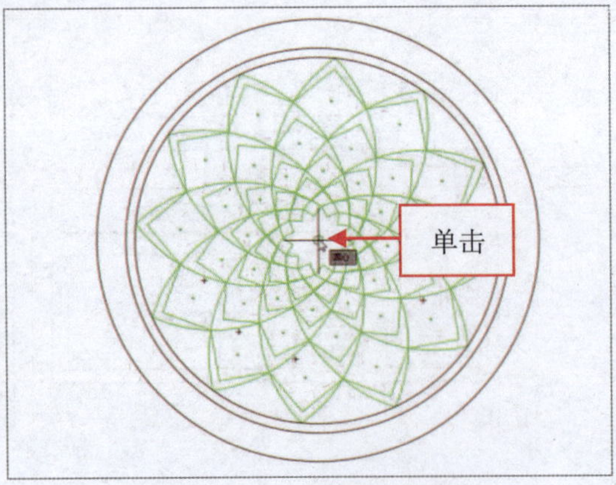


图 10-57　圆心上单击鼠标左键

图 10-58　创建坐标尺寸标注

> **▶ 专家指点**
>
> 在 AutoCAD 2020 中，还可以通过以下两种方法，调用“坐标”命令。
>
> ➢ 命令 1：在命令行输入 DIMORDINATE（坐标）命令，按【Enter】键确认。
>
> ➢ 命令 2：显示菜单栏，单击“标注”|“坐标”命令。

# 10.3　编辑图形的尺寸标注

在 AutoCAD 2020 中，对于已经存在的尺寸标注，系统提供了多种编辑方法，各种方法的便捷程度不同，适用的范围也不相同，应根据实际需要选择适当的编辑方法。本节主要介绍编辑图形尺寸标注的操作方法。

## 10.3.1　编辑标注文字位置

编辑标注文字位置

在 AutoCAD 2020 中，可根据需要移动标注文字的位置。

**Step 01** 按【Ctrl + O】组合键，打开素材图形（资源\素材\第 10 章\衣柜.dwg），如图 10-59 所示。

**Step 02** 在“功能区”选项板中的“注释”选项卡中，单击“标注”面板中间的下拉按钮，在展开的面板上单击“右对正”按钮，如图 10-60 所示。

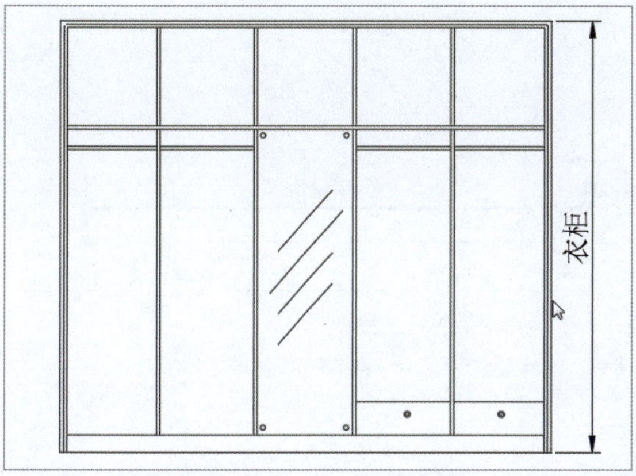


图 10-59　打开素材图形

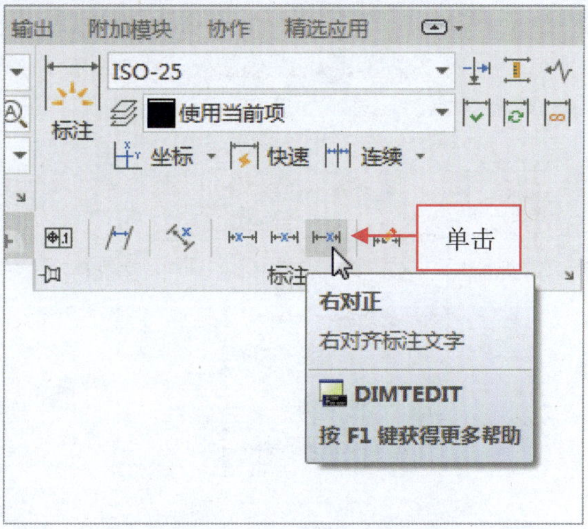


图 10-60　单击“右对正”按钮

**Step 03** 根据命令行提示进行操作，在绘图区右侧的尺寸标注单击鼠标左键，如图 10-61 所示。

**Step 04** 执行上述操作后，即可编辑标注文字的位置，效果如图 10-62 所示。

> **▶ 专家指点**
>
> 除了上述方法可以调用“右对正”命令外，还可以在命令行输入 EDITTABLEC ELL（右对正）命令，也可以快速调用“右对正”命令。

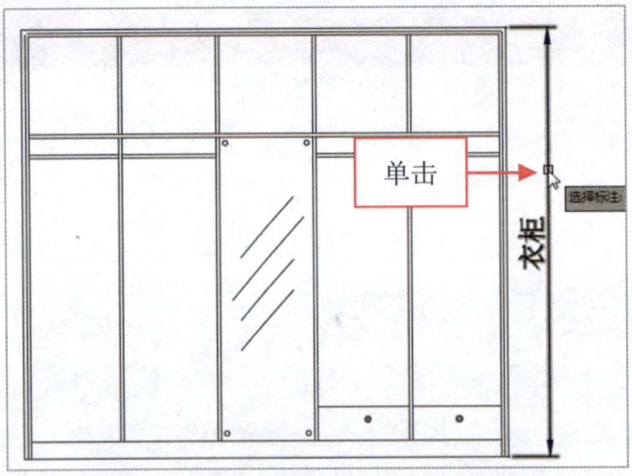


图 10-61　在尺寸标注上单击鼠标左键

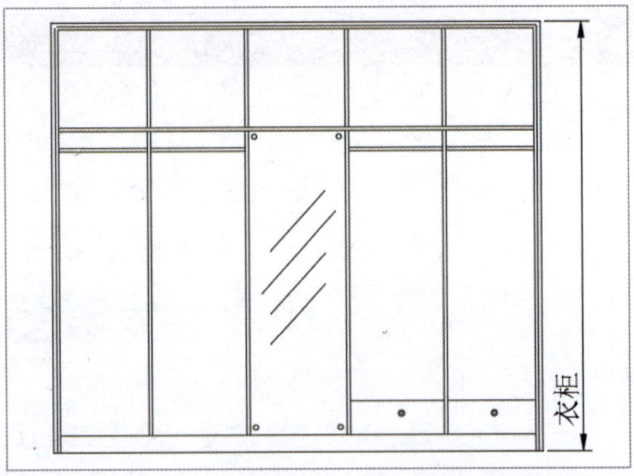


图 10-62　编辑标注文字的位置

## 10.3.2　编辑标注文字内容

编辑标注文字内容

在 AutoCAD 2020 中，可以编辑标注文字的内容。

Step 01　按【Ctrl + O】组合键，打开素材图形（资源\素材\第 10 章\钉子.dwg），在“视图”选项卡单击“选项板”面板中的“特性”按钮，如图 10-63 所示。

Step 02　弹出“特性”面板，在绘图区的线性尺寸单击鼠标左键，选择需要编辑标注文字的对象，如图 10-64 所示。

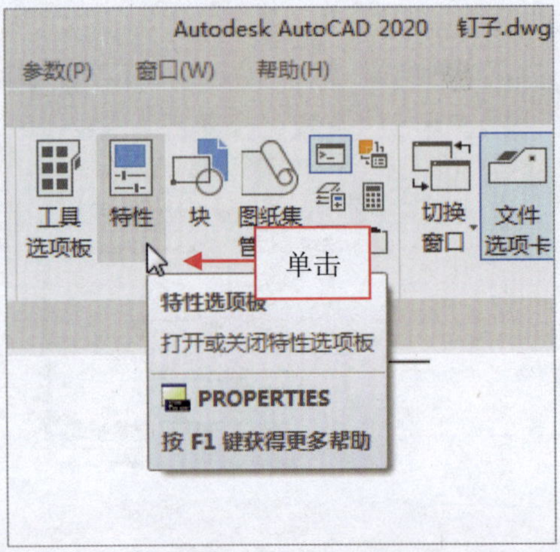


图 10-63　单击“特性”按钮

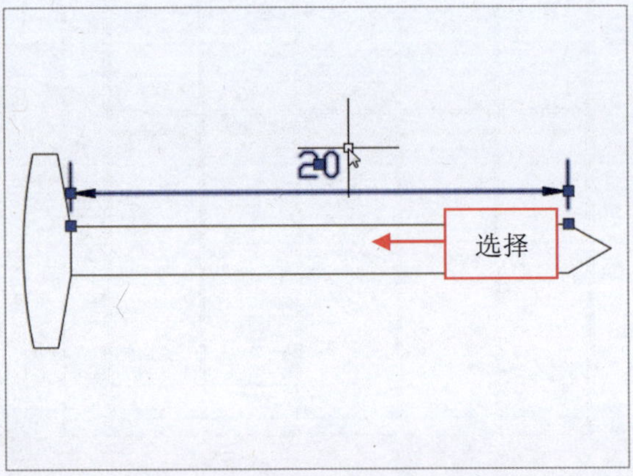


图 10-64　选择需要编辑标注文字的对象

**▶ 专家指点**

在命令行输入 PROPERTIES（特性）命令，也可以快速调用“特性”命令。

Step 03　在“特性”面板中的“文字替代”文本框中，输入“钉子”，如图 10-65 所示。

Step 04　按【Enter】键确认，即可编辑标注文字的内容，效果如图 10-66 所示。

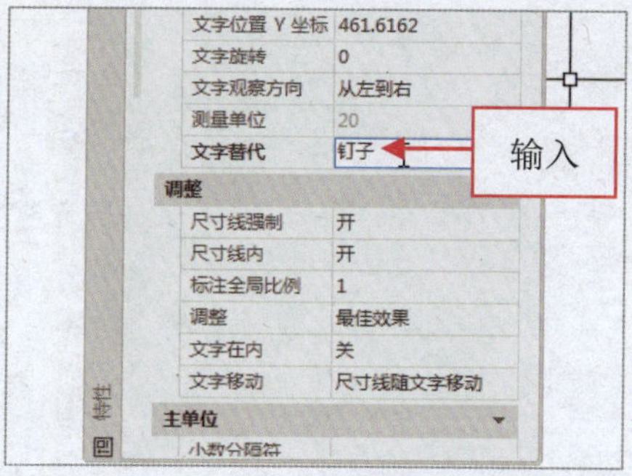


图 10-65　在文本框中输入“钉子”

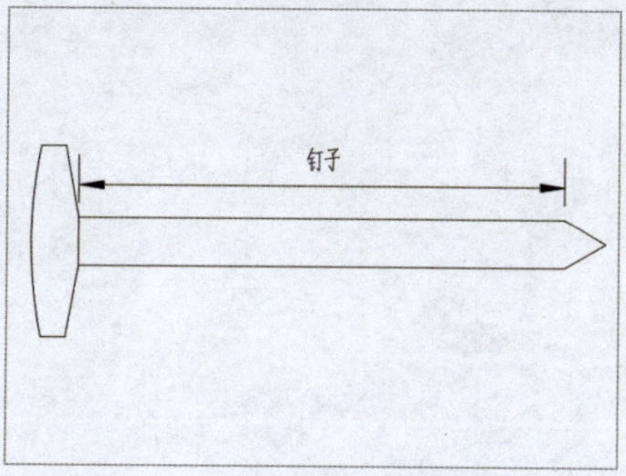


图 10-66　编辑标注文字的内容

# 本章小结

本章主要向读者介绍了创建与设置尺寸标注的操作方法，首先介绍了创建与设置标注样式，包括创建标注样式、设置标注文字、设置标注比例以及设置标注换算单位等内容；其次介绍了创建尺寸标注的操作方法，包括创建线性标注、对齐标注、弧长标注、半径标注，以及角度标注等内容；最后介绍了编辑尺寸标注的操作方法，包括编辑文字位置与文字内容等。通过本章的学习，希望读者能够很好地掌握创建与设置尺寸标注的方法。

# 课后习题

课后习题

鉴于本章知识的重要性，为了帮助读者更好地掌握所学知识，本节将通过上机习题，帮助读者进行简单的知识回顾和补充。

基线尺寸标注是指当以同一个面（线）为工作基准，标注多个图形的位置尺寸时，使用“线性”或“角度”命令标注完第一个尺寸标注后，以此标注为基准，调用“基线”标注命令继续标注其他图形的位置尺寸。本习题需要掌握创建基线标注的方法，如图 10-67 所示。

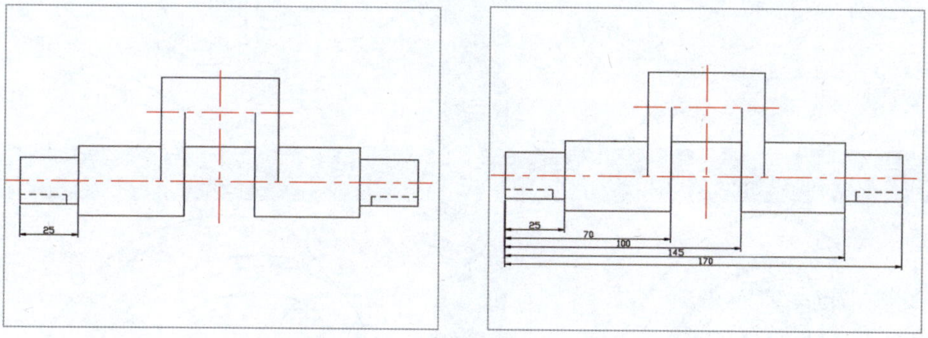


图 10-67　素材与效果文件对比

# 第 11 章 创建三维实体对象

三维模型具有线框和表面模型所没有的特征，其内部是实心的。在 AutoCAD 2020 中，除了绘制基本三维面和实体模型的方法之外，还提供了绘制旋转、平移、直纹和边界表面的方法，可以将满足一定条件的两个或多个二维对象转换为三维对象。本章主要介绍创建三维实体对象的操作方法。

**本章重点**

- 创建三维实体模型
- 由二维图形创建三维实体
- 创建网格曲面
- 动态观察三维图形

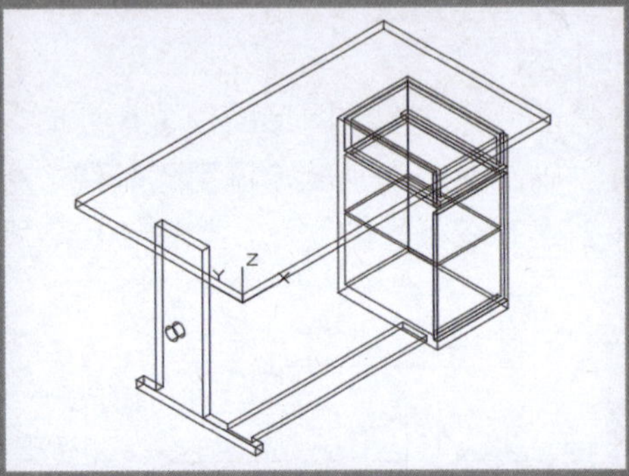

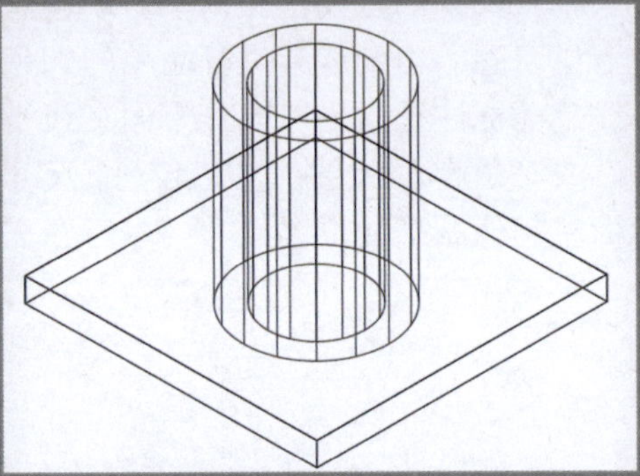

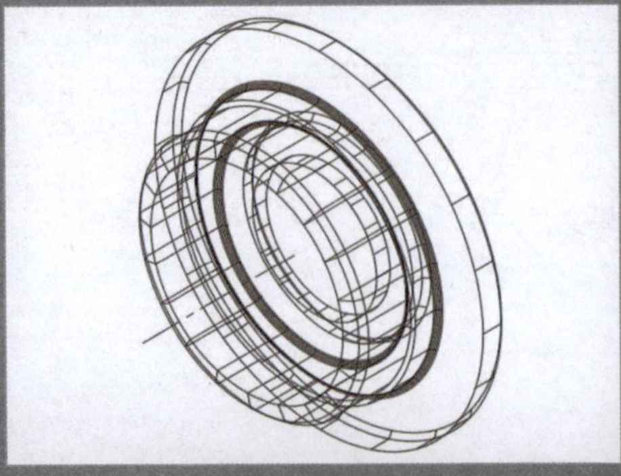

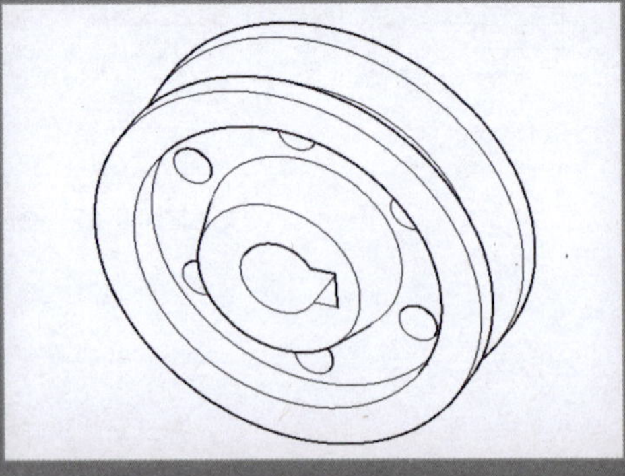

# 11.1　创建三维实体模型

在 AutoCAD 2020 中，可以在“三维建模”界面的“建模”面板，单击相应的按钮，以创建出基本三维实体，主要包括长方体、楔体、球体、圆柱体、圆锥体、圆环体和多段体等。本节主要介绍创建三维实体模型的操作方法。

## 11.1.1　绘制长方体

使用“长方体”命令，可以创建具有规则实体模型形状的长方体或正方体等实体，如创建零件的底座、支撑板、建筑墙体及家具等。下面介绍绘制长方体的操作方法。

绘制长方体

Step 01　按【Ctrl + O】组合键，打开素材图形（资源\素材\第 11 章\书桌.dwg），如图 11-1 所示。

Step 02　在命令行输入 BOX（长方体）命令，如图 11-2 所示。

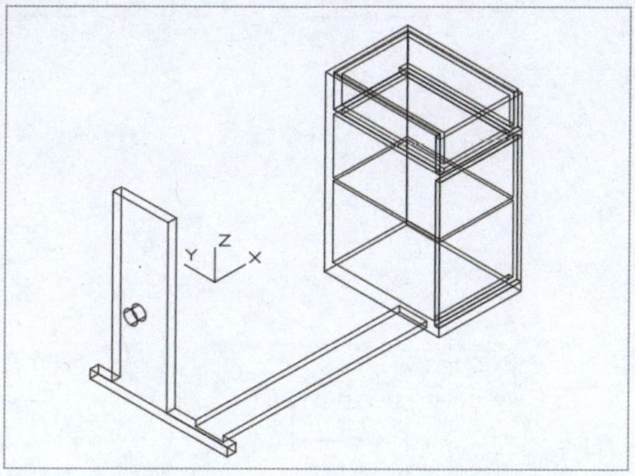


图 11-1　打开素材图形

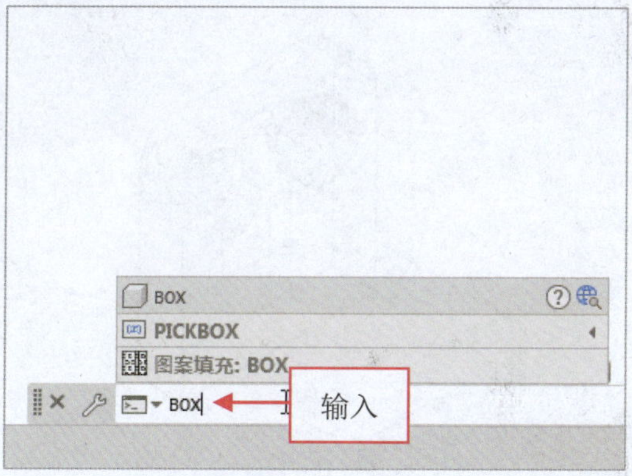


图 11-2　输入命令

Step 03　按【Enter】键确认，根据命令行提示进行操作，输入（0，0，0），按【Enter】键确认，接着输入 L（直线）并确认，向右上方引导光标，输入 1 300，按【Enter】键确认，输入 700 并确认，向上引导光标，接着输入 30，按【Enter】键确认，如图 11-3 所示。

Step 04　执行上述操作后，即可创建长方体，如图 11-4 所示。

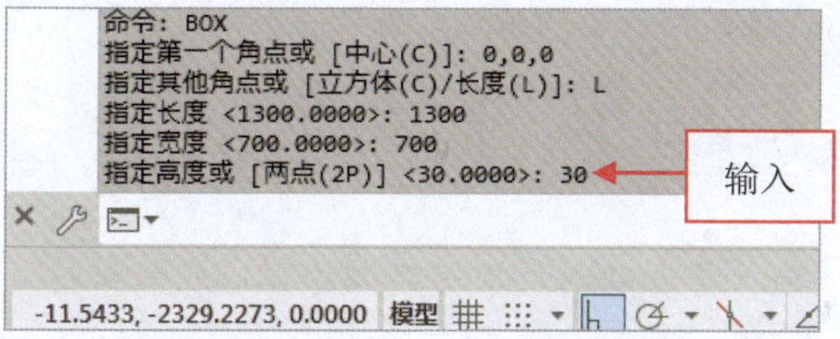


图 11-3　根据命令行提示操作

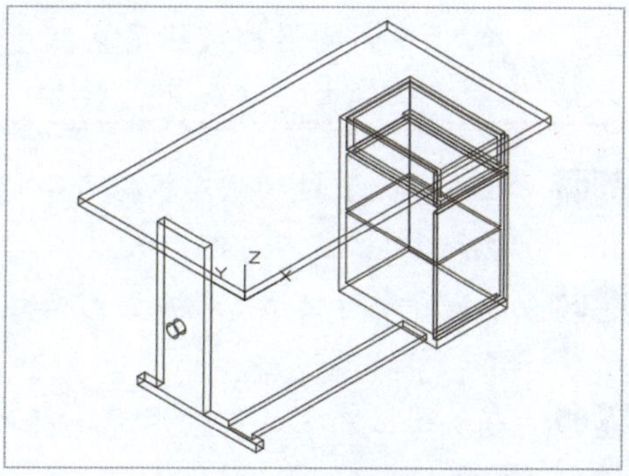

图 11-4　创建长方体

▶ 专家指点

除了上述方法可以调用“长方体”命令外，还有以下两种常用的方法。

- 按钮：在“功能区”选项板的“常用”选项卡中，单击“建模”面板中的“长方体”按钮。
- 命令：单击“绘图”|“建模”|“长方体”命令。

## 11.1.2 绘制楔体

绘制楔体

使用“楔体”命令可以创建五面三维实体，并使其倾斜面与 $X$ 轴成夹角。下面介绍绘制楔体的操作方法。

Step 01 按【Ctrl＋O】组合键，打开素材图形（资源\素材\第 11 章\三维零件.dwg），如图 11-5 所示。

Step 02 在命令行输入 WEDGE（楔体）命令，如图 11-6 所示。

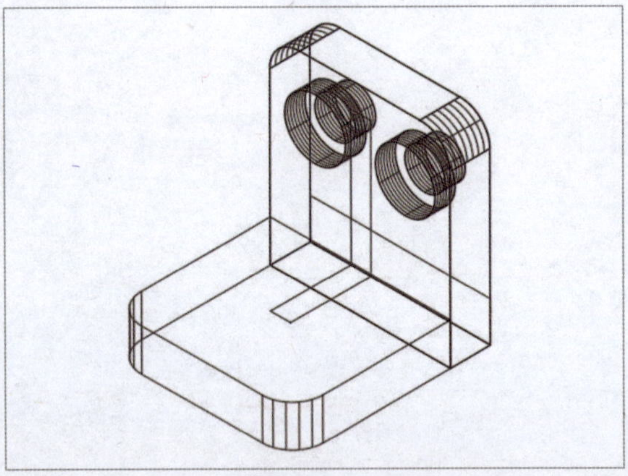

图 11-5 打开素材图形

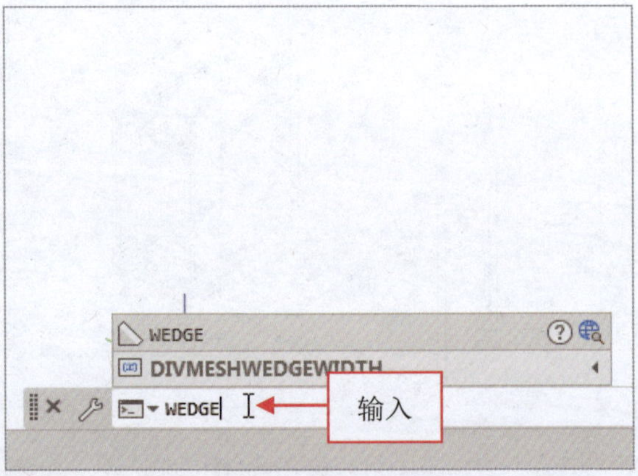


图 11-6 输入命令

▶ 专家指点

除了上述方法可以调用“楔体”命令外，还有以下两种常用的方法。

- 按钮：在“功能区”选项板的“常用”选项卡中，在“建模”面板，单击“长方体”中间的下拉按钮，在弹出的下拉列表，单击“楔体”按钮。
- 命令：单击“绘图”|“建模”|“楔体”命令。

Step 03 按【Enter】键确认，根据命令行提示，捕捉图形合适的端点为第一个角点，如图 11-7 所示，单击鼠标左键确认。

Step 04 根据命令行提示，捕捉图形合适的端点为第二个角点，单击鼠标左键确认，如图 11-8 所示。

Step 05 在绘图区指定其他的角点，然后按【Enter】键确认，即可绘制楔体，效果如图 11-9 所示。

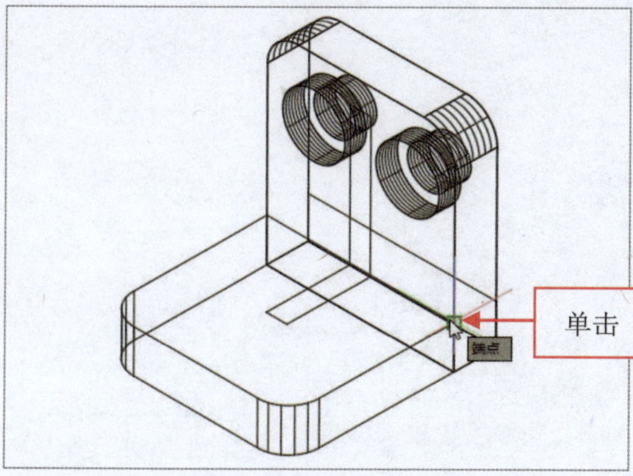


图 11-7　指定第一个角点

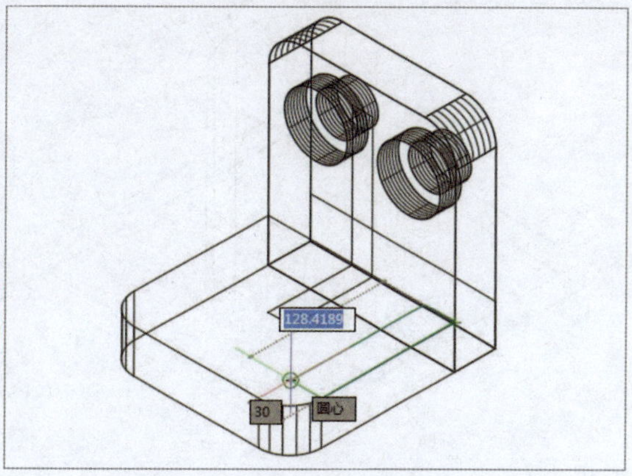


图 11-8　指定第二个角点

Step 06　在命令行输入 MOVE（移动）命令，按【Enter】键确认，选择新创建的楔体对象，将其移动至合适的位置，如图 11-10 所示。

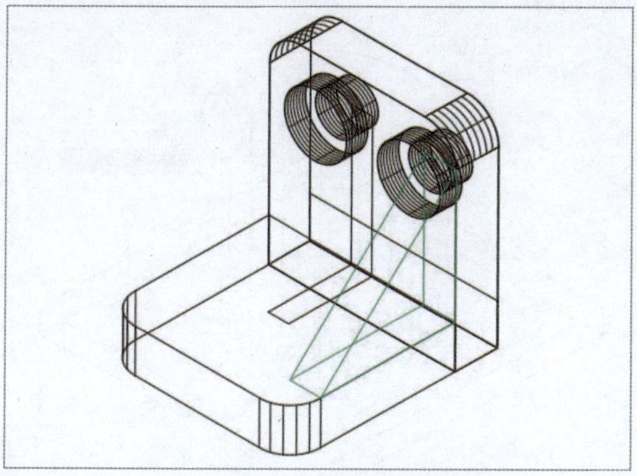

图 11-9　绘制楔体

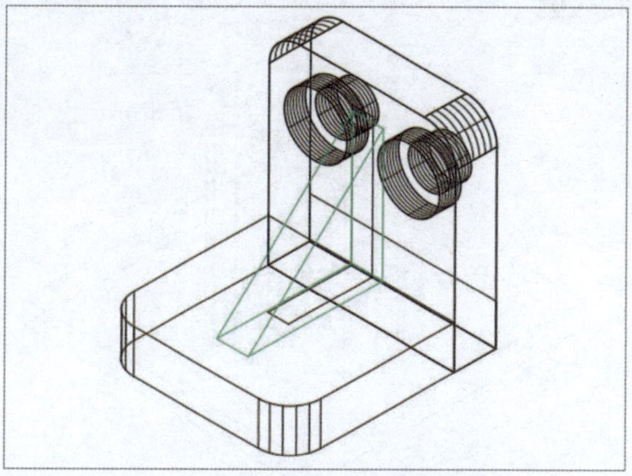

图 11-10　移动楔体效果

## 11.1.3　绘制圆柱体

绘制圆柱体

使用“圆柱体”命令可以在绘制以圆或椭圆为底面的实体圆柱体。下面介绍绘制圆柱体的操作方法。

Step 01　按【Ctrl + O】组合键，打开素材图形（资源\素材\第 11 章\底座模型.dwg），如图 11-11 所示。

Step 02　在命令行输入 CYLINDER（圆柱体）命令，如图 11-12 所示。

▶ 专家指点

除了上述方法可以调用“圆柱体”命令外，还有以下两种常用的方法。

➢ 按钮：在“功能区”选项板的“常用”选项卡中，在“建模”面板，单击“长方体”中间的下拉按钮，在弹出的下拉列表，单击“圆柱体”按钮。

➢ 命令：单击“绘图”|“建模”|“圆柱体”命令。

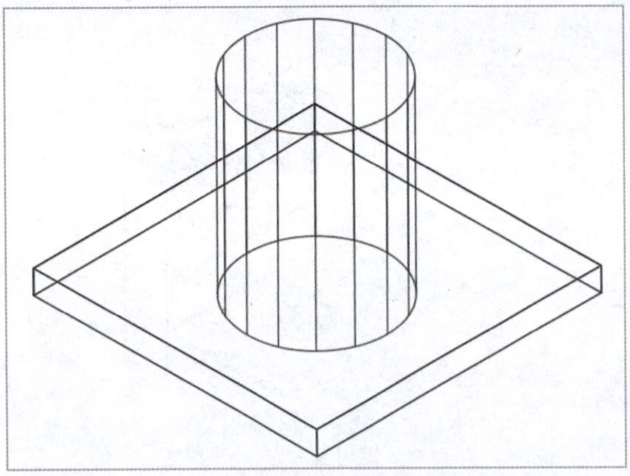

图 11-11　打开素材图形

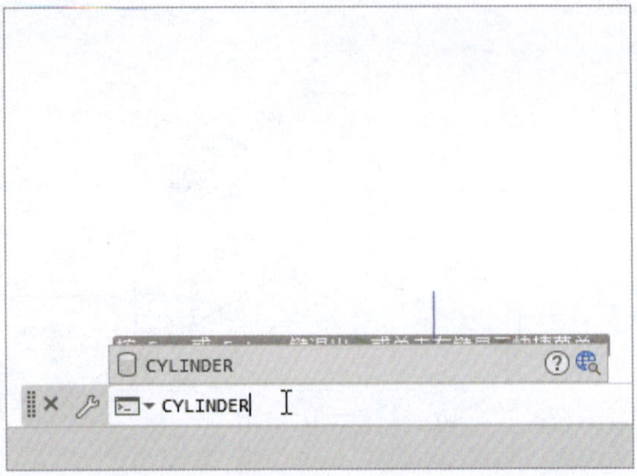


图 11-12　输入 CYLINDER 命令

Step 03　按【Enter】键确认，根据命令行提示进行操作，在绘图区中最上方的圆心点上，单击鼠标左键，确定中心点，如图 11-13 所示。

Step 04　向右引导光标，输入 20，确定半径，如图 11-14 所示。

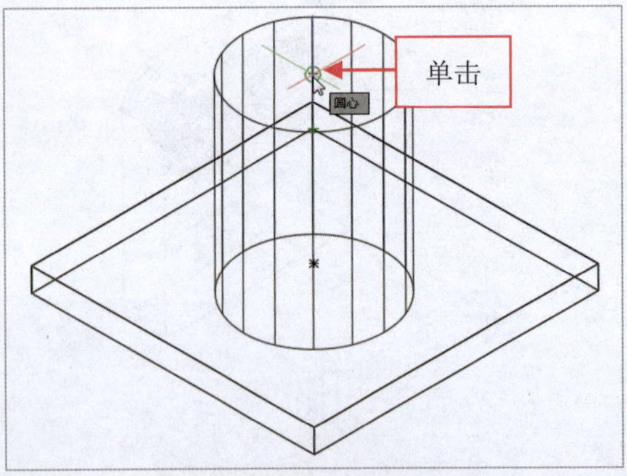


图 11-13　确定底面中心点

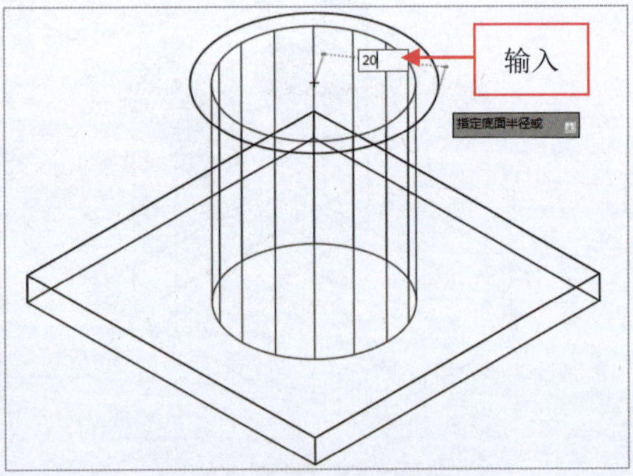


图 11-14　输入 20 确定半径

Step 05　按【Enter】键确认，向下引导光标，输入 80，如图 11-15 所示。

Step 06　按【Enter】键确认，即可创建圆柱体，效果如图 11-16 所示。

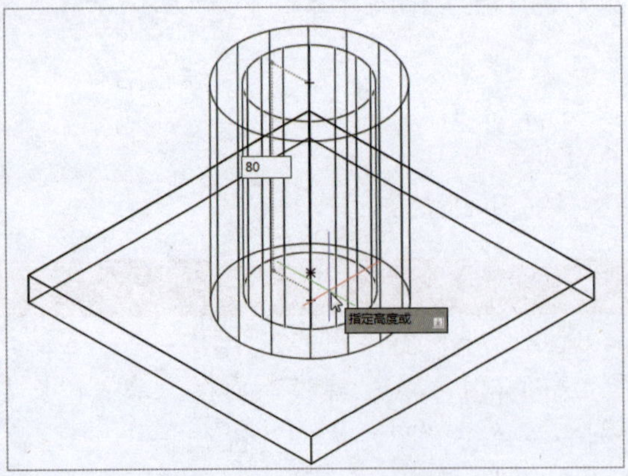


图 11-15　向下引导光标

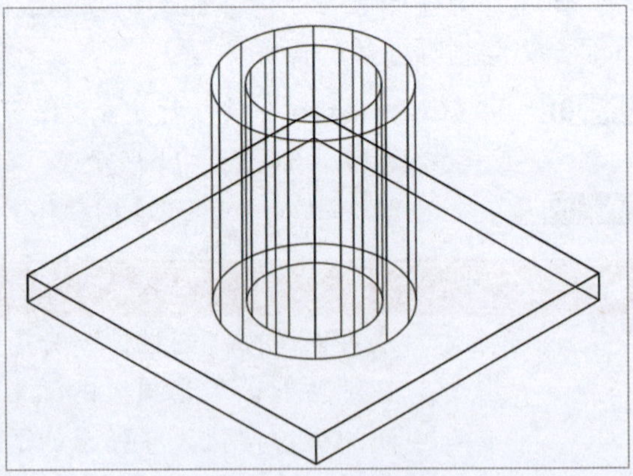

图 11-16　创建圆柱体

### 11.1.4　绘制球体

绘制球体

球体是在三维空间中，到一个点（即球心）距离相等的所有点的集合形成的实体。下面介绍绘制球体的操作方法。

**Step 01**　按【Ctrl + O】组合键，打开素材图形（资源\素材\第 11 章\地球仪.dwg），如图 11-17 所示。

**Step 02**　在命令行输入 SPHERE（球体）命令，如图 11-18 所示，按【Enter】键确认。

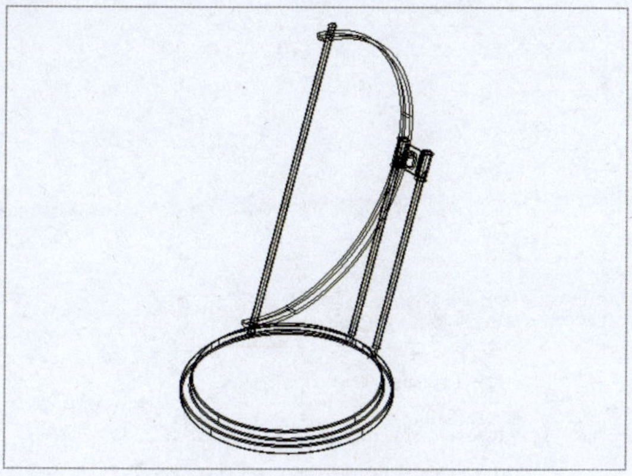

图 11-17　打开素材图形

图 11-18　输入 SPHERE 命令

**Step 03**　在绘图区捕捉图形合适的中点为圆心，如图 11-19 所示。

**Step 04**　输入半径值为 70，并按【Enter】键确认，即可绘制球体，以消隐样式显示模型，如图 11-20 所示。

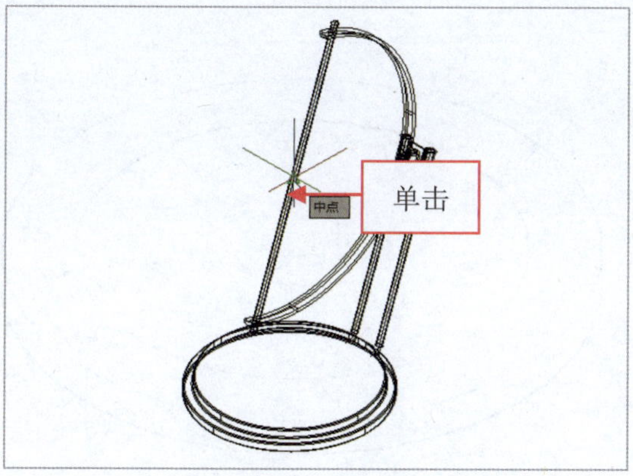


图 11-19　捕捉图形合适的中点为圆心

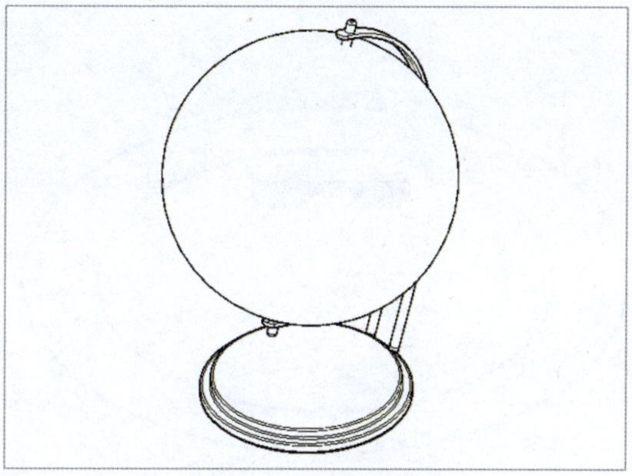

图 11-20　绘制球体

## 11.2　由二维图形创建三维实体

在 AutoCAD 2020 中，可以通过绘制二维图形来创建三维实体，包括拉伸实体、旋转实体、放样实体，以及扫掠实体。

## 11.2.1 创建拉伸实体

创建拉伸实体

在 AutoCAD 2020 中，使用“拉伸”命令，可以在绘图区通过二维图形拉伸为三维实体。下面介绍创建拉伸实体的操作方法。

Step 01 按【Ctrl + O】组合键，打开素材图形（资源\素材\第 11 章\垫圈.dwg），如图 11-21 所示。

Step 02 在命令行输入 EXTRUDE（拉伸）命令，如图 11-22 所示。

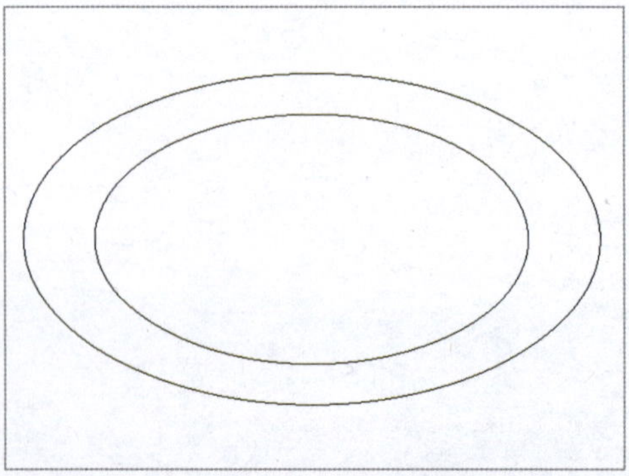

图 11-21 打开素材图形

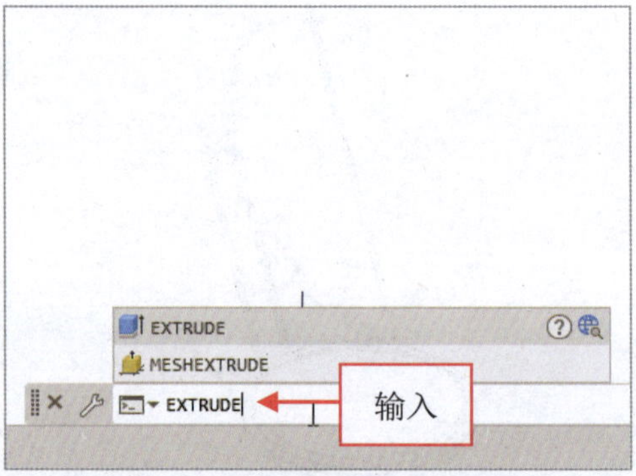


图 11-22 输入 EXTRUDE 命令

Step 03 按【Enter】键确认，根据命令行提示进行操作，在绘图区选择拉伸的对象，如图 11-23 所示。

Step 04 按【Enter】键确认，向上引导光标，设置拉伸高度为 50，按【Enter】键确认，即可拉伸实体对象，效果如图 11-24 所示。

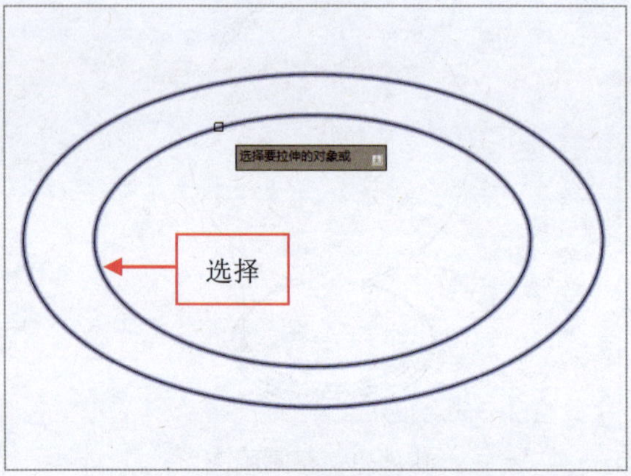


图 11-23 选择拉伸对象

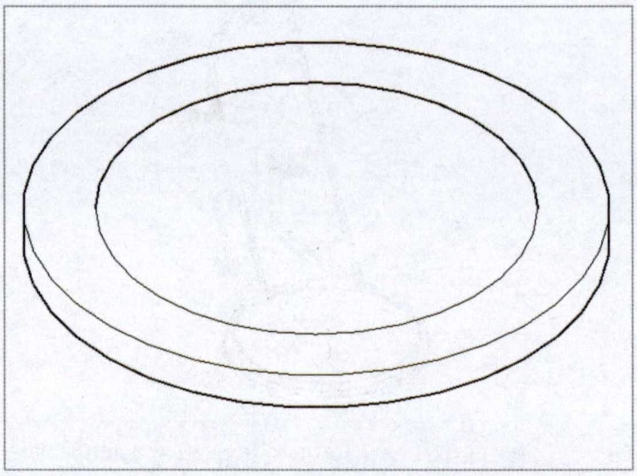

图 11-24 拉伸实体对象

## 11.2.2 创建旋转实体

创建旋转实体

使用“旋转”命令可以通过绕轴旋转开放或闭合对象创建实体或曲面，以旋转对象定义实体或曲面轮廓。下面介绍创建旋转实体的操作方法。

**Step 01** 按【Ctrl + O】组合键，打开素材图形（资源\素材\第 11 章\端盖.dwg），如图 11-25 所示。

**Step 02** 在命令行输入 REVOLVE（旋转）命令，如图 11-26 所示。

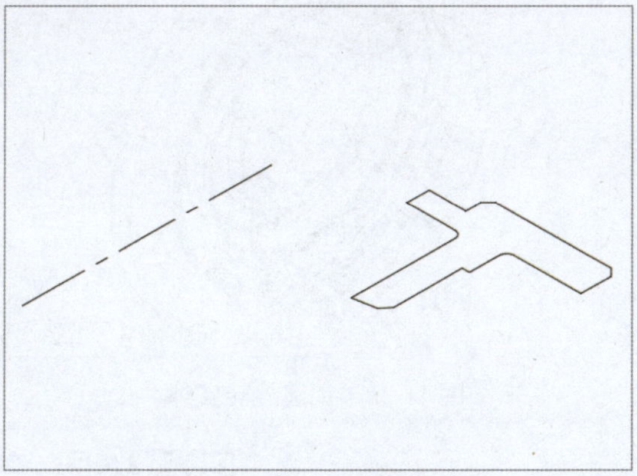

图 11-25　打开素材图形

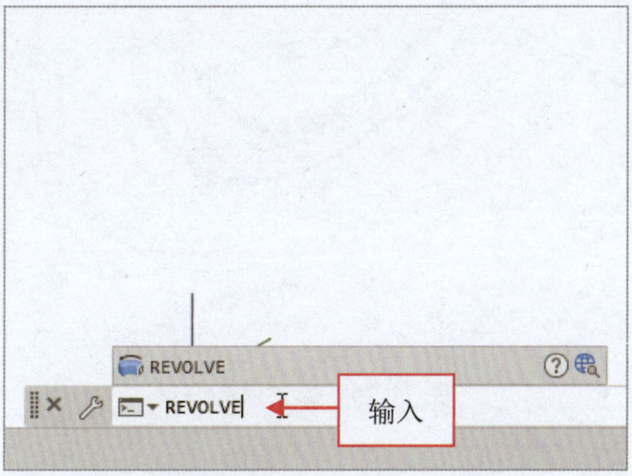


图 11-26　输入 REVOLVE 命令

**Step 03** 按【Enter】键确认，根据命令行提示进行操作，在绘图区选择面域对象为旋转对象，如图 11-27 所示。

**Step 04** 按【Enter】键确认，在左侧垂直直线下方的端点上，单击鼠标左键，确定轴起点，如图 11-28 所示。

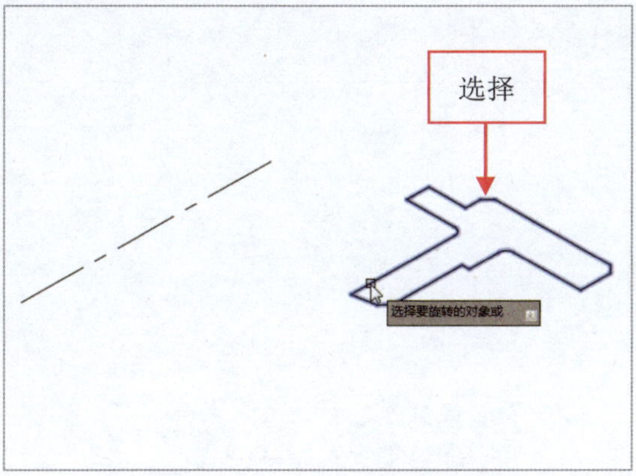


图 11-27　选择旋转对象

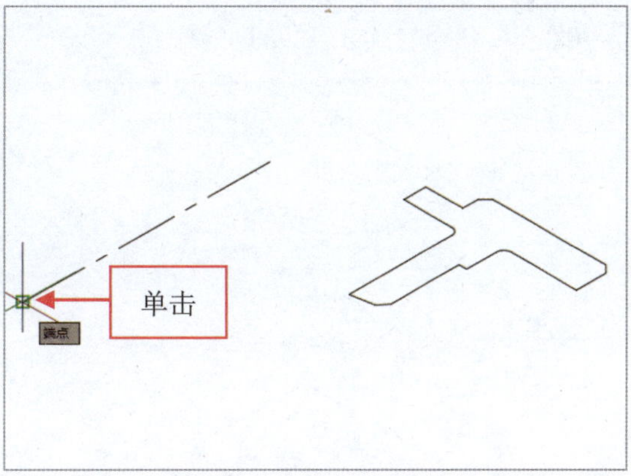


图 11-28 确定轴起点

**▶ 专家指点**

除了上述方法可以调用“旋转”命令外，还有以下两种常用的方法。

- 按钮：在“功能区”选项板的“常用”选项卡中，在“建模”面板，单击“拉伸”中间的下拉按钮，在弹出的下拉列表中，单击“旋转”按钮。
- 命令：单击“绘图”|“建模”|“旋转”命令。

**Step 05** 在左侧垂直直线上方的端点，单击鼠标左键，输入 360，如图 11-29 所示。

**Step 06** 按【Enter】键确认，即可创建旋转实体，效果如图 11-30 所示。

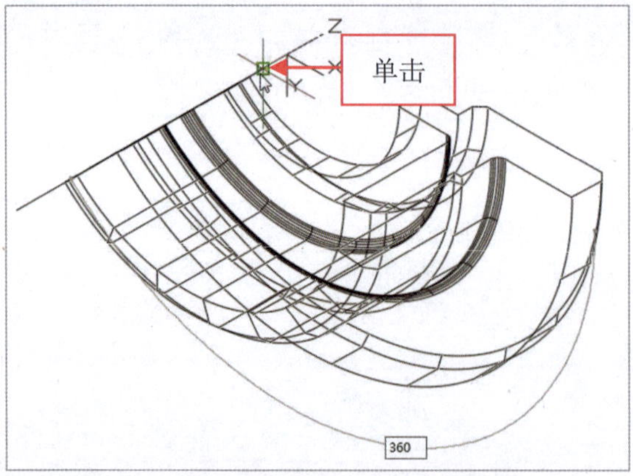


图 11-29　单击鼠标左键

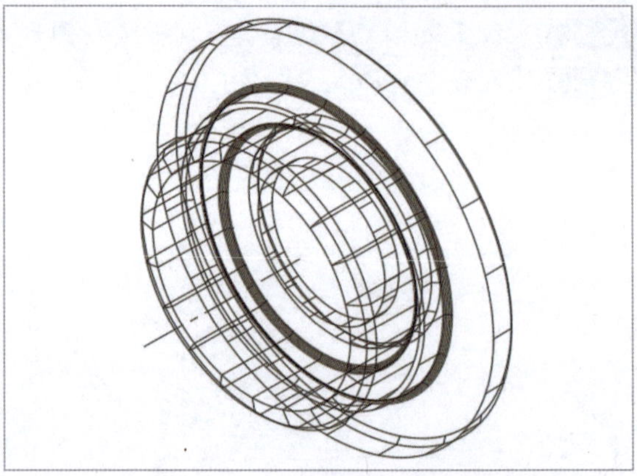

图 11-30　创建旋转实体

## 11.2.3　创建放样实体

创建放样实体

使用“放样”命令可以通过对两条或两条以上横截面曲线进行放样创建三维实体。下面介绍创建放样实体的操作方法。

**Step 01**　按【Ctrl + O】组合键，打开素材图形（资源\素材\第 11 章\花瓶.dwg），如图 11-31 所示。

**Step 02**　在命令行输入 LOFT（放样）命令，如图 11-32 所示。

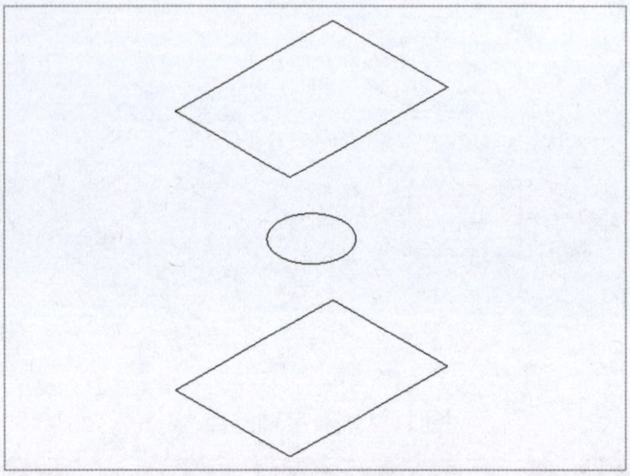

图 11-31　打开素材图形

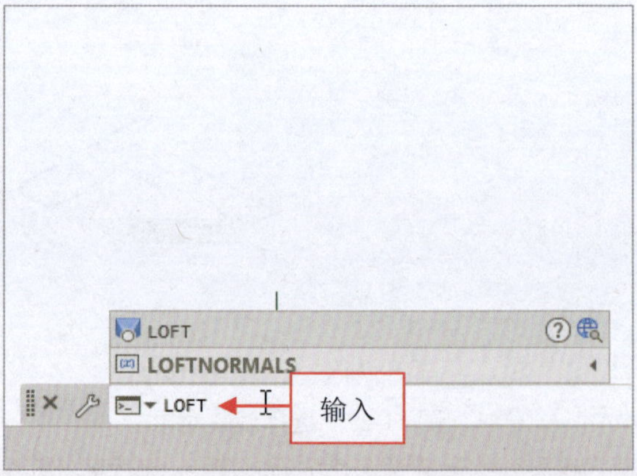


图 11-32　输入 LOFT 命令

> **▶ 专家指点**
>
> 除了上述方法可以调用“放样”命令外，还有以下两种常用的方法。
>
> - 按钮：在“功能区”选项板的“常用”选项卡中，在“建模”面板，单击“拉伸”中间的下拉按钮，在弹出的下拉列表，单击“放样”按钮。
> - 命令：单击“绘图”|“建模”|“放样”命令。

**Step 03**　按【Enter】键确认，根据命令行提示进行操作，在绘图区按放样次序，从下到上依次选择绘图区的图形对象，如图 11-33 所示。

Step 04 按【Enter】键确认，弹出快捷菜单，选择“仅横截面（C）”选项，即可创建放样实体，效果如图 11-34 所示。

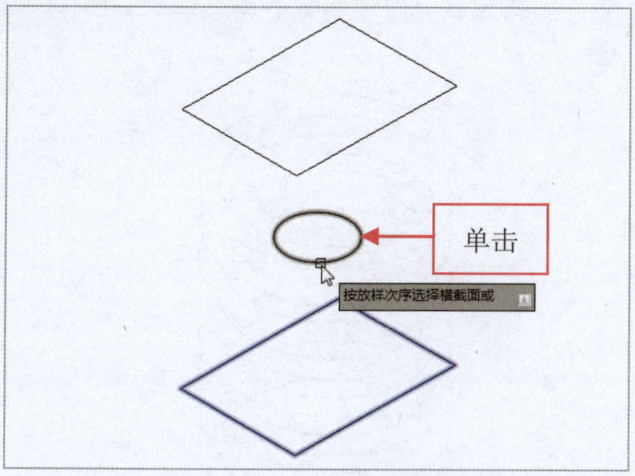


图 11-33 选择放样对象

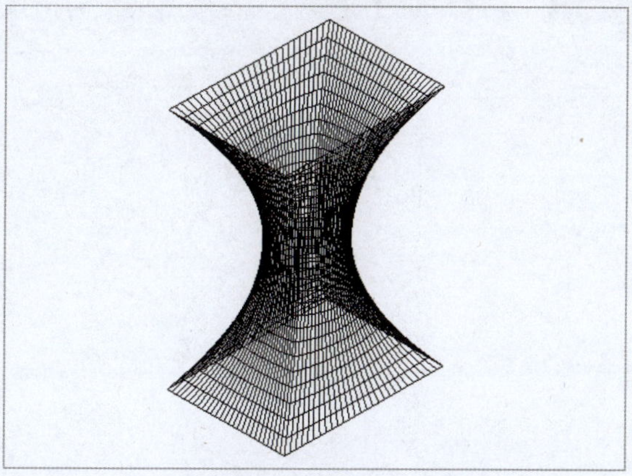

图 11-34 创建放样实体

## 11.2.4 创建扫掠实体

创建扫掠实体

使用“扫掠”命令可以沿开放或闭合的二维或三维路径扫掠开放或闭合的平面曲线（轮廓），以创建新实体或曲面。下面介绍创建扫掠实体的操作方法。

Step 01 按【Ctrl + O】组合键，打开素材图形（资源\素材\第 11 章\弹簧.dwg），如图 11-35 所示。

Step 02 在命令行输入 SWEEP（扫掠）命令，如图 11-36 所示。

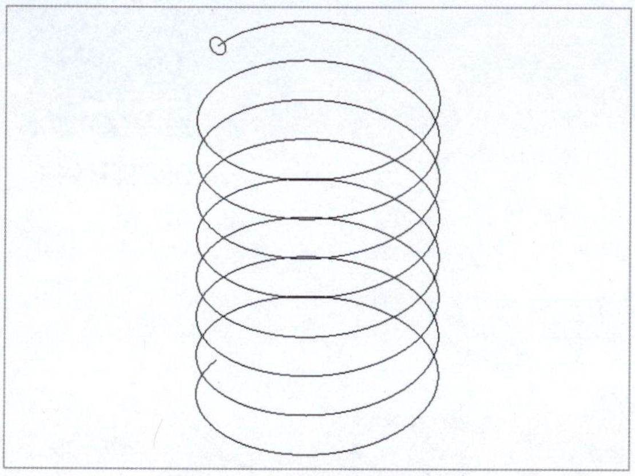

图 11-35 打开素材图形

图 11-36 输入 SWEEP 命令

**▶ 专家指点**

除了上述方法可以调用“扫掠”命令外，还有以下两种常用的方法。

- 按钮：在“功能区”选项板的“常用”选项卡中，在“建模”面板，单击“拉伸”中间的下拉按钮，在弹出的下拉列表，单击“扫掠”按钮。
- 命令：单击“绘图”|“建模”|“扫掠”命令。

**Step 03** 按【Enter】键确认，根据命令行提示进行操作，在绘图区中选择左上角的圆为扫掠对象，如图 11-37 所示。

**Step 04** 按【Enter】键确认，在绘图区中的曲线上单击鼠标左键，即可创建扫掠实体，如图 11-38 所示。

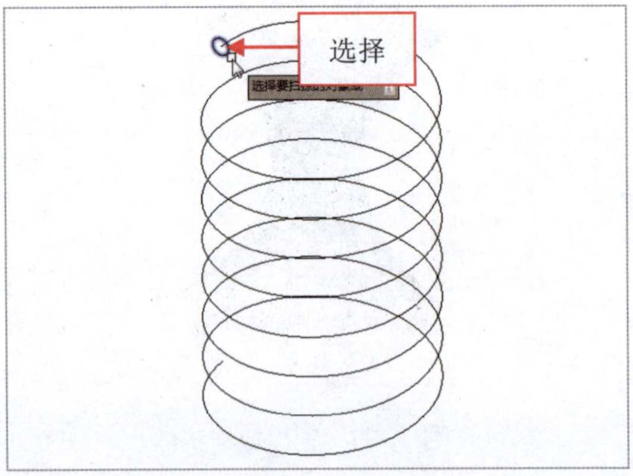


图 11-37　选择扫掠对象

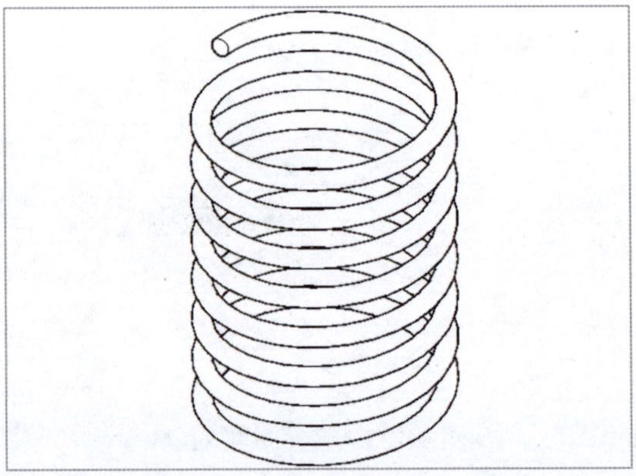

图 11-38　创建扫掠实体

# 11.3　创建网格曲面

在 AutoCAD 2020 中，可以创建多种类型的网格，包括旋转网格、平移网格、直纹网格、边界网格等，下面分别对这些网格曲面类型具体介绍。

## 11.3.1　创建旋转网格

使用“旋转网格”命令可以在两条直线或曲线之间，创建一个曲面的多边形网格。下面介绍创建旋转网格的操作方法。

创建旋转网格

**Step 01** 按【Ctrl + O】组合键，打开素材图形（资源\素材\第 11 章\哑铃.dwg），如图 11-39 所示。

**Step 02** 在命令行输入 REVSURF（旋转网格）命令，如图 11-40 所示。

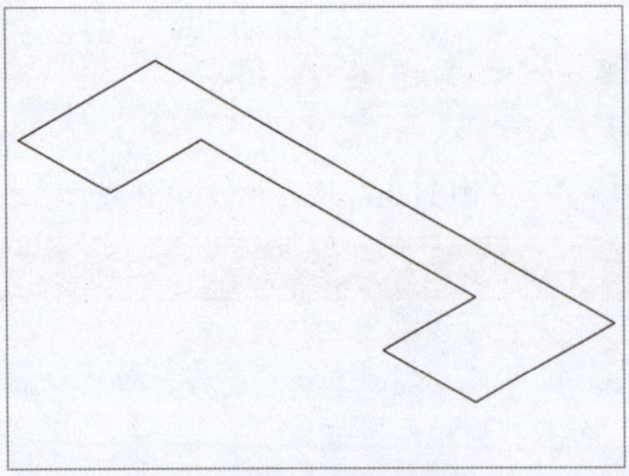

图 11-39　打开素材图形

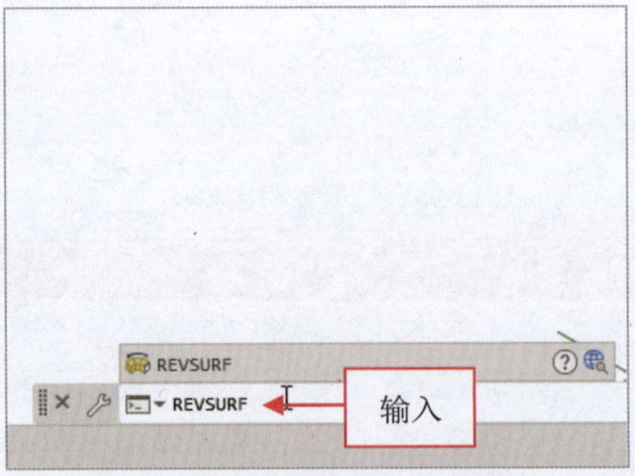


图 11-40　输入 REVSURF 命令

▶ 专家指点

除了上述方法可以调用“旋转网格”命令，还有以下两种常用的方法。

- 按钮：在“功能区”选项板中，切换至“网格”选项卡，单击“图元”面板中的“建模，网格，旋转曲面”按钮。
- 命令：单击“绘图”|“建模”|“网格”|“旋转网格”命令。

**Step 03** 按【Enter】键确认，根据命令行提示进行操作，在绘图区中选择多段线为旋转对象，选择直线为旋转轴，输入 360，如图 11-41 所示。

**Step 04** 连续按两次【Enter】键确认，即可创建旋转网格，如图 11-42 所示。

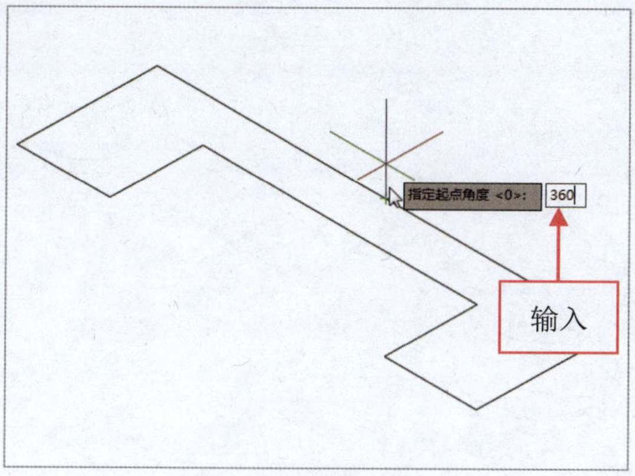


图 11-41　输入 360

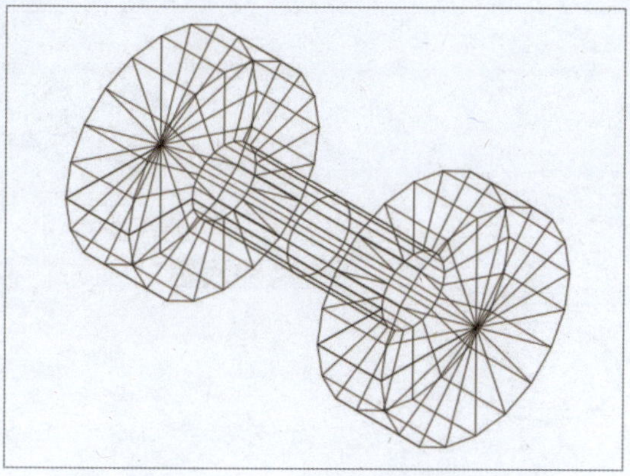

图 11-42　创建旋转网格

## 11.3.2　创建平移网格

在 AutoCAD 2020 中，使用“平移网格”命令可以创建多边形网格。下面介绍创建平移网格的操作方法。

创建平移网格

**Step 01** 按【Ctrl + O】组合键，打开素材图形（资源\素材\第 11 章\扳手.dwg），如图 11-43 所示。

**Step 02** 在命令行输入 TABSURF（平移网格）命令，如图 11-44 所示。

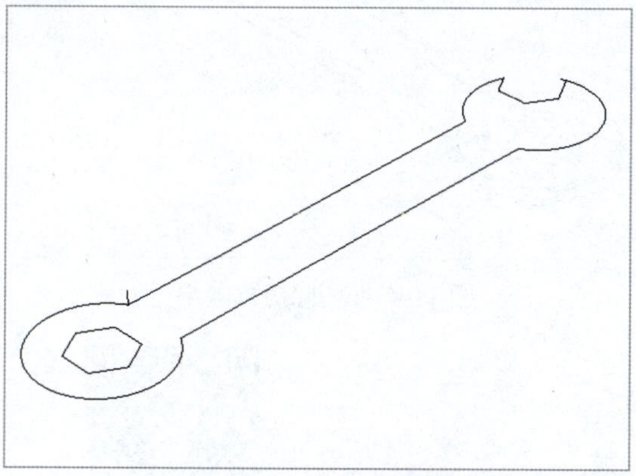

图 11-43　打开素材图形

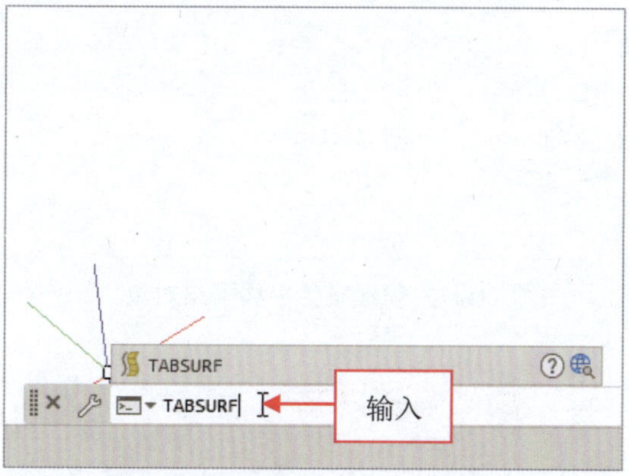


图 11-44　输入 TABSURF 命令

**▶ 专家指点**

除了上述方法可以调用“平移网格”命令，还有以下两种常用的方法。

- 按钮：在“功能区”选项板中，切换至“网格”选项卡，单击“图元”面板中的“建模，网格，平移曲面”按钮。
- 命令：单击“绘图”|“建模”|“网格”|“平移网格”命令。

**Step 03** 按【Enter】键确认，根据命令行提示进行操作，在绘图区中选择最外侧的多段线为平移对象，如图 11-45 所示。

**Step 04** 选择直线为方向矢量对象，即可创建平移网格，如图 11-46 所示。

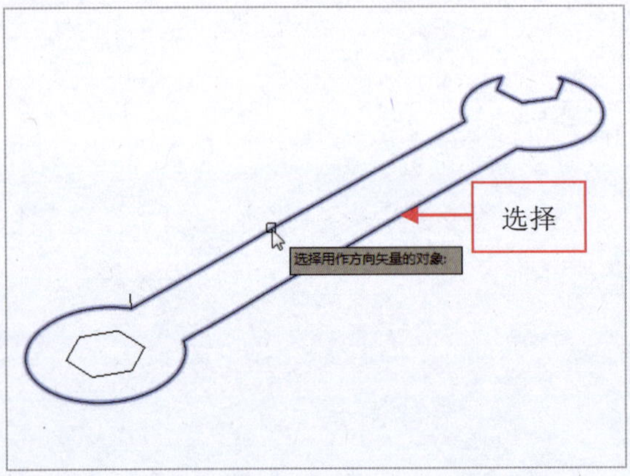

图 11-45　选择平移对象

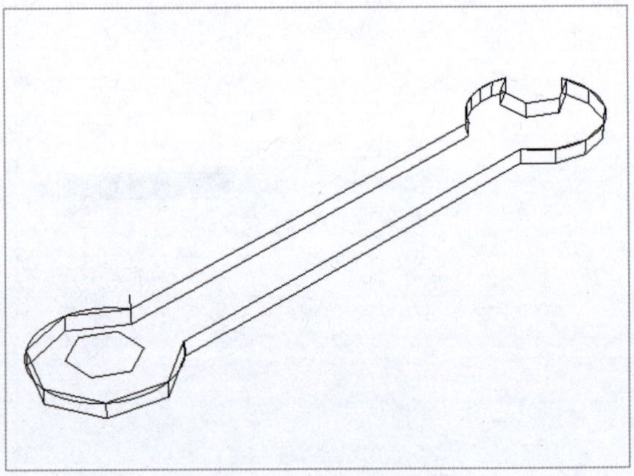
图 11-46　创建平移网格

**Step 05** 用与上述同样的方法，创建其他的平移网格对象，效果如图 11-47 所示。

**Step 06** 在绘图区选择垂直的直线，按【Delete】键删除，如图 11-48 所示。

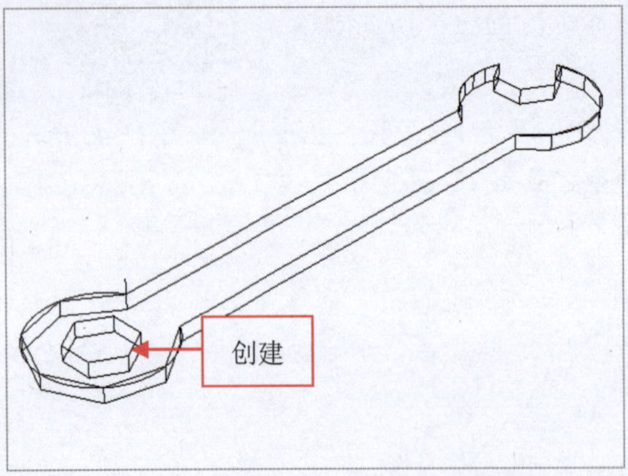

图 11-47　创建其他平移网格对象

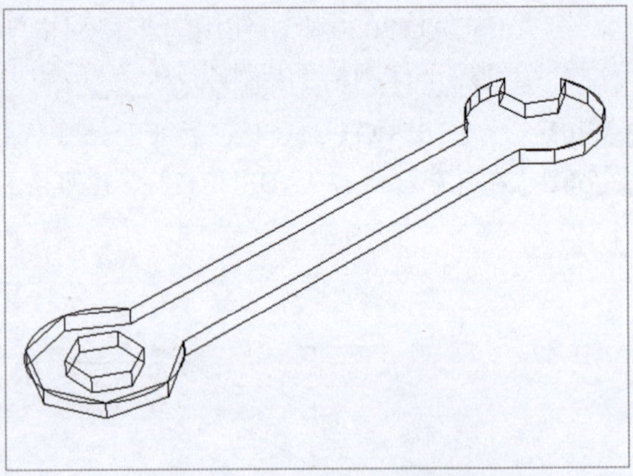
图 11-48　删除对象效果

## 11.3.3　创建直纹网格

创建直纹网格

使用“直纹网格”命令可以在两条直线或曲线之间创建一个曲面的多边形网格。下面介绍创建直纹网格的操作方法。

Step 01　按【Ctrl + O】组合键，打开素材图形（资源\素材\第 11 章\创建直纹网格.dwg），如图 11-49 所示。

Step 02　在命令行输入 RULESURF（直纹网格）命令，如图 11-50 所示。

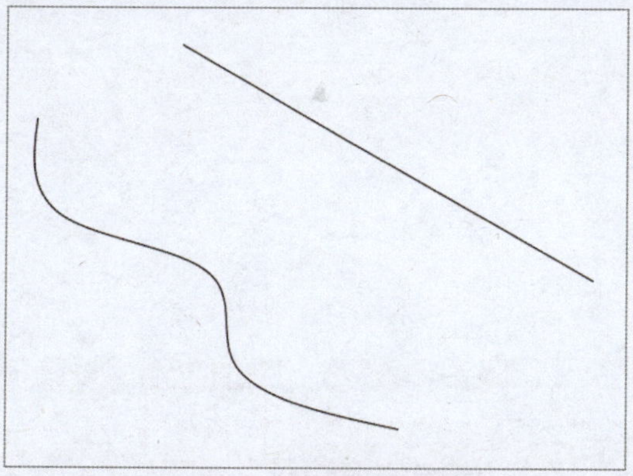

图 11-49　打开素材图形

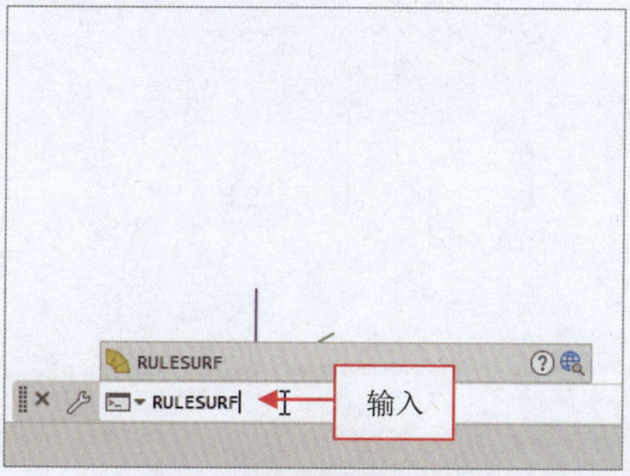


图 11-50　输入 RULESURF 命令

▶ 专家指点

除了上述方法可以调用“直纹网格”命令，还有以下两种常用的方法。

➢ 按钮：在“功能区”选项板中，切换至“网格”选项卡，单击“图元”面板中的“建模，网格，直纹曲面”按钮。

➢ 命令：单击“绘图”|“建模”|“网格”|“直纹网格”命令。

Step 03　按【Enter】键确认，根据命令行提示进行操作，在绘图区选择曲线对象为第一条定义曲线，如图 11-51 所示。

Step 04　在绘图区，选择直线对象为第二条定义曲线，即可创建直纹网格，如图 11-52 所示。

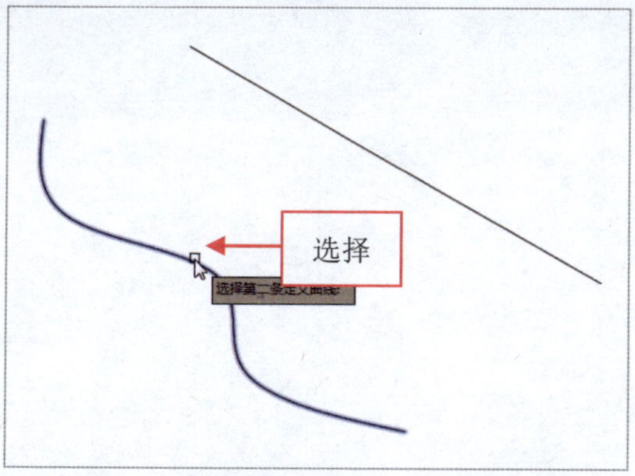


图 11-51　选择曲线对象为第一条定义曲线

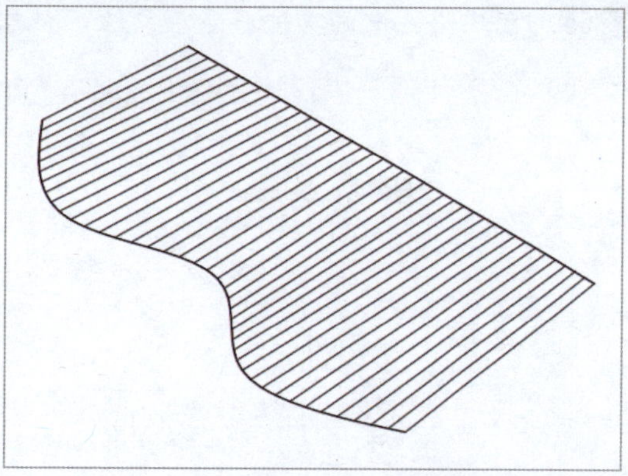

图 11-52　创建直纹网格

## 11.3.4　创建边界网格

边界网格是一个三维多边形网格，该曲面网格由四条邻边作为边界创建。下面介绍创建边界网格的操作方法。

创建边界网格

**Step 01** 按【Ctrl + O】组合键，打开素材图形（资源\素材\第 11 章\垫铁轴测图.dwg），如图 11-53 所示。

**Step 02** 在命令行输入 EDGESURF（边界网格）命令，如图 11-54 所示。

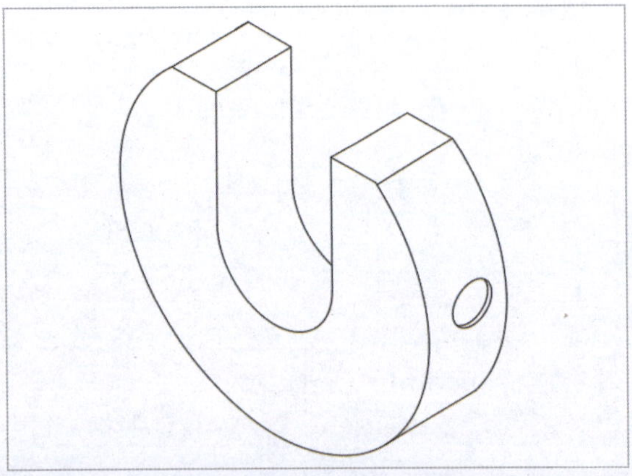

图 11-53　打开素材图形

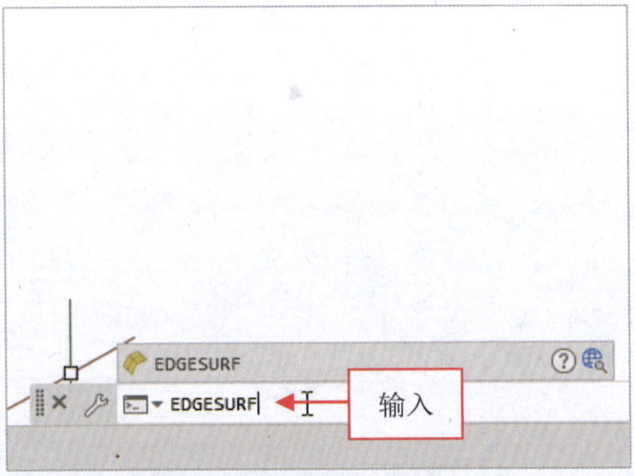


图 11-54　输入 EDGESURF 命令

**▶ 专家指点**

除了上述方法可以调用“边界网格”命令，还有以下两种常用的方法。

- 按钮：在“功能区”选项板，切换至“网格”选项卡，单击“图元”面板中的“建模，网格，边界曲面”按钮。
- 命令：单击“绘图”|“建模”|“网格”|“边界网格”命令。

**Step 03** 按【Enter】键确认，根据命令行提示进行操作，在绘图区选择最左侧的直线对象作为边界的第一条边，单击鼠标左键，如图 11-55 所示。

**Step 04** 在绘图区中的其他三条直线上，依次单击鼠标左键，即可创建边界网格，如图 11-56 所示。

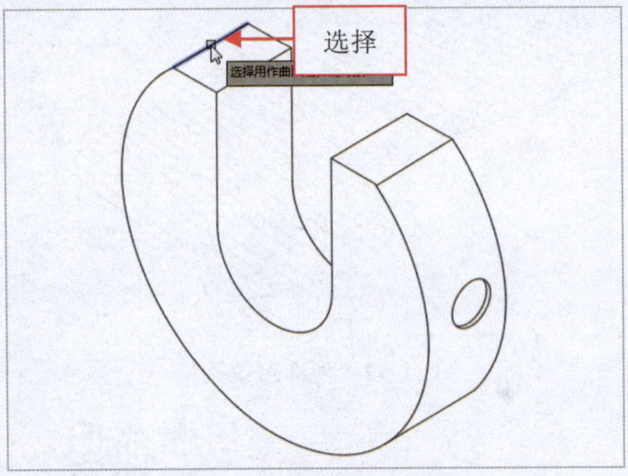


图 11-55 单击鼠标左键

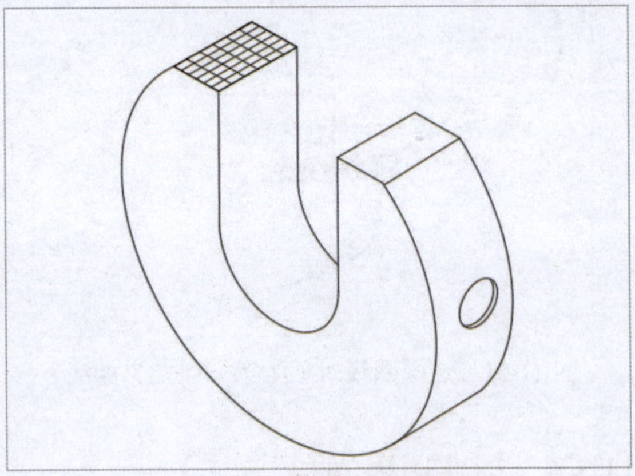

图 11-56　创建边界网格

# 11.4　动态观察三维图形

在三维建模空间，使用三维动态观察器可以从不同的角度、距离和高度查看图形的对象，从而实时地控制和改变当前视口中创建的三维视图。

## 11.4.1　受约束的动态观察

受约束的动态观察器用于在当前视口中通过拖曳鼠标动态观察模型，在观察时目标位置保持不动，相机位置（或观察点）围绕目标移动，下面介绍具体操作方法。

受约束的动态观察

Step 01　按【Ctrl + O】组合键，打开素材图形（资源\素材\第 11 章\螺杆.dwg），图 11-57 所示。

Step 02　在“功能区”选项板中，切换至“视图”选项卡，在“导航”面板上单击“动态观察”右侧的下拉按钮，在弹出的列表框单击“动态观察”按钮，如图 11-58 所示。

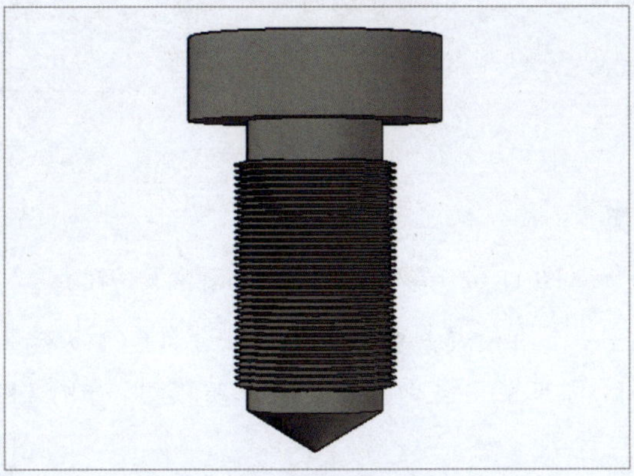

图 11-57　打开素材图形

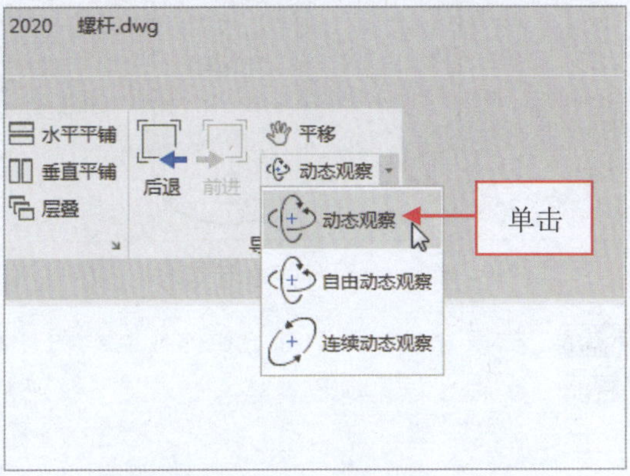


图 11-58　单击“动态观察”按钮

Step 03　根据命令行提示进行操作，在绘图区出现受约束的动态观察光标，如图 11-59 所示。

Step 04　单击鼠标左键并拖曳至合适位置，释放鼠标，即可使用受约束动态观察三维模型，如图 11-60 所示。

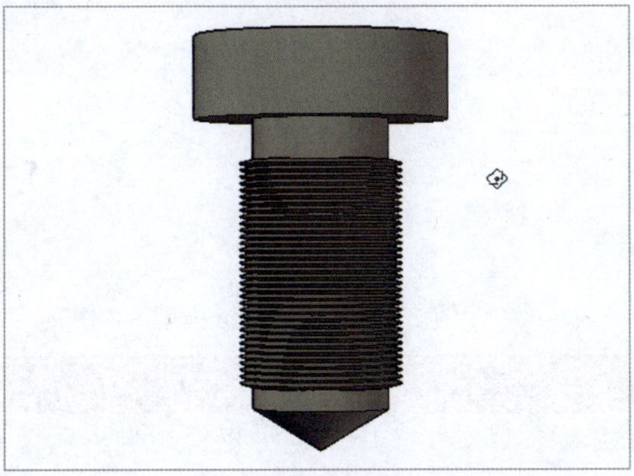

图 11-59　出现受约束的动态观察光标

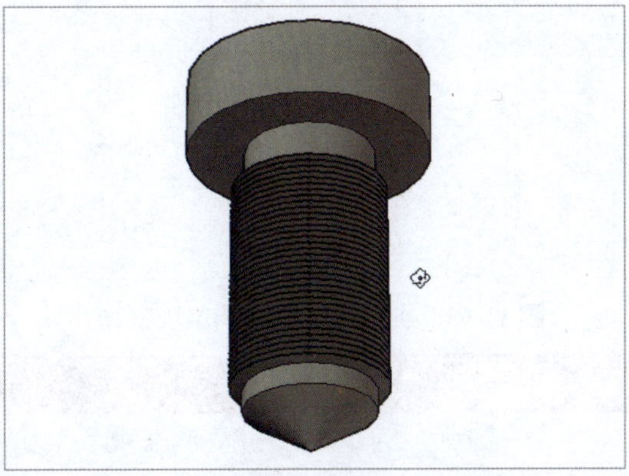

图 11-60　观察三维模型

## 11.4.2 自由动态观察

自由动态观察视图显示一个导航球，它被更小的圆分成四个区域。导航球的中心称为目标点，使用三维动态观察器后，被观察的目标保持静止不动，而视点可以绕目标点在三维空间转动。下面将介绍使用自由动态观察器的操作方法。

自由动态观察

Step 01 按【Ctrl+O】组合键，打开素材图形（资源\素材\第 11 章\挂锁.dwg），如图 11-61 所示。

Step 02 在“功能区”选项板中，切换至“视图”选项卡，在“导航”面板上单击“动态观察”右侧的下拉按钮，在弹出的列表框单击“自由动态观察”按钮，如图 11-62 所示。

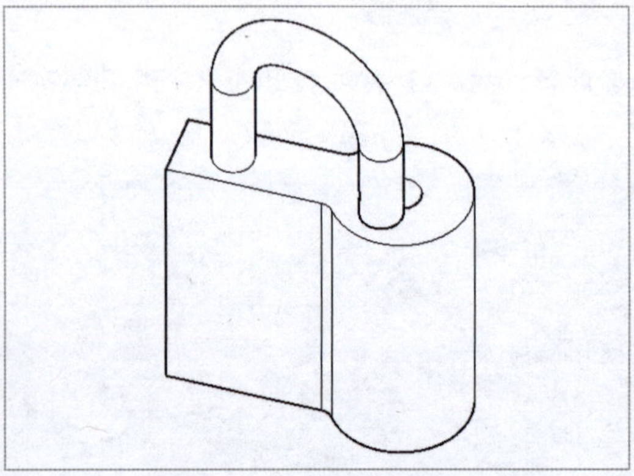

图 11-61 打开素材图形

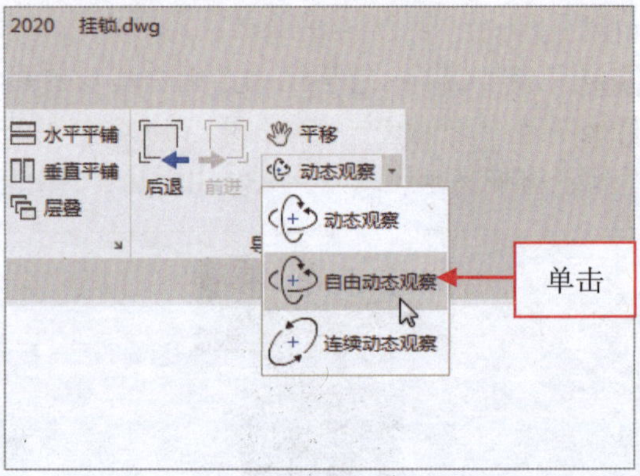


图 11-62 单击“自由动态观察”按钮

Step 03 根据命令行提示进行操作，在绘图区出现一个自由动态观察光标，如图 11-63 所示。

Step 04 单击鼠标左键拖曳至合适位置，释放鼠标，即可使用自由动态观察三维模型，如图 11-64 所示。

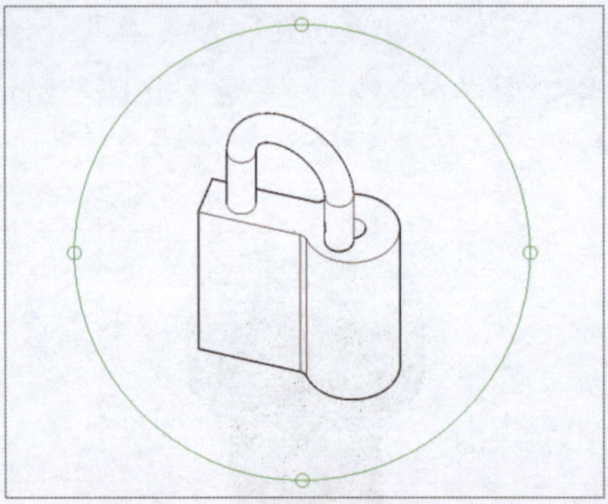

图 11-63 出现一个自由动态观察光标

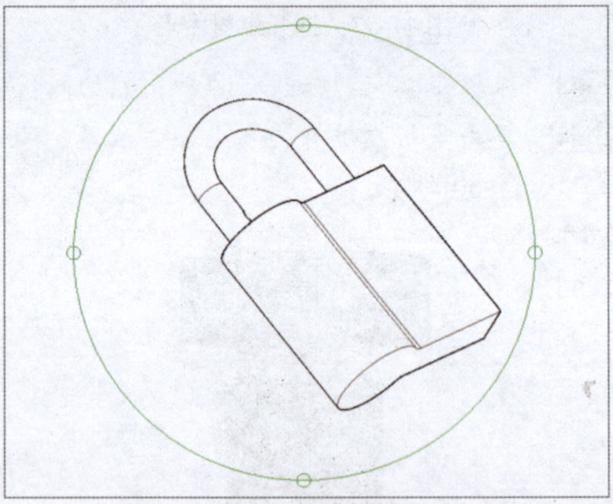

图 11-64 观察三维模型

**▶ 专家指点**

在菜单栏单击“视图”|“动态观察”|“自由动态观察”命令，也可以使用自由动态观察三维模型。

### 11.4.3　连续动态观察

连续动态观察

连续动态观察器用于连续动态地观察图形。在绘图区按住鼠标左键并向任何方向拖动鼠标，可以使目标对象以拖动的方向沿着轨道连续旋转。下面将介绍使用连续动态观察器的操作方法。

**Step 01** 按【Ctrl + O】组合键，打开素材图形（资源\素材\第 11 章\带轮.dwg），如图 11-65 所示。

**Step 02** 在命令行输入 3DCORBIT（连续动态观察）命令，如图 11-66 所示。

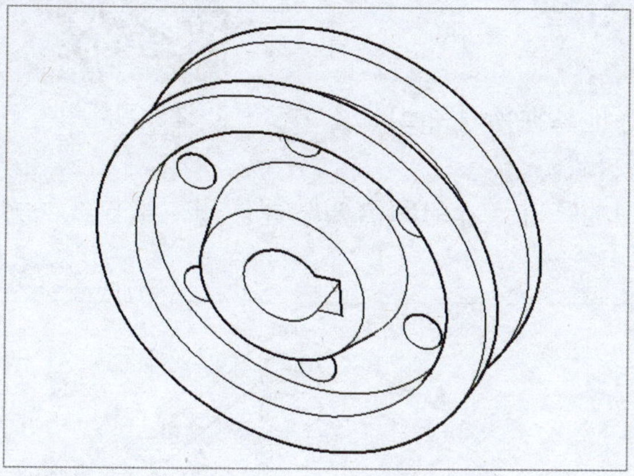

图 11-65　打开素材图形

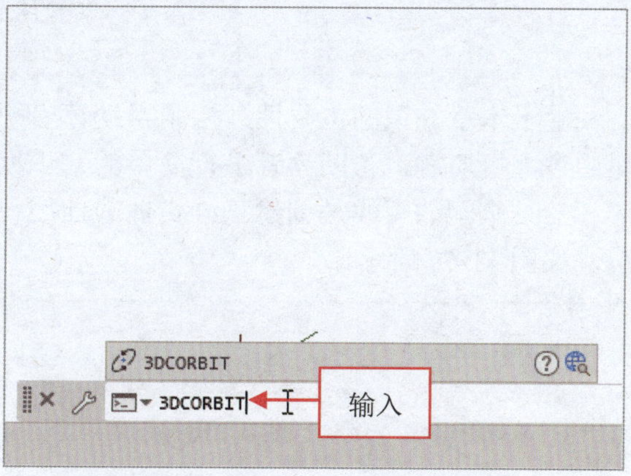


图 11-66　输入 3DCORBIT 命令

**Step 03** 按【Enter】键确认，根据命令行提示进行操作，在绘图区出现连续动态观察光标，如图 11-67 所示。

**Step 04** 在绘图区的中心位置，单击鼠标左键，即可使用连续动态观察三维模型，效果如图 11-68 所示。

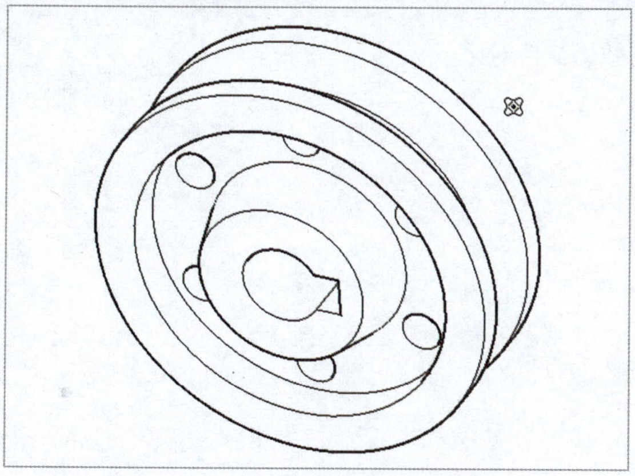

图 11-67　出现连续动态观察光标

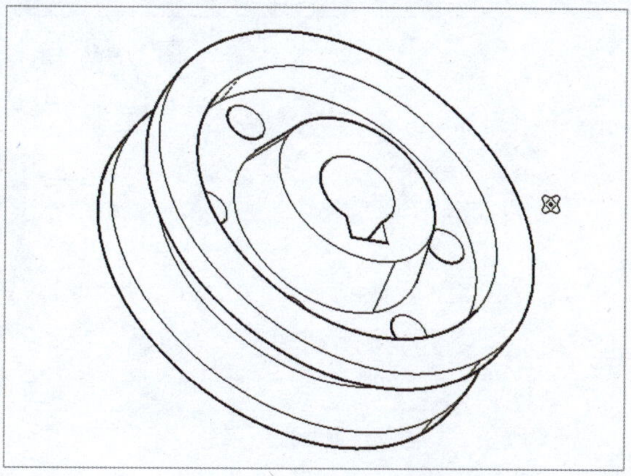

图 11-68　观察三维模型

# 本章小结

本章主要介绍创建三维实体对象的操作方法，包括创建三维实体对象、由二维图形创建三维实体、创建网格曲面以及动态观察三维图形等内容。通过本章的学习，希望读者能够很好地掌握创建三维实体对象的操作方法。

# 课后习题

课后习题

鉴于本章知识的重要性，为了帮助读者更好地掌握所学知识，本节将通过上机习题，帮助读者进行简单的知识回顾和补充。

三维空间的直线是创建三维实体或曲线模型的基础，本习题需要掌握创建三维直线的方法，如图 11-69 所示。

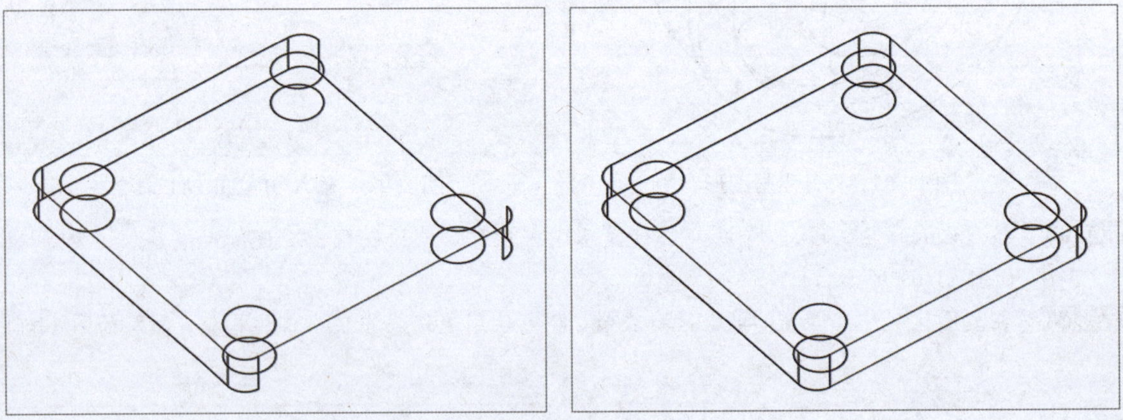

图 11-69　素材与效果文件对比

# 第 12 章 修改三维实体对象

12

与编辑二维图形一样，也可以编辑三维对象，而且二维图形对象编辑中的大多数命令（如移动、复制等）都适用于三维图形。渲染包括应用视觉样式、设置模型光源、设置模型材质、设置三维贴图，以及渲染三维图形等。本章主要介绍在 AutoCAD 2020 中修改三维实体对象的操作方法。

本章重点

- 编辑三维实体对象
- 编辑三维实体边和面
- 创建光源
- 设置模型材质和贴图
- 布尔运算实体对象

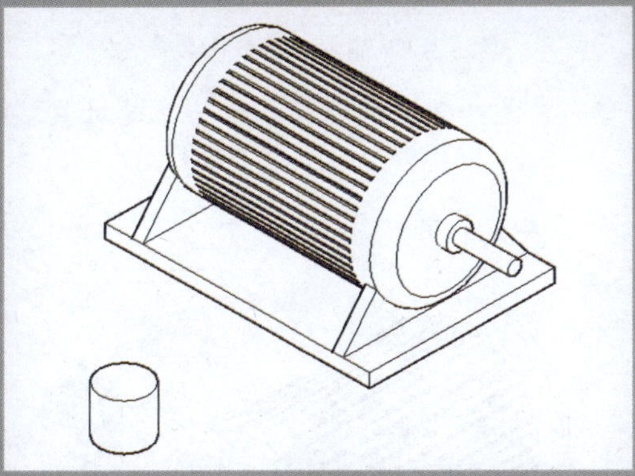

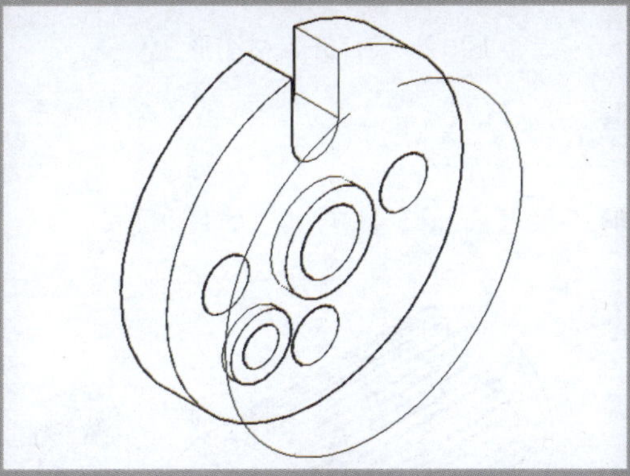

# 12.1　编辑三维实体对象

在 AutoCAD 2020 中，创建好实体模型后，可以对其进行三维移动、旋转、镜像、阵列、对齐以及剖切等基本操作。本节将向读者介绍编辑三维实体对象的操作方法。

## 12.1.1　移动三维实体

移动三维实体

使用“三维建模”界面的“移动”命令，可以调整模型在三维空间的位置。下面介绍移动三维实体的操作方法。

**Step 01** 按【Ctrl + O】组合键，打开素材图形（资源\素材\第 12 章\电动机.dwg），如图 12-1 所示。

**Step 02** 在命令行输入 3DMOVE（三维移动）命令，如图 12-2 所示。

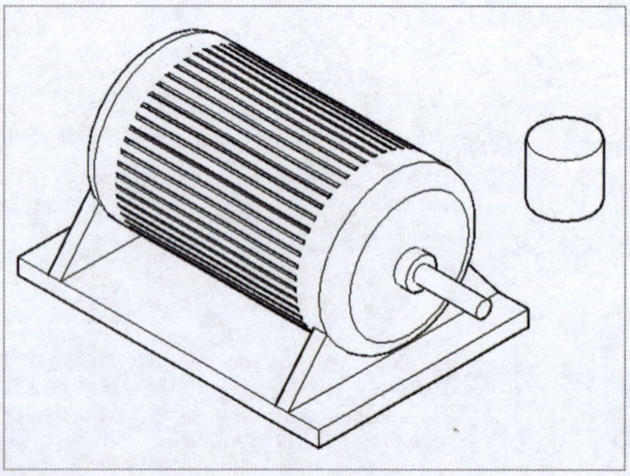

图 12-1　打开素材图形

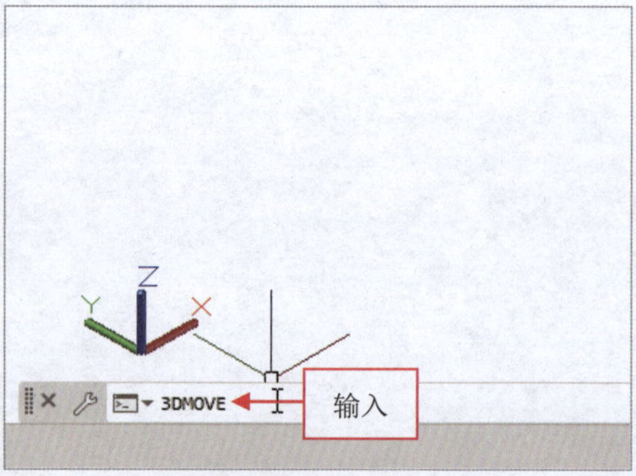


图 12-2　输入 3DMOVE 命令

**Step 03** 按【Enter】键确认，根据命令行提示进行操作，在绘图区选择圆柱体为移动对象，如图 12-3 所示。

**Step 04** 按【Enter】键确认，捕捉相应的圆心点，单击鼠标左键，确定基点，如图 12-4 所示。

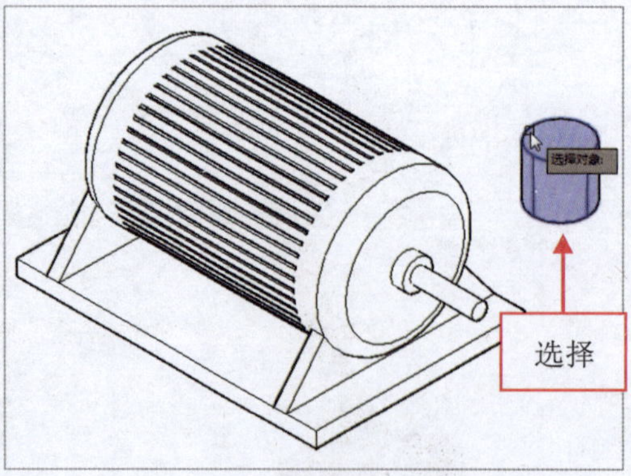


图 12-3　选择圆柱体为移动对象

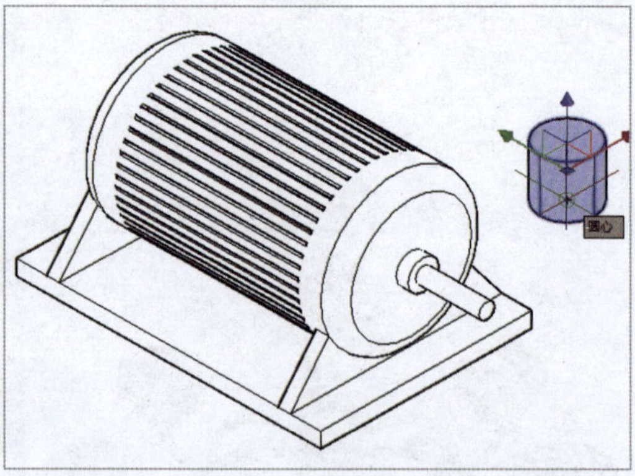

图 12-4　确定基点

**▶ 专家指点**

除了运用上述方法可以调用“三维移动”命令，还有以下两种常用的方法。

- ➢ 按钮：在“功能区”选项板的“常用”选项卡中，单击“修改”面板中的“三维移动”按钮。
- ➢ 命令：单击“修改”|“三维操作”|“三维移动”命令。

**Step 05** 在正交模式下，向左引导光标，输入 350，如图 12-5 所示。

**Step 06** 按【Enter】键确认，即可移动三维实体，效果如图 12-6 所示。

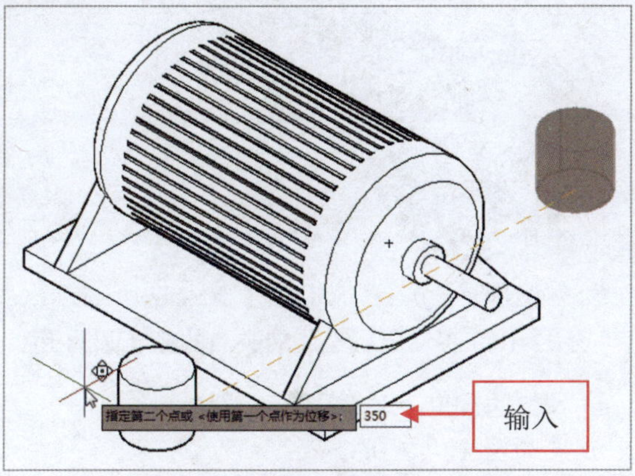


图 12-5　向左引导光标，输入 350

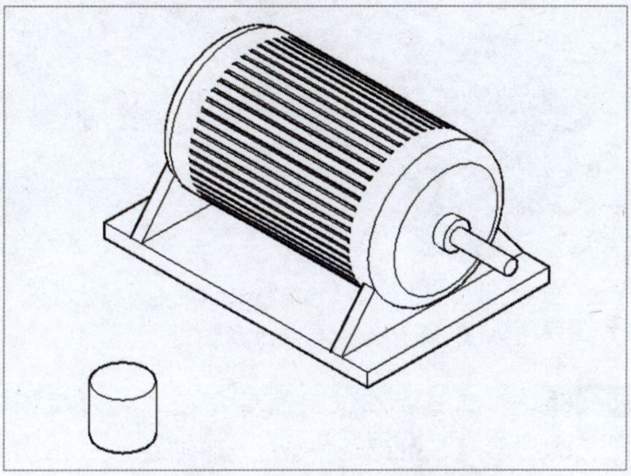

图 12-6　移动三维实体

## 12.1.2　旋转三维实体

旋转三维实体

在创建或编辑三维模型时，使用“三维旋转”命令可以自由地旋转三维对象或将旋转约束到轴。下面介绍旋转三维实体的操作方法。

**Step 01** 按【Ctrl + O】组合键，打开素材图形（资源\素材\第 12 章\台阶螺钉.dwg），如图 12-7 所示。

**Step 02** 在命令行输入 3DROTATE（三维旋转）命令，如图 12-8 所示。

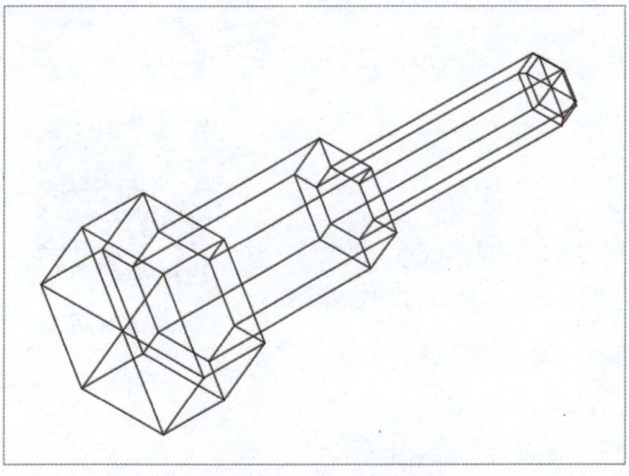

图 12-7　打开素材图形

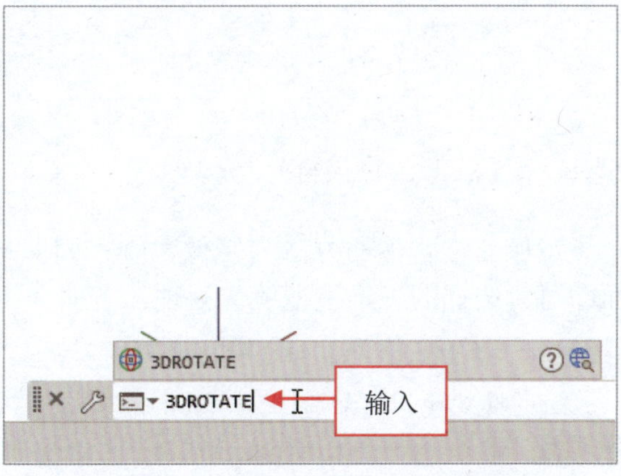


图 12-8　输入 3DROTATE 命令

Step 03 按【Enter】键确认，根据命令行提示进行操作，在绘图区选择所有图形为旋转对象，如图 12-9 所示。

Step 04 按【Enter】键确认，移动鼠标至旋转夹点的蓝色圆圈上，使其变成黄色，如图 12-10 所示。

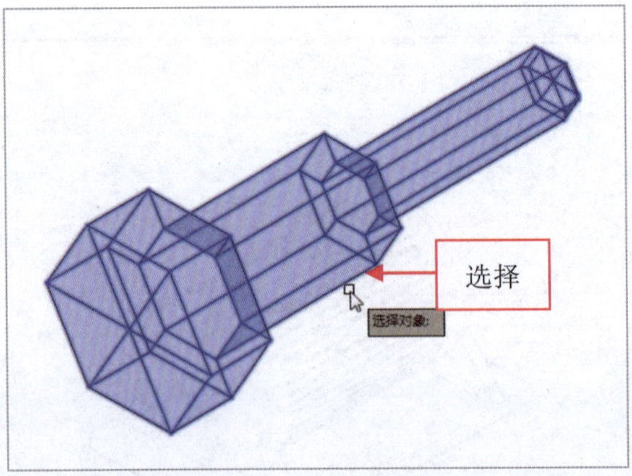


图 12-9　选择旋转对象

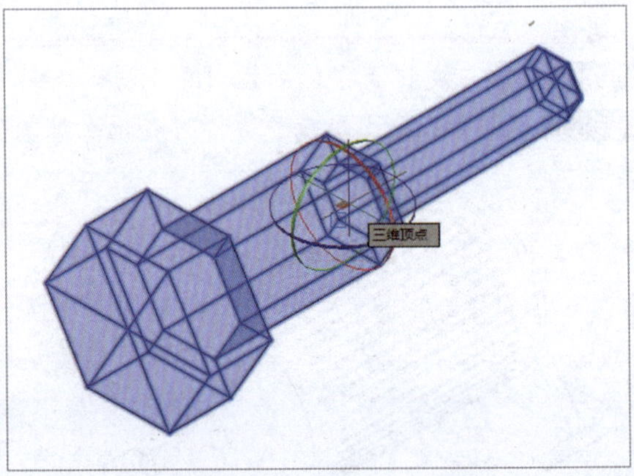


图 12-10　移动鼠标至旋转夹点的蓝色圆圈上

Step 05 单击鼠标左键，然后指定 Z 轴为旋转轴，输入参数 200，如图 12-11 所示。

Step 06 按【Enter】键确认，即可旋转三维实体，效果如图 12-12 所示。

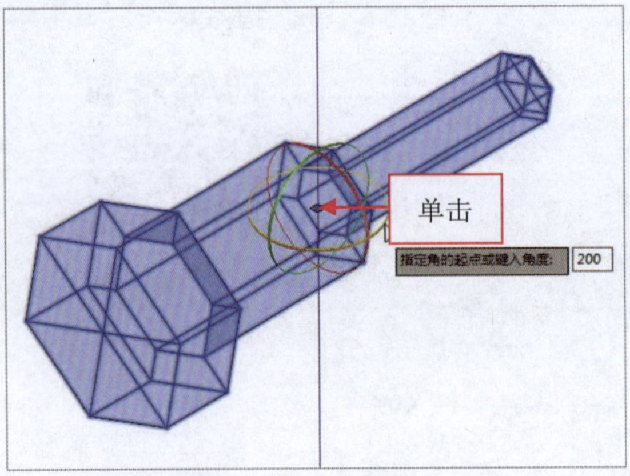


图 12-11　输入参数 200

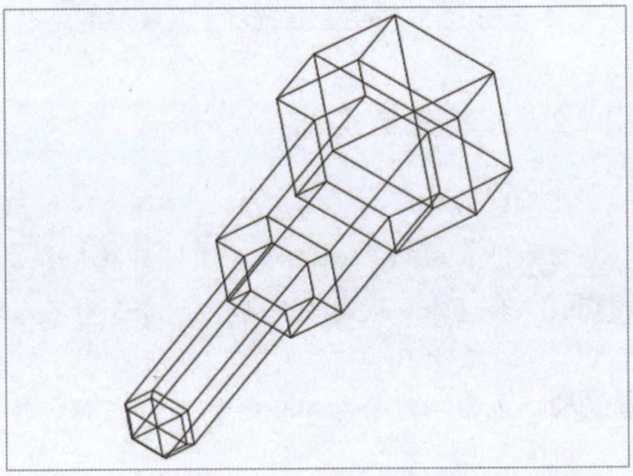

图 12-12　旋转三维实体

## 12.1.3　镜像三维实体

镜像三维实体

镜像三维实体的方法与镜像二维平面图形的方法类似，通过指定的平面即可对选择的三维模型镜像处理。下面介绍镜像三维实体的操作方法。

Step 01 按【Ctrl + O】组合键，打开素材图形（资源\素材\第 12 章\耳机.dwg），如图 12-13 所示。

Step 02 在命令行输入 MIRROR3D（三维镜像）命令，如图 12-14 所示。

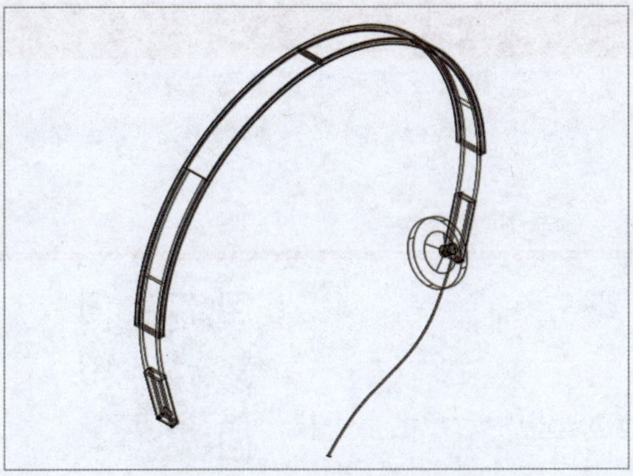

图 12-13　打开素材图形

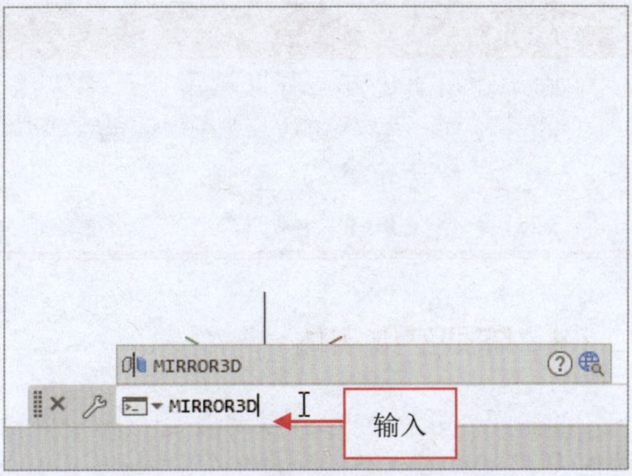


图 12-14　输入 MIRROR3D 命令

**Step 03**　按【Enter】键确认，根据命令行提示进行操作，在绘图区选择右侧所有的耳机对象为镜像对象，如图 12-15 所示。

**Step 04**　按【Enter】键确认，输入 YZ，如图 12-16 所示。

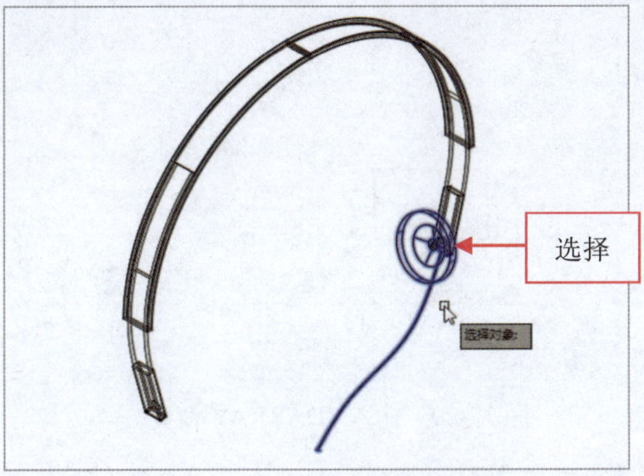


图 12-15　选择镜像对象

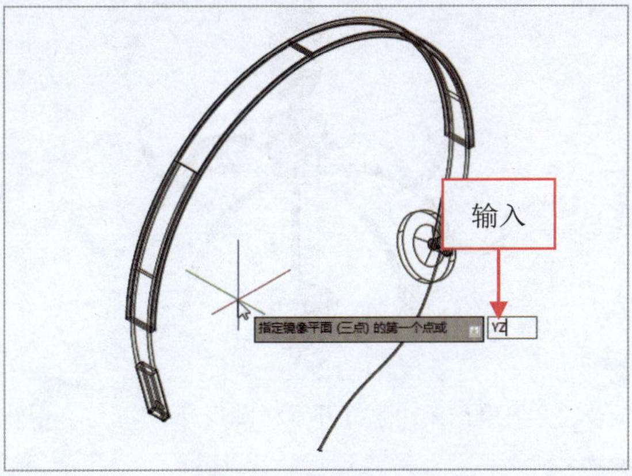


图 12-16　输入参数 YZ

**Step 05**　按【Enter】键确认，输入原点坐标值（0，0，0），如图 12-17 所示。

**Step 06**　连续按两次【Enter】键确认，即可镜像三维实体，效果如图 12-18 所示。

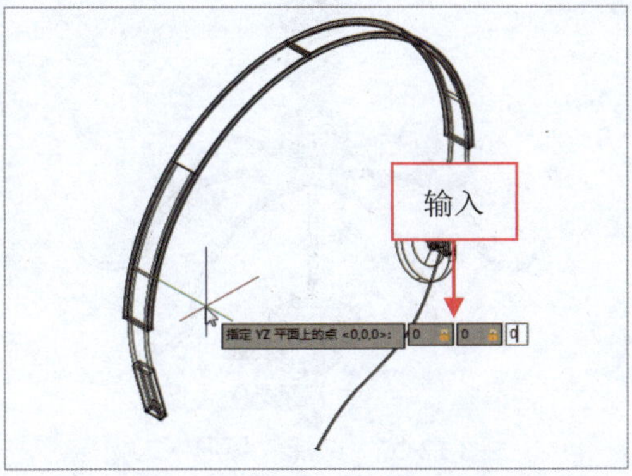


图 12-17　输入参数

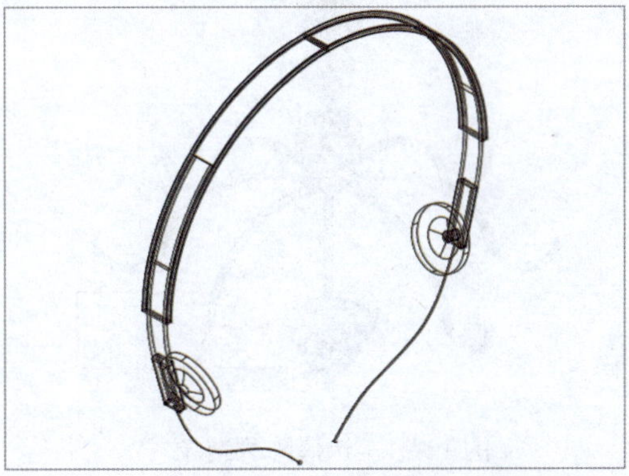

图 12-18　镜像三维实体

▶ 专家指点

除了运用上述方法可以调用“三维镜像”命令，还有以下两种常用的方法。

➢ 按钮：在“功能区”选项板的“常用”选项卡，单击“修改”面板中的“三维镜像”按钮。

➢ 命令：单击“修改”|“三维操作”|“三维镜像”命令。

### 12.1.4 阵列三维实体

阵列三维实体

使用“三维阵列”命令可以在三维空间快速创建指定对象的多个模型副本，并按指定的形式排列，通常用于大量通用模型的复制。下面介绍阵列三维实体的操作方法。

Step 01 按【Ctrl+O】组合键，打开素材图形（资源\素材\第 12 章\吊灯.dwg），如图 12-19 所示。

Step 02 在命令行输入 3DARRAY（三维阵列）命令，如图 12-20 所示，并按【Enter】键确认。

图 12-19 打开素材图形

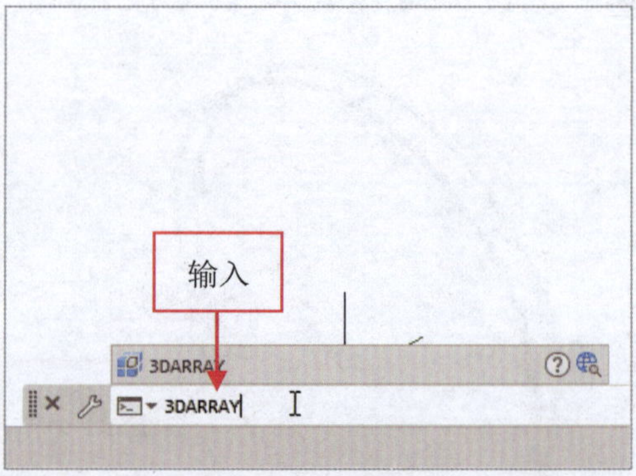


图 12-20 输入 3DARRAY 命令

Step 03 根据命令行提示进行操作，在绘图区选择合适的图形为阵列对象，如图 12-21 所示，按【Enter】键确认。

Step 04 弹出快捷菜单，选择“环形（P）”选项，如图 12-22 所示。

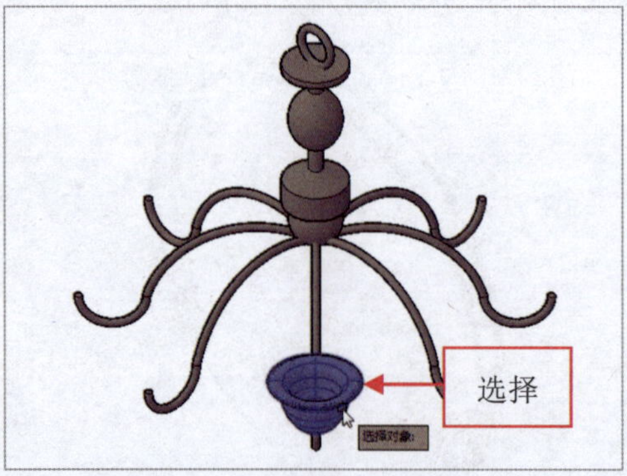


图 12-21 选择阵列对象

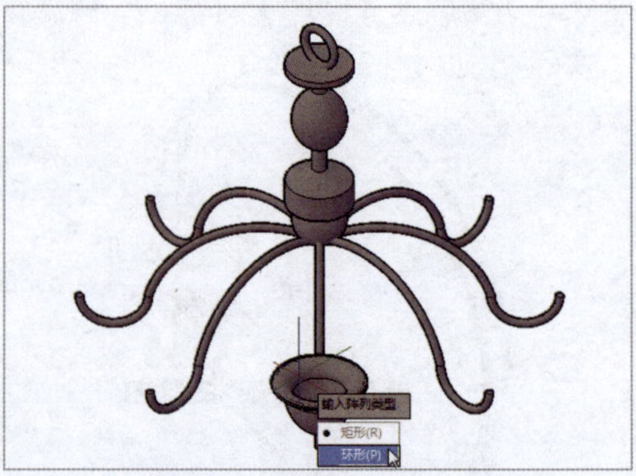

图 12-22 选择“环形（P）”

Step 05 根据命令行提示，输入阵列数目为 8，如图 12-23 所示，按【Enter】键确认。

Step06　输入 360，指定要填充的角度，如图 12-24 所示，按【Enter】键确认。

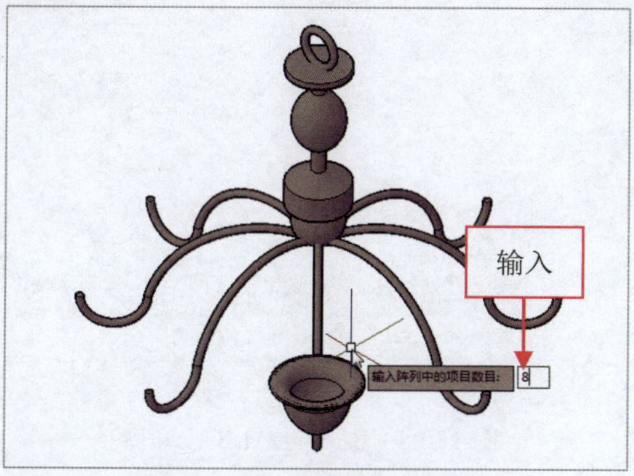


图 12-23　输入阵列数目为 8

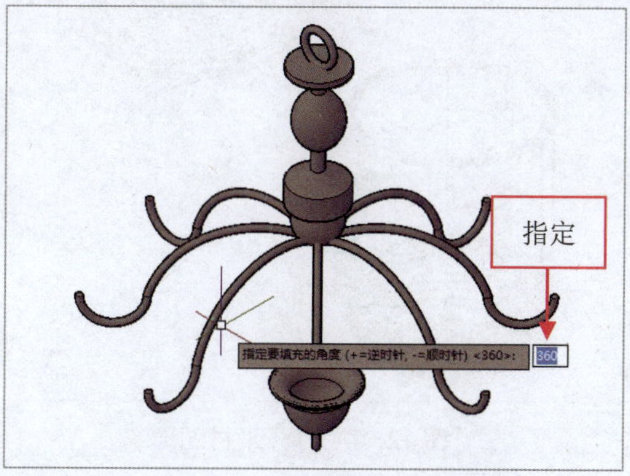


图 12-24　指定要填充的角度

Step07　弹出快捷菜单，选择“是（Y）”选项，如图 12-25 所示。

Step08　输入阵列中心点坐标为（0，0，0），旋转轴上的第二点坐标为（0，0，1）并确认，即可阵列三维实体，效果如图 12-26 所示。

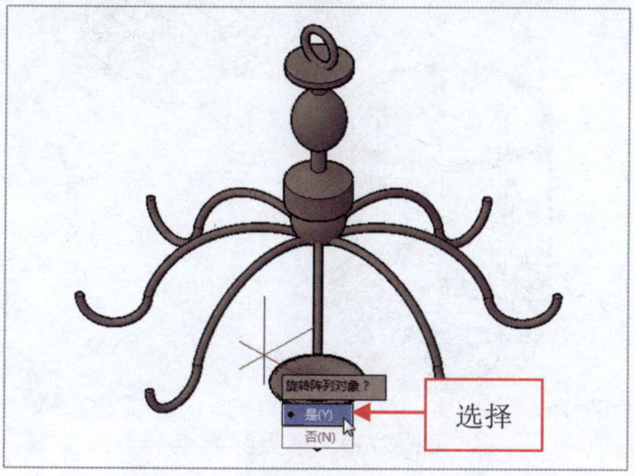


图 12-25　选择“是（Y）”选项

图 12-26　阵列三维实体

> ▶ 专家指点
>
> 除了运用上述方法可以调用“三维阵列”命令，还可以在菜单栏单击“修改”|“三维操作”|“三维阵列”命令。

## 12.1.5　对齐三维实体

使用“三维对齐”命令，可以通过移动、旋转或倾斜对象使该对象与另一个对象对齐。下面介绍对齐三维实体的操作方法。

对齐三维实体

Step01　按【Ctrl + O】组合键，打开素材图形（资源\素材\第 12 章\茶杯.dwg），如图 12-27 所示。

Step02　在命令行输入 3DALIGN（三维对齐）命令，如图 12-28 所示。

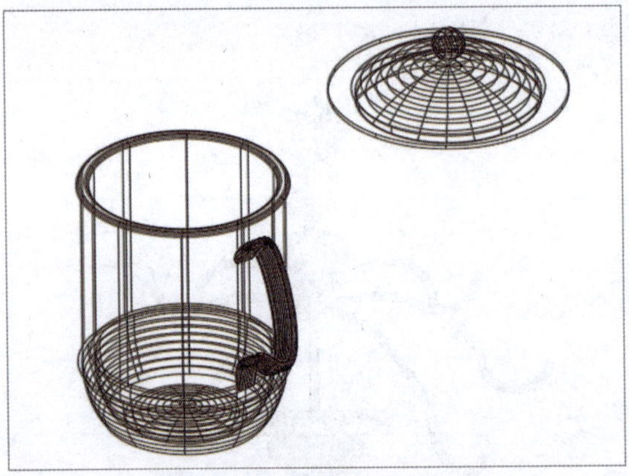

图 12-27　打开素材图形

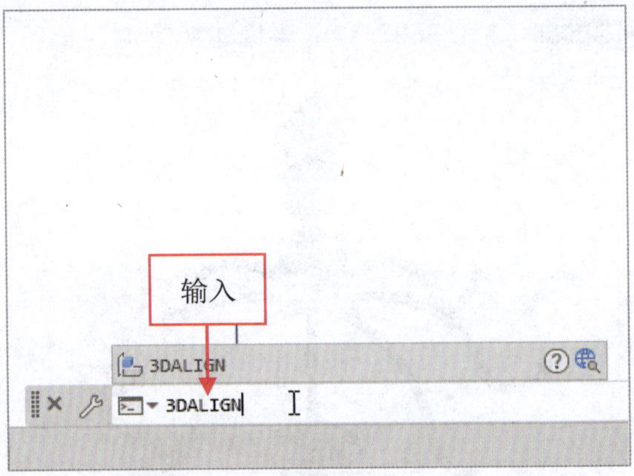


图 12-28　输入 3DALIGN 命令

**Step 03**　按【Enter】键确认，根据命令行提示进行操作，在绘图区选择右侧的茶杯盖为对齐对象，如图 12-29 所示。

**Step 04**　按【Enter】键确认，捕捉茶杯盖底部的圆心点，如图 12-30 所示。

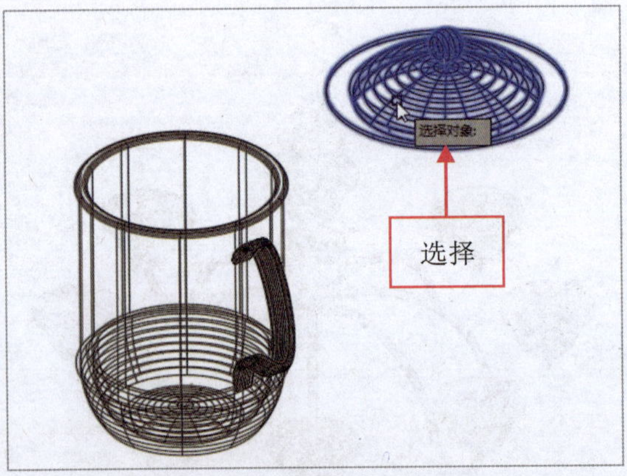


图 12-29　选择对齐对象

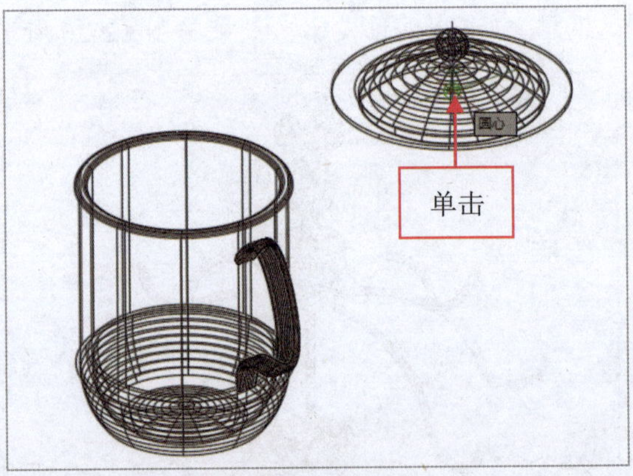


图 12-30　捕捉圆心点

**Step 05**　按【Enter】键确认，在茶杯上部的圆心点单击鼠标左键，如图 12-31 所示。

**Step 06**　按【Enter】键确认，即可对齐三维实体，效果如图 12-32 所示。

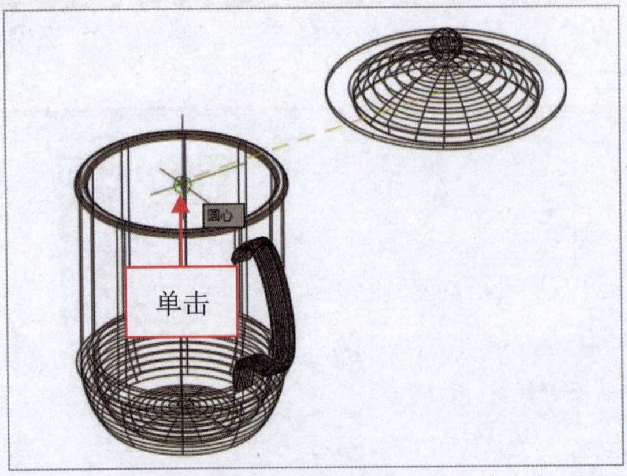


图 12-31　单击鼠标左键

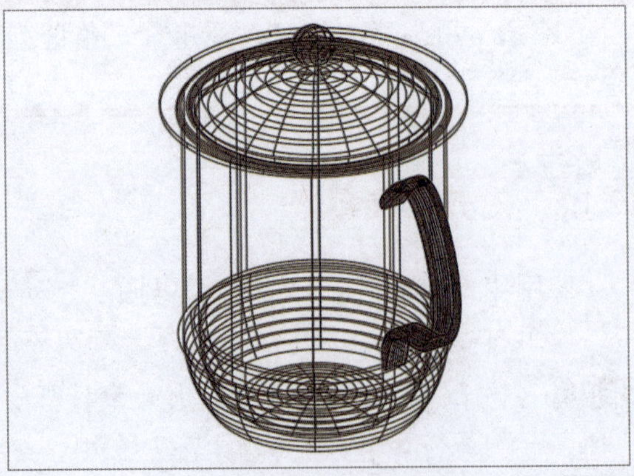

图 12-32　对齐三维实体

**▶ 专家指点**

除了运用上述方法调用“三维对齐”命令，还可以在“功能区”选项板的“常用”选项卡中，单击“修改”面板中的“三维对齐”按钮。

## 12.1.6　剖切三维实体

剖切三维实体

使用三维空间中的剖切功能，可以以某一个平面为剖切面，将一个三维实体对象剖切成多个三维实体，剖切面可以是对象、*Z* 轴、视图、XY/YZ/ZX 平面或 3 点定义的面。下面介绍剖切三维实体的操作方法。

**Step 01**　按【Ctrl + O】组合键，打开素材图形（资源\素材\第 12 章\链轮.dwg），如图 12-33 所示。

**Step 02**　在命令行输入 SLICE（剖切）命令，如图 12-34 所示。

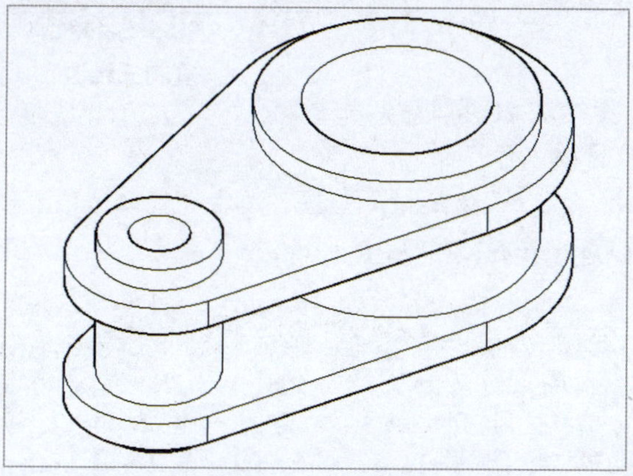

图 12-33　打开素材图形

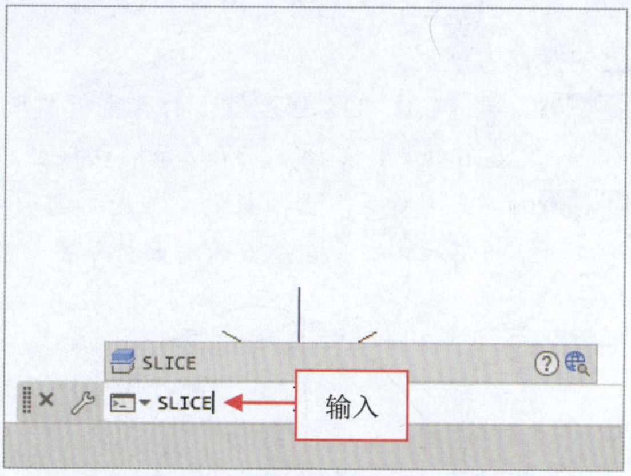


图 12-34　输入 SLICE 命令

**Step 03**　按【Enter】键确认，根据命令行提示进行操作，在绘图区选择所有图形为剖切对象，按【Enter】键确认，再输入 ZX，如图 12-35 所示。

**Step 04**　按【Enter】键确认，捕捉绘图区中的任一圆心，在需要保留的一侧单击鼠标左键，即可剖切三维实体，如图 12-36 所示。

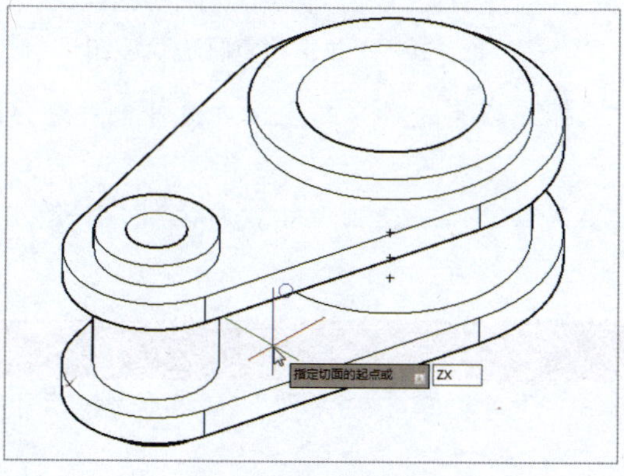


图 12-35　输入 ZX

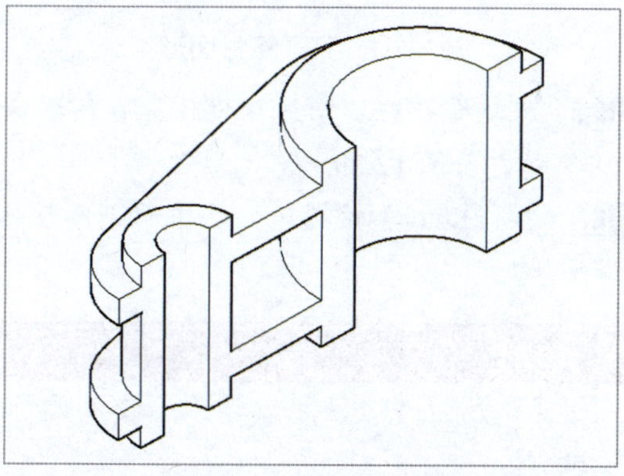

图 12-36　剖切三维实体

▶ 专家指点

除了运用上述方法调用“剖切”命令，还有以下两种常用的方法。

➢ 按钮：在“功能区”选项板的“常用”选项卡中，单击“实体编辑”面板中的“剖切”按钮。

➢ 命令：单击“修改”|“三维操作”|“剖切”命令。

## 12.2 编辑三维实体边和面

AutoCAD 2020 提供了压印、着色和复制边命令来对实体的边进行编辑操作，本节将向读者介绍编辑三维实体边和面的操作方法。

### 12.2.1 复制三维边

复制三维边

使用“复制边”命令可以复制三维实体的各个边。下面介绍复制三维边的操作方法。

Step 01 按【Ctrl + O】组合键，打开素材图形（资源\素材\第 12 章\连接盘.dwg），如图 12-37 所示，切换至三维建模工作界面。

Step 02 在“功能区”选项板的“常用”选项卡中，在“实体编辑”面板，单击“提取边”右侧的下拉按钮，在弹出的列表框单击“复制边”按钮，如图 12-38 所示。

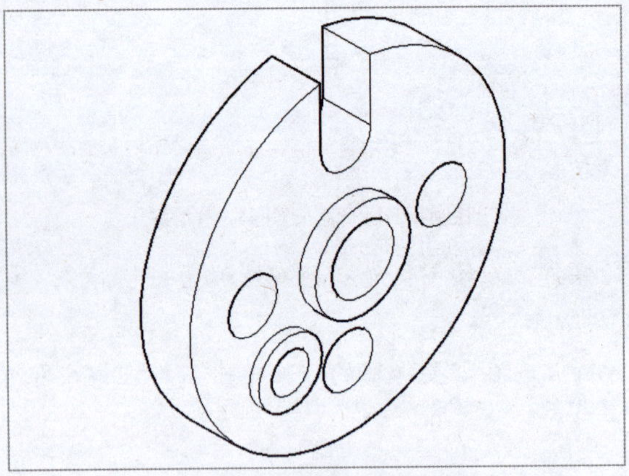

图 12-37 打开素材图形

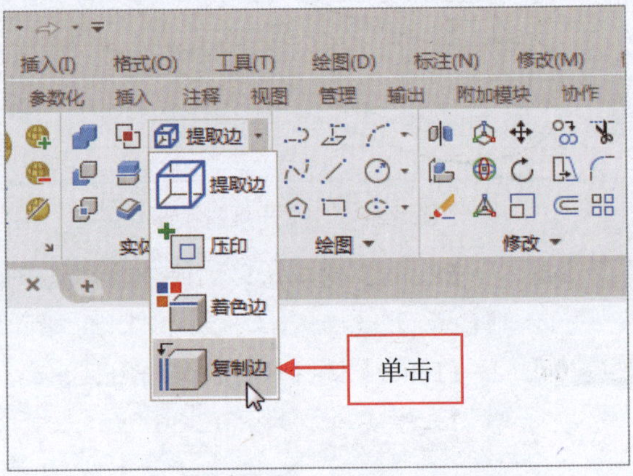


图 12-38 单击“复制边”按钮

Step 03 根据命令行提示进行操作，在绘图区中选择三维实体对象的左上方最外侧的边为复制边，如图 12-39 所示。

Step 04 按【Enter】键确认，在中间小圆柱体的最外侧圆心点上，单击鼠标左键，如图 12-40 所示。

▶ 专家指点

除了运用上述方法可以调用“复制边”命令，还可以单击“修改”|“实体编辑”|“复制边”命令。

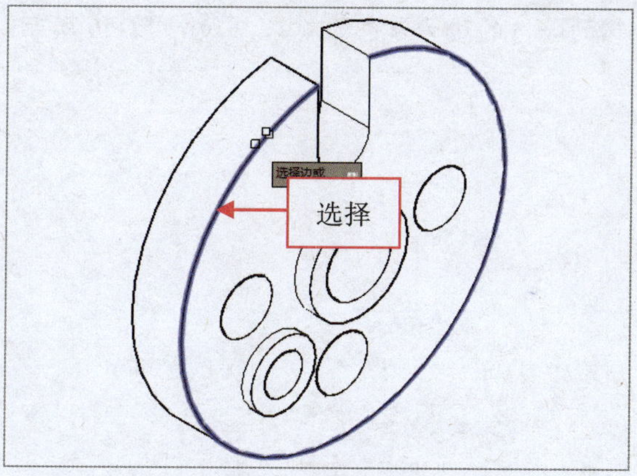


图 12-39　选择复制边对象

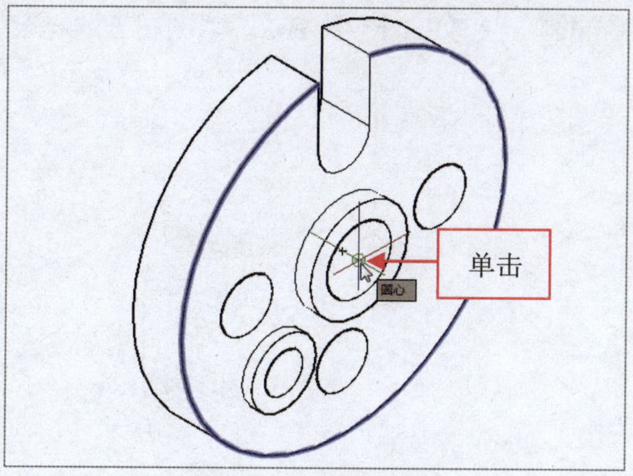


图 12-40　单击圆心点

Step 05　在开启“动态模式输入”的情况下，输入（0，-20，0），如图 12-41 所示。

Step 06　连续按三次【Enter】键确认，即可复制三维边，效果如图 12-42 所示。

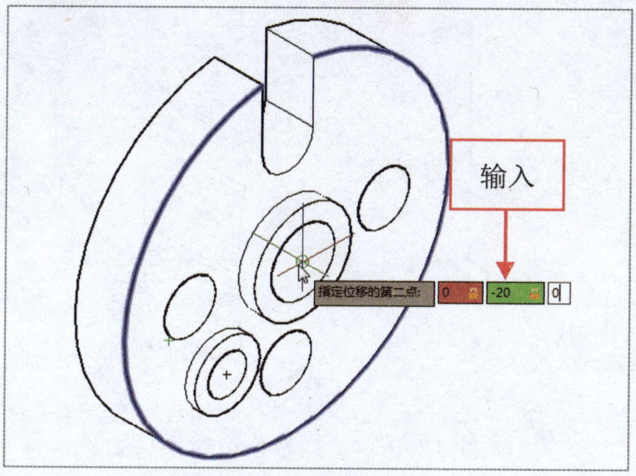


图 12-41　输入参数

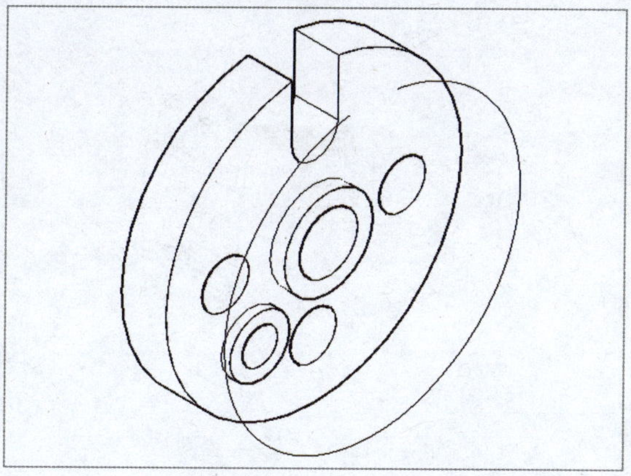

图 12-42　复制三维边

### 12.2.2　着色三维边

着色三维边

使用着色功能可以为三维实体的某个边进行着色处理，下面介绍着色三维边对象的操作方法。

Step 01　按【Ctrl + O】组合键，打开素材图形（资源\素材\第 12 章\电脑主机箱.dwg），如图 12-43 所示。

Step 02　在命令行输入 SOLIDEDIT（实体编辑）命令，如图 12-44 所示。

> ▶ 专家指点
>
> 除了运用上述方法可以调用“着色边”命令，还可以单击“修改”|“实体编辑”|“着色边”命令。

Step 03　按【Enter】键确认，根据命令行提示进行操作，输入 E，按【Enter】键确认，输入 L，如图 12-45 所示。

Step 04 按【Enter】键确认，在绘图区选择最外侧的合适的边为着色边对象，如图 12-46 所示。

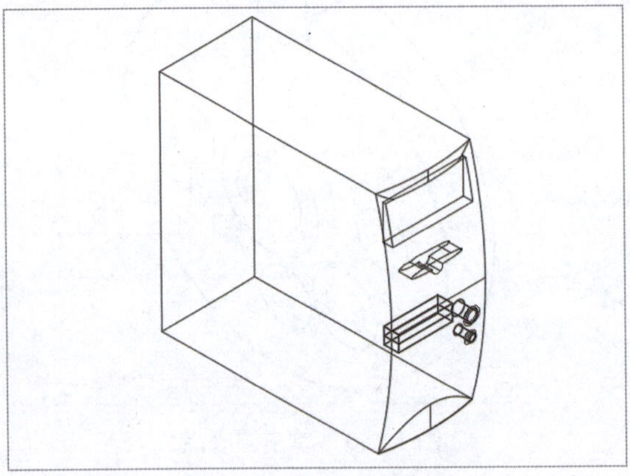

图 12-43　打开素材图形

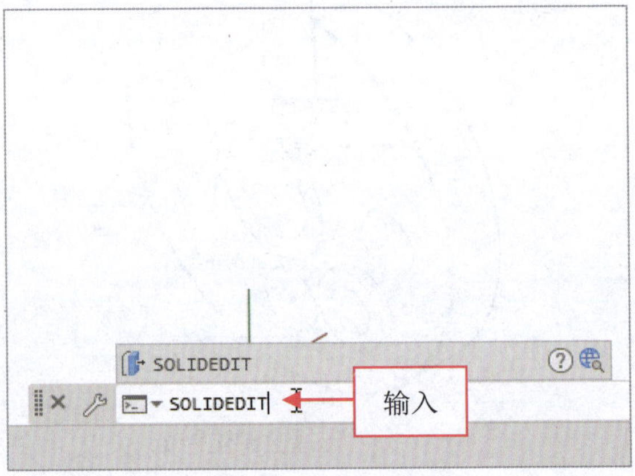


图 12-44　输入 SOLIDEDIT 命令

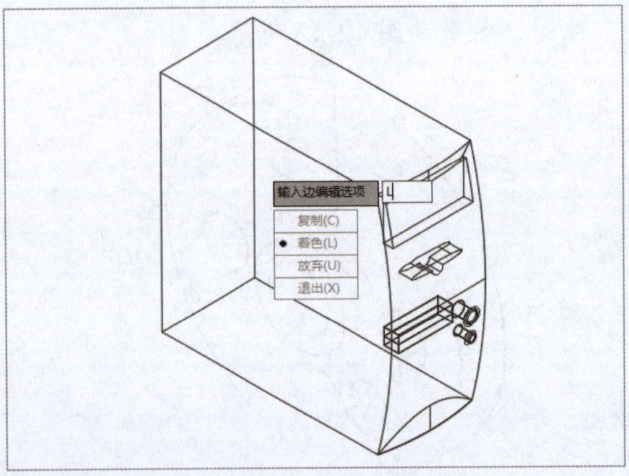


图 12-45　输入参数

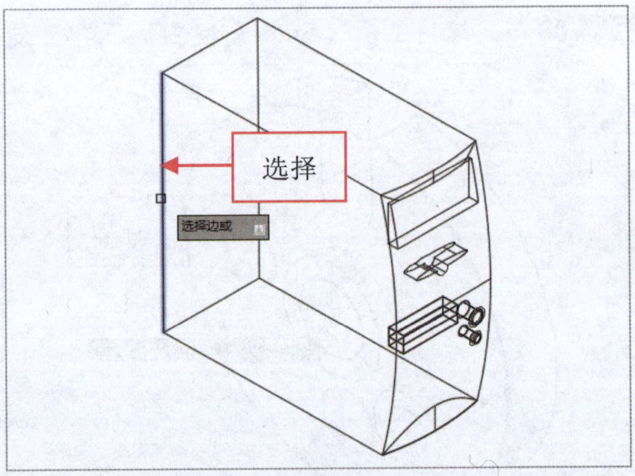


图 12-46　选择着色边对象

Step 05 按【Enter】键确认，弹出“选择颜色”对话框，在对话框的下方选择“红”选项，单击“确定”按钮，如图 12-47 所示。

Step 06 连续按两次【Enter】键确认，即可着色三维边，如图 12-48 所示。

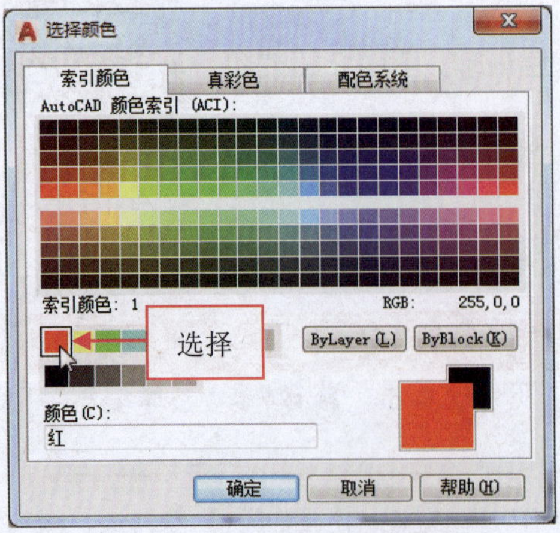


图 12-47　选择“红”选项

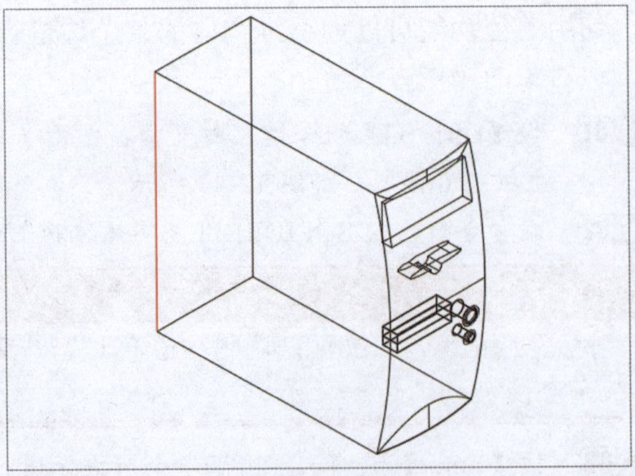

图 12-48　着色三维边

## 12.2.3　移动三维面

移动三维面

在 AutoCAD 2020 中，使用“移动面”命令，可以沿指定的高或距离移动选定的三维实体对象的面。下面介绍移动三维面的操作方法。

**Step 01** 按【Ctrl + O】组合键，打开素材图形（资源\素材\第 12 章\微波炉.dwg），如图 12-49 所示，切换至三维建模工作界面。

**Step 02** 在“功能区”选项板的“常用”选项卡中，单击“实体编辑”面板中的“拉伸面”右侧的下拉按钮，在弹出的列表框单击“移动面”按钮，如图 12-50 所示。

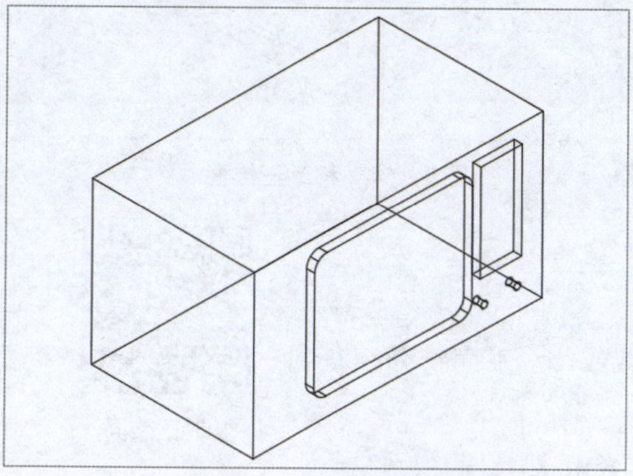

图 12-49　打开素材图形

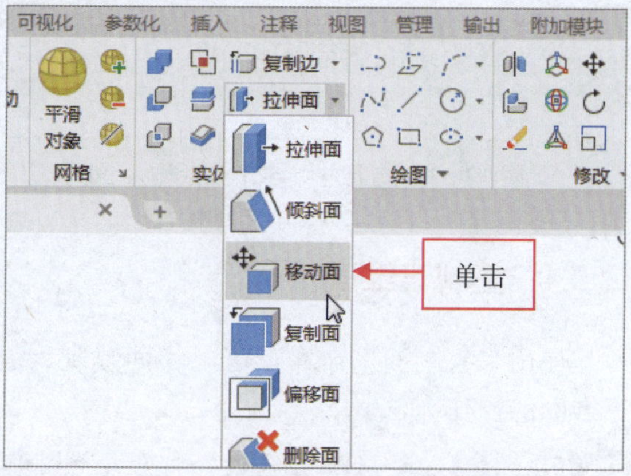


图 12-50　单击“移动面”按钮

> **▶ 专家指点**
>
> 除了运用上述方法调用“移动面”命令，还可以单击“修改”|“实体编辑”|“移动面”命令。

**Step 03** 根据命令行提示进行操作，在绘图区图形上方的矩形面上，单击鼠标左键，确定移动面，如图 12-51 所示。

**Step 04** 按【Enter】键确认，在图形最上方的端点上，单击鼠标左键，确定基点，如图 12-52 所示。

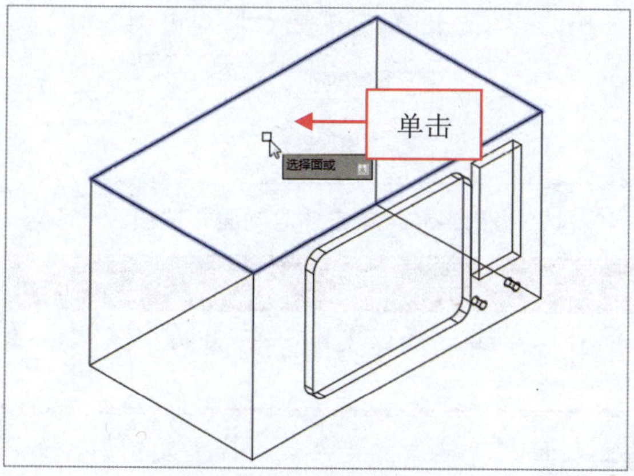


图 12-51　确定移动面

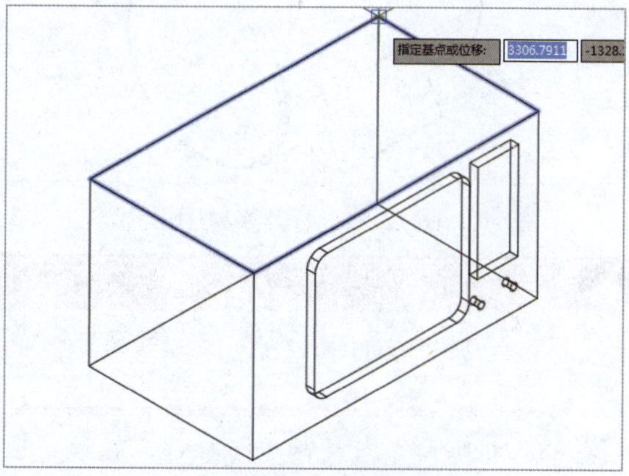


图 12-52　确定基点

Step 05 向上方引导光标，输入 30，如图 12-53 所示。

Step 06 连续按三次【Enter】键确认，即可移动三维面，效果如图 12-54 所示。

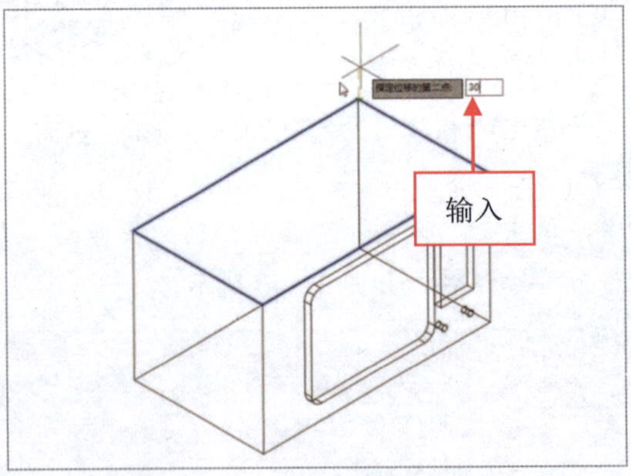


图 12-53 向上方引导光标，输入 30

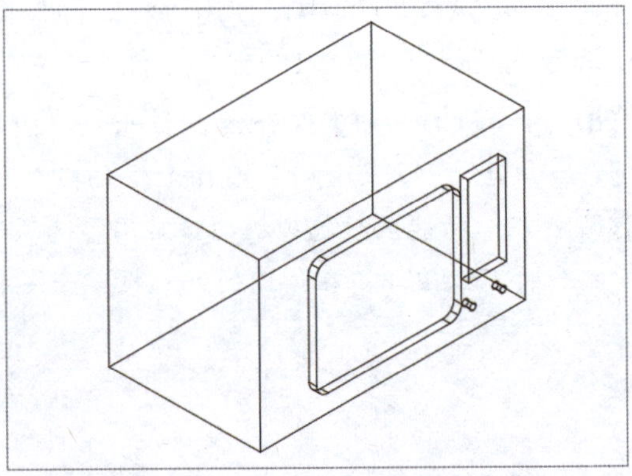

图 12-54 移动三维面

## 12.2.4 复制三维面

使用“复制面”命令，可以将面复制为面域或体。下面将介绍复制三维面的操作方法。

复制三维面

Step 01 按【Ctrl + O】组合键，打开素材图形（资源\素材\第 12 章\音响.dwg），如图 12-55 所示。

Step 02 在“功能区”选项板的“常用”选项卡，单击“实体编辑”面板中的“拉伸面”右侧的下拉按钮，在弹出的列表框单击“复制面”按钮，如图 12-56 所示。

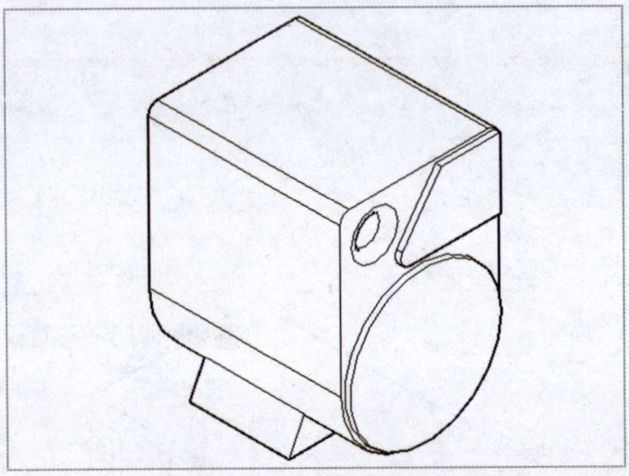

图 12-55 打开素材图形

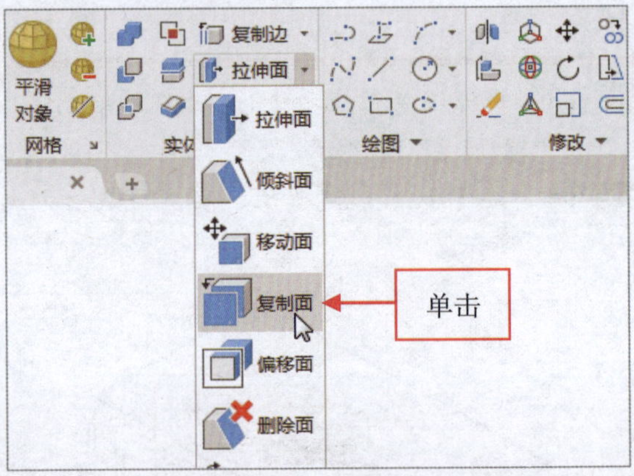


图 12-56 单击“复制面”按钮

> ▶ 专家指点
>
> 除了运用上述方法调用“复制面”命令，还可以单击“修改”|“实体编辑”|“复制面”命令。

Step 03 根据命令行提示进行操作，在绘图区的上表面上，单击鼠标左键，确定复制面，如图 12-57 所示。

**Step 04** 按【Enter】键确认，在绘图区复制面左下方边的中点和图形最下方底边的中点上，依次单击鼠标左键，按【Esc】键退出，即可复制三维面，效果如图 12-58 所示。

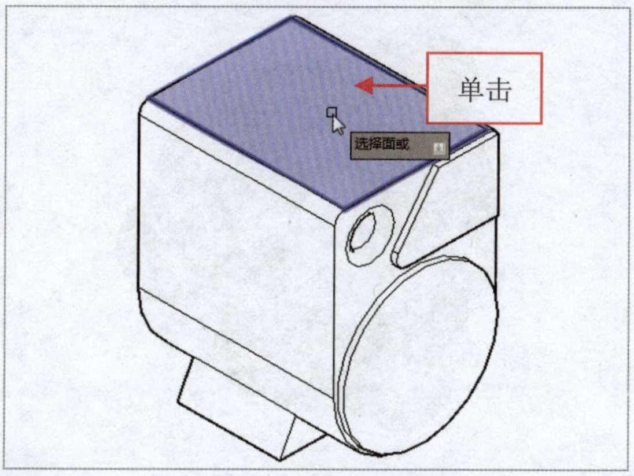


图 12-57　确定复制面

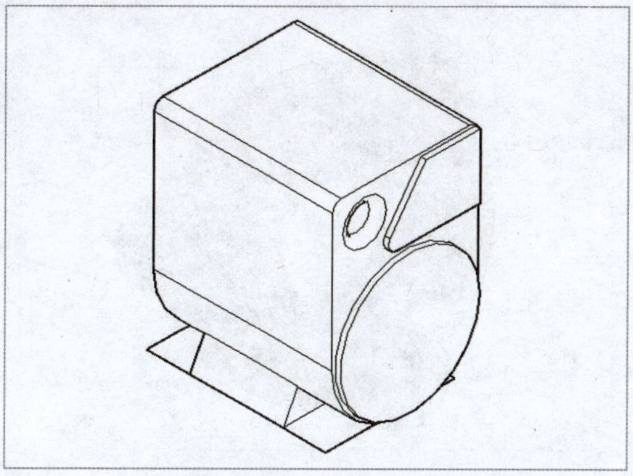

图 12-58　复制三维面

## 12.2.5　拉伸三维面

在 AutoCAD 2020 中，每个面都有一个正边，该边在面的法线上，输入一个数值可以沿正方向拉伸面。下面介绍拉伸三维面的操作方法。

拉伸三维面

**Step 01** 按【Ctrl + O】组合键，打开素材图形（资源\素材\第 12 章\端盖.dwg），如图 12-59 所示，切换至三维建模工作界面。

**Step 02** 在“功能区”选项板的“常用”选项卡中，单击“实体编辑”面板中的“拉伸面”按钮，如图 12-60 所示。

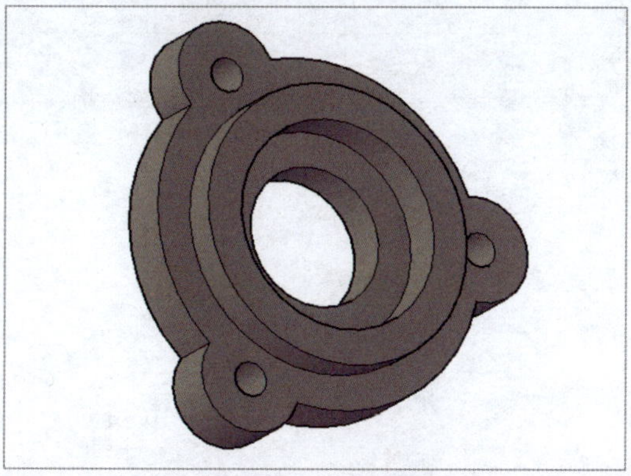

图 12-59　打开素材图形

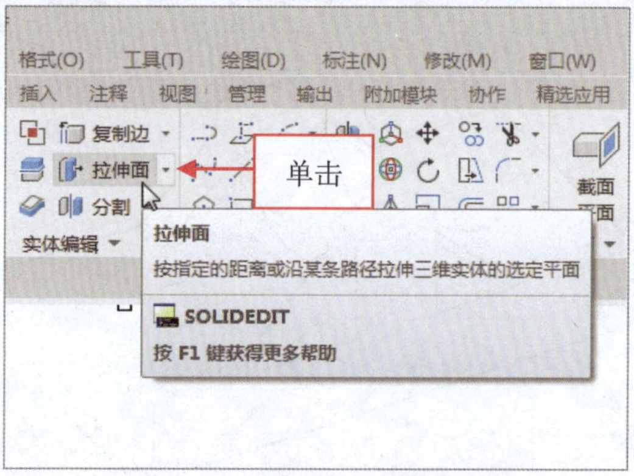


图 12-60　单击“拉伸面”按钮

> **▶ 专家指点**
>
> 除了运用上述方法调用“拉伸面”命令，还可以单击“修改”|“实体编辑”|“拉伸面”命令。

**Step 03** 根据命令行提示进行操作，在绘图区中的合适的面上，单击鼠标左键，确定拉伸面，如图 12-61 所示。

**Step 04** 按【Enter】键确认，输入 35，连续按 4 次【Enter】键确认，即可拉伸三维面，效果如图 12-62 所示。

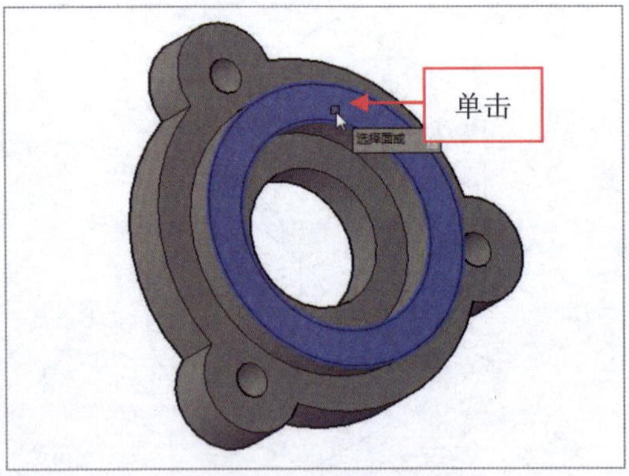


图 12-61　确定拉伸面

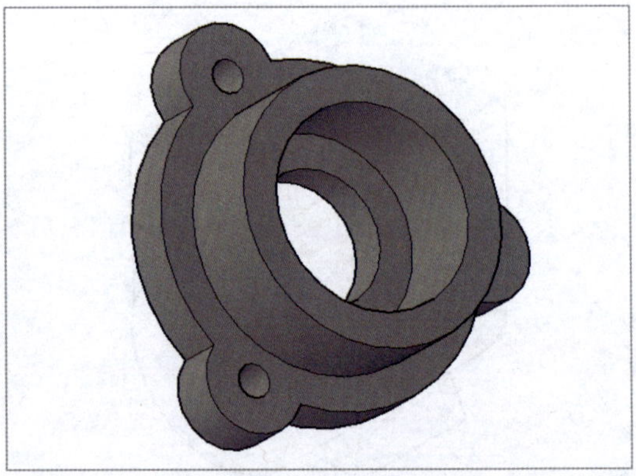

图 12-62　拉伸三维面

## 12.2.6　偏移三维面

偏移三维面

在 AutoCAD 2020 中，偏移三维面是指通过将现有的面，从原始位置向内或向外偏移指定的距离以创建出的新的三维面。下面介绍偏移三维面的操作方法。

**Step 01** 按【Ctrl + O】组合键，打开素材图形（资源\素材\第 12 章\滚轴支墩.dwg），如图 12-63 所示，切换至三维建模工作界面。

**Step 02** 在“功能区”选项板的“常用”选项卡中，单击“实体编辑”面板中的“拉伸面”右侧的下拉按钮，在弹出的下拉列表单击“偏移面”按钮，如图 12-64 所示。

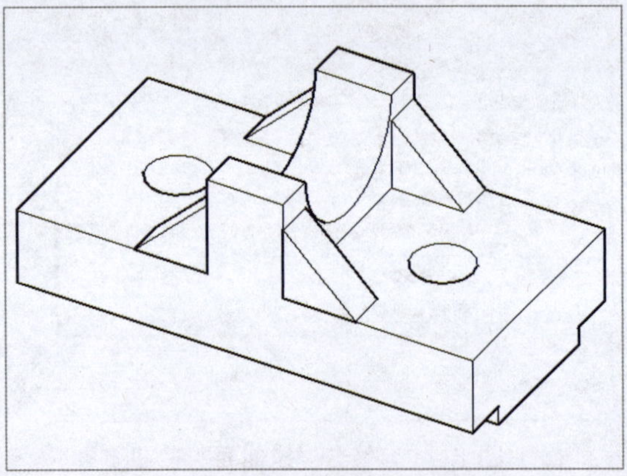

图 12-63　打开素材图形

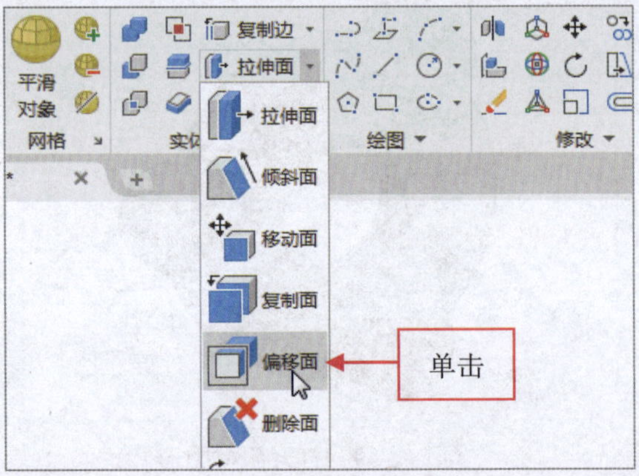


图 12-64　单击“偏移面”按钮

> **专家指点**
>
> 除了运用上述方法调用“偏移面”命令，还可以单击“修改”|“实体编辑”|“偏移面”命令。

**Step 03** 根据命令行提示进行操作，在绘图区的合适的曲面，单击鼠标左键，确定偏移面，如图 12-65 所示。

**Step 04** 按【Enter】键确认，输入 5，连续按三次【Enter】键确认，即可偏移三维面，效果如图 12-66 所示。

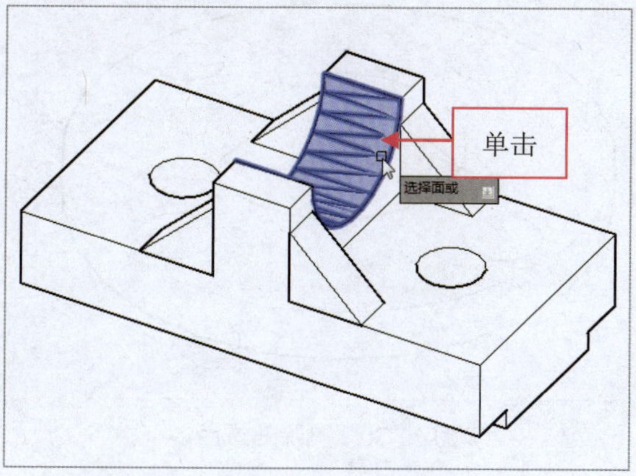


图 12-65　确定偏移面

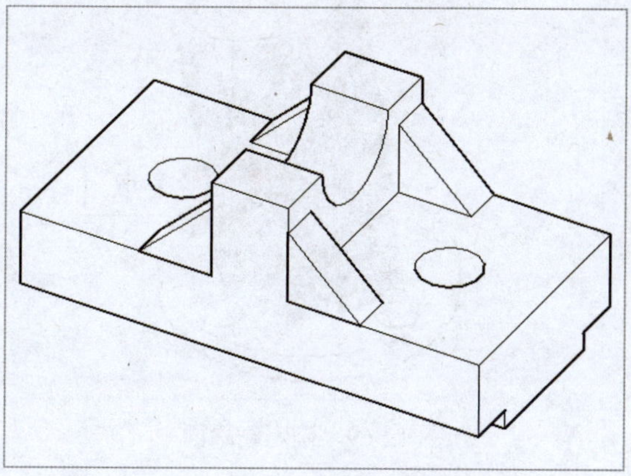

图 12-66　偏移三维面

## 12.2.7　删除三维面

使用“删除面”命令，可以从选择集中删除选择的面。下面介绍删除三维面的操作方法。

删除三维面

**Step 01** 按【Ctrl + O】组合键，打开素材图形（资源\素材\第 12 章\接头弯管.dwg），如图 12-67 所示，切换至三维建模工作界面。

**Step 02** 在“功能区”选项板的“常用”选项卡，单击“实体编辑”面板中的“拉伸面”右侧的下拉按钮，在弹出的列表框单击“删除面”按钮，如图 12-68 所示。

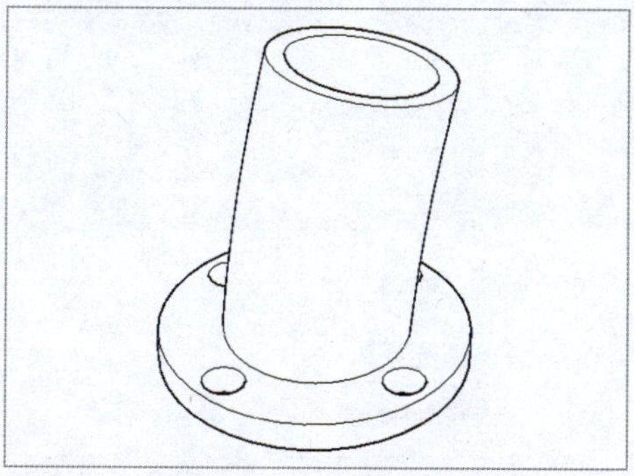

图 12-67　打开素材图形

图 12-68　单击“删除面”按钮

**▶ 专家指点**

除了运用上述方法调用“删除面”命令，还可以单击“修改”|“实体编辑”|“删除面”命令。

**Step 03** 根据命令行提示进行操作，在绘图区的圆柱体，单击鼠标左键，确定删除面，如图 12-69 所示。

**Step 04** 连续按三次【Enter】键确认，删除三维面，效果如图 12-70 所示。

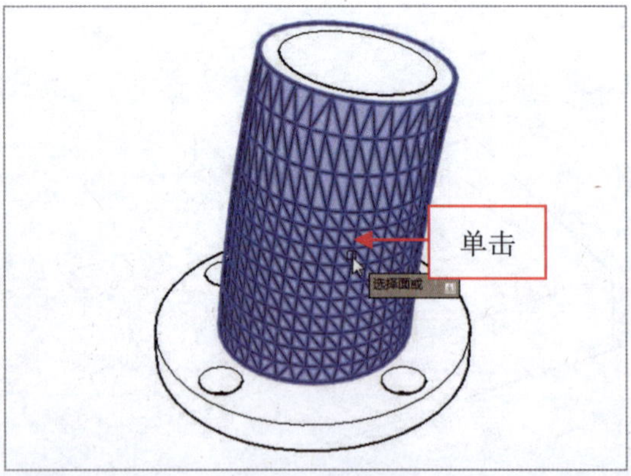


图 12-69　确定删除面

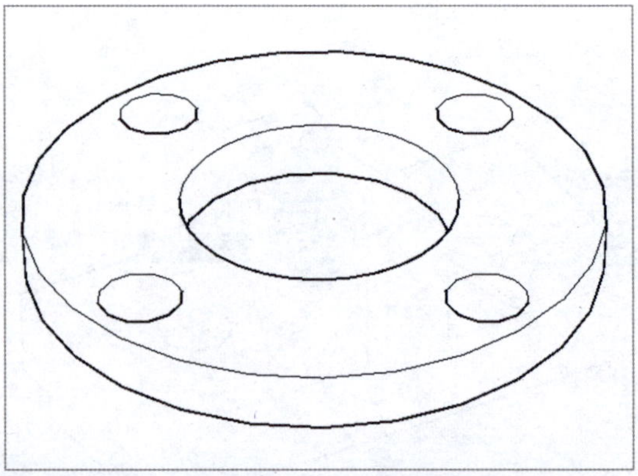

图 12-70　删除三维面

## 12.2.8　倾斜三维面

在 AutoCAD 2020 中，倾斜三维面是指通过将实体对象上的一个或多个表面按指定的角度、方向进行倾斜而得到的三维面。下面将介绍倾斜三维面的操作方法。

倾斜三维面

**Step 01** 按【Ctrl + O】组合键，打开素材图形（资源\素材\第 12 章\机械零件.dwg），如图 12-71 所示，切换至三维建模工作界面。

**Step 02** 在“功能区”选项板的“常用”选项卡中，单击“实体编辑”面板中的“拉伸面”右侧的下拉按钮，在弹出的列表框单击“倾斜面”按钮，如图 12-72 所示。

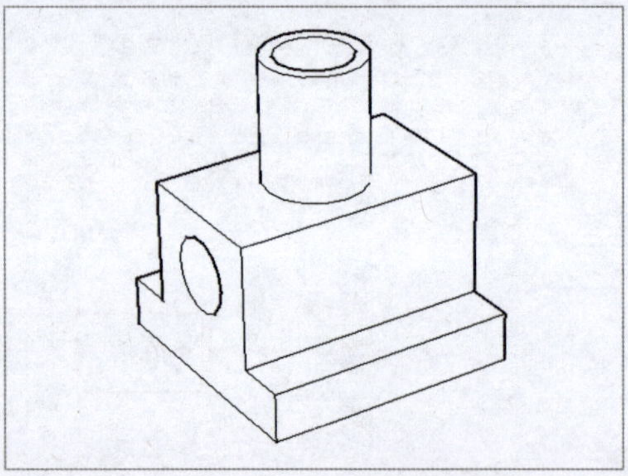

图 12-71　打开素材图形

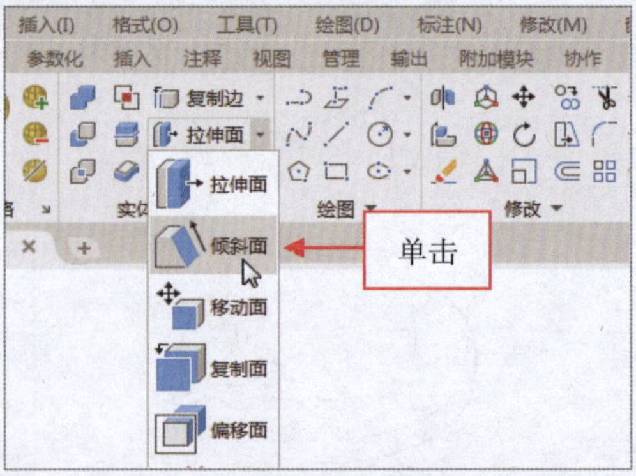


图 12-72　单击“倾斜面”按钮

> **▶ 专家指点**
>
> 除了运用上述方法调用“倾斜面”命令，还可以单击“修改”|“实体编辑”|“倾斜面”命令。

**Step 03**　根据命令行提示进行操作，在绘图区合适的面，单击鼠标左键，确定倾斜面，如图 12-73 所示。

**Step 04**　按【Enter】键确认，单击倾斜面上方的中点，如图 12-74 所示。

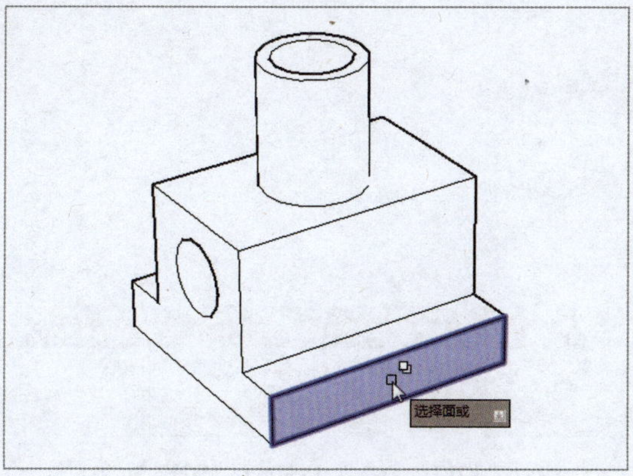


图 12-73　确定倾斜面

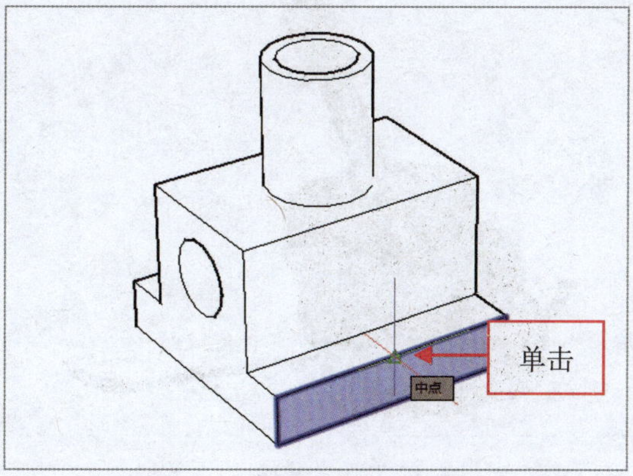


图 12-74　单击倾斜面上方的中点

**Step 05**　在下方的中点上，单击鼠标左键，输入倾斜角度 30，如图 12-75 所示。

**Step 06**　按【Enter】键确认，即可倾斜三维面，效果如图 12-76 所示。

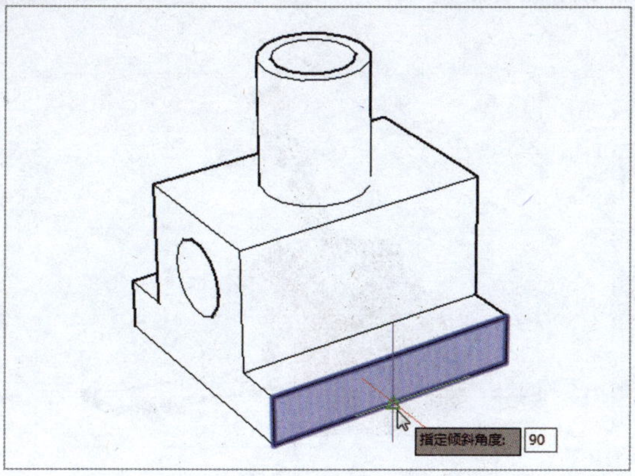


图 12-75　输入参数

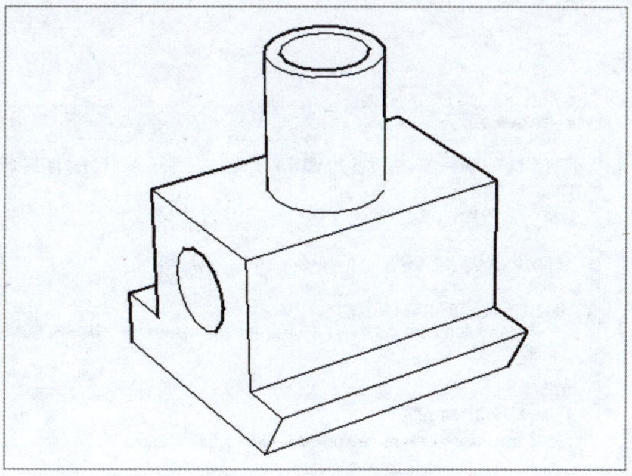

图 12-76　倾斜三维面

# 12.3　创建光源

每种类型的光源都会在图形中产生不同的效果。可以使用命令创建光源，也可以使用相应面板上的按钮。

## 12.3.1　创建点光源

创建点光源

点光源从所在位置向四周发射光线，除非将衰减设置为“无”，否则点光源的强度将随距离的增加而减弱，可以使用点光源获得基本照明效果。下面向读者介绍创建点光源的操作方法。

Step 01 按【Ctrl + O】组合键打开素材图形（资源\素材\第 12 章\小提琴.dwg），如图 12-77 所示。

Step 02 在命令行输入 POINTLIGHT（点光源）命令，并确认，如图 12-78 所示。

图 12-77　打开素材图形

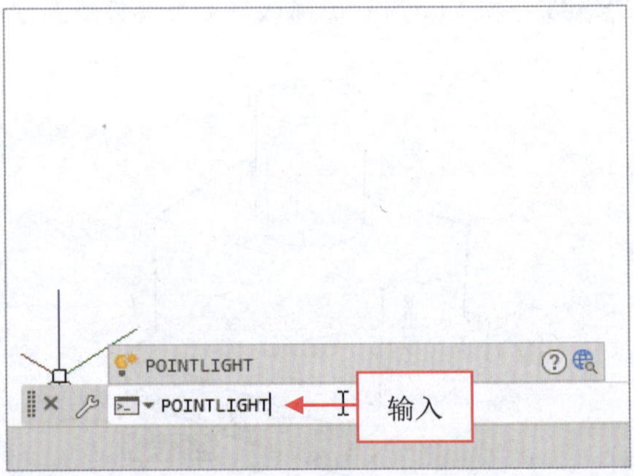


图 12-78　输入 POINTLIGHT 命令

Step 03 弹出“光源—视口光源模式”对话框，选择“关闭默认光源（建议）”选项，如图 12-79 所示。

Step 04 在绘图区的合适位置处单击鼠标左键，按【Enter】键确认，即可创建点光源，如图 12-80 所示。

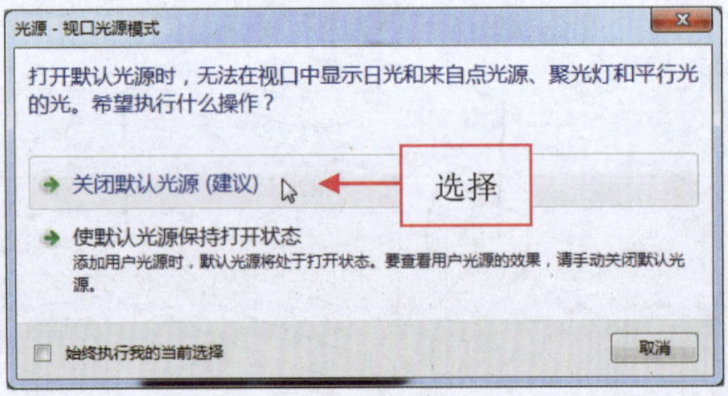


图 12-79　选择“关闭默认光源（建议）”选项

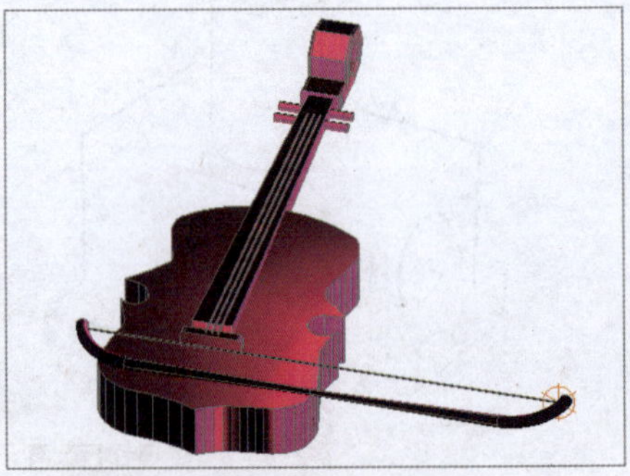

图 12-80　创建点光源

**▶ 专家指点**

除了运用上述方法调用“点光源”命令，还有以下两种常用的方法。

- 命令：单击“视图”|“渲染”|“光源”|“新建点光源”命令。
- 按钮：在“功能区”选项板，切换至“可视化”选项卡，在“光源”面板，单击“点光源”按钮。

## 12.3.2　创建聚光灯

聚光灯发射定向锥形光，控制光源的方向和圆锥体的尺寸。聚光灯的强度随着距离的增加而减弱，可以用聚光灯制作建筑模型中的壁灯、高射灯来显示特定特征和区域。下面介绍创建聚光灯的操作方法。

创建聚光灯

**Step 01** 按【Ctrl + O】组合键，打开素材图形（资源\素材\第 12 章\弯月型支架.dwg），如图 12-81 所示。

**Step 02** 在命令行输入 SPOTLIGHT（聚光灯）命令并确认，如图 12-82 所示。

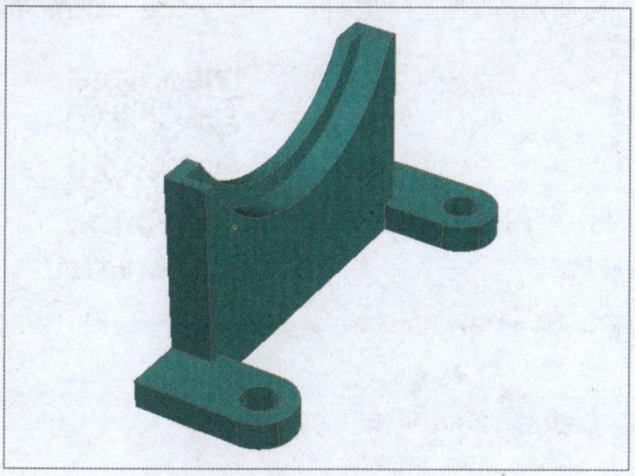

图 12-81　打开素材图形

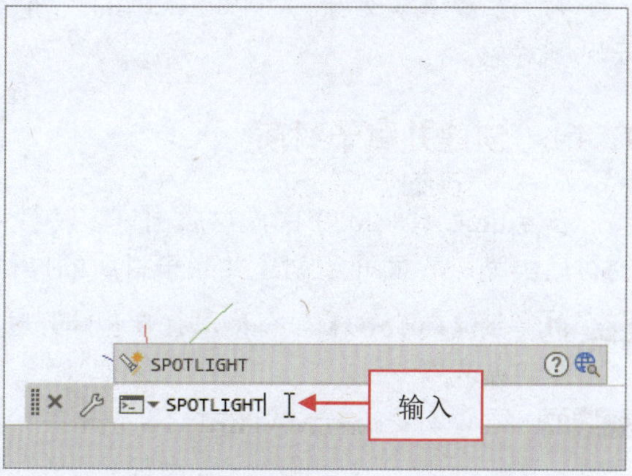


图 12-82　输入 SPOTLIGHT 命令

**Step 03** 弹出“光源-视口光源模式”对话框，选择“关闭默认光源（建议）”选项，如图 12-83 所示。

**Step 04** 在绘图区中的合适位置处单击鼠标左键，按【Enter】键确认，即可创建聚光灯，如图 12-84 所示。

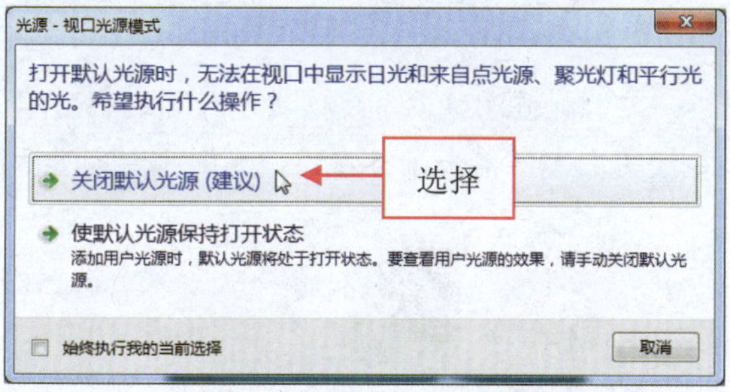


图 12-83　选择“关闭默认光源（建议）”选项

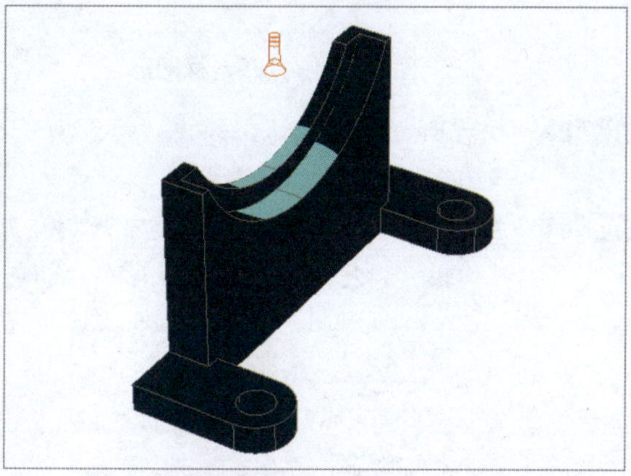

图 12-84　创建聚光灯

**▶ 专家指点**

除了运用上述方法调用“聚光灯”命令，还有以下两种常用的方法。

- 命令：单击“视图”|“渲染”|“光源”|“新建聚光灯”命令。
- 按钮：在“功能区”选项板中，切换至“可视化”选项卡，在“光源”面板，单击“创建光源”右侧的下拉按钮，在弹出下拉列表，单击“聚光灯”按钮。

# 12.4 设置模型材质和贴图

为了渲染真实效果，可以在模型的表面应用材质，如地板和塑料，也可以在渲染时将材质贴到对象。

## 12.4.1 创建并赋予材质

创建并赋予材质

在 AutoCAD 2020 中，材质由许多特性定义，可用选项取决于选定的材质类型。下面介绍创建并赋予材质的操作方法。

**Step 01** 按【Ctrl + O】组合键，打开素材图形（资源\素材\第 12 章\文具盒.dwg），如图 12-85 所示。

**Step 02** 在命令行输入 MATERIALS（材质）命令，如图 12-86 所示。

图 12-85 打开素材图形

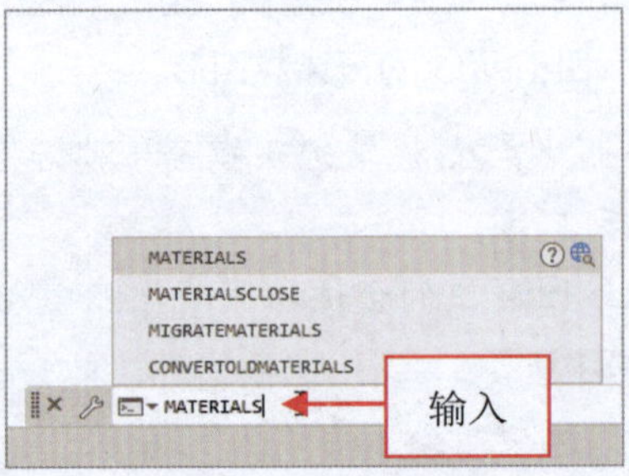


图 12-86 输入 MATERIALS 命令

**Step 03** 按【Enter】键确认，弹出“材质浏览器”面板，单击“在文档中创建新材质”按钮，如图 12-87 所示。

**Step 04** 在弹出的列表框选择“新建常规材质”选项，在“材质浏览器”面板显示新建的材质球，并弹出“材质编辑器”面板，在“颜色”右侧的文本框单击鼠标左键，如图 12-88 所示。

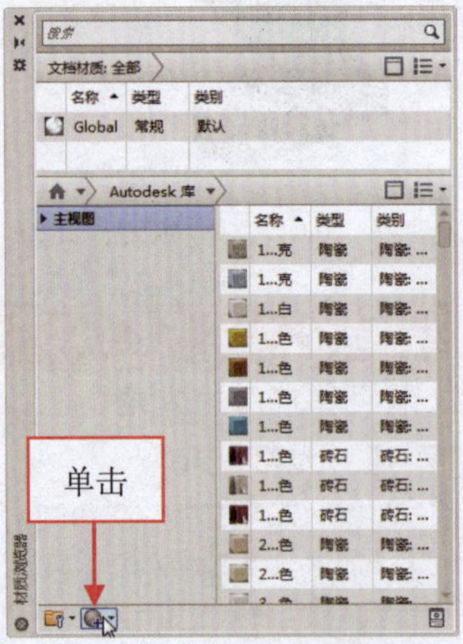


图 12-87 单击“在文档中创建新材质”按钮

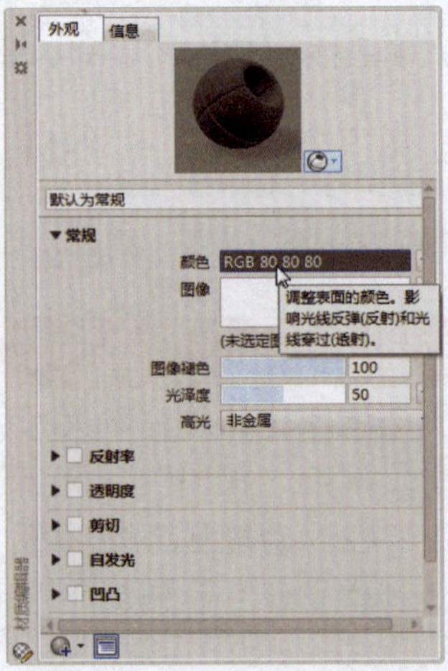


图 12-88 单击鼠标左键

**Step 05**　弹出“选择颜色”对话框，在其中设置“颜色”为 41，如图 12-89 所示，单击“确定”按钮。

**Step 06**　返回“材质编辑器”面板，设置“光泽度”为 80，如图 12-90 所示。

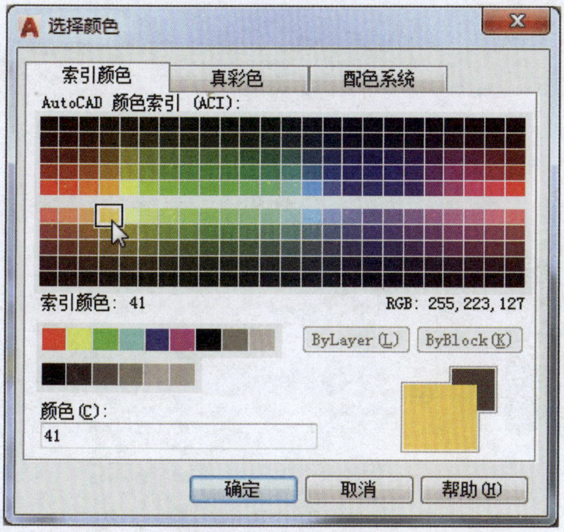


图 12-89　设置颜色

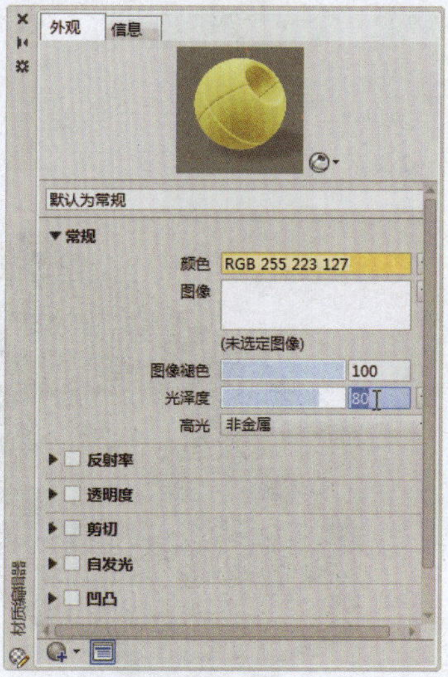


图 12-90　设置“光泽度”为 80

**Step 07**　在绘图区选择图形为赋予对象，在“材质浏览器”面板新建的材质球单击鼠标右键，在弹出的快捷菜单选择“指定给当前选择”选项，如图 12-91 所示。

**Step 08**　关闭“材质浏览器”面板，即可创建并赋予材质，效果如图 12-92 所示。

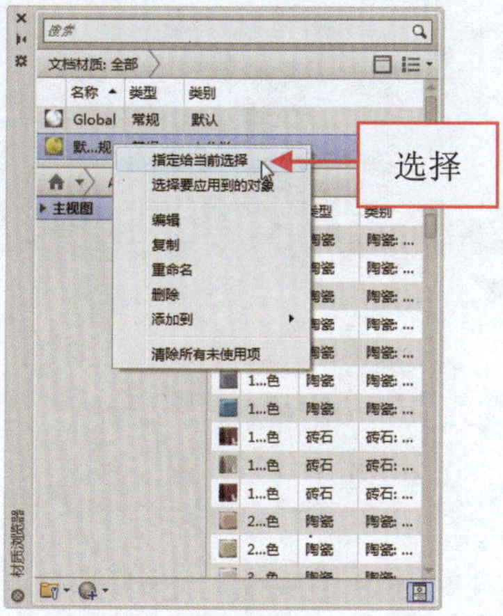


图 12-91　选择“指定给当前选择”选项

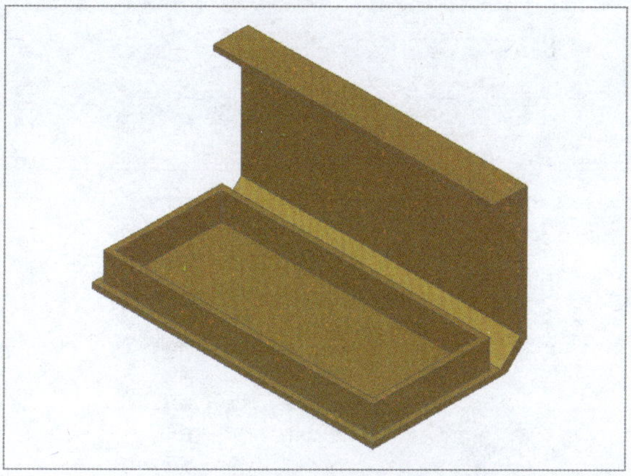

图 12-92　创建并赋予材质

## 12.4.2　设置漫射贴图

设置漫射贴图

漫射贴图为材质提供多种图案，可以选择将图像文件作为纹理贴图或程序贴图，以为材质的漫射颜色指定图案或纹理。下面介绍设置漫射贴图的操作方法。

**Step 01** 按【Ctrl + O】组合键，打开素材图形（资源\素材\第 12 章\沙发.dwg），如图 12-93 所示。

**Step 02** 在命令行输入 MATERIALS（材质）命令，按【Enter】键确认，弹出“材质浏览器”面板，如图 12-94 所示。

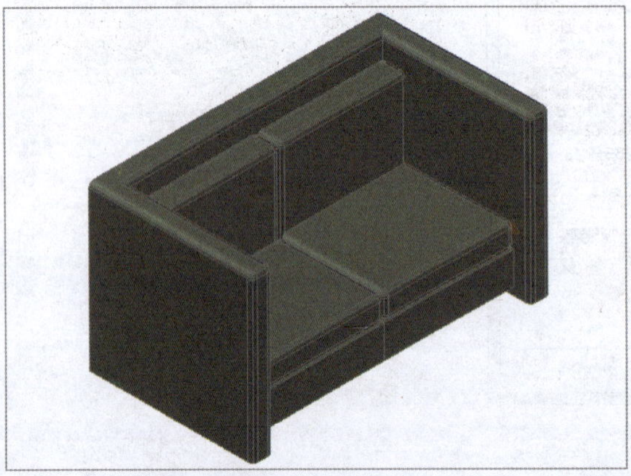

图 12-93 打开素材图形

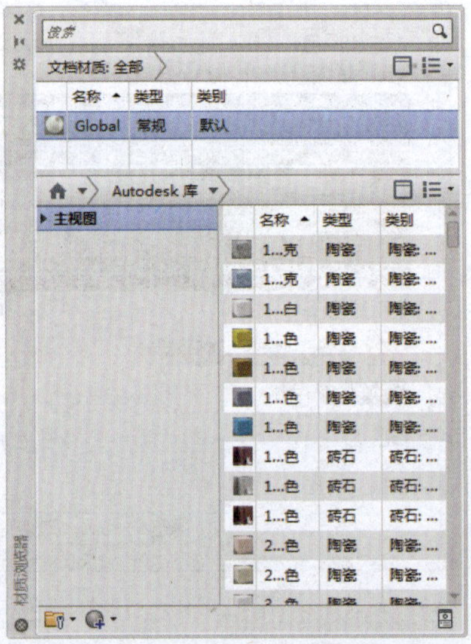


图 12-94 “材质浏览器”面板

**Step 03** 在材质球上单击鼠标右键，在弹出的快捷菜单选择“编辑”选项，如图 12-95 所示。

**Step 04** 在弹出的“材质编辑器”面板中单击“图像”空白处，如图 12-96 所示。

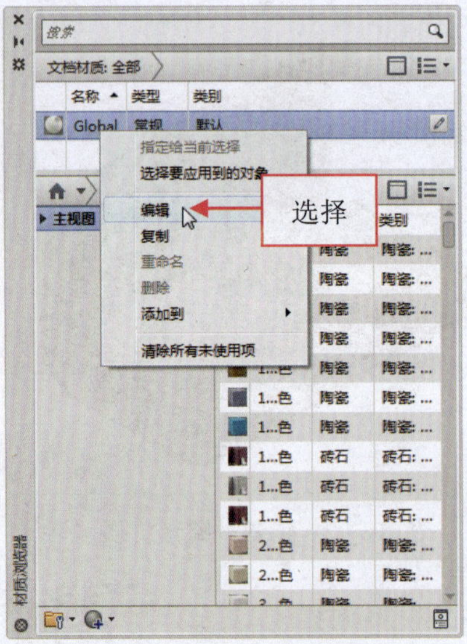


图 12-95 选择“编辑”选项

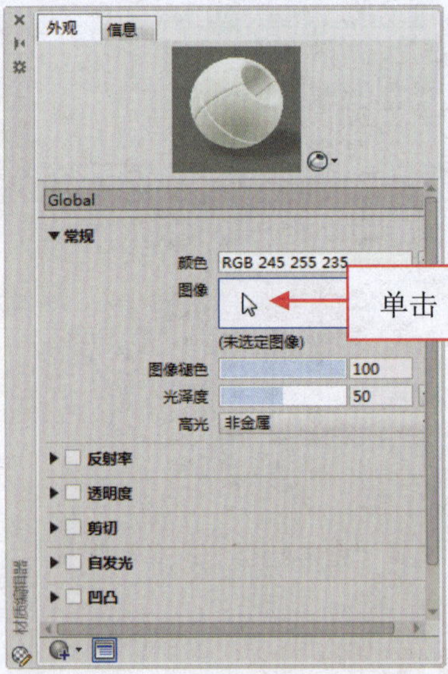


图 12-96 单击“图像”空白处

**Step 05** 弹出“材质编辑器打开文件”对话框，从中选择文件（资源\素材\第 12 章\贴图.jpg），单击“打开”按钮，如图 12-97 所示。

Step 06　返回到“材质编辑器”面板，依次关闭“材质编辑器”和“材质浏览器”面板，即可设置漫射效果，如图 12-98 所示。

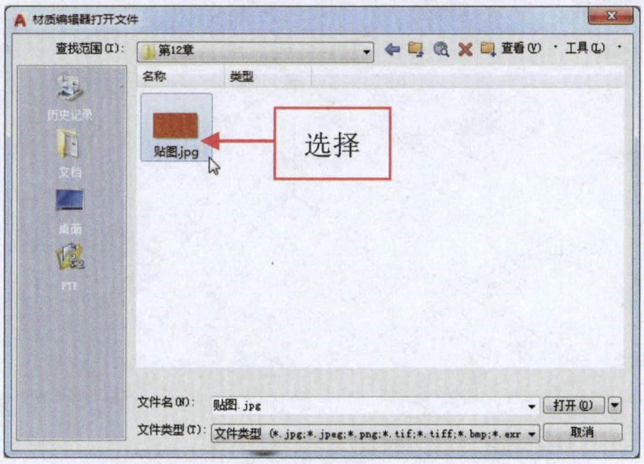


图 12-97　单击“打开”按钮

图 12-98　设置漫射贴图

## 12.5　布尔运算实体对象

在 AutoCAD 2020 中对三维实体编辑时，除了编辑实体边和面，还可以对三维实体对象进行布尔运算。

### 12.5.1　并集三维实体

并集三维实体

并集运算是通过组合多个实体生成一个新的实体，如果组合一些不相交的实体，显示效果看起来还是多个实体，但实际却是一个对象。下面将介绍并集三维实体的操作方法。

Step 01　按【Ctrl + O】组合键，打开素材图形（资源\素材\第 12 章\并集三维实体.dwg），如图 12-99 所示，切换至三维建模工作界面。

Step 02　在命令行输入 UNION（并集）命令，如图 12-100 所示。

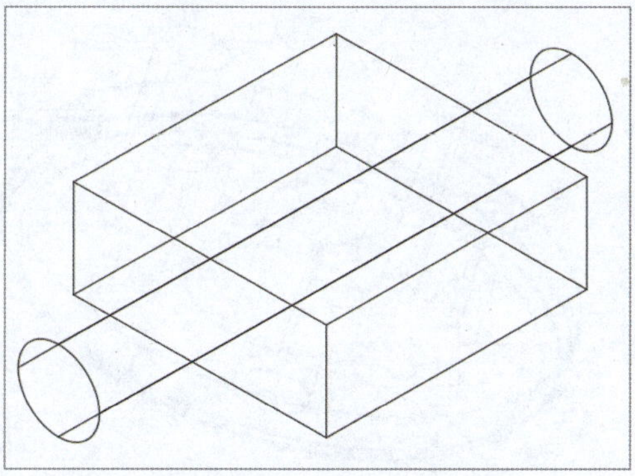

图 12-99　打开素材图形

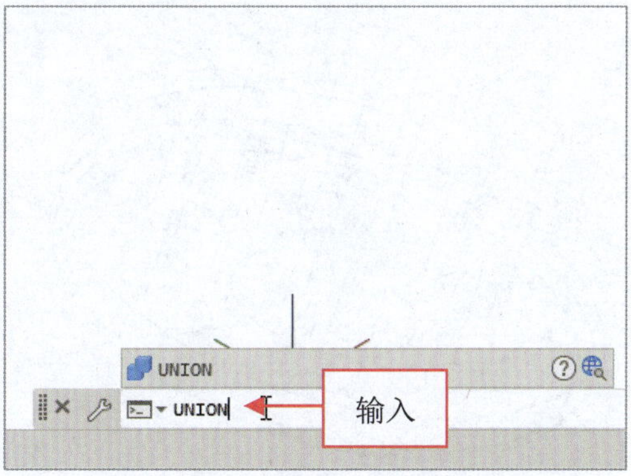


图 12-100　输入 UNION 命令

Step 03 按【Enter】键确认，根据命令行提示进行操作，在绘图区选择所有图形为并集对象，如图 12-101 所示。

Step 04 按【Enter】键确认，即可并集三维实体对象，效果如图 12-102 所示。

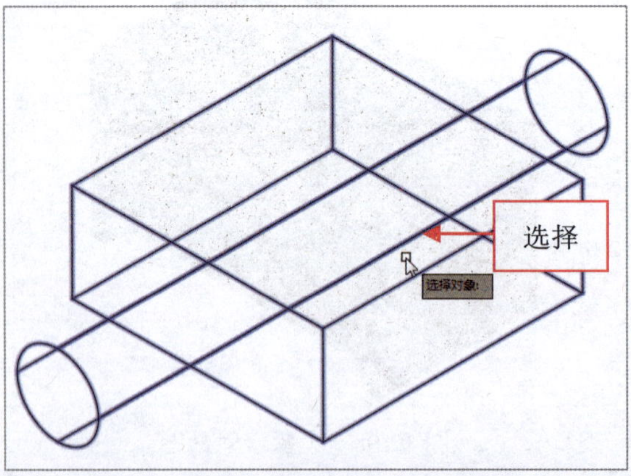


图 12-101　选择所有图形为并集对象

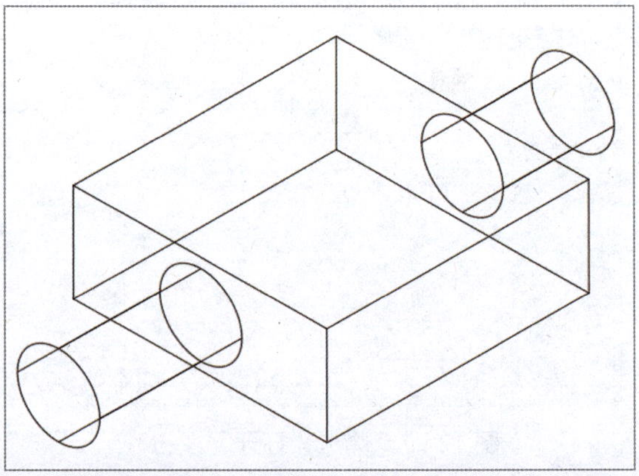

图 12-102　并集三维实体对象

> ▶ 专家指点
>
> 除了上述方法调用“并集”命令，还可以在“功能区”选项板的“常用”选项卡中，单击“实体编辑”面板中的“并集”按钮。

## 12.5.2　差集三维实体

差集三维实体

使用“差集”命令，可以从一组实体中删除与另一组实体的公共区域。下面将介绍差集三维实体的操作方法。

Step 01 按【Ctrl + O】组合键，打开素材图形（资源\素材\第 12 章\法兰盘.dwg），如图 12-103 所示，切换至三维建模工作界面。

Step 02 在命令行输入 SUBTRACT（差集）命令，按【Enter】键确认，根据命令行提示进行操作，在绘图区选择最大的圆柱体为差集对象，如图 12-104 所示。

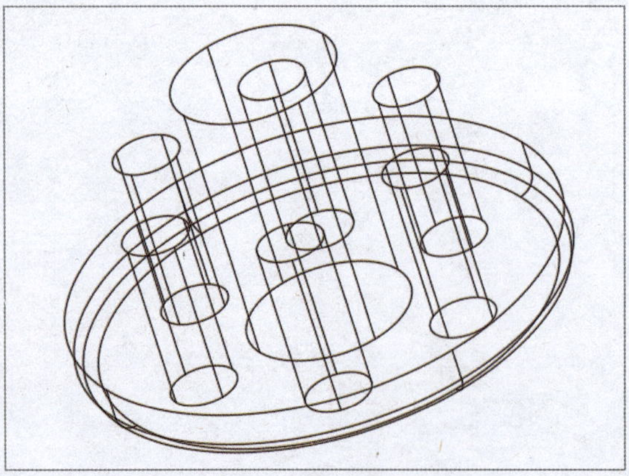

图 12-103　打开素材图形

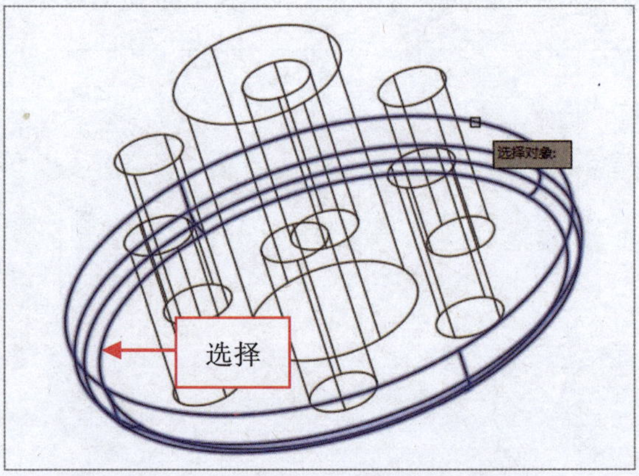


图 12-104　选择最大的圆柱体为差集对象

Step03 按【Enter】键确认，根据命令行提示，选择图形中其他的圆柱体对象，如图 12-105 所示。

Step04 按【Enter】键确认，即可差集三维实体，效果如图 12-106 所示。

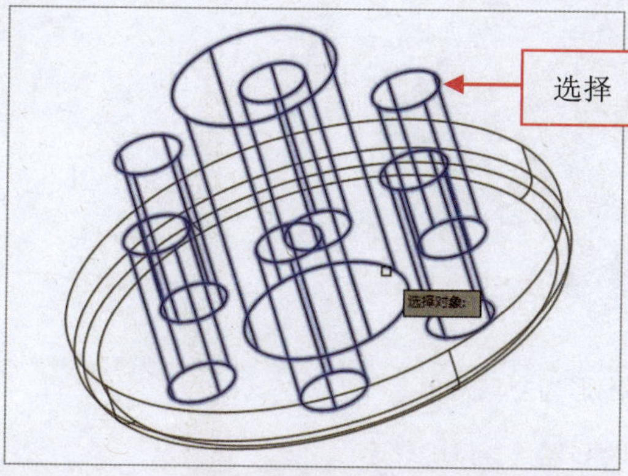


图 12-105 选择图形中其他的圆柱体对象

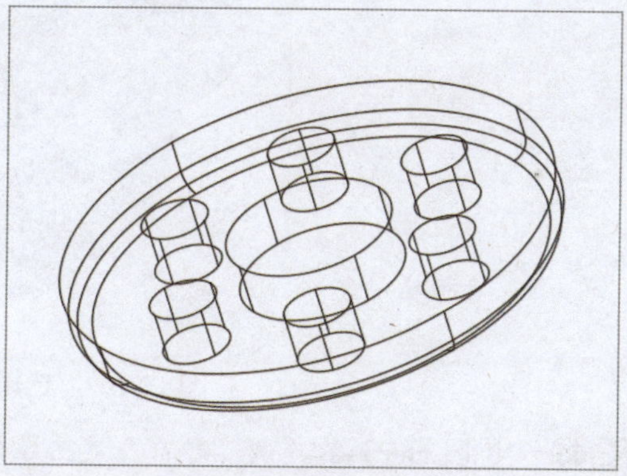

图 12-106 差集三维实体

▶ 专家指点

除了上述方法调用“差集”命令，还可以在“功能区”选项板的“常用”选项卡中，单击“实体编辑”面板中的“差集”按钮。

## 12.5.3 交集三维实体

使用“交集”命令，可以从两个实体的公共部分创建复合对象。下面将介绍交集三维实体的操作方法。

交集三维实体

Step01 按【Ctrl + O】组合键，打开素材图形（资源\素材\第 12 章\卫星模型.dwg），如图 12-107 所示，切换至三维建模工作界面。

Step02 在命令行输入 INTERSECT（交集）命令，如图 12-108 所示。

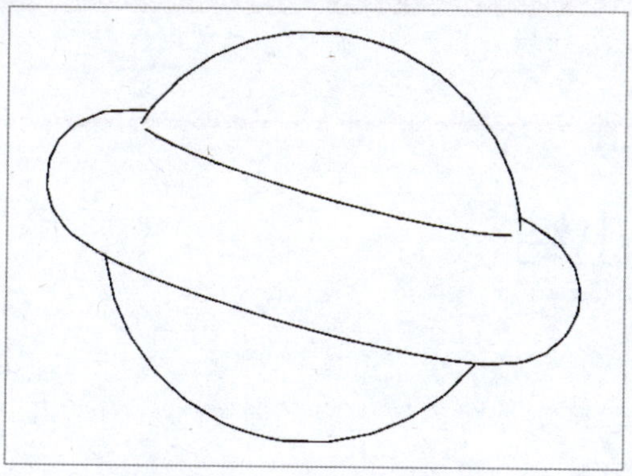

图 12-107 打开素材图形

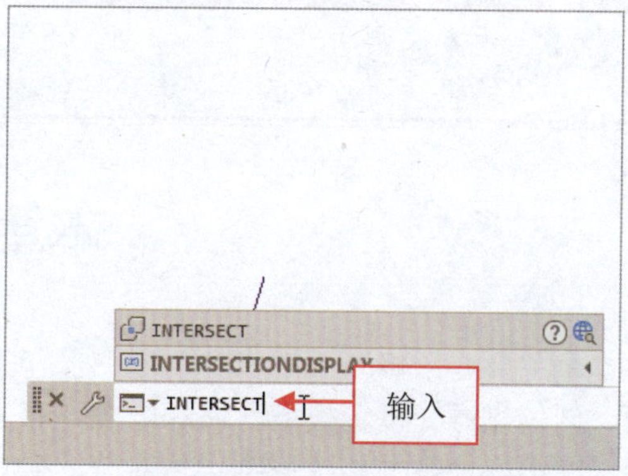


图 12-108 输入命令

Step03 按【Enter】键确认，根据命令行提示进行操作，在绘图区选择所有图形为交集对象，如图 12-109 所示。

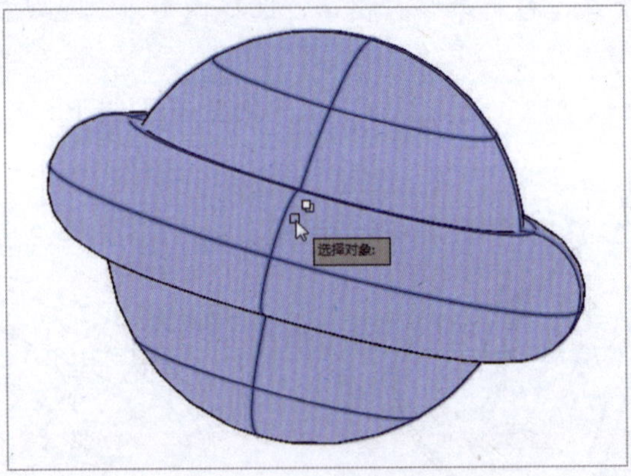


图 12-109　选择所有图形为交集对象

Step 04　按【Enter】键确认，即可交集三维实体，如图 12-110 所示。

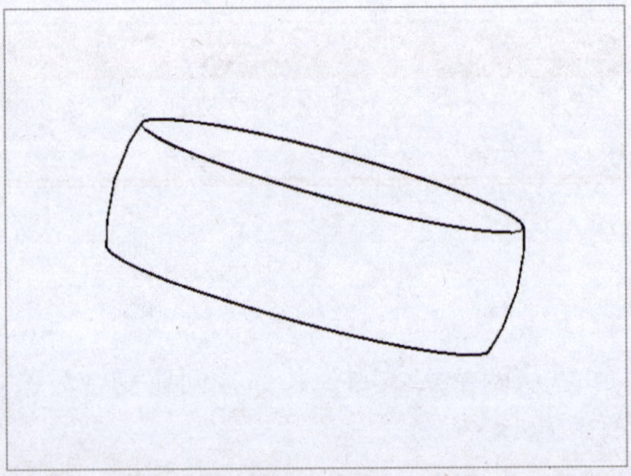

图 12-110　交集三维实体

▶ 专家指点

除了上述方法调用“差集”命令，还可以在“功能区”选项板的“常用”选项卡中，单击“实体编辑”面板中的“交集”按钮。

# 本章小结

本章主要介绍修改三维实体对象的操作方法，包括编辑三维实体对象、编辑三维实体边和面、创建光源、设置模型材质和贴图、布尔运算实体对象等内容。通过本章的学习，希望读者能够很好地掌握修改三维实体对象的操作方法。

# 课后习题

课后习题

鉴于本章知识的重要性，为了帮助读者更好地掌握所学知识，本节将通过上机习题，帮助读者进行简单的知识回顾和补充。

使用“加厚”命令，可以通过加厚曲面将任何曲面类型创建成三维实体。本习题需要掌握加厚三维实体对象的方法，如图 12-111 所示。

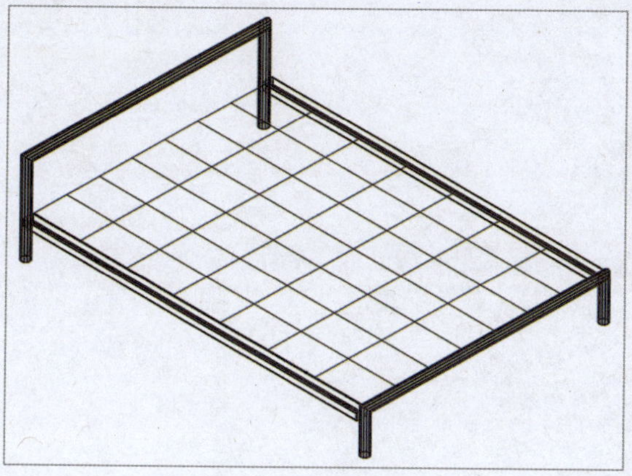

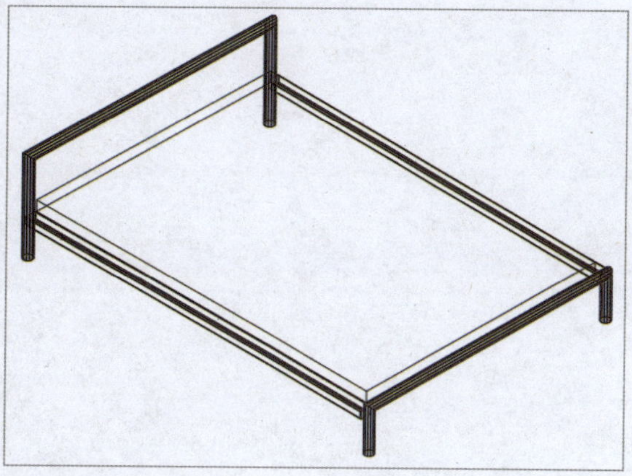

图 12-111　素材与效果文件对比

# 第 13 章
# 打印与输出图形文件

图纸设计完成，需要通过打印机将图形输出到图纸上，在 AutoCAD 2020 中，可以通过图纸空间或布局空间打印输出设计好的图形。图纸空间是绘制与编辑图形的空间，而布局空间则是模拟图纸的页面，是创建图形最终打印输出布局的一种工具。

本章重点

- 设置图纸的打印
- 打印图形图纸
- 发布图形图纸

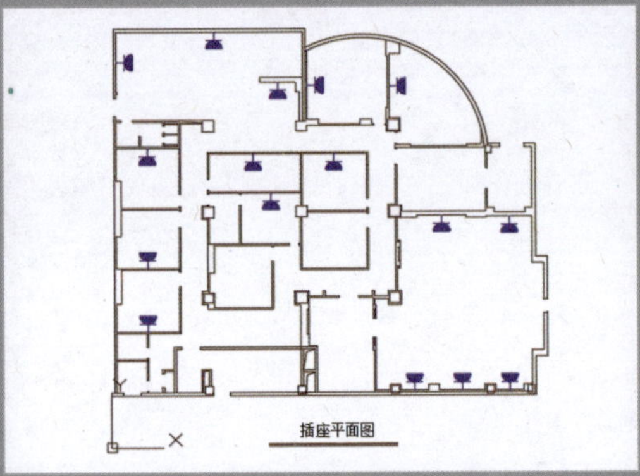


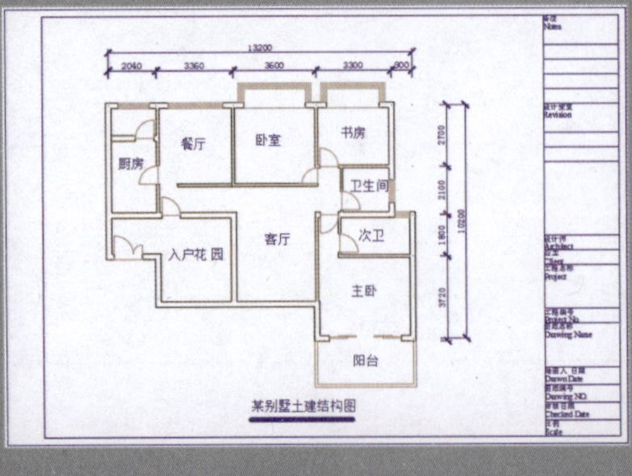


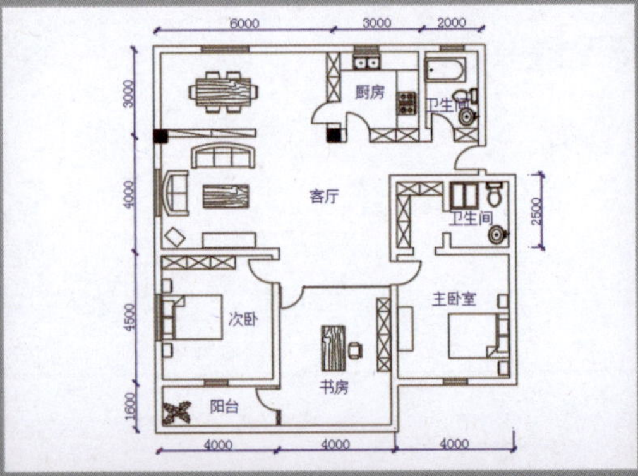

# 13.1　设置图纸的打印

创建完图形之后，通常要打印到图纸上，也可以生成一份电子图纸，以便从互联网上进行访问。打印的图形可以包含图形的单一视图，或者更为复杂的视图排列。为了使更好地掌握图形输出的方法和技巧，下面将介绍打印图形的一些相关知识，如设置打印设备、设置图纸尺寸、设置打印区域和设置打印比例等。

## 13.1.1　设置打印设备

为了使打印效果更好，在打印之前，应对打印设备进行设置。在“功能区”选项板的“输出”选项卡中，单击“打印”面板中的“打印”按钮，弹出“打印-模型”对话框，在“打印机/绘图仪”选项区设置打印设备，在“名称”下拉列表框选择需要的打印设备，如图 13-1 所示。单击“特性”按钮，在弹出的“绘图仪配置编辑器”对话框可以查看或修改打印机的配置信息，如图 13-2 所示。

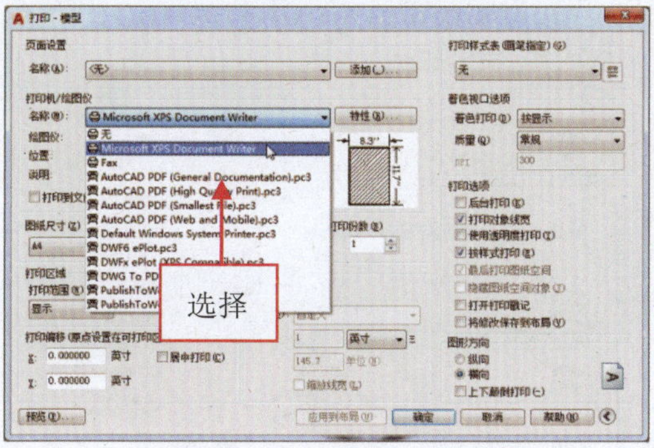


图 13-1　选择打印机

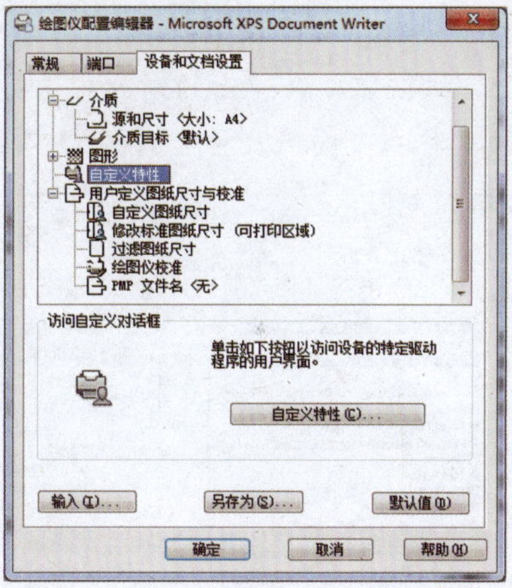


图 13-2　查看或修改配置信息

**▶ 专家指点**

可以用以下两种常用的方法调用“打印”命令。

- 命令 1：在命令行输入 PLOT（打印）命令，按【Enter】键确认。
- 命令 2：单击“菜单浏览器”按钮，在弹出的下拉菜单中，单击“打印”|“打印”命令。

## 13.1.2　设置图纸尺寸

在“打印-模型”对话框的“图纸尺寸”选项区的列表框中，可以选择标准图纸的大小。下面介绍设置图纸尺寸的操作方法。

设置图纸尺寸

Step 01 在“功能区”选项板中，切换至“输出”选项卡，单击“打印”面板中的“页面设置管理器”按钮，如图 13-3 所示。

Step 02 弹出“页面设置管理器”对话框，单击“修改”按钮，如图 13-4 所示。

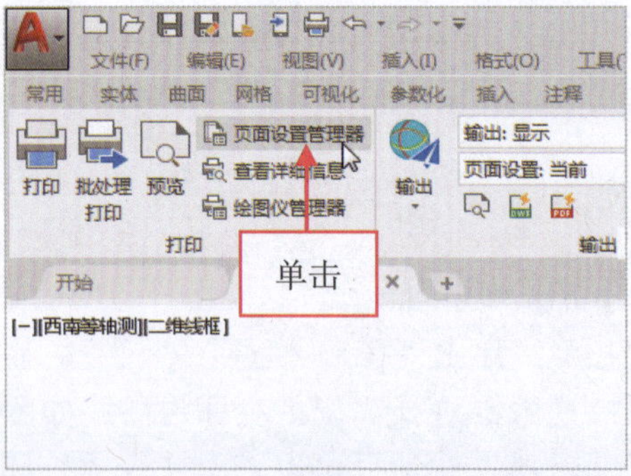


图 13-3 “功能区”选项板

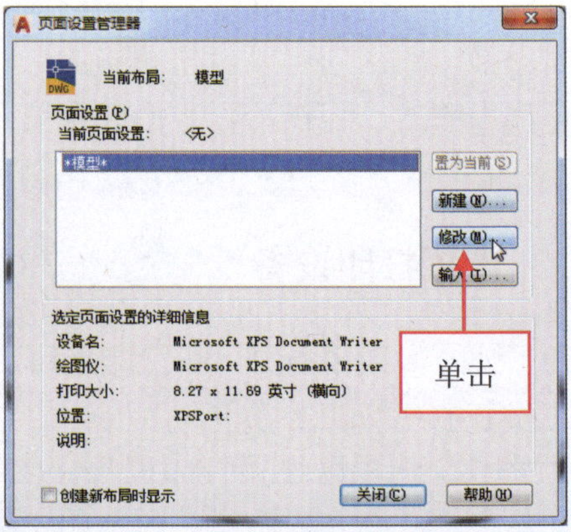


图 13-4 单击“修改”按钮

Step 03 弹出“页面设置-模型”对话框，在“打印机/绘图仪”选项区，单击“名称”右侧的下拉按钮，在弹出的列表框选择合适的选项，如图 13-5 所示。

Step 04 单击“图纸尺寸”右侧的下拉按钮，在弹出的列表框选择合适的选项，如图 13-6 所示。

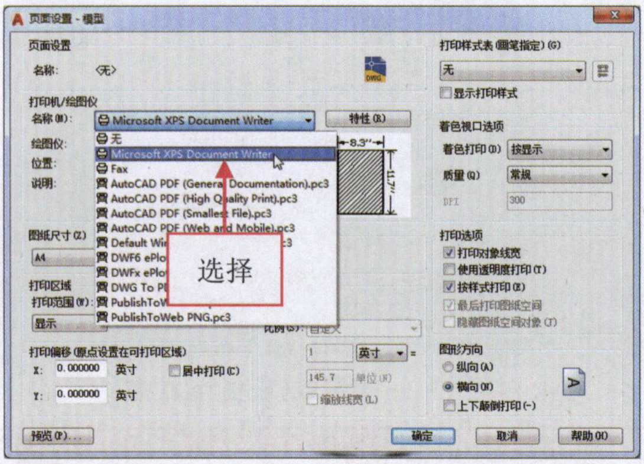


图 13-5 “页面设置-模型”对话框

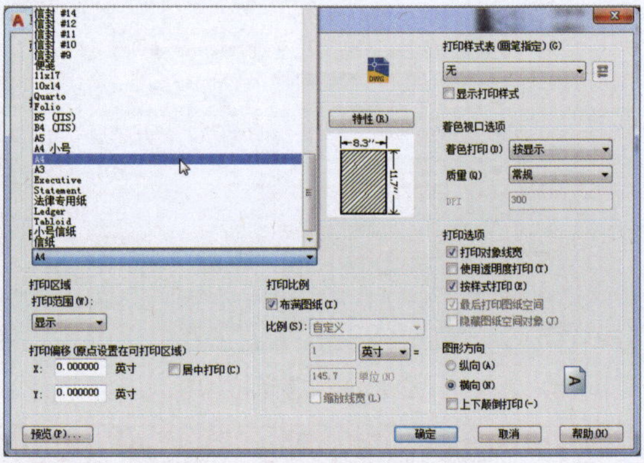


图 13-6 选择合适的选项

Step 05 单击“确定”按钮，返回到“页面设置管理器”对话框，单击“关闭”按钮，即可设置图纸打印尺寸。

## 13.1.3 设置打印区域

由于 AutoCAD 的绘图界限没有限制，所以在打印图形时，必须设置图形的打印区域，这样可以更准确地打印需要的图形，在“打印-模型”对话框中“打印区域”栏的“打印范围”列表框中包括“窗口”“图形界限”和“显示”三个选项，各选项的含义如下。

- 窗口：打印指定窗口内的图形对象。
- 图形界限：选择该选项，只打印设定的图形界限内的所有对象。

➢　显示：选择该选项，可以打印当前显示的图形对象。

### 13.1.4　设置打印比例

在“打印-模型”对话框的“打印比例”选项区，可以设置图形的打印比例。在绘制图形时一般按 1:1 的比例绘制，打印输出图形时则需要根据图纸尺寸确定打印比例。

系统默认的选项是“布满图纸”，即系统自动调整缩放比例，使所绘图形充满图纸。还可以直接在“比例”列表框选择标准缩放比例值。如果需要自己指定打印比例，可选择“自定义”选项，此时可以在自定义对应的两个数值框设置打印比例。

其中，第一个文本框表示图纸尺寸单位，第二个文本框表示图形单位。例如，若设置打印比例为 2:1，即可在第一个文本框内输入 2，在第二个文本框内输入 1，则表示图形中 1 个单位在打印输出后变为 2 个单位。

## 13.2　打印图形图纸

在 AutoCAD 2020 中，可以通过模型布局空间打印输出绘制好的图形，模型空间用于在草图和设计环境中创建二维图形和三维模型。

### 13.2.1　在模型空间打印

默认情况下，都是从模型空间打印输出图形的。在模型空间绘制完图形后，可以在工作空间直接打印图形。下面介绍在模型空间打印的操作方法。

在模型空间打印

Step 01　按【Ctrl + O】组合键，打开素材图形（资源\素材\第 13 章\壁画.dwg），如图 13-7 所示。

Step 02　切换至“输出”选项卡，在“打印”面板上单击“页面设置管理器”按钮，弹出“页面设置管理器”对话框，单击“新建”按钮，如图 13-8 所示。

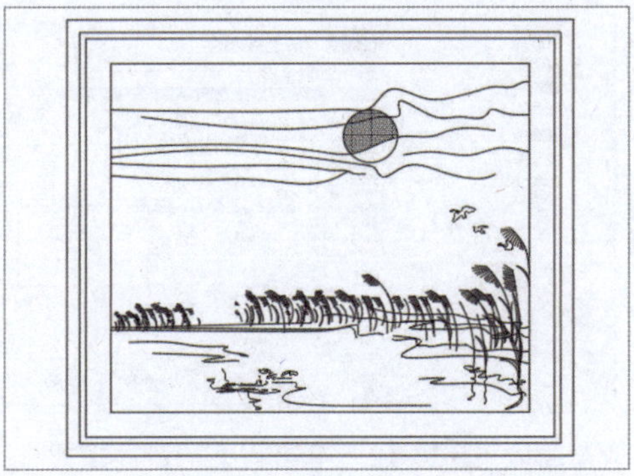

图 13-7　打开素材图形

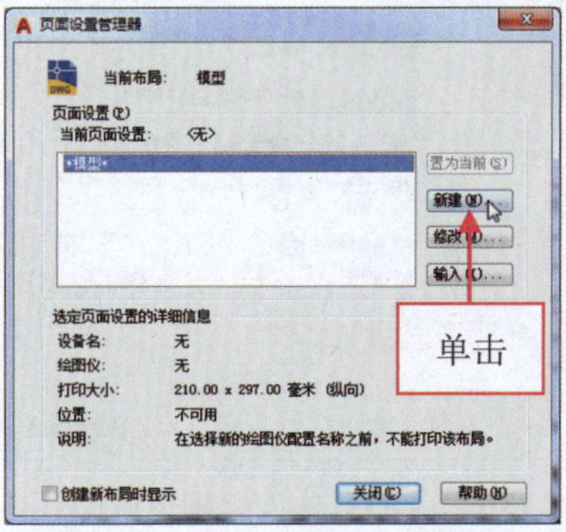


图 13-8　单击“新建”按钮

Step 03　弹出“新建页面设置”对话框，在“新页面设置名”文本框输入“壁画”，如图 13-9 所示。

Step 04 单击“确定”按钮，弹出“页面设置-模型”对话框，单击“确定”按钮，返回到“页面设置管理器”对话框，依次单击“置为当前”和“关闭”按钮，如图 13-10 所示。

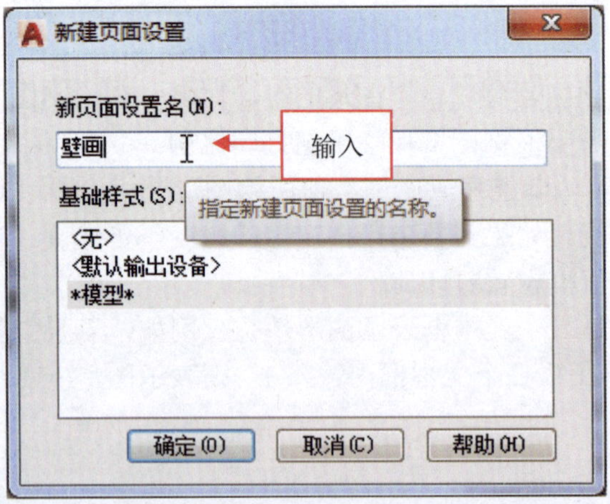


图 13-9 “新建页面设置”对话框

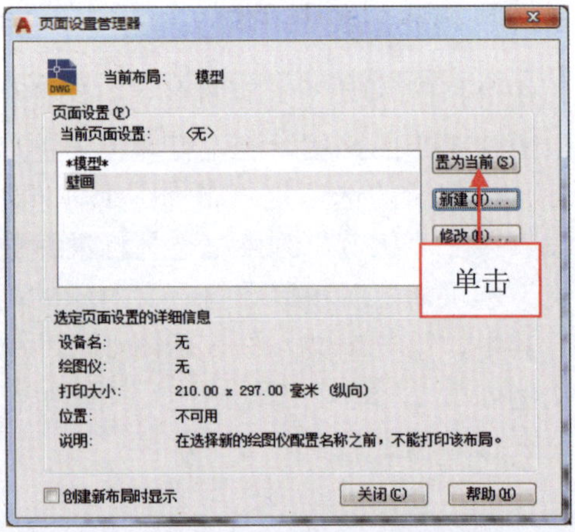


图 13-10 在模型空间打印

Step 05 执行上述操作后，即可在模型空间中打印图纸。

## 13.2.2 创建打印布局

创建打印布局

可以为图形创建多种布局，每个布局代表一张单独的打印输出图纸。创建布局后，就可以在布局中创建浮动视口。视口中的各个视图可以使用不同的打印比例，还可以控制视图中图层的可见性。下面介绍创建打印布局的操作方法。

Step 01 显示菜单栏，单击“插入”|“布局”|“创建布局向导”命令，弹出“创建布局-开始”对话框，设置“输入新布局的名称”为“建筑布局”，如图 13-11 所示。

Step 02 单击“下一步”按钮，弹出“创建布局-打印机”对话框，选择合适的打印机，单击“下一步”按钮，如图 13-12 所示。

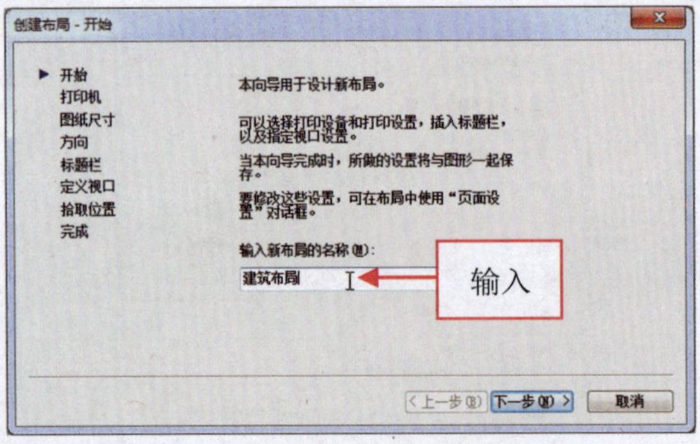


图 13-11 输入“建筑布局”

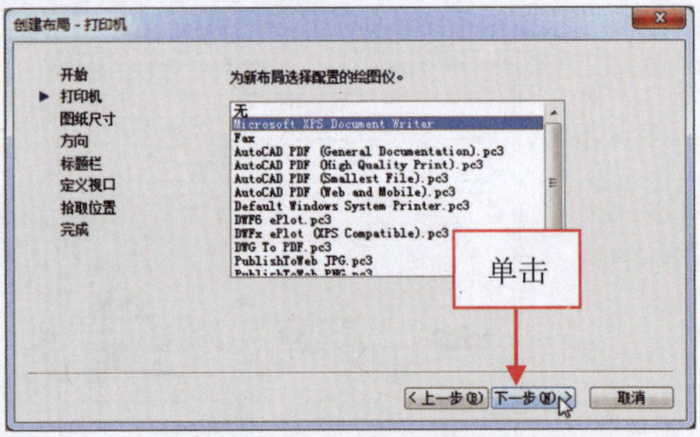


图 13-12 单击“下一步”按钮

Step 03 弹出“创建布局-图纸尺寸”对话框，保持默认选项，单击“下一步”按钮，如图 13-13 所示。

**Step 04** 弹出“创建布局-方向”对话框，选中“纵向”单选按钮，单击“下一步”按钮，如图 13-14 所示。

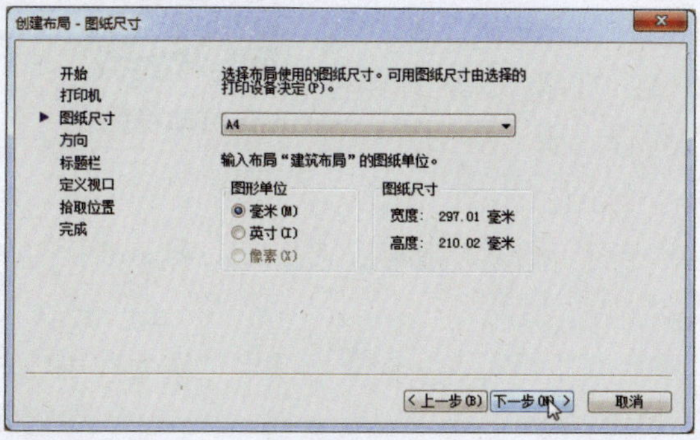


图 13-13　“创建布局-图纸尺寸”对话框

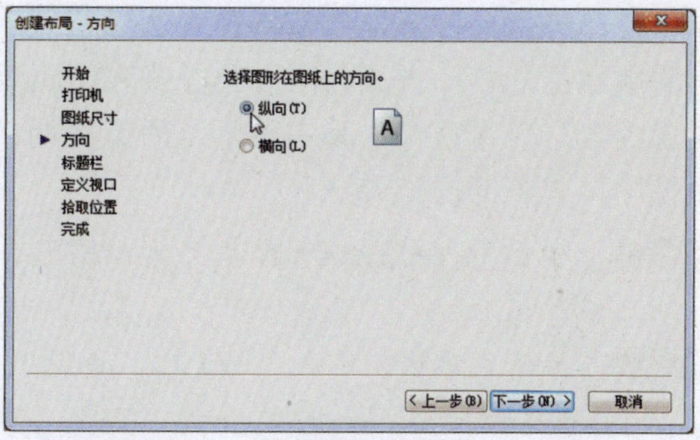


图 13-14　“创建布局-方向”对话框

**Step 05** 弹出“创建布局-标题栏”对话框，选择合适的选项，单击“下一步”按钮，如图 13-15 所示。

**Step 06** 弹出“创建布局-定义视口”对话框，选中“标准三维工程视图”单选按钮，单击“下一步”按钮，如图 13-16 所示。

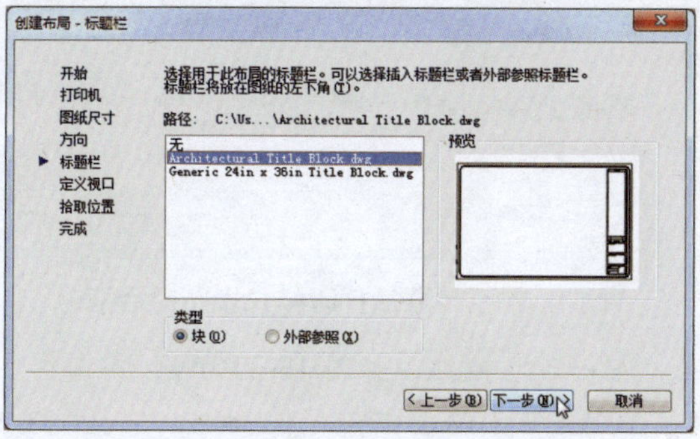


图 13-15　“创建布局-标题栏”对话框

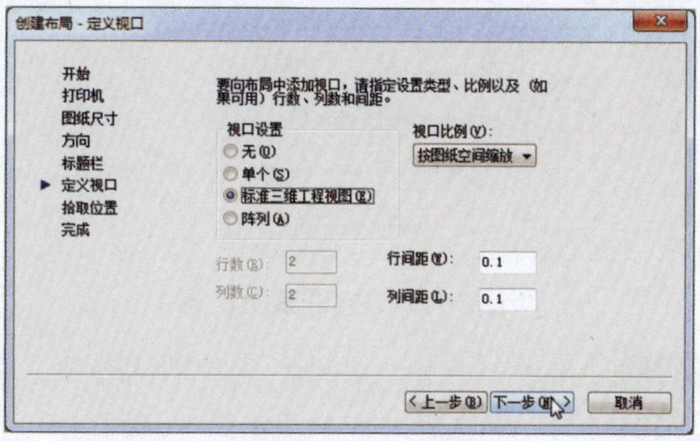


图 13-16　“创建布局-定义视口”对话框

**Step 07** 弹出“创建布局-拾取位置”对话框，单击“选择位置”按钮，如图 13-17 所示。

**Step 08** 在绘图区中的任意位置上，单击鼠标左键，并向右上方拖曳鼠标至合适位置，释放鼠标，弹出“创建布局-完成”对话框，如图 13-18 所示。

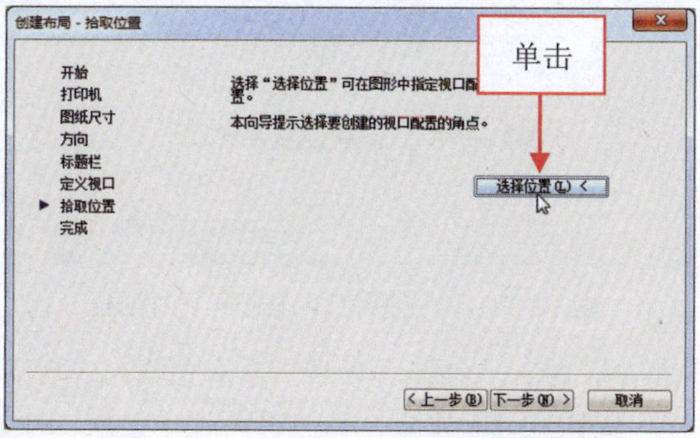


图 13-17　创建布局-拾取位置”对话框

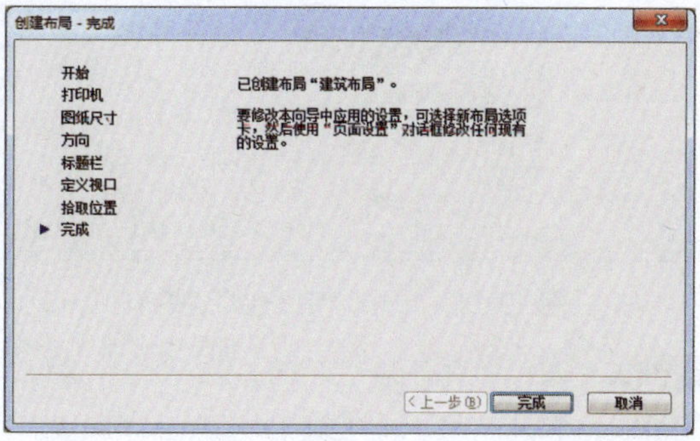


图 13-18　“创建布局-完成”对话框

**Step 09** 单击“完成”按钮，完成向导布局的创建。

### 13.2.3 创建打印样式表

创建打印样式表

打印样式通过确定打印特性（例如线宽、颜色和填充样式）来控制对象或布局的打印方式。在打印样式表中收集了多组打印样式。打印样式管理器是一个窗口，其中显示了所有可用的打印样式表。下面介绍创建打印样式表的操作方法。

**Step 01** 按【Ctrl + O】组合键，打开素材图形（资源\素材\第 13 章\插座平面图.dwg），如图 13-19 所示。

**Step 02** 显示菜单栏，单击“工具”|“向导”|“添加打印样式表”命令，弹出“添加打印样式表”对话框，单击“下一步”按钮，如图 13-20 所示。

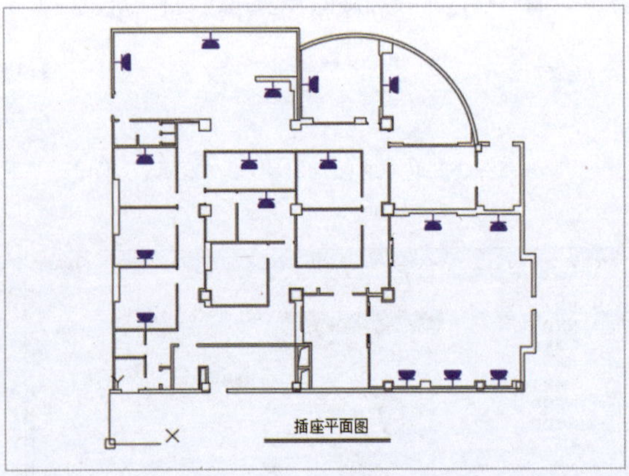


图 13-19 打开素材图形

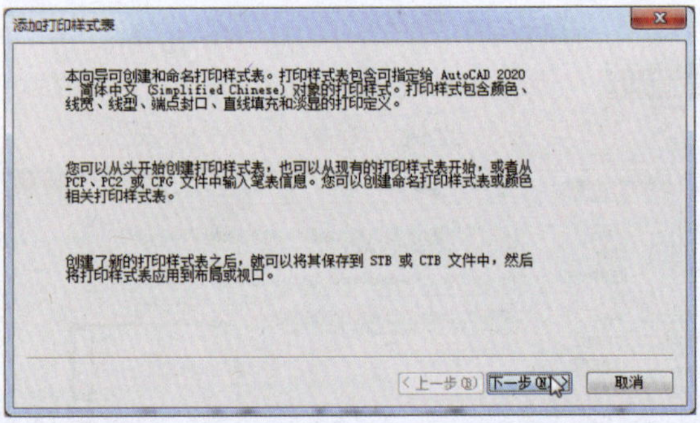


图 13-20 “添加打印样式表”对话框

**Step 03** 进入“开始”界面，保持默认选项，单击“下一步”按钮，如图 13-21 所示。

**Step 04** 进入“选择打印样式表”对话框，保持默认选项设置，单击“下一步”按钮，如图 13-22 所示。

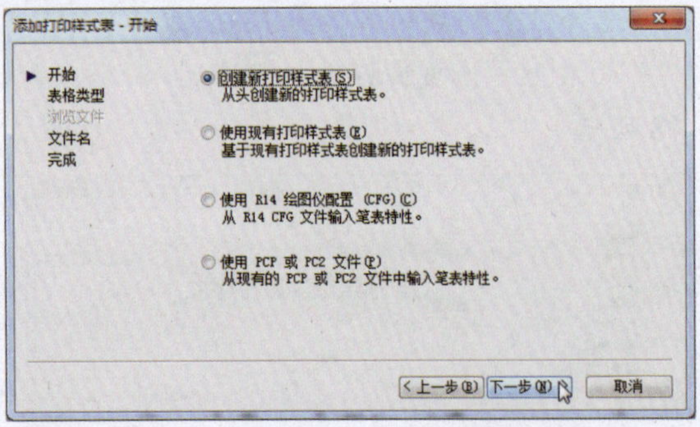


图 13-21 单击“下一步”按钮

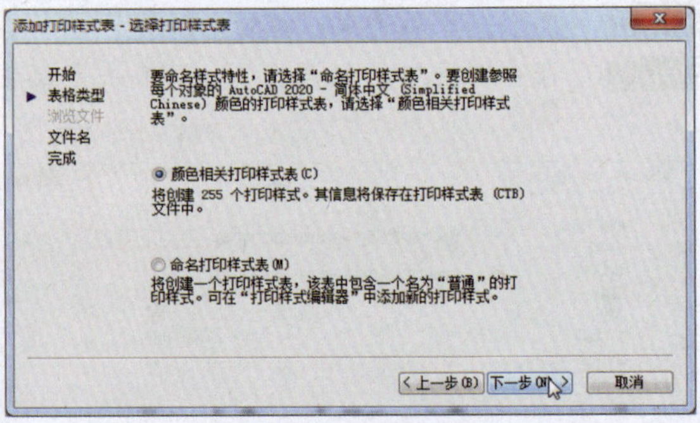


图 13-22 “选择打印样式表”对话框

**Step 05** 进入“文件名”界面，在“文件名”文本框中，输入“插座平面图”，如图 13-23 所示。

**Step 06** 单击“下一步”按钮，弹出“完成”界面，如图 13-24 所示，单击“完成”按钮，即可创建打印样式表。

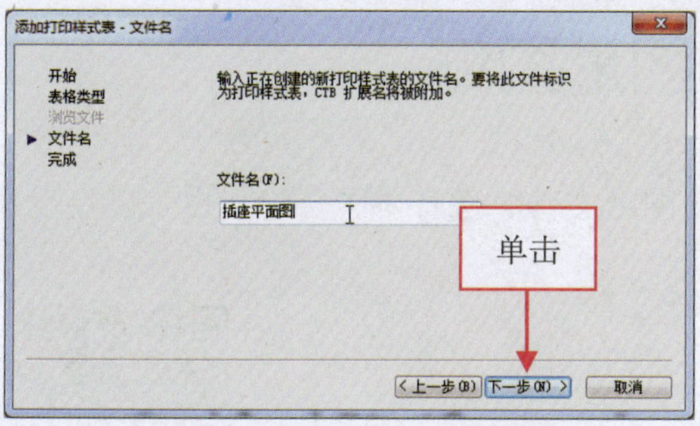


图 13-23　输入“插座平面图”

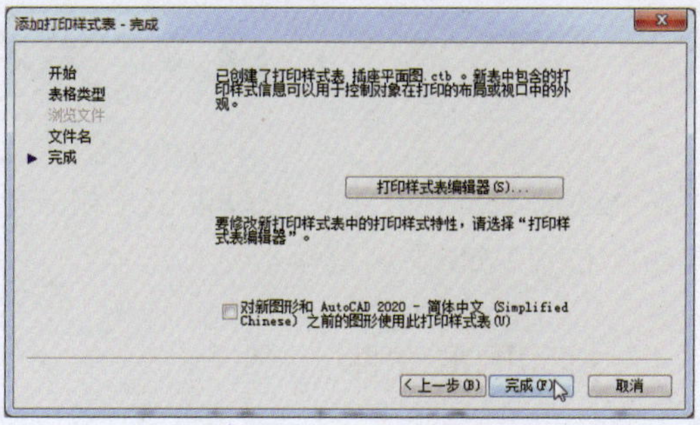


图 13-24　“完成”界面

## 13.2.4　在浮动视口中旋转视图

在浮动视口中旋转视图

在浮动视口中，使用 MVSETUP（旋转视图）命令可以旋转整个视图。下面介绍在浮动视口中旋转视图的操作方法。

**Step 01**　按【Ctrl + O】组合键，打开素材图形（资源\素材\第 13 章\阀管.dwg），如图 13-25 所示。

**Step 02**　在命令行输入 MVSETUP（旋转视图）命令，按【Enter】键确认，根据命令行提示进行操作，输入 A，如图 13-26 所示。

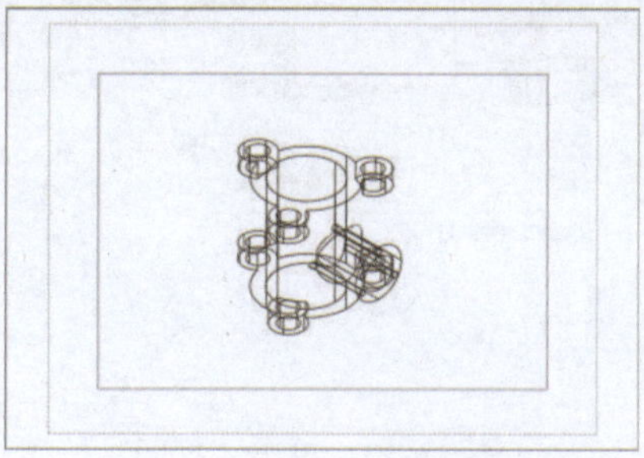

图 13-25　打开素材图形

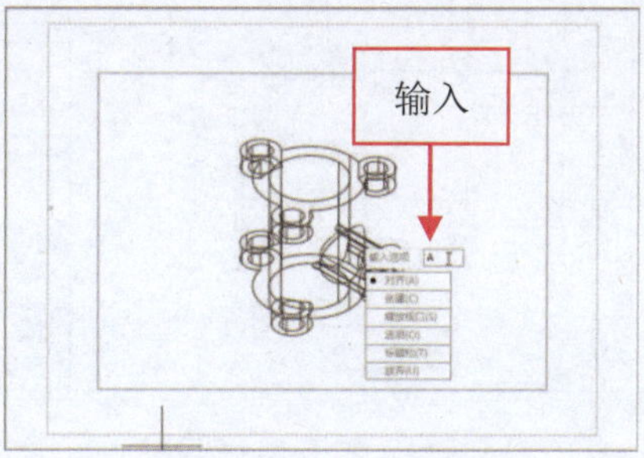


图 13-26　输入命令

**Step 03**　按【Enter】键确认，输入 R，如图 13-27 所示。

**Step 04**　按【Enter】键确认，输入（-8，15），按【Enter】键确认，输入 30 并确认，即可在浮动视口中旋转视图，如图 13-28 所示。

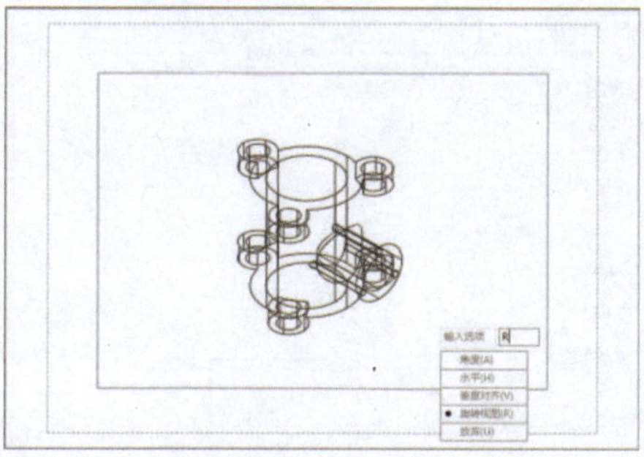

图 13-27　输入 R

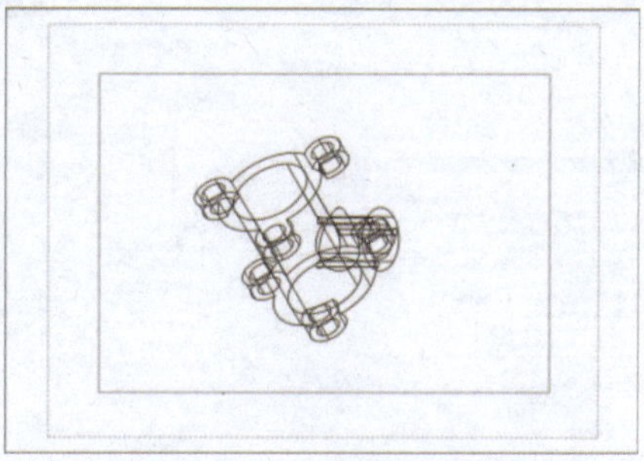

图 13-28　在浮动视口中旋转视图

# 13.3 发布图形图纸

在 AutoCAD 2020 中，可以以电子格式输出图形文件、进行电子传递，也可以将设计好的作品发布到 Web 供浏览等。

## 13.3.1 打印图形文件

打印图形文件

使用 AutoCAD 2020 中的 EPlot 驱动程序，可以发布电子图形到 Internet 上，所创建文件以 Web 图形格式文件保存。下面介绍打印图形文件的操作方法。

**Step 01** 按【Ctrl＋O】组合键，打开素材图形（资源\素材\第 13 章\别墅结构图.dwg），如图 13-29 所示。

**Step 02** 在“功能区”选项板，切换至“输出”选项卡，在“打印”面板上单击“打印”按钮，如图 13-30 所示。

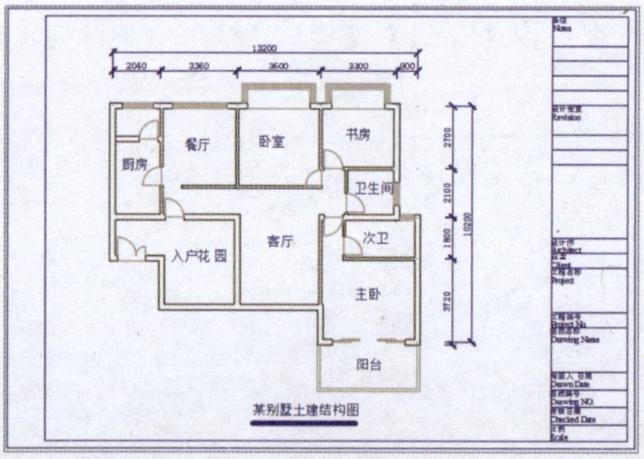


图 13-29　打开素材图形

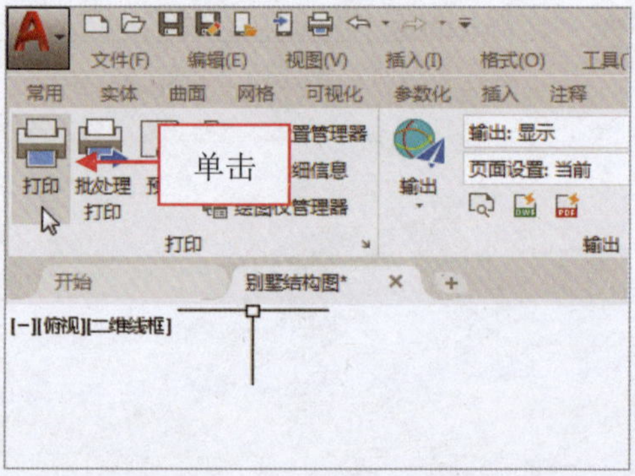


图 13-30　单击“打印”按钮

**Step 03** 弹出“打印-模型”对话框，单击“名称”右侧的下拉按钮，在弹出的列表框选择相应选项，如图 13-31 所示。

**Step 04** 单击“确定”按钮，弹出“文件另存为”对话框，设置文件名和保存路径，如图 13-32 所示。

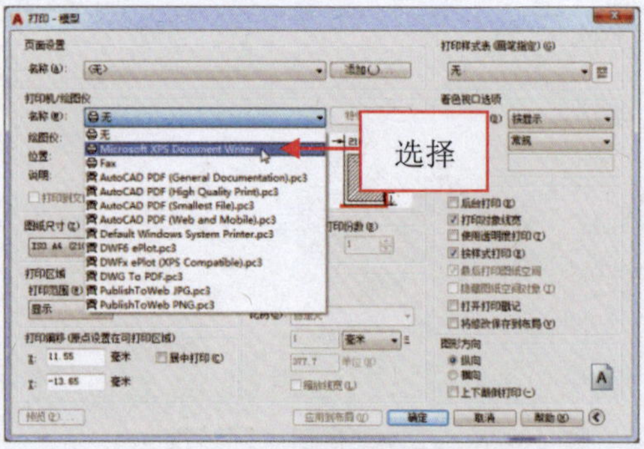


图 13-31　选择合适的选项

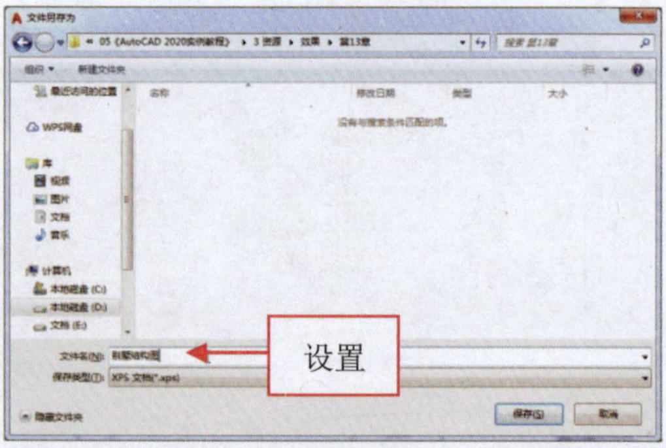


图 13-32　“文件另存为”对话框

Step05　单击“保存”按钮，即可打印电子图形。

## 13.3.2　发布图形文件

发布图形文件

AutoCAD 2020 提供了一种简易的创建图纸图形集或电子图形集的方法，电子图形集是打印图形集的数字形式。下面介绍发布图形文件的操作方法。

Step01　按【Ctrl + O】组合键，打开素材图形（资源\素材\第 13 章\户型平面图.dwg），如图 13-33 所示。

Step02　在“功能区”选项板，切换至“输出”选项卡，在“打印”面板中单击“批处理打印”按钮，如图 13-34 所示。

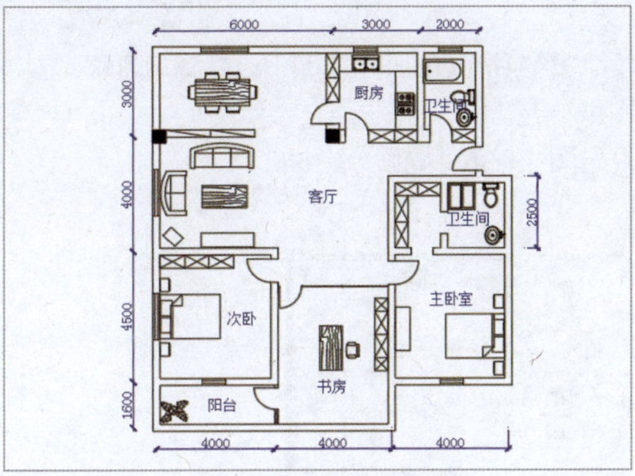


图 13-33　打开素材图形

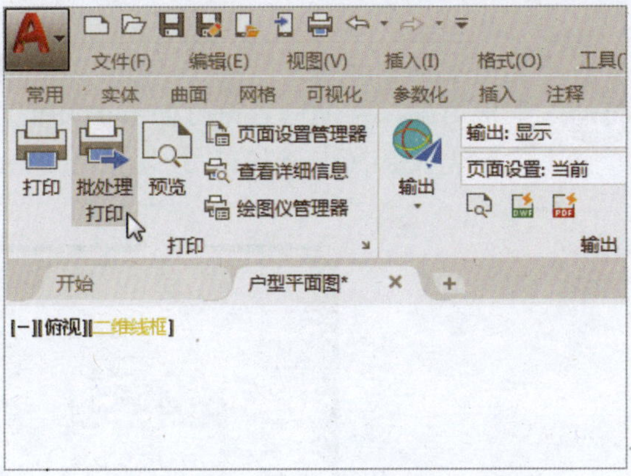


图 13-34　单击“批处理打印”按钮

Step03　弹出“发布”对话框，单击“发布”按钮，如图 13-35 所示。执行上述操作后，即可进行电子发布操作。

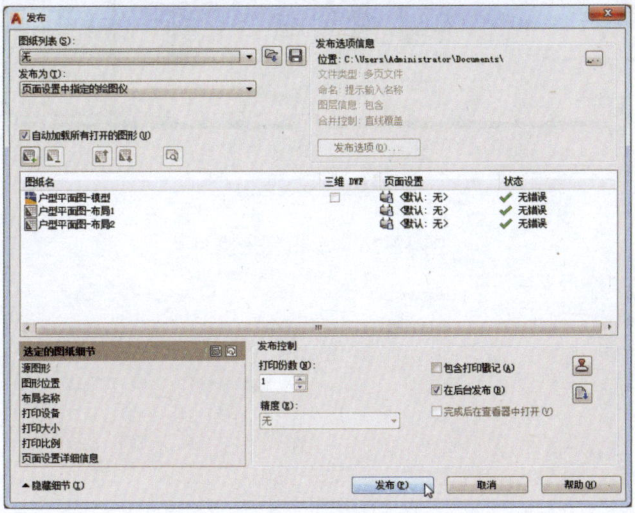


图 13-35　单击“发布”按钮

# 本章小结

本章主要介绍打印与输出图形文件的操作方法，首先介绍了设置图纸的打印属性，如设置打印设备、图纸尺寸、打印区域，以及打印比例等内容；其次介绍了打印图形图纸的方法，如在模型空间打印、创建打印布局、创建打印样式表，以及在浮动视口中旋转视图等内容；最后介绍了打印与发布图形文件的操作方法。通过本章的学习，希望读者能够很好地掌握打印与输出图形文件的方法。

# 课后习题

课后习题

鉴于本章知识的重要性，为了帮助读者更好地掌握所学知识，本节将通过上机习题，帮助读者进行简单的知识回顾和补充。

本习题需要掌握电子发布图形的操作方法，如图 13-36 所示。

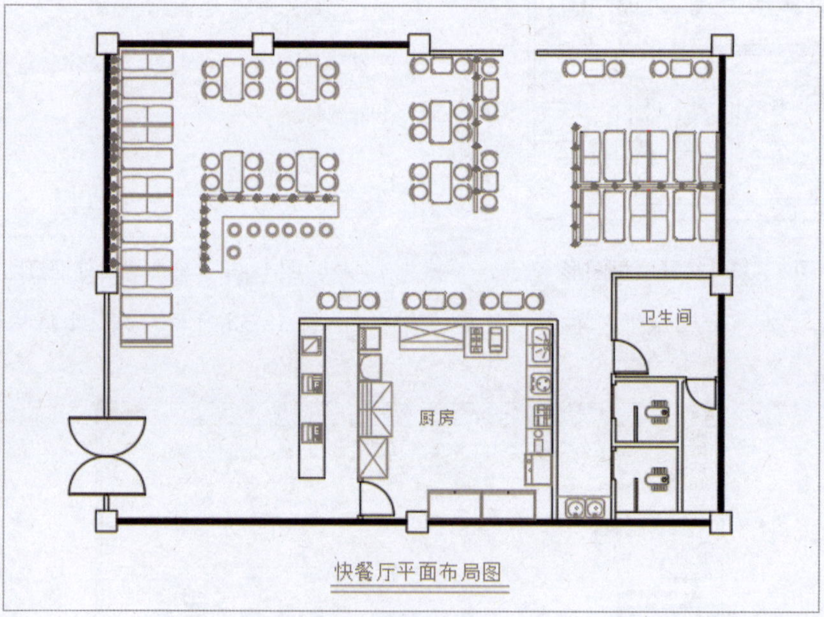


图 13-36　发布图形文件

# 第 14 章
# 综合案例实战

通过前面章节的学习，相信读者已经掌握了 AutoCAD 2020 的基本使用方法。本章将通过三个综合案例对 AutoCAD 2020 的主要功能作一个总结，帮助读者将前面章节所学的内容进行融会贯通，以达到灵活运用、举一反三的目的。

**本章重点**

- 机械设计——三通接头
- 室内设计——户型平面图
- 建筑设计——景观平面图

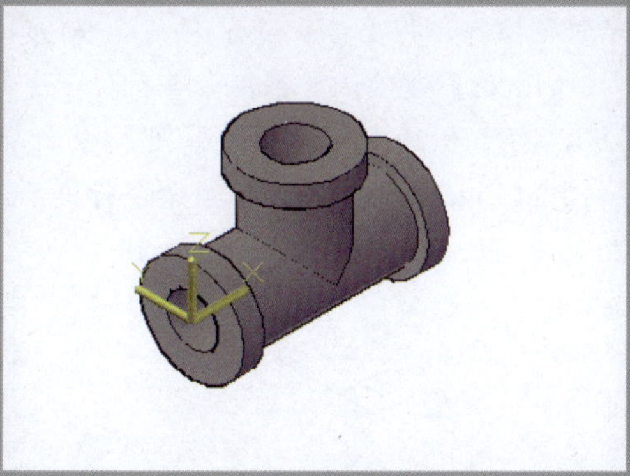

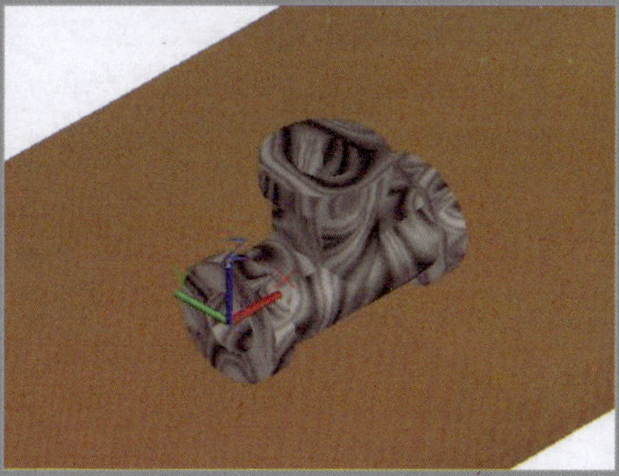

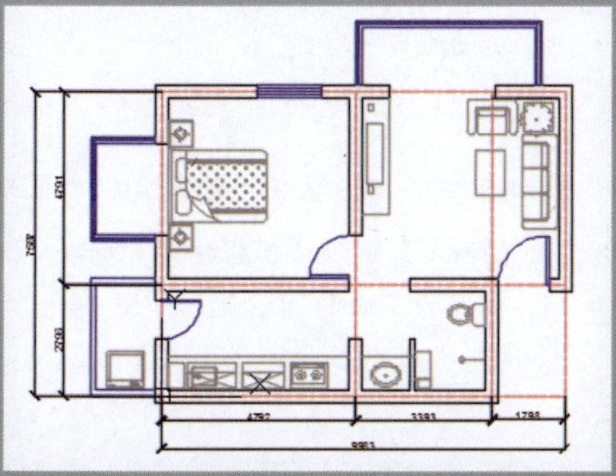

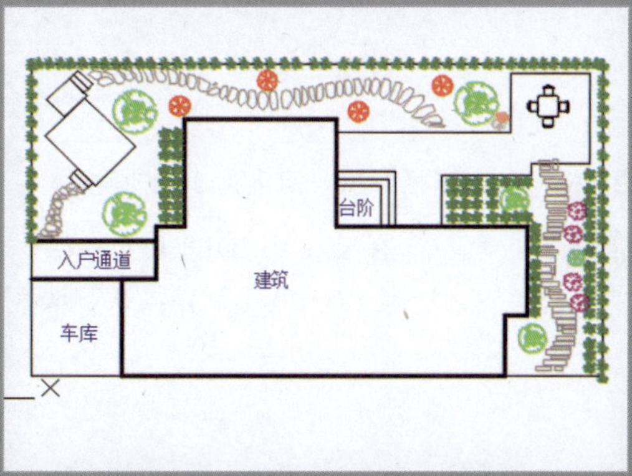

# 14.1 机械设计——三通接头

本实例的制作过程，主要运用了绘制圆柱体、旋转处理和复制处理等操作。本实例的最终效果如图 14-1 所示。

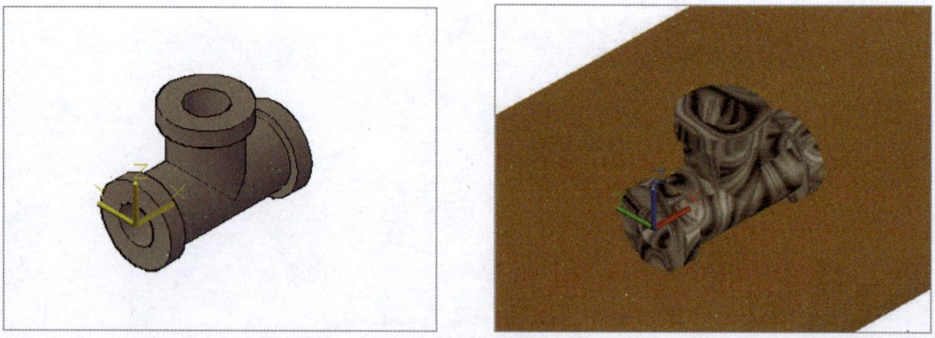

图 14-1 三通接头

## 14.1.1 绘制三通接头

在 AutoCAD 2020 中，需要切换至西南等轴测视图，在该视图模式下绘制三通接头机械模型，具体操作步骤如下。

绘制三通接头

**Step 01** 启动 AutoCAD 2020，将视图方向切换至西南等轴测视图，在命令行输入 UCS（坐标系）命令，按【Enter】键确认，根据命令行提示进行操作，将坐标系绕 Y 轴旋转 90 度。在命令行输入 CYLINDER（圆柱体）命令，按【Enter】键确认，根据命令行提示进行操作，输入（0，0，0）并确认，绘制半径为 50、高度为 20 的圆柱体，如图 14-2 所示。

**Step 02** 在命令行输入 CYLINDER（圆柱体）命令，按【Enter】键确认，根据命令行提示进行操作，输入（0，0，0）并确认，绘制半径为 40、高度为 100 的圆柱体，如图 14-3 所示。

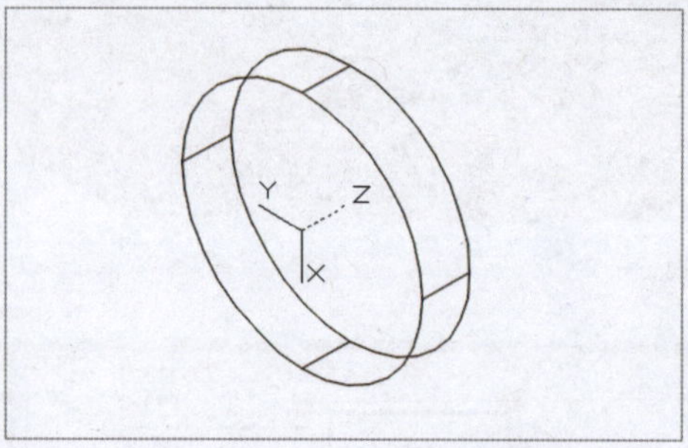


图 14-2 绘制半径为 50、高度为 20 的圆柱体

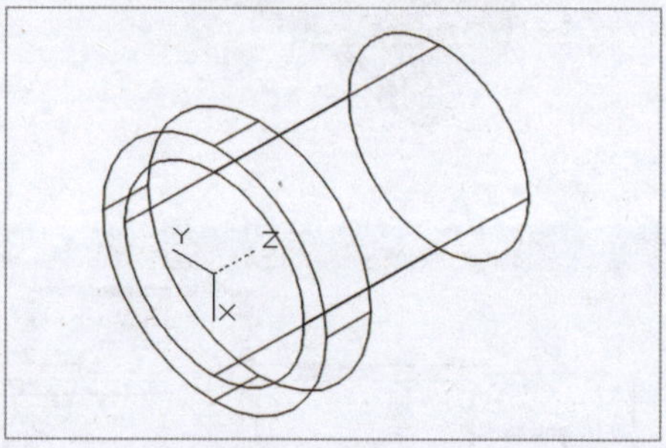


图 14-3 绘制半径为 40、高度为 100 的圆柱体

**Step 03** 在命令行输入 CYLINDER（圆柱体）命令，按【Enter】键确认，根据命令行提示进行操作，输入（0，0，0）并确认，绘制半径为 25、高度为 100 的圆柱体，如图 14-4 所示。

Step04 在命令行输入 UNION（并集）命令，按【Enter】键确认，根据命令行提示进行操作，在绘图区依次选择半径为 50 和 40 的圆柱体，按【Enter】键确认，并集运算图形，如图 14-5 所示。

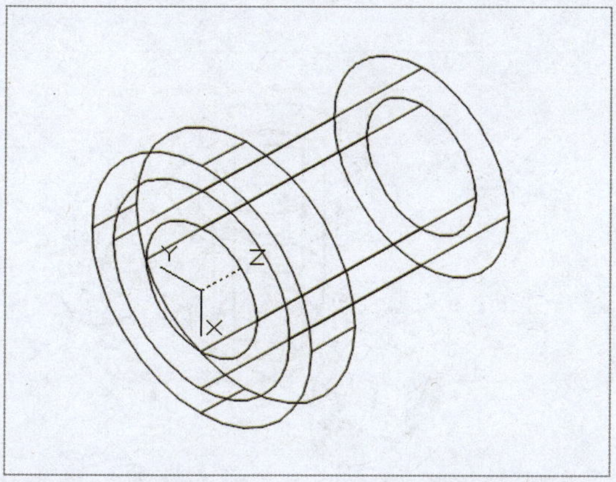


图 14-4　绘制半径为 25、高度为 100 的圆柱体

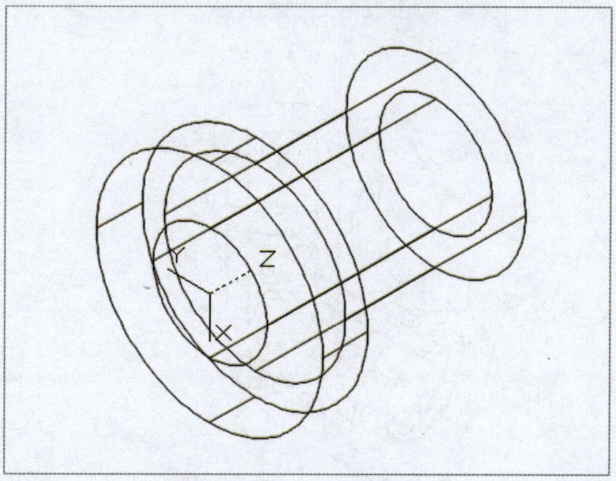


图 14-5　并集运算图形

Step05 在命令行输入 SUBTRACT（差集）命令，按【Enter】键确认，根据命令行提示进行操作，选择并集的图形，按【Enter】键确认，再选择半径为 25 的圆柱体并确认，差集运算图形，如图 14-6 所示。

Step06 在命令行输入 MIRROR3D（三维镜像）命令，按【Enter】键确认，根据命令行提示进行操作，选择实体图形，以 XY 平面为镜像面，拾取实体右面的圆心点，选择 N（否）选项，镜像图形，如图 14-7 所示。

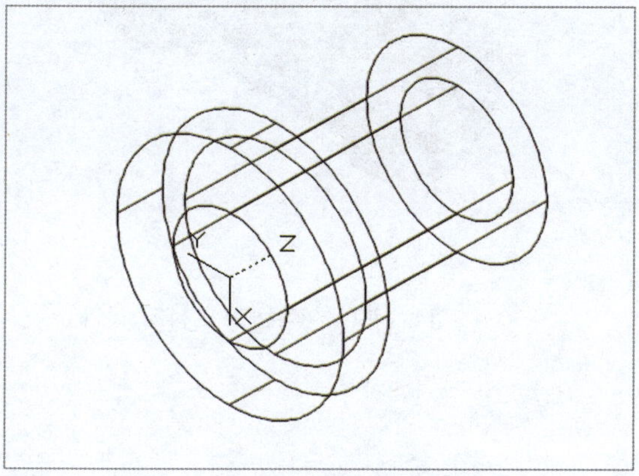


图 14-6　差集运算图形

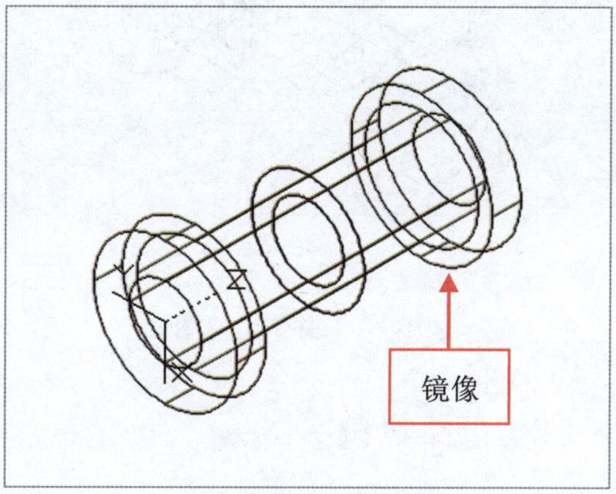


图 14-7　镜像图形

Step07 在命令行输入 3DROTATE（三维旋转）命令，按【Enter】键确认，根据命令行提示进行操作，选择镜像所得图形，按【Enter】键确认，指定绿色旋转轴，指定中间圆心为基点，输入旋转角度 90，并确认，旋转图形，如图 14-8 所示。

Step08 在命令行输入 MIRROR3D（三维镜像）命令，按【Enter】键确认，根据命令行提示进行操作，选择左侧实体图形，以 XY 平面为镜像面，拾取实体右面的圆心点，选择 N（否）选项，镜像图形，如图 14-9 所示。

Step 09 在命令行输入 UNION（并集）命令，按【Enter】键确认，根据命令行提示进行操作，在绘图区选择所有实体，按【Enter】键确认，并集运算图形，如图 14-10 所示。

Step 10 在菜单栏中，选择“视图”|“视觉样式”|“概念”选项，将视图转换成概念视觉样式，效果如图 14-11 所示。

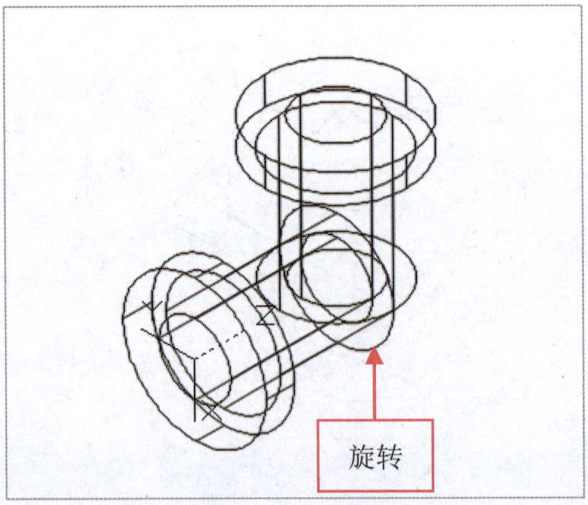


图 14-8　旋转图形

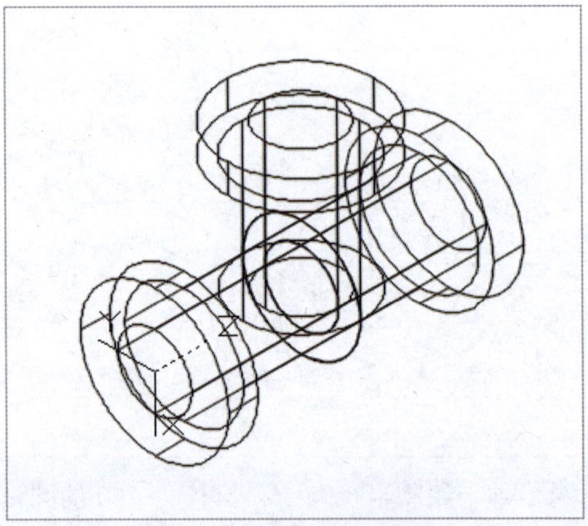

图 14-9　镜像左侧图形

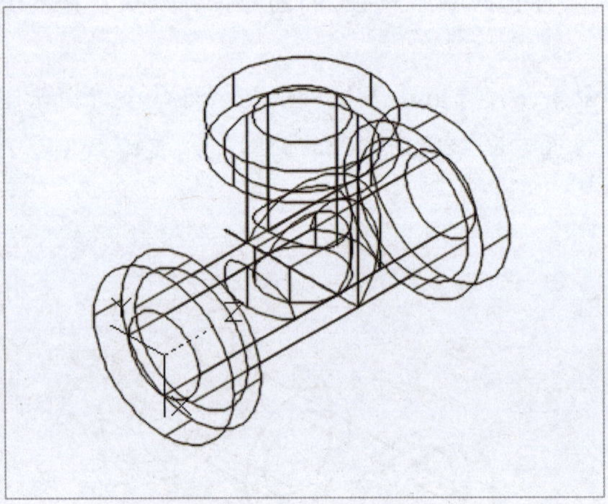

图 14-10　并集运算图形

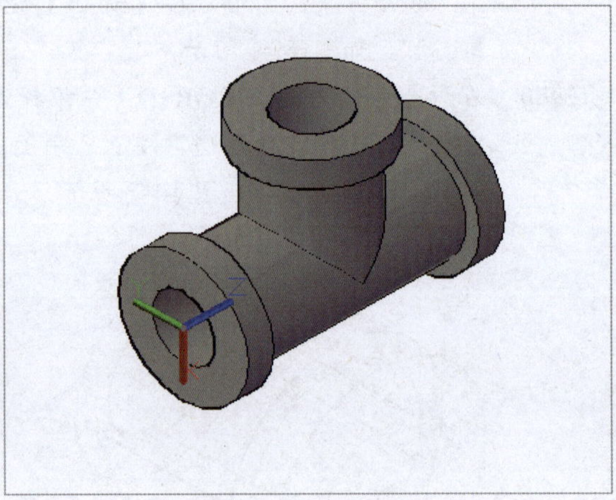

图 14-11　概念视觉样式

## 14.1.2　渲染机械实体

机械图形设计完成后，接下来需要渲染实体对象，具体操作步骤如下。

在命令行输入 UCS（坐标系）命令，按【Enter】键确认，在命令行输入 REC（矩形）命令，在命令行提示下，在绘图区中绘制一个矩形，并执行 REG（面域）命令，选择所绘矩形创建面域，调整其位置，如图 14-12 所示。

执行 MATERIALS（材质浏览器）命令，弹出“材质浏览器”面板，单击“创建材质”下拉按钮，在弹出的下拉列表框中选择“新建常规材质”选项，如图 14-13 所示。

弹出“材质编辑器”面板，单击“图像”右侧的空白处，弹出“材质编辑器打开文件”对话框，选择“mw014.TIF”文件（资源\素材\第 14 章\mw014.TIF），单击“打开”按钮，设置贴图并弹出“纹理编辑器”面板，在“比例”选项组中设置其“样例尺寸”为 800×800，在“材质编辑器”面板上单击“颜色”下拉列表框，在弹出的下拉列表选择“按对象着色”选项，如图 14-14 所示。

将视图转换为真实样式。在绘图区中选择矩形框面域，在“材质浏览器”面板“默认为常规”上单击鼠标右键，在弹出的快捷菜单选择“指定给当前选择”选项，为地面赋予材质，如图 14-15 所示。

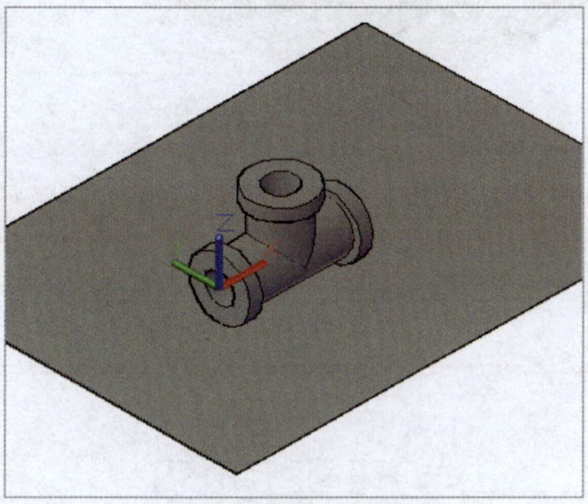

图 14-12　创建面域

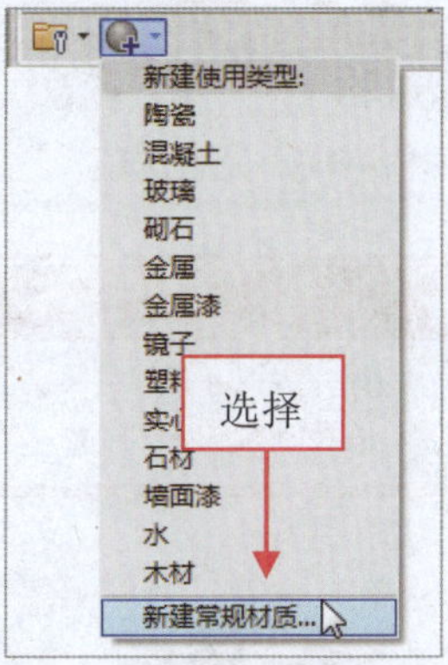


图 14-13　选择“新建常规材质”选项

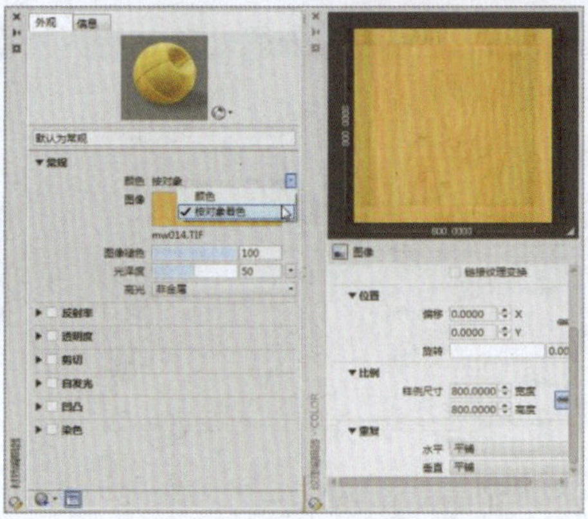

图 14-14　材质编辑器

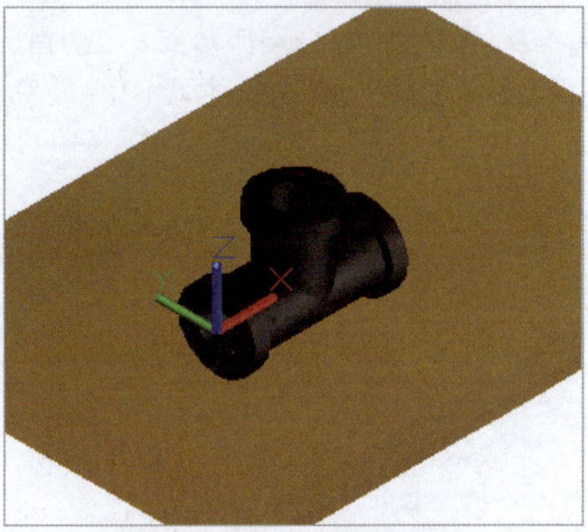

图 14-15　为地面赋予材质

在“材质浏览器”单击“创建材质”下拉按钮，在弹出的下拉列表框选择“新建常规材质”选项，弹出“材质编辑器”面板，单击“图像”右侧的空白处弹出“材质编辑器打开文件”对话框，选择 Metal01.jpg 文件（资源\素材\第 14 章\Metal01.jpg），单击“打开”按钮，在“材质编辑器”面板，设置“图像褪色”为 83、“光泽度”为 80、“高光”为“金属”，选中“反射率”复选框，设置“直接”和“倾斜”均为 90，如图 14-16 所示。

关闭相应的面板，选择实体对象，选择默认为常规（1），单击鼠标右键，弹出快捷菜单，选择“指定给当前选择”选项，执行操作后，即可为合适的实体对象赋予材质，如图 14-17 所示。

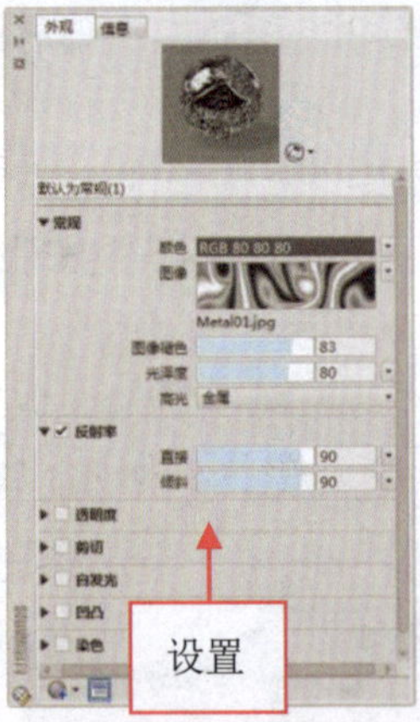


图 14-16　设置选项

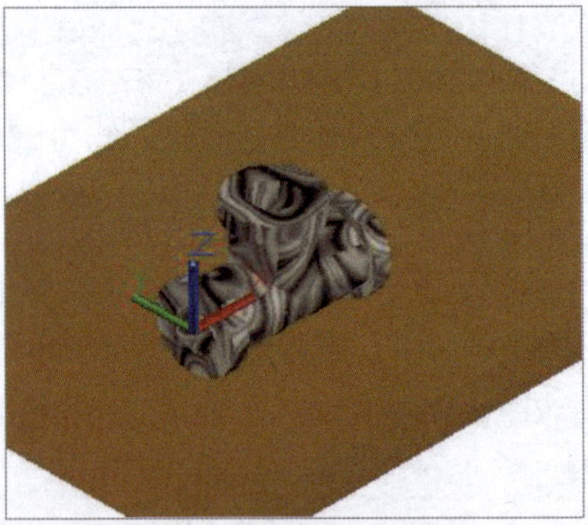

图 14-17　赋予材质

> ▶ 专家指点
>
> 对模型赋予合适的材质及贴图并进行渲染是一件细心活，要非常有耐心地渲染多次才能得到满意的图形渲染效果。

## 14.2　室内设计——户型平面图

在本实例的制作过程中，主要运用到了新建图层、绘制直线、分解处理、修剪处理、绘制多线和偏移处理等操作。本实例的最终效果如图 14-18 所示。

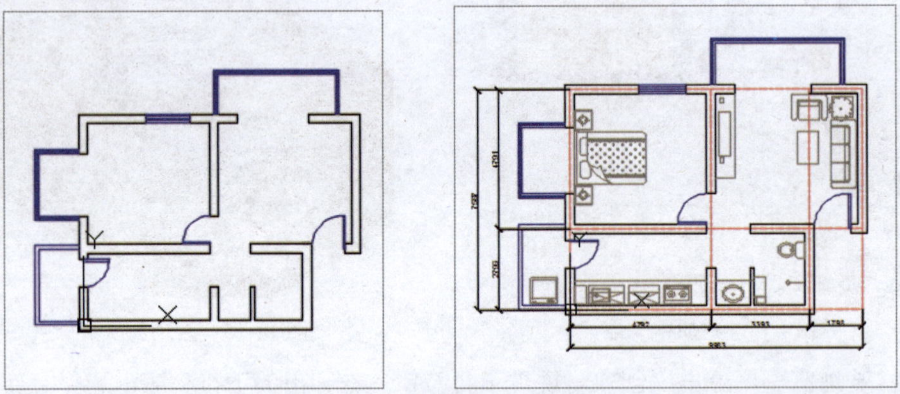

图 14-18　户型平面图

### 14.2.1　设置绘图环境

在绘制户型平面图之前，首先需要设置绘图环境，具体操作步骤如下。

设置绘图环境

**Step 01** 新建一个 CAD 文件，执行 LA（图层）命令，弹出“图层特性管理器”面板，依次创建“轴线（CENTER、红色）”“墙线”“门窗（蓝色）”和“标注”图层，将“轴线”图层置为当前图层，如图 14-19 所示。

**Step 02** 开启正交模式，执行 L（直线）命令，在命令行提示下，指定原点为直线的第一点，向右引导光标，输入 9 983，按【Enter】键确认，绘制一条水平直线；捕捉新绘制直线的左端点，向上引导光标，输入 7 587 并确认，绘制一条垂直直线，如图 14-20 所示。

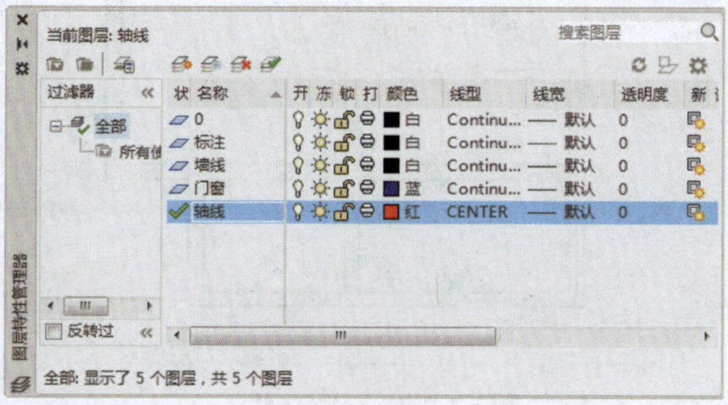


图 14-19　“图层特性管理器”对话框

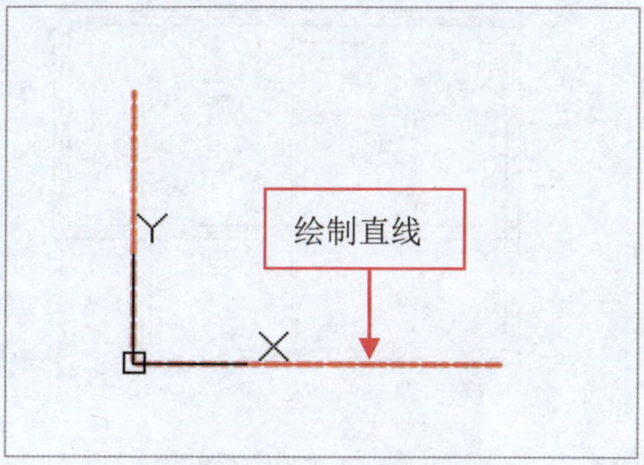


图 14-20　绘制直线

**Step 03** 执行 O（偏移）命令，在命令行提示下，依次输入偏移距离为 2 796 和 4 791，将水平直线向上偏移，如图 14-21 所示。

**Step 04** 重复执行 O（偏移）命令，在命令行提示下，依次输入偏移距离为 4 792、3 393、1 798，将竖直直线向右偏移，如图 14-22 所示。

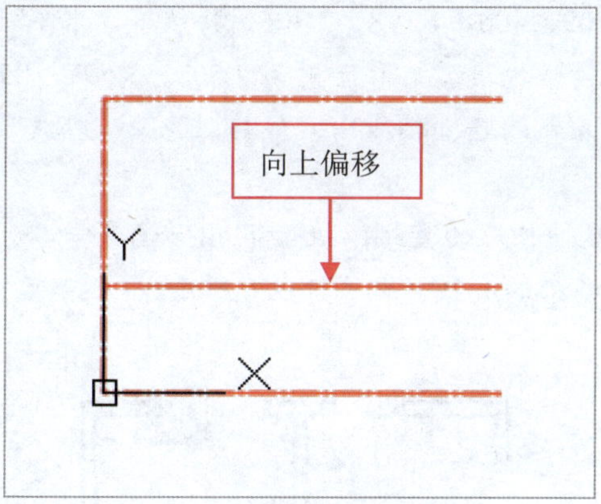


图 14-21　水平直线向上偏移

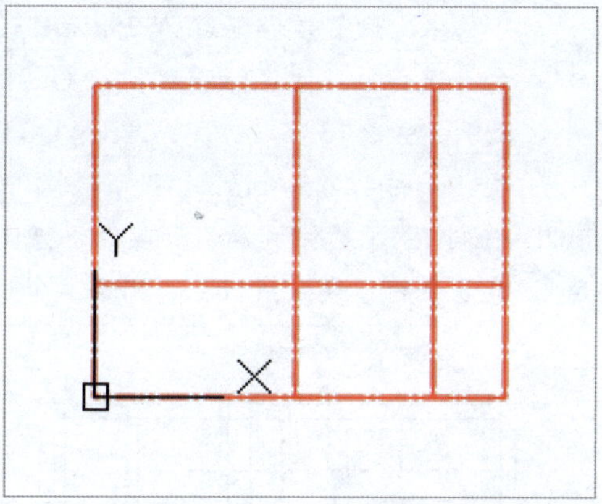


图 14-22　竖直直线向右偏移

### 14.2.2　绘制墙体

通过红色的“轴线”图层，可以绘制出墙体效果，具体操作步骤如下。

绘制墙体

**Step 01** 将“墙线”图层置为当前，锁定“轴线”，执行 ML（多线）命令，在命令行提示下，设置比例为 319、“对正”为“无”，在绘图区合适的端点，依次单击鼠标左键，绘制多线，如图 14-23 所示。

Step 02 执行 X（分解）命令，在命令行提示下，分解多线对象；执行 TR（修剪）命令，在命令行提示下，修剪多余的直线，如图 14-24 所示。

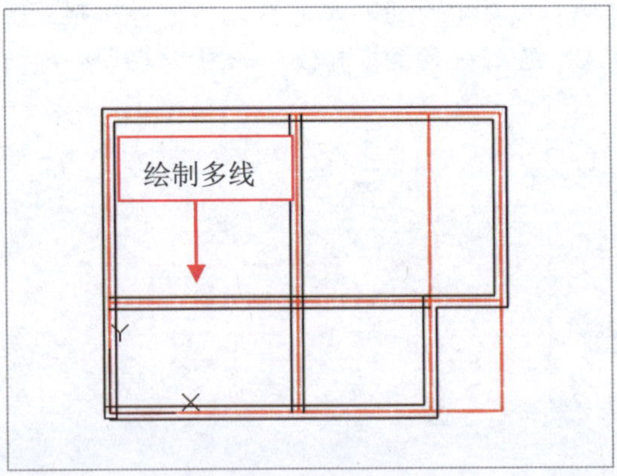

图 14-23　绘制多线

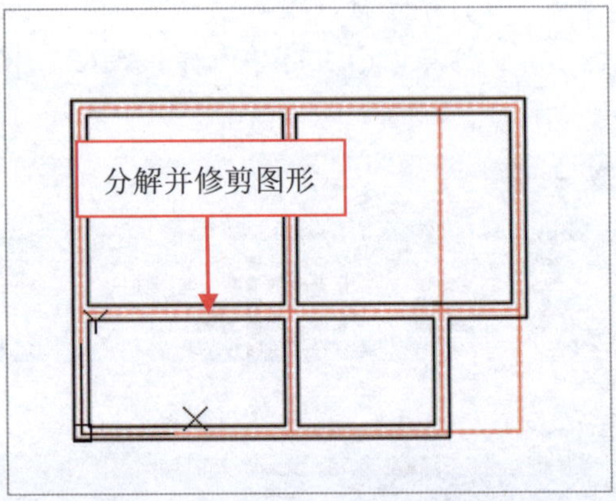

图 14-24　分解并修剪图形

### 14.2.3　绘制门窗

墙体绘制完成后，接下来需要绘制门窗图形，具体操作步骤如下。

绘制门窗

Step 01 将“门窗”图层置为当前，执行 O（偏移）命令，在命令行提示下，依次设置偏移距离为 958、613、276、709、400、1 198、2 306，将最下方水平轴线向上进行偏移处理；继续执行 O（偏移）命令依次设置偏移距离为 2 503、1 597、851、839、492、133、1 770、233、1 331，将最左侧的竖直轴线向右偏移，隐藏“轴线”图层，如图 14-25 所示。

Step 02 执行 EX（延伸）命令，在命令行提示下，延伸相应的直线；执行 TR（修剪）命令，修剪多余的直线；执行 E（删除）命令，删除多余的直线，如图 14-26 所示。

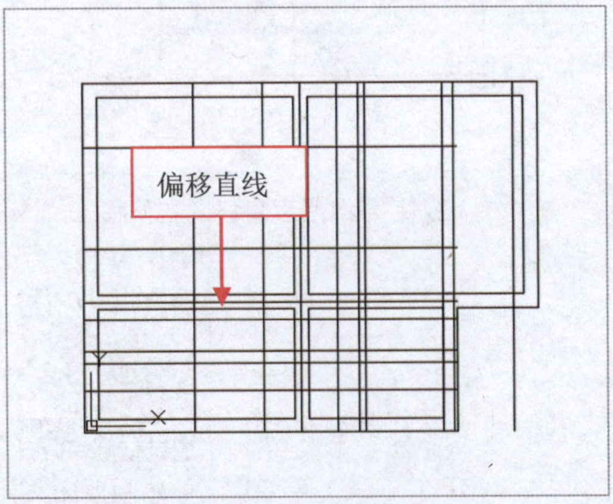

图 14-25　偏移直线

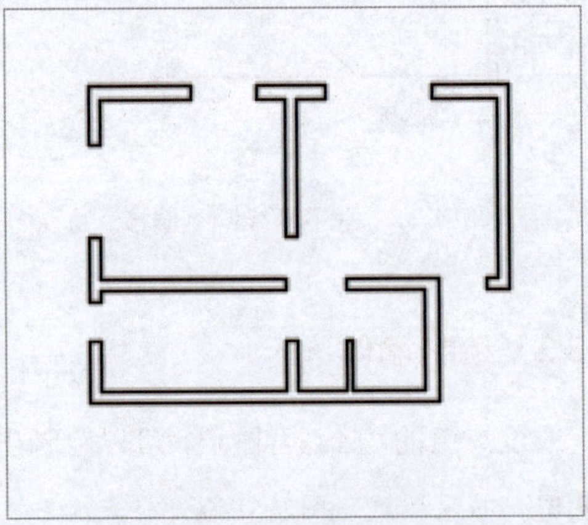
图 14-26　修剪并删除直线

Step03 执行 L（直线）命令，在命令行提示下，捕捉右下方合适中点，向左引导光标，输入 60，按【Enter】键确认，向上引导光标，输入 1 271 并确认，向右引导光标，输入 60 并确认，向下引导光标，输入 1 271 并确认，绘制直线，如图 14-27 所示。

Step04 执行 C（圆）命令，在命令行提示下，捕捉新绘制的直线左下方端点作为圆心，单击左边图形的端点，按【Enter】键确认，绘制圆；执行 TR（修剪）命令，在命令行提示下，修剪多余的图形，如图 14-28 所示。

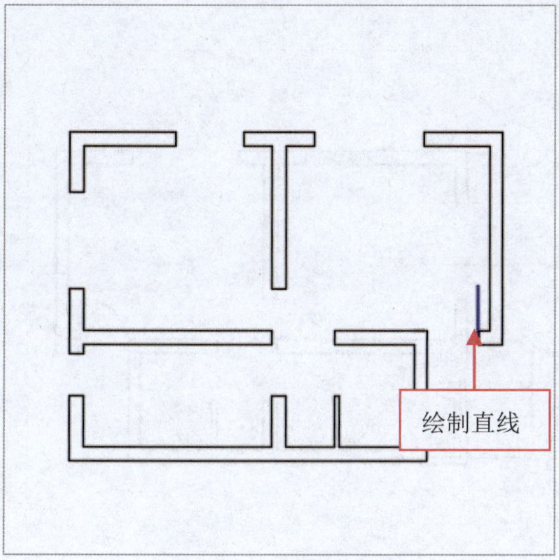


图 14-27　绘制直线

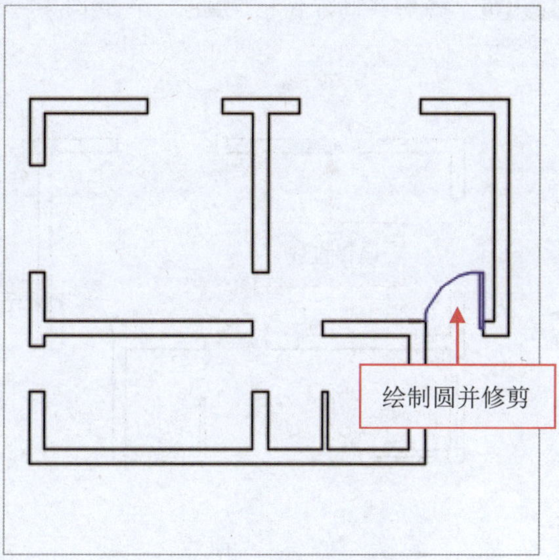


图 14-28　绘制圆并修剪

Step05 重复执行 L（直线）命令、C（圆）命令和 TR（修剪）命令，绘制其他的门，如图 14-29 所示。

Step06 执行 L（直线）命令，依次捕捉上方合适的端点，再次绘制直线，如图 14-30 所示。

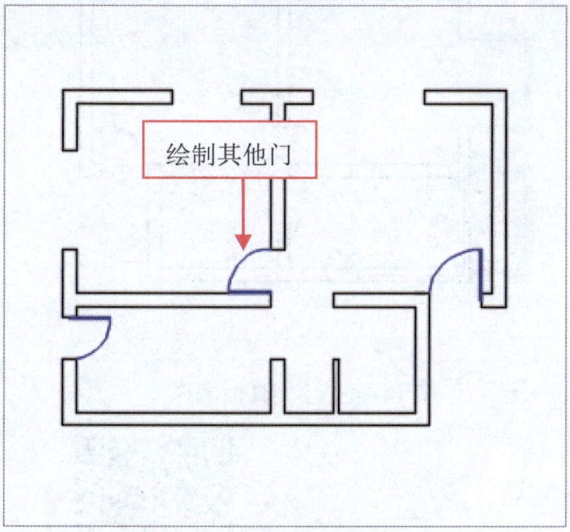


图 14-29　绘制其他门

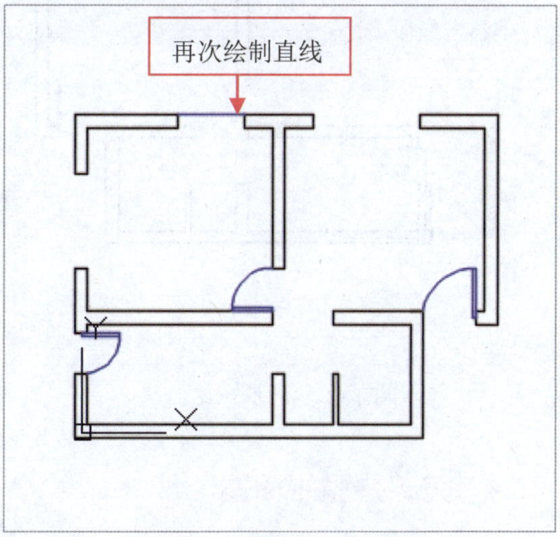


图 14-30　再次绘制直线

Step 07 执行 O（偏移）命令，在命令行提示下，设置偏移距离均为 79.75，将新绘制的直线向下偏移四次，如图 14-31 所示。

Step 08 执行 PL（多段线）命令，在命令行提示下，依次输入（-186，0）、（@-1 597，0）、（@0，2 929）和（@1 597，0），绘制多段线，如图 14-32 所示。

Step 09 执行 O（偏移）命令，在命令行提示下，设置偏移距离为 133，将新绘制的多段线向内偏移，完成阳台的绘制，如图 14-33 所示。

Step 10 绘制其他窗台和阳台对象，如图 14-34 所示。

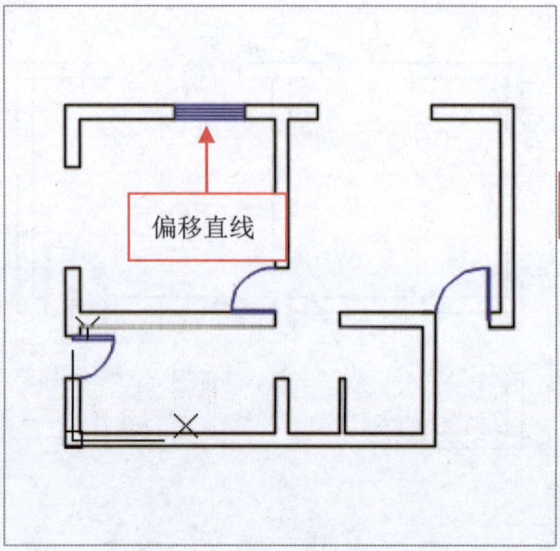


图 14-31　偏移直线

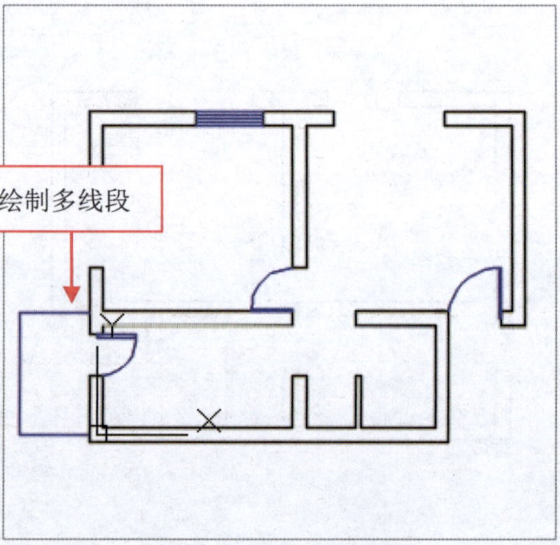


图 14-32　绘制多线段

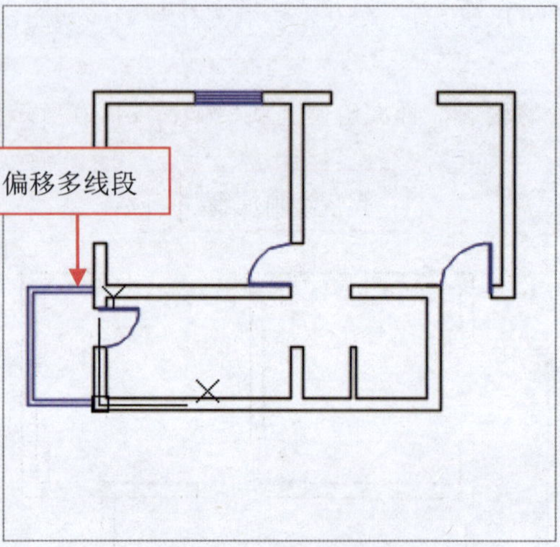


图 14-33　偏移多线段

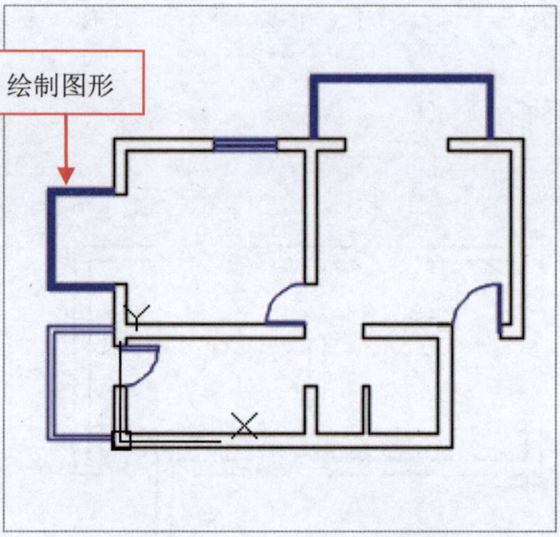


图 14-34　绘制其他图形

## 14.2.4　完善户型平面图

门窗绘制完成后，接下来完善户型平面图，导入相应的图块对象，具体操作步骤如下。

完善户型平面图

**Step 01** 执行 I（插入）命令，弹出“块”面板，单击相应按钮，弹出“选择图形文件”对话框，在其中选择相应图形文件（资源\素材\第 14 章\户型平面图.dwg），如图 14-35 所示。

**Step 02** 单击“打开”按钮，返回到“块”面板，在绘图区任意指定一点，插入图块，如图 14-36 所示。

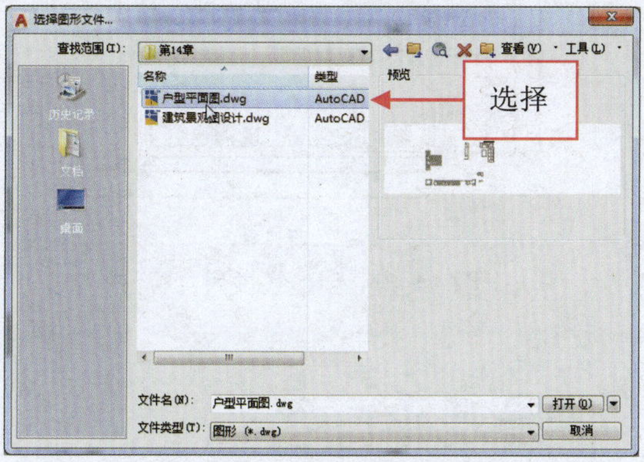


图 14-35　选择图形文件

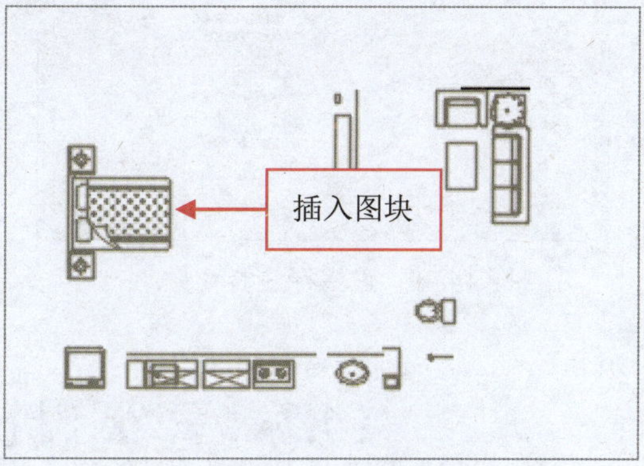


图 14-36　插入图块

**Step 03** 在命令行输入 X（分解）命令，按【Enter】键确认，分解图块，在命令行输入 M（移动）命令，按【Enter】键确认，根据命令行提示进行操作，移动相应的图形至合适位置，如图 14-37 所示。

**Step 04** 将“标注”图层置为当前，并显示“轴线”图层；执行 D（标注样式）命令，弹出“标注样式管理器”对话框，选择 ISO-25 选项，单击“修改”按钮，如图 14-38 所示。

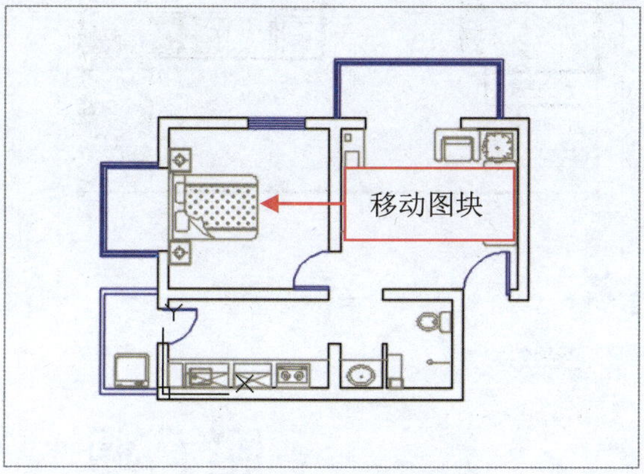


图 14-37　移动图块

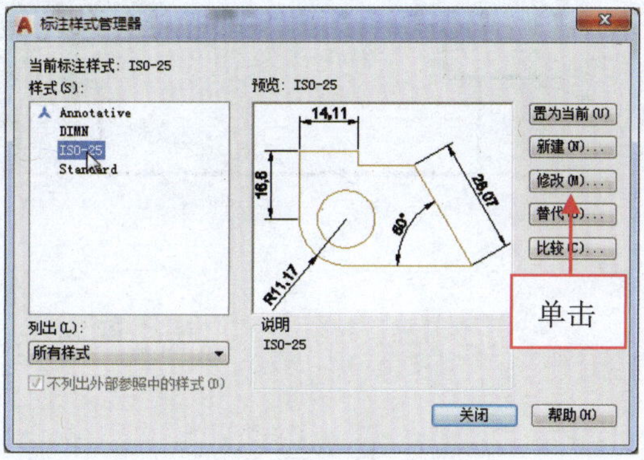


图 14-38　单击“修改”按钮

**Step 05** 弹出“修改标注样式”对话框，在“主单位”选项卡中设置“精度”为 0，在“文字”选项卡中设置“文字高度”为 200，在“符号和箭头”选项卡中设置“第一个”箭头为“建筑标记”“箭头大小”为 200，单击“确定”按钮，如图 14-39 所示。

**Step 06** 执行 DLI（线性标注）命令，在命令行提示下，创建线性尺寸标注，标注图形尺寸，如图 14-40 所示。

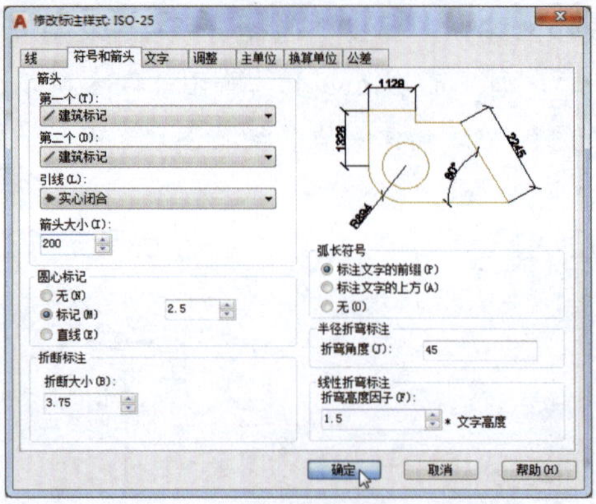


图 14-39　设置标注参数

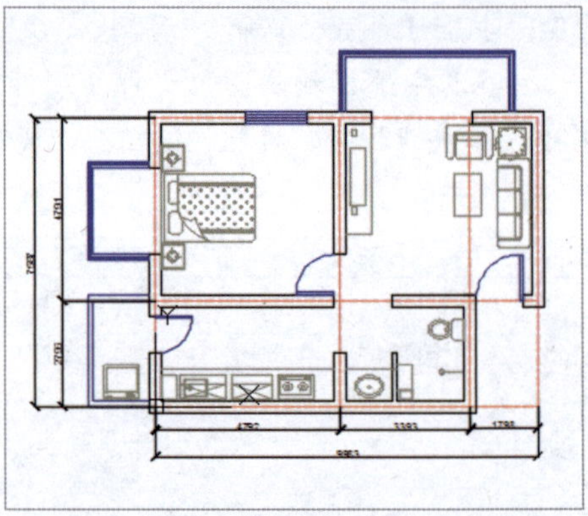

图 14-40　创建线性尺寸标注

# 14.3　建筑设计——景观平面图

在设计建筑景观图的过程中，首先需要绘制基本平面图，然后完善景观平面图。本实例介绍建筑景观图的设计，效果如图 14-41 所示。

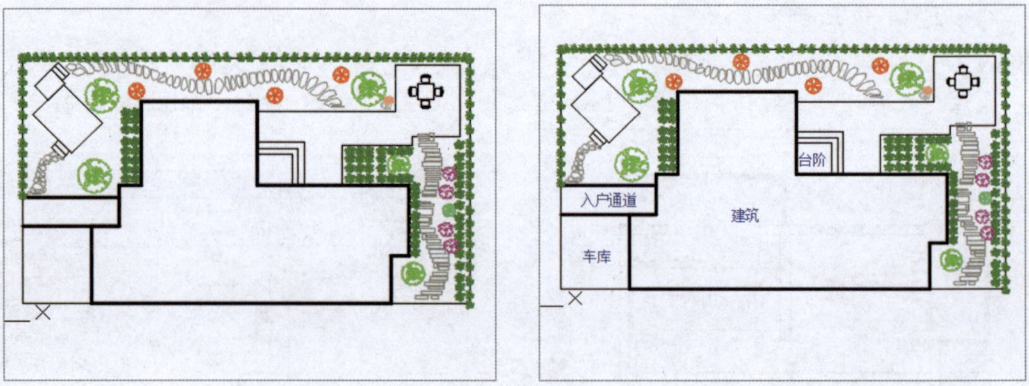


图 14-41　建筑景观图效果

## 14.3.1　绘制基本平面图

绘制基本平面图

首先需要新建图层，然后绘制相应矩形，通过偏移命令绘制相应直线，具体步骤如下。

**Step 01** 新建一个空白文件，在命令行输入 LA（图层）命令，按【Enter】键确认，弹出“图层特性管理器”面板，新建“辅助线”和“建筑”图层，设置“建筑”图层的“线宽”为 0.3 毫米，将“辅助线”图层设置为当前层，如图 14-42 所示。

**Step 02** 在命令行输入 REC（矩形）命令，按【Enter】键确认，根据命令行提示进行操作，绘制一个 22 750×12 500 的矩形，如图 14-43 所示。

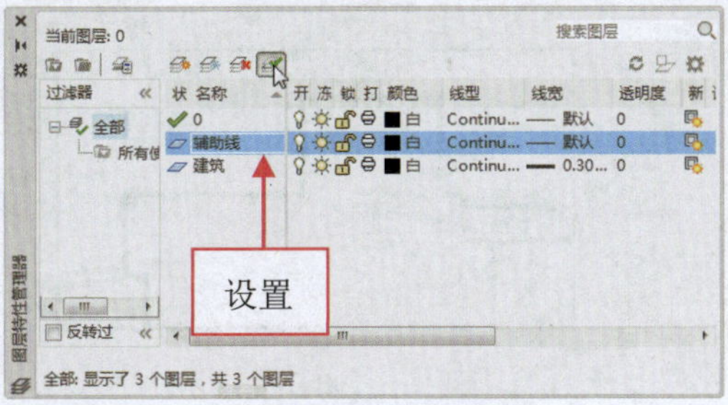


图 14-42　设置图层

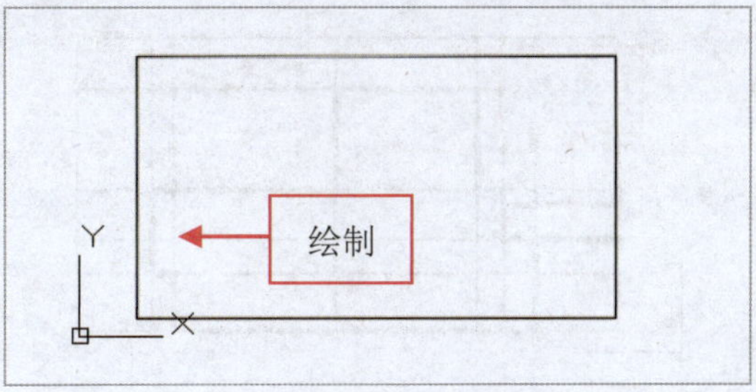


图 14-43　绘制矩形

Step03　在命令行输入 X（分解）命令，按【Enter】键确认，根据命令行提示进行操作，将矩形分解。在命令行输入 O（偏移）命令，并按【Enter】键确认，根据命令行提示进行操作，将矩形左侧垂直直线向右依次偏移 3 500、1 400、1 100、6 000、6 800 和 900，如图 14-44 所示。

Step04　在命令行输入 O（偏移）命令，按【Enter】键确认，根据命令行提示进行操作，将矩形上侧水平直线向下依次偏移 2 200、4 300、2 100 和 1 500，如图 14-45 所示。

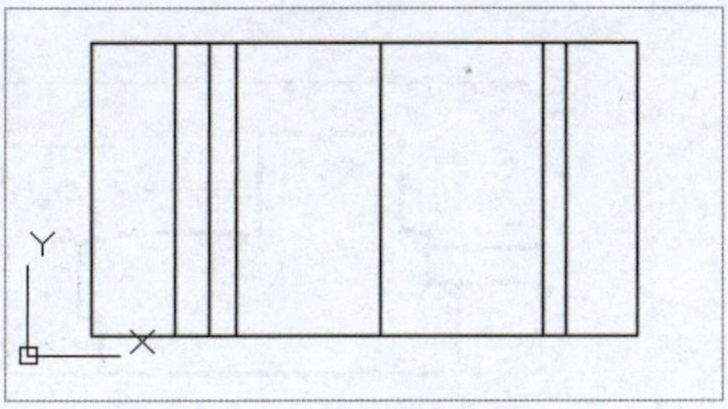

图 14-44　向右偏移直线

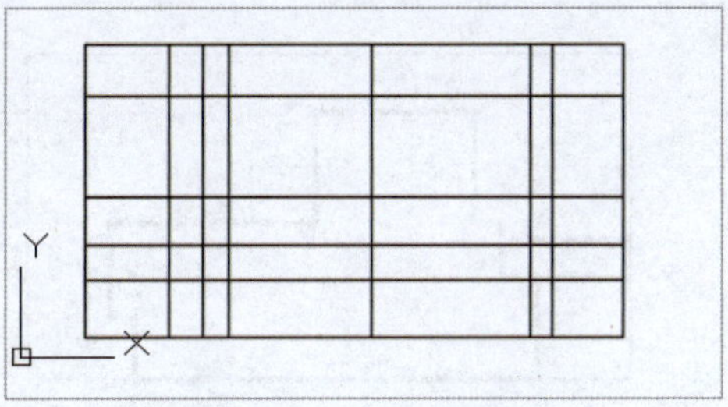

图 14-45　向下偏移直线

Step05　将“建筑”图层设置为当前层，显示线宽，在命令行输入 PL（多段线）命令，并按【Enter】键确认，根据命令行提示进行操作，依次捕捉相应交点，绘制多段线，如图 14-46 所示。

Step06　在命令行输入 L（直线）命令，按【Enter】键确认，根据命令行提示进行操作，捕捉相应点，绘制一条直线，如图 14-47 所示。

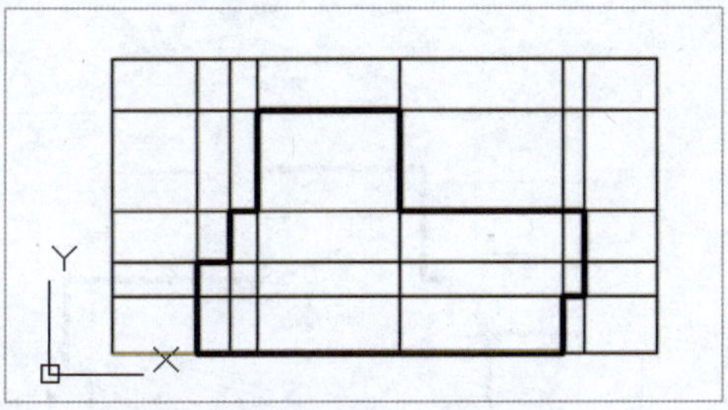

图 14-46　绘制多段线

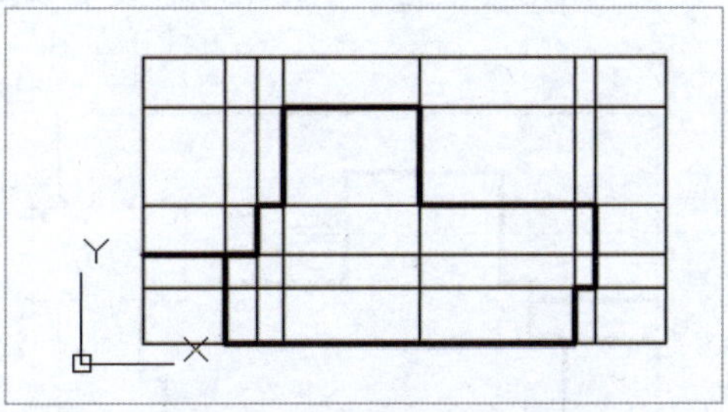

图 14-47　绘制一条直线

Step07　在命令行输入 O（偏移）命令，按【Enter】键确认，根据命令行提示进行操作，设置偏移距离为 1 493，将新绘制的直线向上偏移，如图 14-48 所示。

Step08　在命令行输入 E（删除）命令，按【Enter】键确认，根据命令行提示进行操作，删除多余的线段，如图 14-49 所示。

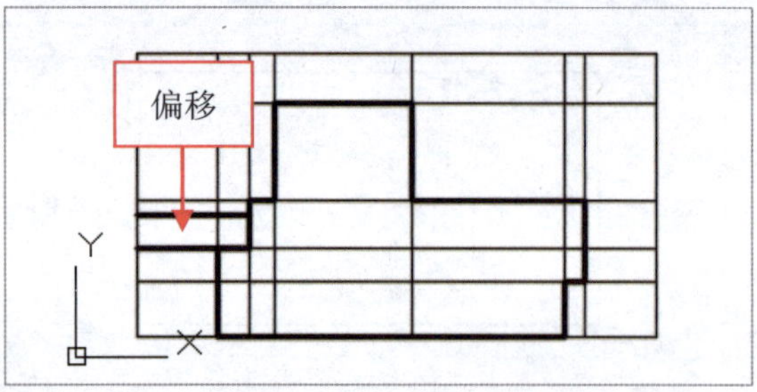


图 14-48　向上偏移直线

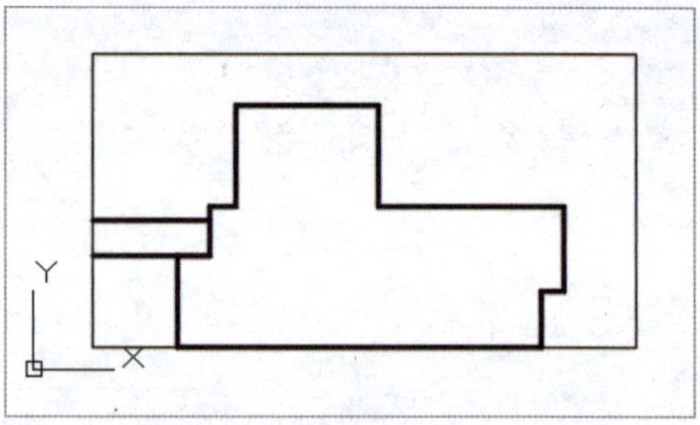


图 14-49　删除多余的线段

**Step 09** 将 0 图层设置为当前层，在命令行输入 REC（矩形）命令，按【Enter】键确认，根据命令行提示进行操作，捕捉相应角点，单击鼠标左键确认，输入（@2 400，2 200）并确认，绘制矩形，如图 14-50 所示。

**Step 10** 在命令行输入 X（分解）命令，按【Enter】键确认，根据命令行提示进行操作，将新绘制矩形分解，在命令行输入 O（偏移）命令，按【Enter】键确认，根据命令行提示进行操作，设置偏移距离为 300，将相应直线向内侧偏移两次，效果如图 14-51 所示。

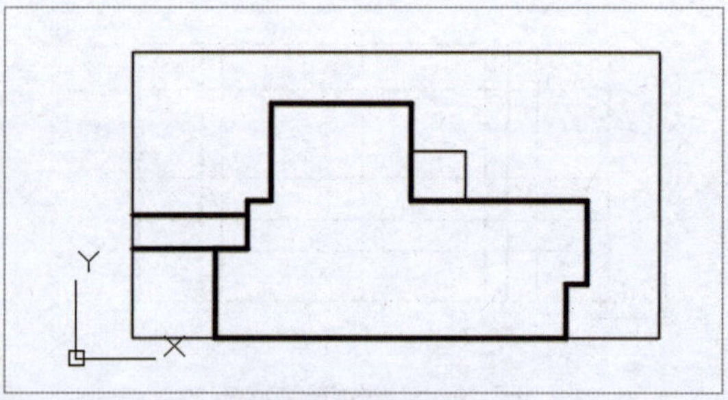


图 14-50　绘制矩形

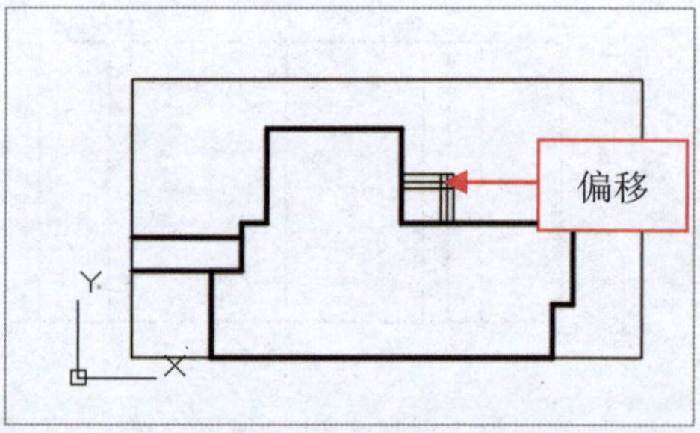


图 14-51　偏移直线

**Step 11** 在命令行输入 CHA（倒角）命令，按【Enter】键确认，根据命令行提示进行操作，将偏移后的直线进行倒角，如图 14-52 所示。

**Step 12** 在命令行输入 REC（矩形）命令，按【Enter】键确认，根据命令行提示进行操作，绘制一个 2 200×2 800 的矩形，效果如图 14-53 所示。

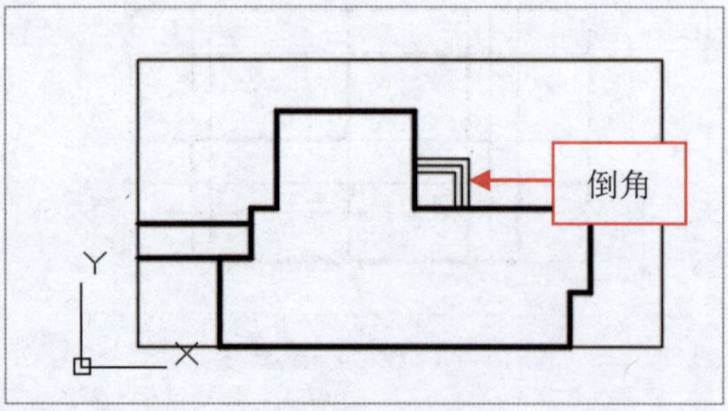


图 14-52　倒角

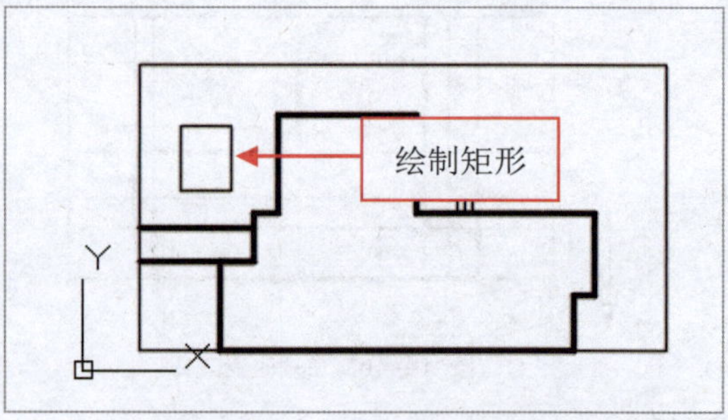


图 14-53　绘制一个 2 200×2 800 的矩形

**Step 13** 在命令行输入 REC（矩形）命令，按【Enter】键确认，根据命令行提示进行操作，捕捉新绘制矩形上方中点，输入（@1 200，966）并确认，绘制矩形，如图 14-54 所示。

Step 14　在命令行输入 REC（矩形）命令，按【Enter】键确认，根据命令行提示进行操作，捕捉新绘制矩形的右上端点，输入（@250，-800）并确认，绘制矩形，再复制一个同样的矩形，如图 14-55 所示。

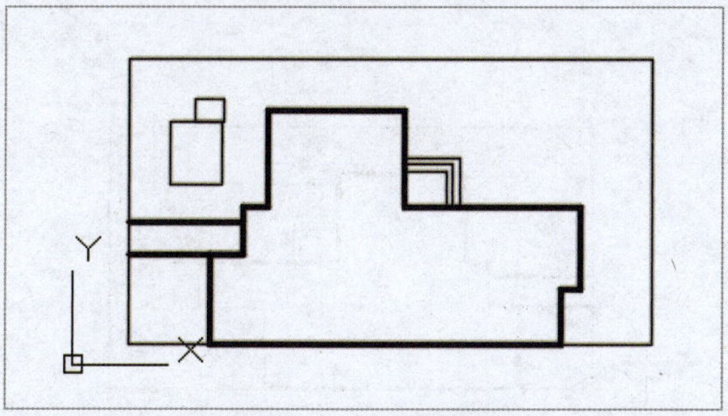


图 14-54　绘制矩形

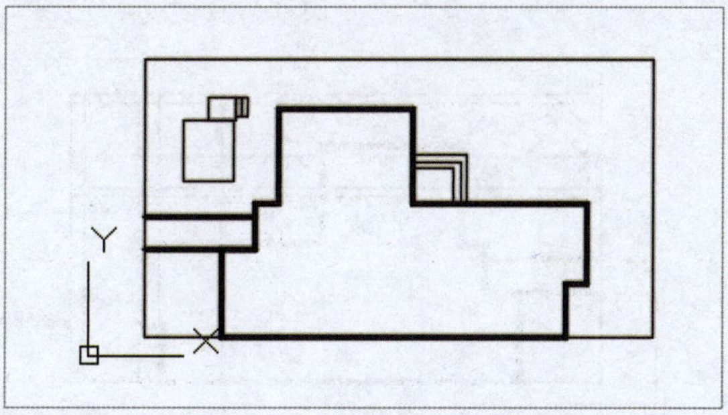


图 14-55　复制同样的矩形

Step 15　在命令行输入 REC（矩形）命令，按【Enter】键确认，根据命令行提示进行操作，捕捉大矩形的左下端点，绘制两个 250 × 800 的矩形，如图 14-56 所示。

Step 16　在命令行输入 M（移动）命令，按【Enter】键确认，根据命令行提示进行操作，选择新绘制的两个矩形，捕捉矩形的右下端点，向上引导光标，输入 165 并确认，移动图形，如图 14-57 所示。

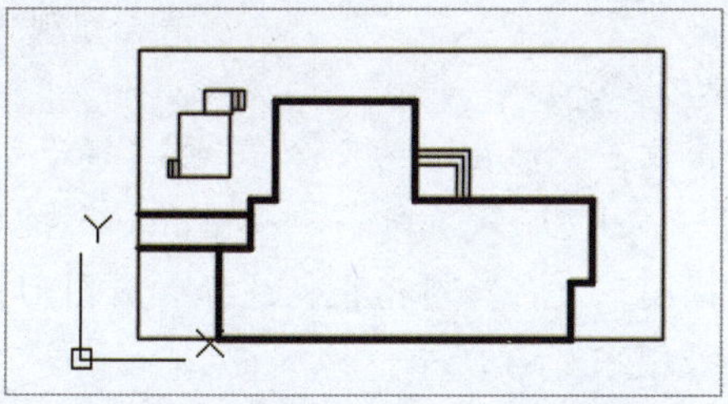


图 14-56　绘制两个 250×800 的矩形

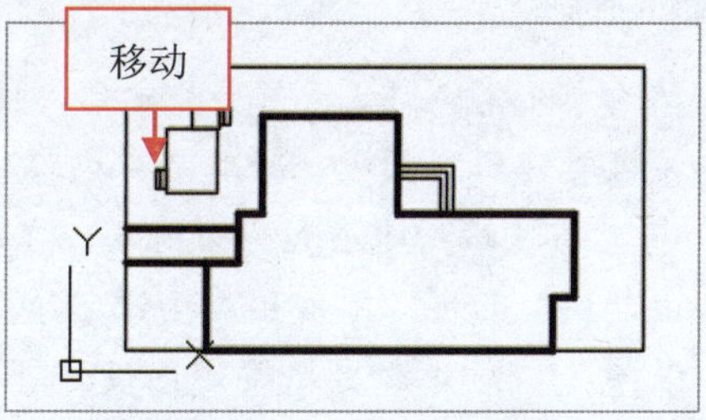


图 14-57　移动矩形

Step 17　在命令行输入 RO（旋转）命令，按【Enter】键确认，根据命令行提示进行操作，将相应图形旋转 45 度，并移动图形至合适位置，如图 14-58 所示。

Step 18　在命令行输入 O（偏移）命令，按【Enter】键确认，根据命令行提示进行操作，将最右侧垂直边向左依次偏移 525、2 375、828 和 2 718，如图 14-59 所示。

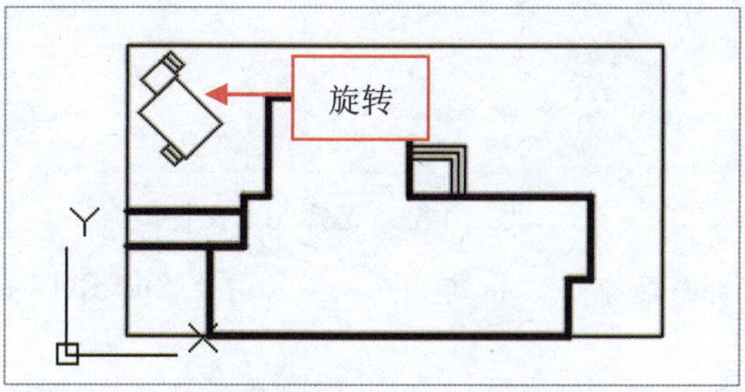


图 14-58　旋转图形

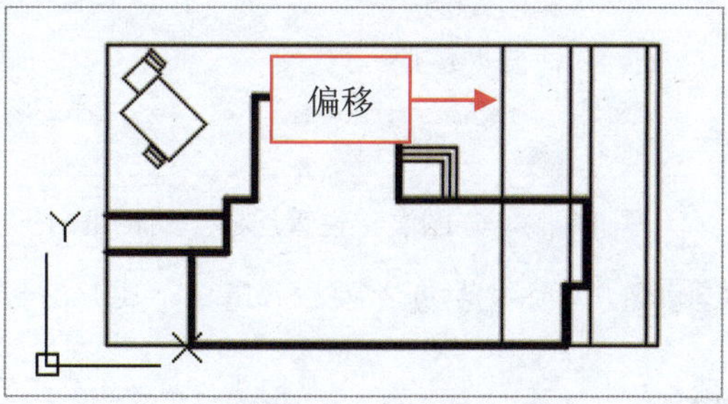


图 14-59　偏移直线

**Step 19** 在命令行输入 O（偏移）命令，按【Enter】键确认，根据命令行提示进行操作，将最上侧直线向下依次偏移 368、2 338、1 300 和 448 的距离，如图 14-60 所示。

**Step 20** 在命令行输入 TR（修剪）命令，按【Enter】键两次，根据命令行提示进行操作，修剪多余的图形，如图 14-61 所示。

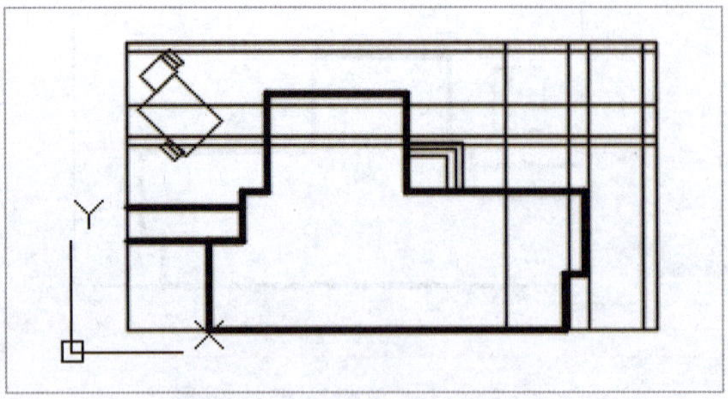

图 14-60　依次偏移直线

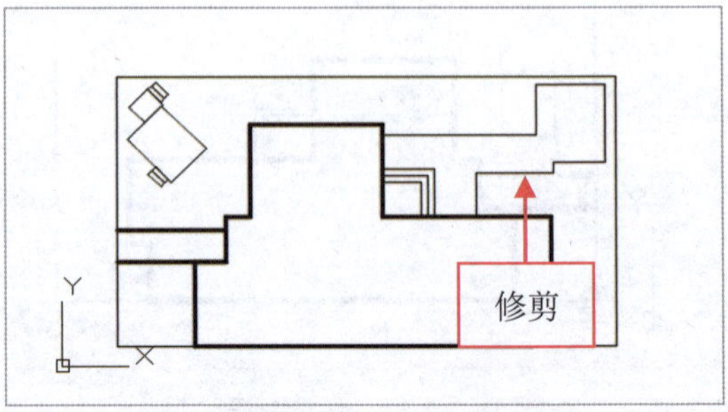

图 14-61　修剪直线

## 14.3.2　完善景观平面图

景观平面图绘制完成后，接下来导入相应图块对象，完善景观平面图，具体步骤如下。

完善景观平面图

**Step 01** 在命令行输入 LA（图层）命令，按【Enter】键确认，弹出“图层特性管理器”面板，新建“石板路”图层，设置“颜色”为 253，如图 14-62 所示。

**Step 02** 将“石板路”图层置为当前层，在命令行输入 I（插入）命令，按【Enter】键确认，弹出“块”面板，单击相应按钮，弹出“选择图形文件”对话框，选择相应图形文件（资源\素材\第 14 章\建筑景观图设计.dwg），如图 14-63 所示。

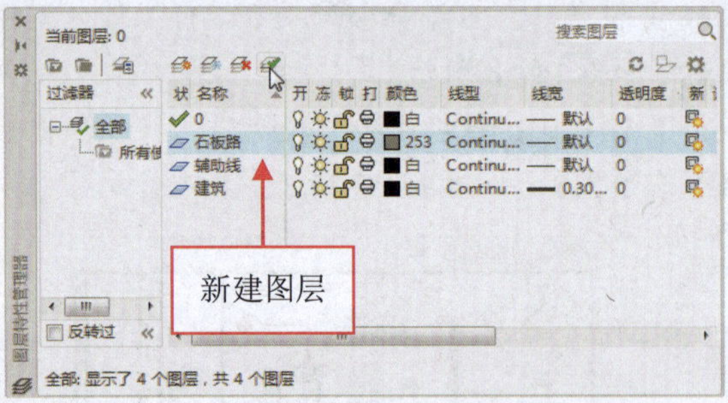

图 14-62　“图层特性管理器”对话框

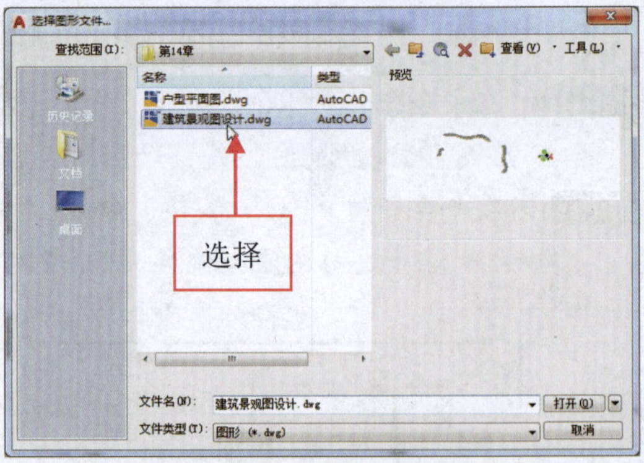

图 14-63　选择图形文件

**Step 03** 单击“打开”按钮，返回“块”面板，在绘图区中任意指定一点，插入图块，如图 14-64 所示。

**Step 04** 在命令行输入 X（分解）命令，按【Enter】键确认，分解图块。选择相应图形，调整大小，将其复制到合适位置，如图 14-65 所示。

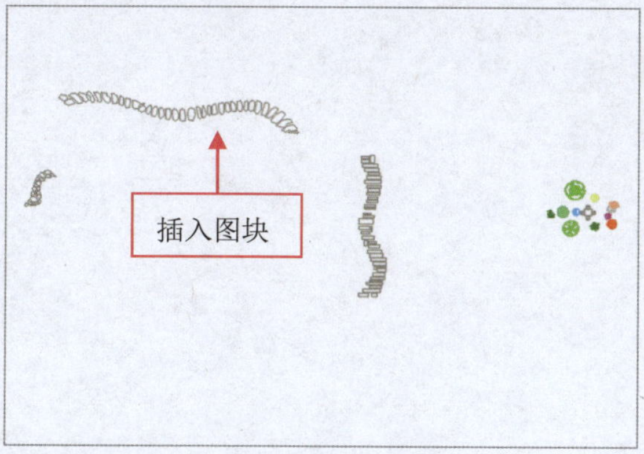


图 14-64　插入图块

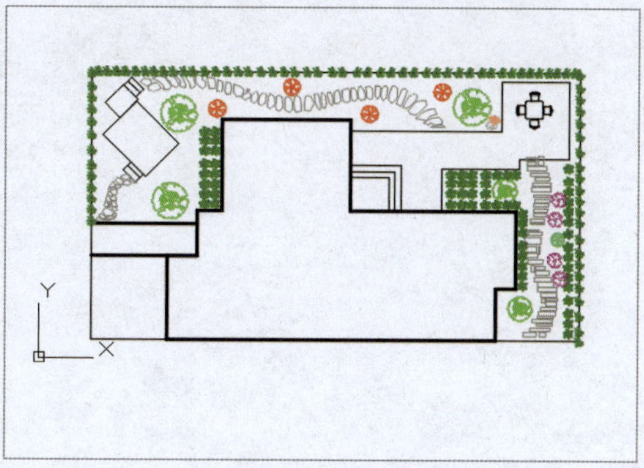


图 14-65　复制图形

Step 05　在命令行输入 LA（图层）命令，按【Enter】键确认，弹出“图层特性管理器”面板，新建“注明”图层，设置图层颜色为蓝色，并将其置为当前层，如图 14-66 所示。

Step 06　在命令行输入 MT（多行文字）命令，按【Enter】键确认，根据命令行提示进行操作，在合适位置拖曳鼠标，设置文字高度为 500，在文本框中输入文字，创建相应文字，效果如图 14-67 所示。

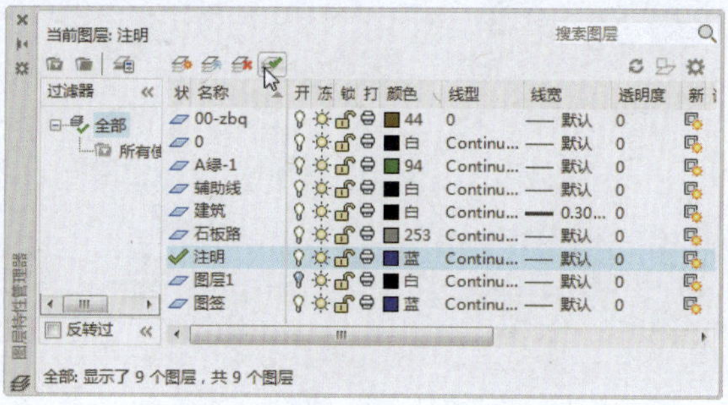


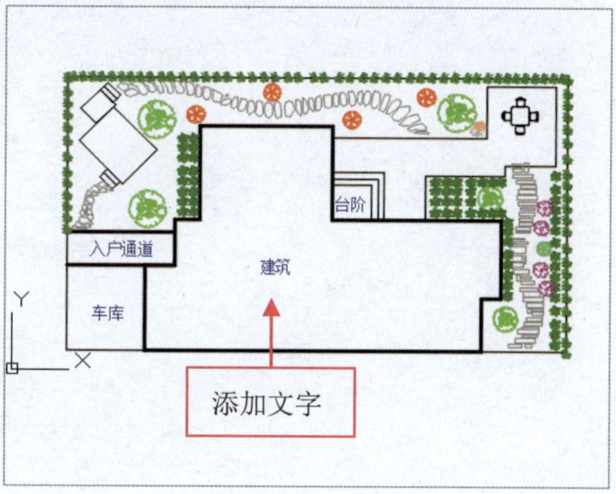


图 14-66　新建“注明”图层　　　　图 14-67　添加文字

# 本章小结

本章主要介绍机械设计、室内设计，以及建筑设计的方法，主要包括三通接头、户型平面图，以及景观平面图的 CAD 图纸制作技巧等，具有很强的实用性和代表性。通过本章的学习，读者可以边学边操作，提高实际应用技能。